计算机系列教材

李文生 编著

编译原理与技术（第2版）

清华大学出版社
北京

内容简介

本书系统地介绍了编译程序的设计原理和基本实现技术。主要内容包括词法分析、语法分析、语义分析、中间代码生成、代码生成和代码优化等，还重点介绍了用于实现语义分析和中间代码生成的语法制导翻译技术，以及程序运行时存储空间的组织与管理。

本书在介绍基本理论和方法的同时，也注重实际应用，介绍了 LEX 和 YACC 的使用方法及原理，剖析了 PL/0 语言的编译程序，介绍了 GCC 编译程序的基本结构。配合理论教学，给出了一些实践题目，旨在培养学生分析和解决问题的能力。

本书内容充实、图文并茂、各章节内容循序渐进，并注重理论与实践的结合。

本书可作为高等学校计算机科学与技术专业的本科生教材或参考书，也可供其他专业的学生或从事计算机工作的工程技术人员阅读参考。

图书在版编目(CIP)数据

编译原理与技术/李文生编著. —2 版. —北京：清华大学出版社，2016(2024.1 重印)
计算机系列教材
ISBN 978-7-302-44141-0

Ⅰ. ①编…　Ⅱ. ①李…　Ⅲ. ①编译程序—程序设计—教材　Ⅳ. ①TP314

中国版本图书馆 CIP 数据核字(2016)第 139085 号

责任编辑：张瑞庆　柴文强
封面设计：常雪影
责任校对：李建庄
责任印制：沈　露

出版发行：清华大学出版社
　　网　　址：https://www.tup.com.cn，https://www.wqxuetang.com
　　地　　址：北京清华大学学研大厦 A 座　　**邮　　编**：100084
　　社 总 机：010-83470000　　**邮　　购**：010-62786544
　　投稿与读者服务：010-62776969，c-service@tup.tsinghua.edu.cn
　　质量反馈：010-62772015，zhiliang@tup.tsinghua.edu.cn
　　课件下载：https://www.tup.com.cn，010-83470236
印 装 者：涿州市般润文化传播有限公司
经　　销：全国新华书店
开　　本：185mm×260mm　　**印　　张**：27　　**字　　数**：659 千字
版　　次：2009 年 1 月第 1 版　　2016 年 10 月第 2 版　　**印　　次**：2024 年 1 月第 9 次印刷
定　　价：67.90 元

产品编号：068058-03

前言

根据作者在教学实践中的心得和体会，以及在第1版教材使用过程中得到的积极反馈和建议，结合编译技术的发展和应用，本书对第1版教材的部分内容进行了修订。

本书仍以Pascal语言作为教学语言来讲解编译原理和实现技术，但其中的算法描述采用类C语言代码。作此选择的主要原因有两个：一是Pascal语言和C语言是体现了结构化程序设计思想的代表性语言，但二者有明显的区别：Pascal语言更注重抽象，注重简明严格，是程序设计理论专家的研究成果，最初也是为了教学和编写系统软件而设计的，并且这两个目标都已达到；C语言更注重实用，注重表达式的简捷高效，在很多场合受到了软件开发人员的欢迎，逐渐成为软件开发的主流语言。二是Pascal语言规模适中，其全部语法规则采用形式化的语法描述形式BNF和语法图，作为计算机科学与技术专业相关课程的教学语言仍非常具有代表性，Pascal语言编译程序所用原理和技术对C语言同样适用。

本书继承和发扬了第1版教材理论充实、注重实践的特色，并对原教材需要改善的内容进行了修订，主要体现在：

(1) 第4章，对LR分析程序进行了修改，主要涉及分析栈的组织和相应的分析动作，修改后的算法更便于理解和编码实现。

(2) 第5章，根据第4章的修改，对相应内容进行了修正，增加5.5节，介绍通用的语法制导翻译函数的构造方法。

(3) 第6章，内容组织做了调整，统一了示例语言文法，将声明部分的翻译方案和各语法成分的类型检查方案的内容组织在一节中，使得内容上下衔接更自然，便于理解。

(4) 第8章，增加了访问记录中域的翻译方案，重新组织了8.5节的内容，从实现的角度细化了8.6节的内容，根据第6章的文法，重写了8.7节过程调用语句的翻译。

(5) 第9章，修正了所用目标机器的指令格式，更便于熟悉Intel汇编语言的读者理解；给出了代码生成算法的伪码表示。

(6) 第10章，重新组织了10.3节的内容，并给出了基本块DAG构造算法的伪码表示。

(7) 第11章，这是新增加的一章，以C++语言为例介绍面向对象的编译方法。主要介绍了面向对象语言的核心概念类和对象，及其主要特征继承性、封装性和多态性，介绍了方法的编译和继承的编译方法，以及面向对象语言程序运行时环境。

限于学识水平和时间，书中难免存在不妥或错误之处，欢迎大家批评指正。读者对本书有任何意见或建议，请发送电子邮件至：wenshli@bupt.edu.cn。

作　者

2016年8月

《编译原理与技术（第1版）》前言

“编译原理与技术”是计算机科学与技术专业的专业基础课程，通过本课程的学习，不仅可以提高编程技巧，掌握软件设计的一般方法，而且对计算机系统软件有一个比较清楚的认识和理解，为进一步的学习和研究打下良好的基础。

本书的前身是北京邮电大学出版社出版的《编译程序设计原理与技术》，主要介绍编译程序的设计原理和基本实现技术。根据多年的教学实践，对原书的内容进行了调整、补充和完善，并加强了实践环节。本书主要以 Pascal 和 C 语言为背景、就编译原理和技术有关的主要课题进行了系统和深入的讨论。

全书共分 11 章。第 1 章对编译程序的组成、功能及有关的前后处理器等进行了介绍，读者可以从中了解编译程序的概况。第 2 章介绍了有关形式语言与自动机的基本概念，这是学习编译原理必备的基础理论知识。第 3 章引入了词汇、模式等概念，介绍了利用状态转换图手工编写词法分析程序的方法和步骤，并对词法分析程序自动生成工具 LEX 的使用和工作原理作了介绍。第 4 章详细讨论了常用的语法分析技术，如适于手工实现的递归调用预测分析方法、适合利用分析程序自动生成工具实现的完备的 LR 分析技术等，介绍了语法分析程序自动生成工具 YACC 的使用方法等。第 5 章讨论了语法制导翻译技术，介绍了语法制导定义和翻译方案的概念，以及根据语法制导定义和翻译方案设计相应的翻译程序的基本方法，后继的语义分析和中间代码生成就是基于这种技术实现的。第 6 章介绍了语义分析的基本概念和要求，讨论了编译程序所用的重要数据结构——符号表的组织和管理，详细介绍了借助符号表、利用语法制导翻译技术实现类型检查的方法。第 7 章讨论了程序运行时的存储组织与管理问题，介绍程序运行相关的问题及解决方案，有助于读者理解程序设计中的问题，如非局部名字的访问、参数传递机制等。第 8 章介绍了中间语言，讨论了如何利用语法制导翻译技术把一般的程序设计语言结构翻译成中间代码。第 9 章介绍了目标代码生成的思想和一个简单的实现算法。第 10 章简单讨论了常用的代码优化技术。最后一章介绍了编译程序实现的一般方法，剖析了 PL/0 语言的编译程序，介绍了 GCC 编译程序的基本结构，并提供了一个课程设计题目，

前言《编译原理与技术(第1版)》

按照软件工程的思想,对课程设计提出了基本要求,希望通过实际操作,有助于加深读者对编译原理的理解及对编译技术的掌握。

由于作者水平所限,书中难免存在缺点和不妥之处,真诚地希望得到广大读者和同行、专家的批评指正。

作者

2008年7月

FOREWORD

目 录

第1章 编译概述

编译程序是现代计算机系统中重要的系统软件之一，是高级程序设计语言的支撑软件。众所周知，用高级程序设计语言（比如C/C++）书写的源程序是不能直接在计算机上运行的（起码现有的计算机不支持），要想运行它并得到预期的结果，首先必须把源程序转换成与之等价的目标程序，这个过程就是所谓的编译。编译原理与技术是计算机科学技术中的一个重要分支，现在已经基本形成了一套比较系统的、完整的理论和方法。编译原理与技术是计算机工作者所必须具备的专业基础知识。

编译程序的设计涉及程序设计语言、形式语言与自动机理论、计算机体系结构、数据结构、算法分析与设计、操作系统，以及软件工程等各个方面。本章通过描述编译程序的组成及编译程序的工作环境来介绍编译程序相关的基本概念，以便大家了解本课程的主要内容。

1.1 翻译和解释

1.1.1 程序设计语言

正如语言是人们进行交流的媒介和手段一样，在计算机应用领域，程序设计语言充当了人与问题，以及协助解决问题的计算机之间的通信工具。一种高效的程序设计语言应该能够提高计算机程序的开发效率、具有较好的问题表达能力，并在人们通常的思维方式与计算机执行所要求的精确性之间架起桥梁。程序设计语言同时也是开发人员之间的交流工具，在许多大型软件项目中，项目成功的关键在于程序员是否能读懂别人写的程序代码。

在计算机发展初期，程序员直接用机器语言编写程序。机器语言程序很不直观，难写、难读、难修改，并且对机器硬件的依赖性很强、移植性差。程序设计人员必须受过一定的训练并且熟悉计算机硬件，这在很大程度上限制了计算机的推广应用。

之后，出现了符号语言，即用比较直观的符号来代替纯粹数字表示的机器指令代码，这样使程序便于记忆、阅读和检查，在此基础上又进一步发展为汇编语言。在汇编语言中，除了用直观的助记符代替操作指令以对应一条条的机器指令外，还增加了若干宏指令，每条宏指令对应一组机器指令、完成特定的功能。这些宏指令构成指令码的扩展。汇编语言仍然是依赖于机器的，使用起来还是很不方便，并且程序开发效率也很低。

为进一步解决这些问题，John Backus 等人参照数学语言设计了第一个描述算法的语言并于1954年正式对外发布，这就是 FORTRAN Ⅰ，1957年第一个 FORTRAN 编译器在 IBM704 计算机上实现，并首次成功运行了 FORTRAN 程序。之后，又相继出现了得到广泛应用的过程性语言，如图灵奖获得者 Peter Naur 在1960年主编的《算法语言

Algol 60 报告》标志着计算科学的诞生,这份报告先驱性地使用了 BNF 范式(Backus-Naur-Form)用以定义程序设计语言的语法,Algol 60 语言定义清晰,是许多现代程序设计语言的原型。图灵奖获得者 Niklaus Wirth 于 1971 年发明了以电脑先驱帕斯卡的名字命名的 Pascal 语言。Pascal 语言系统地体现了 E. W. Dijkstra 和 C. A. R. Hoare 定义的结构化程序设计的概念,其语法严谨、层次分明、程序易写并具有很强的可读性。在高级语言发展过程中,Pascal 是一个重要的里程碑,Pascal 语言是第一个结构化的编程语言。D. M. Ritchie 于 1972 年设计出了 C 语言,Jean Ichbiah 等设计的 Ada 语言于 1983 年成为一个 ANSI 标准 ANSI/MIL-STD-1815A,经修改后,于 1995 年成为新的 ISO 标准。这类语言完全摆脱了机器指令形式的约束,所编写的程序更接近自然语言和人们习惯上对算法的描述,故称为面向用户的语言。除此之外,还相继出现了许多专门用于描述某个应用领域问题的专用语言,如用于数据库领域的语言 SQL。随着面向对象程序设计技术的出现,面向对象程序设计语言也得到了广泛的推广应用,如 C++、Java 等。

面向用户的、面向问题的以及面向对象的语言等统称为高级语言,机器语言和汇编语言称为低级语言。相对于低级语言,高级语言具有以下优点:

(1) 更接近于自然语言、独立于机器。

程序设计人员不必了解计算机的硬件,对计算机了解甚少的用户也可以学习和使用。一条高级语言的语句对应多条汇编指令或机器指令,编程效率高,所编程序可读性好,便于交流和维护,并且具有较好的移植性。

(2) 运行环境透明性。

程序员在编写程序时,不必对程序中出现的变量和常量分配具体的存储单元,不必了解如何将数据的外部表示形式转换成机器的内部表示形式等细节,也不必了解程序运行环境是如何建立和维护的,所有这些工作都由“编译程序”完成。

(3) 具有丰富的数据结构和控制结构,编程效率高。

高级语言通常都支持数组、记录等数据结构,支持循环、分支以及过程/函数调用等控制结构。这些结构的使用改善了程序的风格,便于程序设计人员采用科学的方法(如结构化的方法、面向对象的方法)来开发程序,从而提高程序的规范性、可靠性,缩短了开发周期、降低了开发费用。

正如大家所知,用高级语言编写的程序要想在计算机上执行,必须经过加工处理,将其转换为等价的机器语言程序,这个转换过程就是“编译”。某种高级语言的编译程序加上一些相应的支持用户程序运行的子程序就构成了该语言的编译系统。编译系统是计算机系统的重要组成部分。

1.1.2 翻译程序

正如人与人之间的交流需要建立各种语言的翻译一样,人与计算机之间的信息交流也存在翻译的问题,并且,每种计算机都有自己独特的机器语言(即指令系统)。因此,为了让一种语言投入使用,需要一个语言翻译器把用该语言书写的源程序翻译成目标计算机能够执行的表示形式或将源程序直接翻译成结果(即直接执行源程序)。通常,把源程序翻译成另外一种表示形式的翻译器称为编译器(即编译程序),而直接执行源程序给出运行结果的翻译器称为解释器(即解释程序)。

编译程序扫描所输入的源程序,并将其转换为目标程序。通常,源程序是用高级语言或汇编语言编写的,如图 1-1 所示。

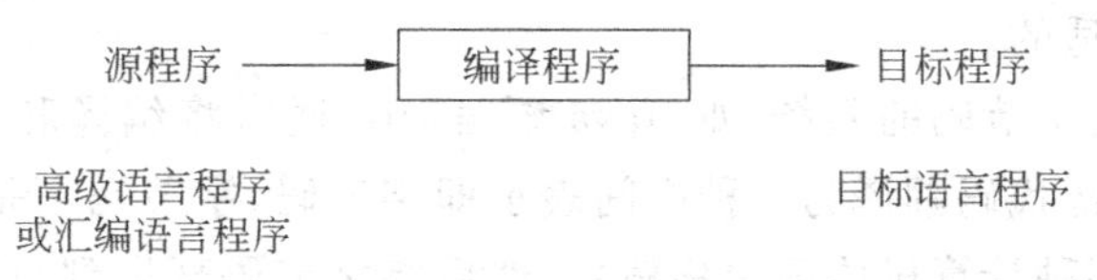

图 1-1 编译程序

如果源语言是汇编语言,目标语言是机器语言,则该编译程序称为“汇编程序”;如果源语言为高级语言,目标语言是某种机器的机器语言或汇编语言,则该编译程序称为“编译程序”。图 1-2 说明了高级语言程序的编译和执行阶段。

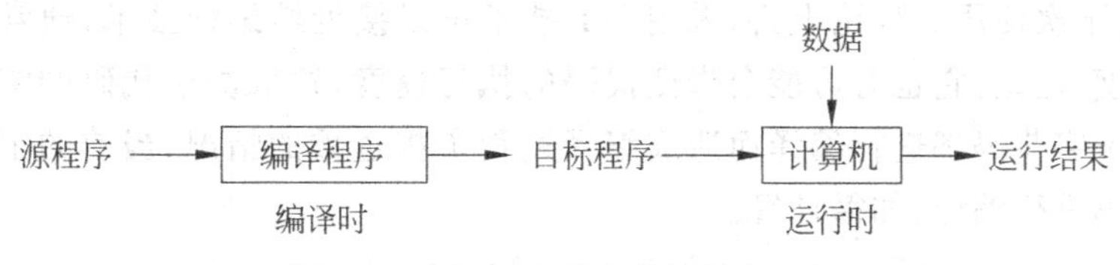

图 1-2 高级语言程序的编译和运行

实现源程序到目标程序的转换所占用的时间称为编译时间,目标程序是在运行时执行的。由图 1-2 可知,源程序和数据是在不同时间(即分别在编译和运行阶段)进行处理的。

解释程序可以看作是一种模拟器,这种模拟器的“机器语言”就是要被翻译的语言。解释程序对源程序进行解释执行,即边解释边执行,不生成目标程序,如图 1-3 所示。

有些解释程序每次直接分析一条所要执行的源程序语句,这种方法效率低,极少采用。一种更为有效的方法是将编译程序和解释程序组合起来工作,先由编译程序将源程序转变为一种机器无关的中间代码表示形式,然后再由解释程序来解释执行该中间代码程序。这样的解释程序称为“伪代码解释器”。

例如,对于 Pascal 语言的赋值语句 total:=total+rate*4,解释程序可先将源语句转换成一棵树(如图 1-4 所示),然后遍历该树,在遍历过程中执行结点上所规定的动作。

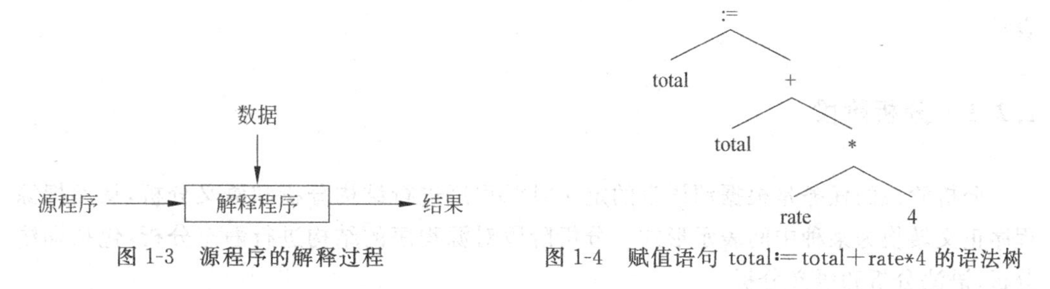

图 1-3 源程序的解释过程

图 1-4 赋值语句 total:=total+rate*4 的语法树

例如在根结点处,解释程序发现有一个要执行的赋值操作,它将调用一个程序来处理右边的表达式,当返回时,就可以将计算结果放到与标识符 *total* 相关的存储单元中。在根结点的右子结点上,被调用程序发现它需要计算两个表达式的和,因此,它将递归地调用自己,先计算表达式 *rate* * 4,然后将该值与变量 *total* 的值相加。

解释程序已经用得相当普遍,尤其是在微机环境中,因为解释执行方式便于人机交互。当程序员需要根据前面执行的情况随时调整后面的工作、随时更改后面的程序时,采用解释程序是很合适的。

现在,在编译为字节码的系统(如 Java 语言)中,通常将编译和翻译结合起来使用。首先利用编译器将源代码翻译为一种中间表示即字节码(字节码不是任何特定计算机的机器码,它可以在多种计算机体系中移植)。然后将字节码部署到目标系统,虚拟机的字节码解释器对字节码解释执行,即将字节码翻译成对应的机器指令,逐条读入,逐条解释翻译。

显然,解释执行的速度必然会比可执行二进制程序的要慢。为了提高执行速度,引入了即时编译(Just-in-time compilation,JIT)技术。在运行时 JIT 会把翻译过的机器码保存起来,以备下次使用。理论上讲,采用 JIT 技术可以接近纯编译技术,通常能够提高代码的执行速度,但是,它也有可能会降低代码的执行速度,这取决于代码的结构。为了避免 JIT 对每条字节码都进行编译而造成编译过程负担过重的情况,当前的 JIT 只对经常执行的字节码进行编译,如循环等。

1.2 编译的阶段和任务

按照编译程序的执行过程和所完成的任务,可以把它分成前后两个阶段,即分析阶段和综合阶段。在分析阶段,编译程序根据源语言的定义检查源程序的结构是否符合语言规定,确定源程序所表示的对象和规定的操作,并将源程序以某种中间形式表示出来。在综合阶段,编译程序根据分析阶段的分析结果构造出与源程序等价的目标程序。

编译程序需要定义一个数据结构来保存在分析过程中识别出来的标识符及其有关信息,为语义分析和代码生成提供支持,该数据结构即"符号表"。如果编译程序检测出源程序中存在错误,则要向用户报告,为使编译过程继续下去,还要对错误进行适当的恢复处理。

编译程序的典型结构如图 1-5 所示。该图描述了一个编译程序的基本组成及步骤。虽然对于不同的高级语言,其编译过程有所变化,但它仍不失为一种典型的编译过程的表示。

1.2.1 分析阶段

分析阶段的任务是根据源语言的定义对源程序进行结构分析和语义分析,从而把源程序正文转换为某种中间表示形式。分析阶段对源程序的结构进行静态分析,包括词法分析、语法分析和语义分析。

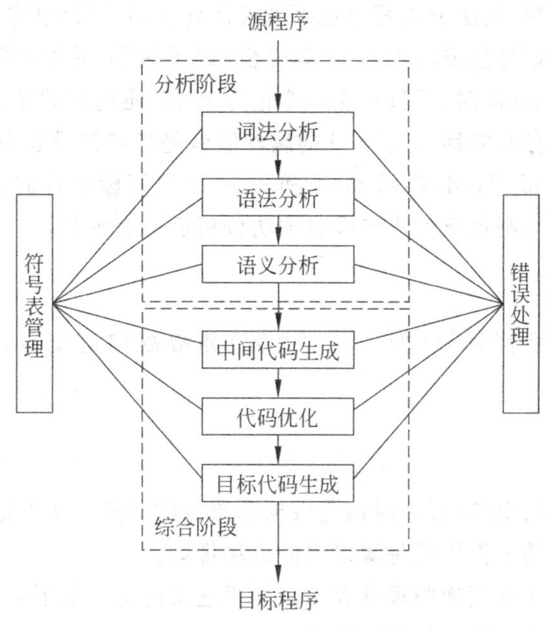

图 1-5 编译程序的组成

1. 词法分析

词法分析是一种线性分析。词法分析程序在扫描源程序的过程中，对构成源程序的字符串进行分解，识别出每个具有独立意义的字符串，即单词(lexeme)，并将它转换为记号(token)加以输出，所有单词的记号组织成记号流。同时也可把需要存放的单词(如变量名、函数名、语句标号等)保存在符号表中。

词法分析的工作依据是源语言的构词规则(即词法)，也称为模式(pattern)。如C语言中标识符的模式是：以字母或下划线开头的由字母、数字或下划线组成的字符串。在扫描输入字符串时，当遇到第一个字母或下划线之后，继续扫描，直到发现一个不是字母或数字，也不是下划线的字符时，可以确定从第一个字母/下划线到最后一个字母/数字或下划线为止的字符串构成一个标识符。

例如，对Pascal语言的赋值语句 total:=total+rate*4 进行词法分析的结果是识别出如下的单词。

(1) 标识符 *total*

(2) 赋值号:=

(3) 标识符 *total*

(4) 加号 +

(5) 标识符 *rate*

(6) 乘号 *

(7) 整常数 4

单词分隔符(如空格、制表符、回车换行符等)通常在词法分析时被跳过去。同样，对于源程序中出现的注释，词法分析程序也不做任何处理，直接跳过它们。

词法分析对某些记号还要增加一个“属性值”以示区别，并根据需要把标识符存入符号表。如发现标识符 *total* 时，不仅产生一个记号如 id，还把它的单词‘total’存入符号表(如果 *total* 在表中不存在的话)，记号 id 的属性值就是指向符号表中‘total’条目的指针。

如果分别用记号 id_1 和 id_2 表示 *total* 和 *rate*（以强调标识符的内部表示是区别于形成标识符的字符串的），则该赋值语句经过词法分析后的表示是：

$$id_1 := id_1 + id_2 * 4$$

同样，还应为多字符算符（如>=、:=等）和常数构造记号，以反映它们的内部表示。

2. 语法分析

语法分析是一种层次结构的分析，它根据源语言的语法结构把记号流按层次分组，以形成短语。语法分析的工作依据是源语言的语法规则。

程序的层次结构通常用递归规则表示。如表达式的定义如下：

(1) 任何一个标识符是一个表达式。

(2) 任何一个数是一个表达式。

(3) 如果 $expr_1$ 和 $expr_2$ 是表达式，则($expr_1$)、($expr_1 + expr_2$)和($expr_1 * expr_2$)也都是表达式。

(4) 只有有限次使用规则(1)、(2)和(3)构成的符号串是表达式。

这里，规则(1)和(2)是基本规则，(3)是表达式的生成规则，(4)是限定规则。例如，根据规则(1)，标识符 *total* 和 *rate* 是表达式；根据规则(2)，常数 4 是表达式，根据规则(3)，(rate * 4)、(total+(rate * 4))是表达式。如果规定运算符‘*’的优先级高于‘+’，则表达式中多余的括号可以省略，(total+(rate * 4))就可以表示为 total+rate * 4。

类似地，可以用如下规则递归地定义语句。

(1) 如果 id 是一个标识符，expr 是一个表达式，则 id:=expr 是一个语句。

(2) 如果 expr 是表达式，stmt 是语句，则 while (expr) do stmt 和 if (expr) then stmt 都是语句。

源程序的语法短语常用分析树表示。例如，上述赋值语句经语法分析后得到的分析树如图 1-6 所示。

图 1-6 所示的分析树描绘了赋值语句的语法结构，这种语法结构更常见的内部表示形式是如图 1-7 所示的语法树。语法树是分析树的浓缩表示，其中算符作为内部结点出现，其运算对象作为它的子结点。

3. 语义分析

语义分析是对源程序的含义进行分析，以保证程序各部分能够有机地结合在一起，并为以后生成目标代码收集必要的信息(如数据对象的类型、目标地址等)。语义分析的工作依据是源语言的语义规则。

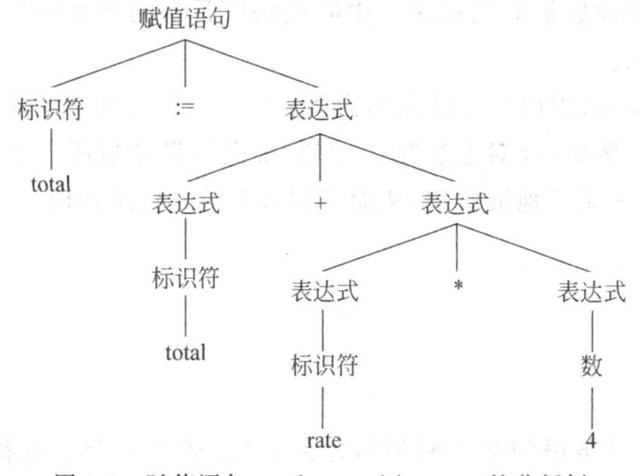

图 1-6 赋值语句 total:=total+rate*4 的分析树

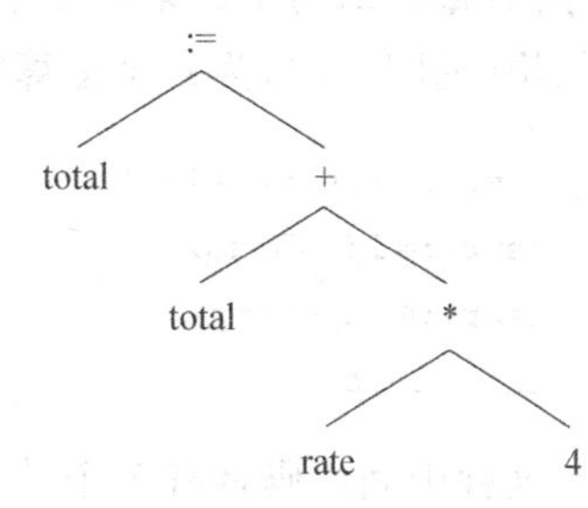

图 1-7 与图 1-6 对应的语法树

语义分析的一个重要任务是类型检查。按照源语言的类型机制检查源程序中每个语法成分的类型是否合乎要求。如检查运算符相关的运算对象的类型是否合法,用作数组下标的变量的类型是否正确、取值是否合理,二元运算符的运算对象的类型是否一致或相容,如果不一致,可否进行类型转换,必要时进行类型转换等。

例如,在计算机内部,整型数和实型数的二进制表示是不同的,即使它们的值相同。在图 1-7 所示的赋值语句的语法树中,假定其中所有的标识符都声明为实型变量,由 4 本身可知它是一个整型常数,对该赋值语句进行类型检查可以发现:乘法运算符作用于一个实型变量 *rate* 和一个整型常数 4,运算时,通常要把整型量转换为实型量。于是,对该语法树插入一个算符结点'inttoreal',显式地把整型量转换为实型量,如图 1-8 所示。

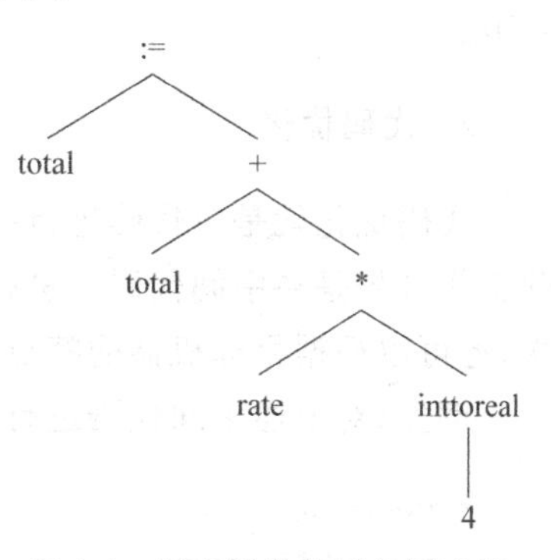

图 1-8 插入转换符后的语法树

由于'inttoreal'的运算对象是常数,编译程序也可用等价的实型常数来代替这个整型常数。

在以上每个分析步骤中,编译程序都把源程序变换成便于下一个步骤处理的内部表示形式。

1.2.2 综合阶段

综合阶段的任务是根据源语言到目标语言的对应关系,对分析阶段所产生的中间表示形式进行加工处理,从而得到与源程序等价的目标程序。综合阶段包括中间代码生成、代码优化和目标代码生成。

1. 中间代码生成

通常,编译程序需要把分析阶段产生的结果进一步转换成中间代码,中间代码也是一种中间表示形式,可以把它看成是一种抽象机器的程序。中间代码应具备两个重要的特点,即易于产生和易于翻译成目标代码。

中间代码有多种形式,详见第8章,这里以三地址代码为例。三地址代码即三地址语句序列,每条语句中最多有3个地址。例如,针对上述赋值语句,根据语义分析所产生的树结构(见图1-8),为每个运算符生成一条三地址语句,从而得到如下的三地址代码。

```
temp1:=inttoreal(4)
temp2:=id2 * temp1
temp3:=id1+temp2
id1:=temp3
```

这种中间代码具有3个特点:①每条语句除了赋值号之外,最多还有一个运算符。当生成这些语句时,编译程序必须确定要进行的运算的顺序(如"乘"优先于"加")。②编译程序需要生成临时变量名以保留每条语句的计算结果。③语句中出现的地址可以少于3个(如上面语句序列中的最后一条语句)。

中间代码所表示的操作比源程序语句所表示的操作更详细,因为这里不但要考虑在计算机上实现时用汇编指令表示的细节,还要考虑控制流、过程调用以及参数传递等各个细节。

2. 代码优化

代码优化就是对代码进行改进,使之占用的空间少、运行速度快。编译程序的代码优化工作首先是在中间代码上进行的,基于优化后的中间代码可以得到更好的目标代码;其次,还可以根据目标机器的特点,对目标代码做进一步的优化。

例如,对上述中间代码进行优化,可以得到如下与之等价、效率更高的中间代码。

```
temp1:=id2 * 4.0
temp2:=id1+temp1
id1:=temp2
```

由于在代码优化阶段问题已经确定,编译程序可以将4由整型转换成实型,并且这一转换和它参加运算同时完成,所以操作'inttoreal'可以省略。

不同的编译程序所进行的代码优化差别很大,能够完成大多数优化工作的编译程序称作"优化编译程序",其编译的大部分时间花费在代码优化阶段。有的编译程序只做简单的优化,其主要目的在于改进目标程序的运行时间,并且不至于使编译的时间太长。代码优化技术将在第10章介绍。

3. 目标代码生成

这是编译的最后一个步骤,生成的目标代码一般是可重定位的机器代码或汇编语言代码。

为了生成目标代码,需要对源程序中使用的每个变量指定存储单元,并且把每条中间代码语句一一翻译成等价的汇编语句或机器指令,为了得到高效的目标代码,需要充分利用目标机器的资源,尤其要实现寄存器的分配和使用。

假如目标机器的指令形式为:

```
OP  DEST,SRC
```

用指令操作码后面的 F 表示执行浮点数操作,用"#"表示该操作数是立即常数,则基于上述优化后的中间代码,使用两个寄存器 R_0 和 R_1,可以生成如下目标代码。

```
MOVF   R0,id2
MULF   R0,#4.0
MOVF   R1,id1
ADDF   R0,R1
MOVF   id1,R0
```

代码段的含义如下:

(1) 将 id_2 中的内容送入 R_0,再乘以实常数 4.0,结果仍存于 R_0 中。

(2) 将 id_1 中的内容送入 R_1,再将 R_0 和 R_1 的内容相加,结果存于 R_0 中。

(3) 最后,将 R_0 的内容送入 id_1 的存储单元。

对赋值语句 total:=total+rate*4,经过分析阶段和综合阶段的各编译步骤之后,得到等价的汇编语言代码,整个过程如图 1-9 所示。

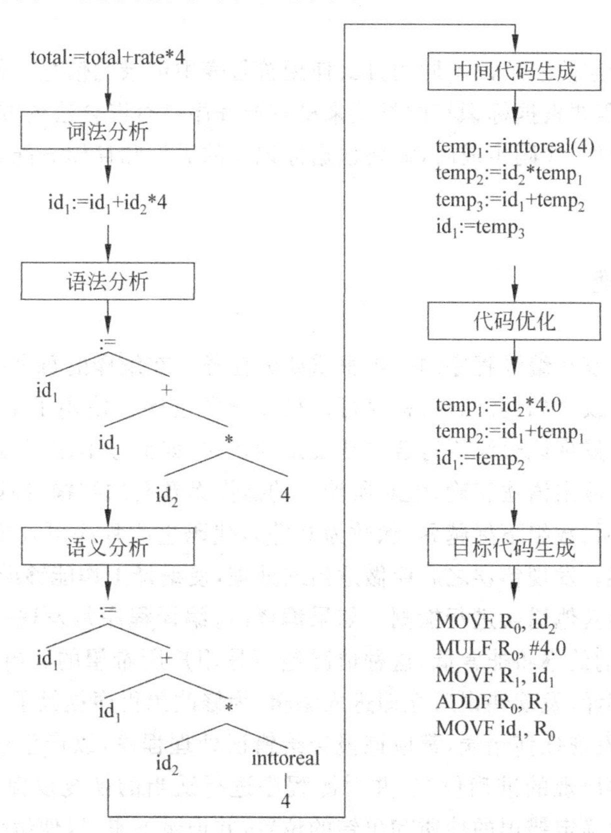

图 1-9　赋值语句 total:=total+rate*4 的编译过程

1.2.3 符号表管理

编译程序的一项重要工作是收集源程序中使用的标识符，并记录每个标识符的相关信息，如源程序中使用的标识符是变量名、函数名、还是形参名等。如果是变量名，它的类型是什么；如果是形参名，参数的传递方式是什么；如果是函数名，函数有几个参数，都是什么类型的；函数是否有返回值、返回值是什么类型的等。

编译程序使用符号表来记录标识符及其相关信息。符号表由若干条记录组成，每个标识符在表中有一条记录，记录中各域保存标识符相应的属性。符号表的结构应支持标识符的快速查找和数据的快速存取。

标识符的各属性值是在编译的不同阶段收集并写入符号表的。例如，对于C语言的变量声明语句 float total，rate；

词法分析程序只能识别出 float 是保留字，*total* 和 *rate* 是标识符，但还不知道 float 的含义，并不能确定它是用来说明变量类型的，所以两个标识符单词可以写入符号表，类型信息还不能写入。语法分析程序分析出这是一条变量声明语句。语义分析程序根据语义规则，识别出这两个标识符是变量名，float 表示它们的类型，于是，可以把它们的类型信息写入符号表。在语义分析和生成中间代码时，还要在符号表中写入对这些变量进行存储分配的信息。

编译程序的后继阶段可以不同的方式使用符号表中记录的信息。如进行语义分析和中间代码生成时，需要根据标识符的类型来检查源程序是否以合法的方式使用它们，并为它们产生适当的操作；代码生成时，需要根据标识符的类型和存储分配信息来产生正确的目标语言指令。

1.2.4 错误处理

错误检测和恢复是编译程序的一项很重要的任务。在编译的每个阶段都可能检测出源程序中存在的错误。如词法分析程序可以检测出源程序中使用了不合法字符的错误，语法分析程序能够发现记号流不符合语法规则的错误（如括号不匹配、缺少运算符号等），语义分析程序可检测出语法正确，但对所涉及的操作无意义的结构（如运算对象的类型不匹配、变量没有声明、数组下标越界、除数为0等），代码生成程序可发现目标程序区超出了允许范围的错误。发现错误之后应做适当的处理，使编译工作能够继续进行，以便对源程序中可能存在的其他错误进行检测。如果编译时，编译程序每发现一个错误后就停止编译，则调试程序的效率将非常低，这种情况绝不是用户所希望的。当然，在交互式软件开发环境下进行编译，发现错误后立即进入编辑，为修改源程序提供了方便。

编译过程中，发现任何错误，都应该报告给错误处理程序，以产生适当的诊断信息帮助程序员判断错误出现的准确位置，并对源程序进行适当的恢复以保持程序的一致性。通常在编译过程中确定错误的性质和出错的位置，并记录下来，以便编译程序执行完之后向用户反馈。

编译程序和解释程序处理源程序的机制是类似的。首先,词法分析程序把源程序从一个没有意义的字符串转换成一个有意义的记号流,记号通常包括关键字、标识符、常数、运算符和分界符等;接着,语法分析程序对这些记号的逻辑结构进行分析,识别出各种语法成分;然后,语义分析程序进一步检查各种语法成分的使用是否符合源语言的语义规则;最后,代码生成程序将分析结果转换成中间代码或目标代码。这些翻译过程通常不是互相分开的,而是以多种方式共同执行的。此外,翻译程序还要维护程序运行时环境,包括变量存储位置和过程调用堆栈等信息。解释程序通常将运行环境的管理作为它对程序执行时控制的一部分,而编译程序则通过在目标代码中生成控制指令来间接维护程序运行时环境。程序运行环境将在第7章介绍。

本书主要以Pascal语言和C语言为例说明编译程序各阶段的工作原理和实现技术。Pascal语言是一种非常适合于教学的简洁、有效的结构化语言,在教学和许多实际应用中取得了惊人的成功。C语言在许多方面比Pascal语言更简单,保留了面向表达式的语言定位但进行了一些限制,简化了类型系统和运行环境的复杂性,提供了更多访问底层机器的途径,广泛应用于系统程序的设计与实现。由于Pascal语言和C语言要求变量必须在使用之前予以声明,所以适于构造一遍扫描的编译程序。另外,书中的算法思想也主要以类C语言的伪码形式描述。

1.3 和编译有关的其他概念

1.3.1 编译的前端和后端

通常可以将编译程序划分为前端(front end)和后端(back end)两部分。

前端主要由与源语言有关而与目标机器无关的部分组成,通常包括词法分析、语法分析、语义分析和中间代码生成、符号表的建立、中间代码的优化,以及相应的错误处理工作和符号表操作。

后端由编译程序中与目标机器有关的部分组成,这些部分与源语言无关而仅仅依赖于中间语言。后端包括目标代码的生成、目标代码的优化,以及相应的错误处理和符号表操作。

把编译程序划分成前端和后端的优点是便于编译程序的移植和构造。比如,重写某个编译程序的后端,可以将该源语言的编译程序移植到另一种机器上,这种方法已经得到了普遍应用;重写某编译程序的前端,使之能把一种新的程序设计语言编译成同一种中间语言,利用原编译程序的后端,从而可构造出新语言在此机器上的编译程序(详见12.1节)。

1.3.2 "遍"的概念

在设计编译程序时,还需要考虑编译分"遍"(pass)的问题。一"遍"指的是对源程序或中间表示形式从头到尾扫描一次,并在扫描过程中完成相应的加工处理,生成新的中间表示形式或目标程序。采用不同的扫描遍数和不同的分遍方式,都会造成编译程序在具体结构上的差别。

1. 一遍扫描的编译程序

这种编译程序对源语言程序进行一遍扫描就完成编译的各项任务，其典型结构如图 1-10 所示。

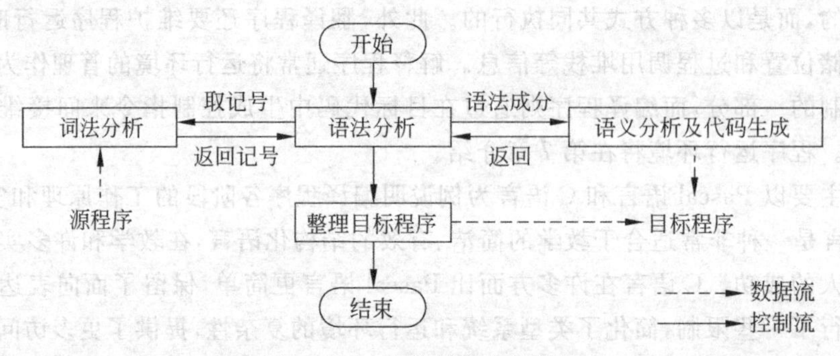

图 1-10 一遍编译程序的结构

在这种结构中，编译程序的核心是语法分析程序，没有中间代码生成环节。一遍编译程序的工作过程是：

(1) 每当语法分析程序需要一个新的单词符号时，就调用词法分析程序。词法分析程序则从源程序中依次读入字符，并组合成单词符号，将其记号返回给语法分析程序。

(2) 每当语法分析程序识别出一个语法成分时，就调用语义分析及代码生成程序对该语法成分进行语义分析（主要是类型检查），并生成目标程序。

(3) 当源程序全部处理完后，转善后处理，即整理目标程序（如优化等），并结束编译。

2. 多遍扫描的编译程序

有的编译程序把编译的 6 个逻辑部分应完成的工作分遍进行，每一遍完成一个或相连几个逻辑部分的工作，其结构如图 1-11 所示。

多遍编译程序的工作过程：编译程序的主程序调用词法分析程序，词法分析程序对源程序进行扫描，并将它转换为一种内部表示，称为中间表示形式 1，同时产生有关的一些表；然后，主程序调用语法分析程序，语法分析程序以中间表示形式 1 作为输入，进行语法分析，产生中间表示形式 2；……，最后，主程序调用目标代码生成程序，该程序把输入的中间代码转换为等价的目标程序。

3. 编译程序分遍的优缺点

一个编译程序是否分遍以及如何分遍，要视具体情况而定，如计算机主存容量的大小、源语言的繁简、目标程序质量的高低等。

分遍的主要好处是：首先，可以减少对主存容量的要求。分遍后，在编译时可以“遍”为单位分别调入编译程序，各遍编译程序在内存中可以相互覆盖。其次，可使编译程序结

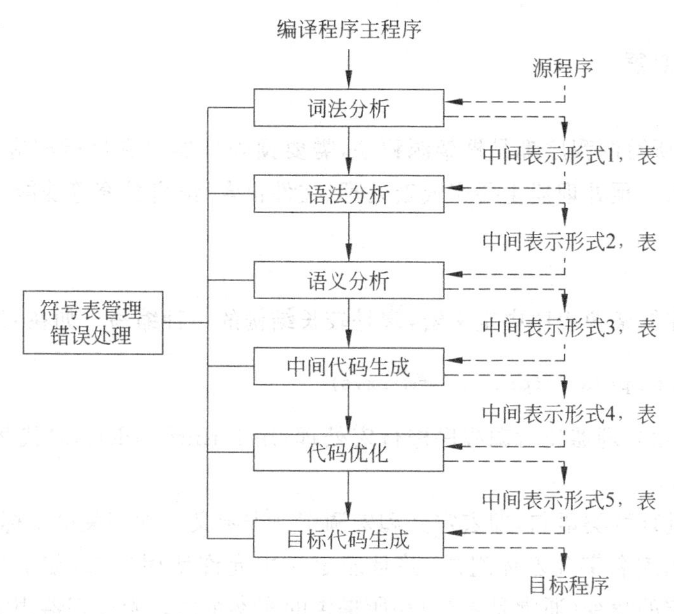

图 1-11 多遍编译程序

构清晰，各遍编译程序功能独立、单纯，相互联系简单。再次，能够实现更充分的优化工作，以获得高质量的目标程序。最后，通过分遍将编译程序的前端和后端分开，可以为编译程序的构造和移植创造条件。

分遍的缺点是增加了不少重复性的工作，如每遍都有符号的输入和输出工作，这必将降低编译的效率。

早期的编译程序，有三遍的、五遍的，甚至多到十几遍的都有。

1.4 编译程序的伙伴工具

为了把源程序最终转换成可执行的代码，除编译程序外，还必须有其他程序配合使用。图 1-12 描述的是一个语言处理系统。

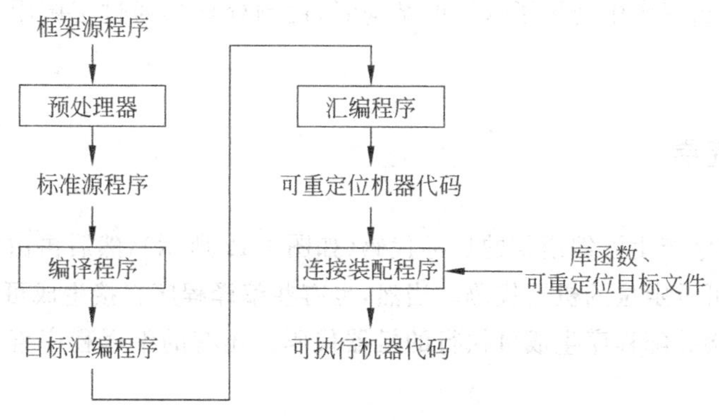

图 1-12 一个语言处理系统

1.4.1 预处理器

通常，用户所写源程序都是框架源程序，需要预处理器对它进行相应的处理，以产生编译程序的输入。预处理器主要完成宏处理、文件包含、语言扩充等功能。

1. 宏处理

用户可以在框架源程序中定义宏，宏是较长结构的一种缩写。如在C语言程序中，

```
#define  prompt(s)  fprintf(stderr,s)
```

是一个宏定义，预处理器先对源程序进行宏处理，用fprintf(stderr,s)代替程序中出现的所有prompt(s)。

宏处理器处理两类语句，即宏定义和宏调用。宏定义通常用关键字标识，如define或macro，宏定义由宏名字及宏体组成，并且宏定义中允许使用形参(如上述语句中的s)。宏调用由调用宏的命令(通常是宏名)和所提供的实参组成。宏处理器用实参代替宏体中的形参，再用变换后的宏体替换宏调用本身。

2. 文件包含

预处理器把框架源程序中的文件包含声明扩展为程序正文。如C语言程序中的“头文件”包含声明行：

```
#include<stdio.h>
```

当C语言的预处理器处理到该语句时，就用文件stdio.h的内容替换此语句。

3. 语言扩充

有些预处理器用更先进的控制结构和数据结构来增强源语言。如，可以将类似于while或case语句结构的内部宏提供给用户使用，而这些结构在原来的程序设计语言中是没有定义的。当程序中使用了这样的结构时，由预处理器通过宏调用实现对语言功能的扩充。

1.4.2 汇编程序

有些编译程序产生汇编语言的目标代码(如图1-12所示)，然后再由汇编程序作进一步的处理，生成可重定位的机器代码。当然，也有些编译程序直接生成可重定位的机器代码，然后再由连接装配程序生成可执行的机器代码。还有的编译程序直接生成可执行的机器代码。

汇编语言用助记符表示操作码，用标识符表示存储地址。如赋值语句b＝a＋2对应的汇编语言代码为：

```
MOV R1,a
ADD R1,#2
MOV b,R1
```

标识符 a、b 表示存储地址，R_1 表示寄存器，#2 是立即常数。通常，汇编语言也提供宏设施，这样的汇编语言称为宏汇编语言。

最简单的汇编程序通过两遍扫描，完成汇编语言程序到机器指令代码的转换。

第一遍，找出标志存储单元的所有标识符，首次遇到某标识符时，为它分配存储空间，确定存储地址，并将标识符及其存储地址记录到汇编程序符号表中。

假定一个字由 4 个字节组成，每个变量占一个字，则对上述汇编代码完成第一遍扫描后，得到如下汇编符号表 1-1。

表 1-1　汇编符号表

标　识　符	地　　址
a	0
b	4

第二遍，把每条用助记符表示的汇编语句翻译为二进制表示的机器指令，根据汇编符号表中的记录，将汇编语句中的标识符翻译为该标识符所对应的存储地址。

第二遍处理的输出结果通常是可重定位的机器代码，这种代码的起始地址为 0，各条指令的位置及其所访问的地址都是逻辑地址，即相对于 0 的偏移地址。当装入内存时，以操作系统为它分配的内存空间的起始地址 L 作为开始单元，这样，如果把所有逻辑地址都加上 L，就可得到相应的物理地址。

为了便于装入时对逻辑地址进行重定位，在汇编的输出中要对那些需要重定位的指令做出标记，供装入程序识别。例如有如下的假定：

```
0001  代表  MOV R,S
0011  代表  ADD
0010  代表  MOV D,R
```

这里，R 代表寄存器，S 代表源操作数的存储单元，D 代表目的操作数的存储单元。并且假定机器指令的格式为：

　　操作符　寄存器　寻址模式　地址

则第二遍的输出结果为如下的可重定位的机器代码。

```
0001  01  00  00000000*
0011  01  10  00000010
0010  01  00  00000100*
```

其中：寄存器标志位 01 代表寄存器 R_1；寻址模式标志位 00 表示后继的 8 位是存储地址，10 表示后继的 8 位是立即常数；* 是重定位标识，表示该存储地址是逻辑地址，在装入时需要重定位。

假如将这段代码装入从100开始的内存空间中,即L=01100100B,则a和b对应的内存地址分别是100和104,则装入内存后的机器指令代码如下。

```
0001  01  00  01100100
0011  01  10  00000010
0010  01  00  01101000
```

1.4.3 连接装配程序

连接装配程序的作用是把多个经过编译或汇编的目标模块连接装配成一个完整的可执行程序。早期的源程序规模较小,编译程序可以直接产生机器可以执行的目标程序。20世纪60年代中期以来,由于源程序的规模不断扩大,通常需要由若干人在不同的时间分别进行程序设计(甚至会采用不同的程序设计语言),于是,出现了将源程序按结构分成不同的模块分别进行设计、分别编译的方法。采用这种方法,编译程序或汇编程序产生的可重定位目标程序一般由3部分组成,即①正文,这是目标程序的主要部分,包括指令代码和数据;②外部符号表(也称全局符号表),其中记录有本程序段引用的名字和被其他程序段引用的名字;③重定位信息表,其中记录有重定位所需要的有关信息。

连接装配程序由连接编辑程序和重定位装配程序组成。连接编辑程序扫描外部符号表,寻找所连接的程序段,根据重定位信息表解决外部引用和重定位,最终将整个程序涉及的目标模块逐个调入内存并连接在一起,组合成一个待装入的程序。重定位装配程序的作用是把目标模块的相对地址转换成绝对地址。连接装配程序不仅为个别编译提供了连接装配能力,而且便于用户直接调用程序库中的程序。

现在,编译程序以及它的这些伙伴工具(还有其他的一些工具,如文本编辑程序)往往集成在一个编程环境中。

1.5 编译原理的应用

为了进一步提高软件的开发效率和质量,公认必须采用工程化的开发方法。所谓工程化的开发方法,就是试图按照工业生产方式来开发软件,即执行一套软件开发过程所要遵循的规范或标准、使用先进的软件开发技术、有相应的软件工具支持等。而这些软件工具的开发,其中很多要用到编译的原理和方法。编译程序本身也是一种软件开发工具,有了它,才能使用编程效率高的高级语言来编写程序。许多处理源程序的软件工具,首先要像编译程序那样对源程序进行分析,下面是一些应用实例。

1. 结构化编辑器

结构化编辑器不仅具有正文编辑和修改功能,而且还能像编译程序那样对用户所输入的源程序进行分析,把恰当的层次结构加在程序上,让用户在源语言的语法制导下编写程序,例如,它能够检查用户的某些输入是否正确;能够自动提供关键字(比如当用户输入

IF后，编辑器会立即显示该语句的结构，并把光标定位在关键字IF与THEN之间必须出现条件的位置，让用户输入条件表达式)；能够检查BEGIN和END，或左右括号是否匹配等。

因此，使用结构化编辑器可以保证源程序无语法错误，并具有统一的可读性好的程序格式，这无疑将提高程序的开发效率和质量。

2. 程序格式化工具

程序格式化工具读入源程序，并对源程序的层次结构进行分析，根据分析结果对源程序中的语句进行排版，使程序结构变得清晰可读。例如，用缩排方式把语句的嵌套层次结构表示出来；用一种专门的字形表述注释文字等。

3. 程序测试工具

软件测试是保证软件质量、提高软件可靠性的现实途径。测试有静态测试和动态测试之分，相应地也有静态和动态两种测试器。

静态测试器：读入源程序，在不运行被测程序的情况下对源程序的语法、结构、过程、接口等进行分析检查，以发现源程序中潜在的错误或异常，例如，不可能执行到的死代码、未定义就引用的变量、不匹配的参数、不适当的循环嵌套和分支嵌套、不允许的递归、空指针的引用、试图使用一个实型变量作为指针等。

动态结构测试器：通过选择适当的测试用例，实际执行被测程序，记录程序的执行路线，并将实际运行结果与期望结果进行比较，以发现程序中的错误或异常。为了追踪程序运行的轨迹，需要对源程序进行分析，并在分析的基础上插入用于记录和显示程序执行轨迹的语句或函数。

4. 程序理解工具

程序理解是人们将程序及其环境对应到面向人的概念知识的过程，是软件开发过程中的一项重要活动，无论是软件维护还是测试，都离不开对源代码的理解。尽管程序理解可以手工进行，但随着软件规模及复杂度的不断增大，程序理解变得越来越困难，需耗费大量的时间和精力，往往还达不到理想的效果，为此，必须运用程序理解技术并在工具的支持下进行，完成软件系统的分析和理解。

程序理解的相关技术有语句分析、程序流分析和软件结构图等。Oink是一个开源的、能够对C和C++程序进行静态分析的工具，其核心部分是程序理解功能，即对代码进行数据流和控制流分析，对程序的结构进行理解。

5. 高级语言翻译工具

在软件开发过程中，常常需要将用某种高级语言开发的程序翻译为另一种高级语言程序。特别是在推行一种新语言的时候，为了在一个部门或一个系统内采用新语言以实现语言的统一，就需要将用老语言编写的程序翻译为新语言程序。

另外，有些看来似乎与编译程序无关的地方也使用编译技术。如查询解释器，它将包含有关系和布尔运算符的谓词翻译为指令,以搜索数据库中满足该谓词的记录。另外,搜索引擎中的分词处理和自动翻译工具等均用到编译原理及其实现技术。

因此,编译原理与技术不仅是编译程序的开发者或维护者所必须掌握的,也是一切从事软件开发和研究的计算机工作者所必须具有的专业基础知识。

习题1

1.1 高级程序设计语言有哪两种翻译方式?它们的特点分别是什么?

1.2 典型的编译程序可以划分为哪几个主要部分?各部分的主要功能是什么?

1.3 在编译程序的设计与实现过程中,涉及哪些方面的知识?它们分别对编译程序有什么影响?

1.4 编译程序有哪些伙伴工具,它们的作用是什么?

1.5 解释下列名词:

翻译程序、编译程序、汇编程序、解释程序

编译程序的遍、编译程序的前端、编译程序的后端

1.6 将编译程序组织成前端和后端的目的是什么?

1.7 请指出下面的错误可在编译的哪个阶段被发现。

关键字拼写错误,如把 while 误写为 whlie

缺少运算对象,如本应为 a=3+b;却误写为 a=3+;

实参与形参的类型不一致

所引用的变量没有定义

数组下标越界

本应为常数,但却在数中出现了非数字字符,如误把 2.5 写成 2m5。

第2章 形式语言与自动机基础

构造编译程序之前，首先需要了解被编译的源语言的词法规则、语法规则和语义规则，弄清楚用什么方法描述这些规则，识别源程序中各种单词符号、语法结构的理论基础是什么。通常，采用正规文法描述程序设计语言的词法规则，用上下文无关文法描述其语法规则，基于自动机理论实现对源程序的词法分析和语法分析。

本章简要介绍形式语言与自动机的基本知识，这些知识是学习本书其他章节内容的基础。

2.1 语言和文法

语言是人类社会生活中必不可少的交流工具，计算机的出现促进了语言学的研究，特别是形式语言学的研究。自从语言学家 Noam Chomsky 于 1956 年建立了形式语言的描述以来，形式语言学理论发展得很快。这种理论对计算机科学有着深刻的影响，对程序设计语言的设计和编译程序的构造有着重大的作用。程序设计语言是形式化的语言，是人与计算机之间相互传递信息的工具。本节就语言和文法的基本概念及其关系进行简单的讨论。

2.1.1 字母表和符号串

1. 字母表

字母表指的是符号的非空有限集合。典型的符号是字母、数字、各种标点和运算符等。如集合{0,1}是二进制数的字母表，计算机使用的字母表常见的有 ASCII 字符集和 EBCDIC 字符集。

2. 符号串

定义在某个字母表上的符号串是由该字母表中的符号组成的有限长度的符号序列。如 010011、0101 等是字母表{0,1}上的符号串，aa、ab、abbab 等是字母表{a、b}上的符号串。下面介绍与符号串有关的几个概念和运算。

符号串 α 的长度：指的是 α 中出现的符号的个数，记做 $|\alpha|$。如符号串“abac”的长度为 4，空串是长度为 0 的符号串，这是一个特殊的符号串，常用 ε 表示，即 $|\varepsilon|=0$。

符号串 α 的前缀：指的是从符号串 α 的末尾删除 0 个或多个符号之后得到的符号串，如“ε”、“uni”、“univer”、“university”等都是“university”的前缀。

符号串 α 的后缀：指的是从符号串 α 的开头删除 0 个或多个符号之后得到的符号

串,如"ε"、"sity"、"versity"、"university"等都是"university"的后缀。

符号串α的子串：指的是删除了α的前缀和/或后缀后得到的符号串,如"ver"、"sity"、"uni"、"iv"等都是"university"的子串。α的所有前缀、后缀也都是它的子串。

对任意的符号串α,α自身、ε都是α的前缀、后缀,也是α的子串。

符号串α的真前缀、真后缀、真子串：如果β是符号串α的前缀、后缀或子串,并且$\beta\neq\alpha$,则称符号串β是符号串α的真前缀、真后缀或真子串。

符号串α的子序列：指的是从符号串α中删除0个或多个符号(这些符号可以是不连续的)之后得到的符号串。如"uvrit"、"uiri"等都是符号串"university"的子序列。

符号串的连接：符号串α和β的连接是把符号串β加在α之后得到的符号串,记做$\alpha\beta$。如：若$\alpha=ab$,$\beta=cd$,则$\alpha\beta=abcd$,$\beta\alpha=cdba$。由于ε是不包含任何符号的空串,所以,对于任何符号串α,都有$\varepsilon\alpha=\alpha\varepsilon=\alpha$。

符号串α的幂：若α是符号串,α的n次幂α^n定义为：

$$\underbrace{\alpha\alpha\cdots\alpha\alpha}_{n\text{个}\alpha}$$

当$n=0$时,α^0是空串ε,即$\alpha^0=\varepsilon$。假如$\alpha=ab$,则有：

$$\alpha^0 = \varepsilon$$
$$\alpha^1 = ab$$
$$\alpha^2 = abab$$
$$\cdots$$
$$\alpha^n = \underbrace{abab\ldots ab}_{n\text{个}ab}$$

2.1.2 语言

语言指的是在某个确定字母表上的符号串的集合。例如,按照语法规则构造出来的C语言程序组成的集合是定义在C语言字符集上的语言。还有一些抽象的语言,如空集$\varnothing$、只包含一个空串的集合{ε}也都是符合此定义的语言。需要注意的是这个定义并没有把任何意义赋予语言中的符号串。

有关语言的运算主要有"并(union)"、"连接(connection)"、"幂(power)"和"闭包(closure)"。假设L和M表示两个语言,这些运算的定义如下。

语言L和M的并记做$L\cup M$：$L\cup M=\{\ s \mid s\in L$ 或 $s\in M\ \}$

语言L和M的连接记做LM：$LM=\{\ st \mid s\in L$ 并且 $t\in M\ \}$

语言L的n次幂记做L^n：$L^0=\{\varepsilon\}$,$L^n=L^{n-1}L$,L^n是语言L与其自身的$n-1$次幂的连接。

语言L的Kleene闭包记做L^*：即L^*为L的0次或若干次连接。

$$L^* = \bigcup_{i=0}^{\infty} L^i = L^0 \cup L^1 \cup L^2 \cup L^3 \cup \cdots$$

语言L的正闭包记作L^+：即L^+为L的1次或若干次连接。

$$L^{+}=\bigcup_{i=1}^{\infty} L^{i}=L^{1} \cup L^{2} \cup L^{3} \cup L^{4} \cup \cdots$$

例如，令 $L=\{A,B,\cdots,Z,a,b,\cdots,z\}$，$D=\{0,1,\cdots,9\}$，可以从两个角度看 L 和 D：一是可以把 L 和 D 看作是字母表，则 L 是由全部的大写和小写英文字母组成的字母表，D 是由 10 个十进制数字组成的字母表。二是可以把 L 和 D 看作是语言，由于可以把符号看成是长度为 1 的符号串，所以 L 和 D 都是定义在确定的字母表上的符号串的集合，即 L 和 D 都是有限的语言。

应用上述关于语言的运算，L 和 D 通过运算可以生成新的语言，如表 2-1 所示。

表 2-1　语言运算举例

语　言	描　　述
$L \cup M$	全部字母和数字的集合
LD	由一个字母后跟一个数字组成的所有符号串的集合
L^4	由字母组成的长度为 4 的所有符号串的集合
L^*	由字母组成的所有符号串(包括 ε)的集合
$L(L \cup D)^*$	以字母开头，后跟若干个字母、数字组成的所有符号串的集合
D^+	由数字组成的所有长度大于等于 1 的数字串的集合

2.1.3　文法及其形式定义

这里介绍有关文法的形式定义、文法的分类以及书写约定。

1. 文法的形式定义

所谓文法就是描述语言的语法结构的形式规则。著名语言学家 Noam Chomsky 于 1956 年首先对形式语言进行了描述，他把文法定义为四元组 $G=(V_T,V_N,S,\varphi)$，其中：

V_T 是一个非空的有限集合，它的每个元素称为终结符号。

V_N 是一个非空的有限集合，它的每个元素称为非终结符号，并且 $V_T \cap V_N=\varnothing$，即 V_T 与 V_N 的交集为空。

S 是一个特殊的非终结符号，称为文法的开始符号。

φ 是一个非空的有限集合，它的每个元素称为产生式。

产生式的形式为 $\alpha \rightarrow \beta$，其中 α 是产生式的左部，β 是产生式的右部，"→"表示"定义为"(或"由……组成")，并且 α、$\beta \in (V_T \cup V_N)^*$，$\alpha \neq \varepsilon$，即 α、β 是由终结符号或非终结符号组成的符号串。

开始符号 S 至少必须在某个产生式的左部出现一次。

为了书写方便，对于若干个左部相同的产生式可以进行缩写，如：

$\alpha \rightarrow \beta_1$

$\alpha \rightarrow \beta_2$

…

$\alpha \rightarrow \beta_n$

可以缩写为：

$\alpha \rightarrow \beta_1 | \beta_2 | \cdots | \beta_n$

其中“|”表示“或”，每个 $\beta_i(i=1,2,\cdots,n)$ 称为 α 的一个候选式。

2. 文法的分类

Noam Chomsky 把文法定义为四元组，并且根据对产生式施加的限制不同，将文法分为四类，即 0 型、1 型、2 型和 3 型文法，从 0 型文法到 3 型文法，文法由强到弱。相应地，形式语言也分为四类，如表 2-2 所示。

表 2-2 文法的类型及相应的语言类

文法类型	产生式的限制	文法产生的语言类
0 型文法	$\alpha \rightarrow \beta$ 其中 $\alpha,\beta \in (V_T \cup V_N)^*$，$\|\alpha\| \neq 0$ α 至少含一个 V_N 中的符号	0 型语言
1 型文法，即 上下文有关文法	$\alpha \rightarrow \beta$ 其中 $\alpha,\beta \in (V_T \cup V_N)^*$ 满足 0 型文法的要求，并且 $\|\alpha\| \leqslant \|\beta\|$	1 型语言，即 上下文有关语言
2 型文法，即 上下文无关文法	$A \rightarrow \beta$ 其中 $A \in V_N, \beta \in (V_T \cup V_N)^*$	2 型语言，即 上下文无关语言
3 型文法，即 正规文法 （线性文法）	$A \rightarrow a$、$A \rightarrow aB$（右线性），或 $A \rightarrow a$、$A \rightarrow Ba$（左线性） 其中 $A,B \in V_N, a \in V_T \cup \{\varepsilon\}$	3 型语言，即 正规语言

这里着重介绍上下文无关文法及相应的语言。

上下文无关文法所定义的语法单位是完全独立于这种语法单位可能出现的上下文环境的。对于现有的程序设计语言来说，许多语法单位的结构可以用上下文无关文法来描述。以后，如无特别说明，“文法”一词均指上下文无关文法。

例 2.1 下面描述算术表达式的文法 G 是一个上下文无关文法。

G=({ i,+,−,∗,/,(,) },{＜表达式＞,＜项＞,＜因子＞},＜表达式＞,φ)

其中，φ：

＜表达式＞→＜表达式＞+＜项＞|＜表达式＞−＜项＞|＜项＞

＜项＞→＜项＞∗＜因子＞|＜项＞/＜因子＞|＜因子＞

＜因子＞→(＜表达式＞)|i

这里，i 表示最基本的运算对象。

如果用“::=”代替“→”，这组产生式可以写为：

＜表达式＞ ::= ＜表达式＞+＜项＞|＜表达式＞−＜项＞|＜项＞

＜项＞ ::= ＜项＞∗＜因子＞|＜项＞/＜因子＞|＜因子＞

＜因子＞ ::= (＜表达式＞)|i

这种表示方法就是 BNF(Backus-Normal Form)表示法，即巴科斯范式，它是由 Backus 为了在 Algol 60 报告中描述 Algol 语言的语法首先提出使用的。这里元符号：

“::=”　表示“定义为”或“由……组成”；

“<…>”　表示非终结符号；

“|”　表示“或”。

这个文法 G 所产生的上下文无关语言是所有包括加、减、乘、除四则运算的算术表达式的集合。

3. 文法书写约定

(1) 下面的符号常用作终结符号。

- 次序靠前的小写字母，如 a、b、c 等。
- 运算符号，如+、-、*、/ 等。
- 各种标点符号，如括号、逗号、冒号、等于号等。
- 数字 1,2,…,9。
- 正体字符串，如 id、begin、if、then 等。

(2) 下面的符号常用作非终结符号。

- 次序靠前的大写字母，如 A、B、C 等。
- 大写字母 S 常用作文法的开始符号。
- 小写的斜体符号串，如 *expr*、*term*、*factor*、*stmt* 等。

(3) 次序靠后的大写字母常用来表示文法符号，即终结符号或非终结符号，如 X、Y、Z 等。

(4) 次序靠后的小写字母常用来表示终结符号串，如 u、v、…、z 等。

(5) 小写的希腊字母常用来表示文法符号串，如 α、β、γ、δ 等。

(6) 通常，可以直接用产生式的集合代替四元组来描述文法，第一个产生式的左部符号是文法的开始符号。

2.1.4 推导和短语

本节以上下文无关文法为例，介绍有关推导和短语的概念。

例 2.2 考虑简单算术表达式的文法 G：$G=(\{+,*,(,),\mathrm{i}\},\{E,T,F\},E,\varphi)$

其中：E 代表“表达式”、T 代表“项”、F 代表“因子”。

$$\begin{aligned}\varphi:\ & E\rightarrow E+T\mid T\\ & T\rightarrow T*F\mid F\\ & F\rightarrow (E)\mid \mathrm{i}\end{aligned}\qquad\text{(文法 2.1)}$$

从文法的开始符号出发，使用产生式对非终结符号进行替换和展开，就可以得到该文法的句子。例如对于文法 2.1，从开始符号 E 出发，进行一系列的替换和展开，可以推导出各种不同的算术表达式(即句子)，该文法能够推导出的所有表达式的集合就是该文法所定义的语言。

1. 推导

假定 $A \to \gamma$ 是一个产生式，α 和 β 是任意的文法符号串，则有

$$\alpha A\beta \Rightarrow \alpha\gamma\beta$$

其中“⇒”表示“一步推导”，即利用产生式对左边符号串中的一个非终结符号 A 进行替换，得到右边的符号串。我们称 $\alpha A\beta$ 直接推导出 $\alpha\gamma\beta$，也可以说 $\alpha\gamma\beta$ 是 $\alpha A\beta$ 的直接推导，或说 $\alpha\gamma\beta$ 直接归约到 $\alpha A\beta$。

如果有直接推导序列：

$$\alpha_1 \Rightarrow \alpha_2 \Rightarrow \cdots \Rightarrow \alpha_n$$

则说 α_1 推导出 α_n，记做 $\alpha_1 \overset{*}{\Rightarrow} \alpha_n$，我们称这个序列是一个从 α_1 到 α_n 的长度为 n 的推导。其中 $\overset{*}{\Rightarrow}$ 表示 0 步或多步推导。

对于文法 2.1，表 2-3 描述了从文法开始符号 E 推导出符号串 i+i 的详细过程。

表 2-3　符号串 i+i 的推导过程

$\alpha A\beta$	α	A	β	所用产生式	$\alpha\gamma\beta$	从 E 到 $\alpha\gamma\beta$ 的推导长度
E	ε	E	ε	$E \to E+T$	$E+T$	1
$E+T$	ε	E	$+T$	$E \to T$	$T+T$	2
$T+T$	ε	T	$+T$	$T \to F$	$F+T$	3
$F+T$	ε	F	$+T$	$F \to \mathrm{i}$	$\mathrm{i}+T$	4
$\mathrm{i}+T$	i+	T	ε	$T \to F$	$\mathrm{i}+F$	5
$\mathrm{i}+F$	i+	F	ε	$F \to \mathrm{i}$	i+i	6

如果 $\alpha \overset{*}{\Rightarrow} \beta$，并且在每“一步推导”中，都替换 α 中最左边的非终结符号，则称这样的推导为最左推导，记做 $\alpha \underset{\mathrm{lm}}{\overset{*}{\Rightarrow}} \beta$，如表 2-3 中所描述的推导就是最左推导。相应地，如果在每“一步推导”中都替换 α 中最右边的非终结符号，则称这样的推导为最右推导，记做 $\alpha \underset{\mathrm{rm}}{\overset{*}{\Rightarrow}} \beta$，最右推导也称为规范推导。

对于文法 $G=(V_{\mathrm{T}}, V_{\mathrm{N}}, S, \varphi)$，如果 $S \overset{*}{\Rightarrow} \alpha$，则称 α 是文法 G 的一个句型，仅含有终结符号的句型是文法的句子。文法 G 的所有句子组成的集合是文法 G 所定义的语言，记做 $L(G)$：

$$L(G) = \{ \alpha \mid S \overset{+}{\Rightarrow} \alpha, \text{并且 } \alpha \in V_{\mathrm{T}}{}^{*} \}$$

例如，表 2-3 相应的推导序列如下：

$$E \Rightarrow E + T \Rightarrow T + T \Rightarrow F + T \Rightarrow \mathrm{i} + T \Rightarrow \mathrm{i} + F \Rightarrow \mathrm{i} + \mathrm{i}$$

这里，E、$E+T$、$T+T$、$F+T$、$\mathrm{i}+T$、$\mathrm{i}+F$ 和 i+i 都是文法 G 的句型，其中 i+i 是文法 G 的句子。$L(G)$={含有+、* 运算的表达式的全体}

若 $S \underset{\mathrm{lm}}{\overset{*}{\Rightarrow}} \alpha$，则 α 是当前文法的一个左句型，若 $S \underset{\mathrm{rm}}{\overset{*}{\Rightarrow}} \alpha$，则 α 是当前文法的一个右句型。

由于上述推导过程是一个最左推导过程，故相应的句型也就是文法 G 的左句型。

2. 短语

对于文法 $G=(V_T,V_N,S,\varphi)$，假定 $\alpha\beta\delta$ 是文法 G 的一个句型，如果存在：

$$S\overset{*}{\Rightarrow}\alpha A\delta,\quad 并且\ A\overset{+}{\Rightarrow}\beta$$

则称 β 是句型 $\alpha\beta\delta$ 关于非终结符号 A 的短语，如果存在：

$$S\overset{*}{\Rightarrow}\alpha A\delta,\quad 并且\ A\Rightarrow\beta$$

则称 β 是句型 $\alpha\beta\delta$ 关于非终结符号 A 的直接短语。一个句型的最左直接短语称为该句型的句柄。

例如，对于推导：

$$\underset{①}{\underline{E}}\Rightarrow\underset{②}{\underline{T}}\Rightarrow\underset{③}{\underline{T*F}}\Rightarrow\underset{④}{\underline{T*(E)}}\Rightarrow\underset{⑤}{\underline{F*(E)}}\Rightarrow\underset{⑥}{\underline{i*(E)}}\Rightarrow\underset{⑦}{\underline{i*(E+T)}}\Rightarrow\underset{⑧}{\underline{i*(T+T)}}$$

$$\Rightarrow\underset{⑨}{\underline{i*(F+T)}}\Rightarrow\underset{⑩}{\underline{i*(i+T)}}$$

这里数字①至⑩标注的均是文法 G 的句型，表 2-4 列出了句型⑩中的短语。

表 2-4　句型 i×(i+T)的短语

符号串 β	相对于非终结符号 A	短语的性质
第一个 i	句型⑤中的 F	最左直接短语，即句柄
	句型④和③中的 T	短语
第二个 i	句型⑨中的 F	直接短语
	句型⑧中的 T	短语
	句型⑦中的 E	短语
$i+T$	句型⑥、⑤、④中的 E	短语
$(i+T)$	句型③中的 F	短语
$i*(i+T)$	句型②中的 T	短语
	句型①中的 E	短语

2.1.5　分析树及二义性

本节介绍有关分析树、子树的概念，以及子树与短语之间的关系，文法的二义性等。

1. 分析树

分析树是推导的图形表示，故又称推导树。分析树首先是一棵有序有向树，因此具有树的性质，其次分析树还有自己的特点，即它的每一个结点都有标记，如根结点由文法的开始符号标记，每个内部结点由非终结符号标记，它的子结点由这个非终结符号本次推导所用产生式的右部各符号从左到右依次标记，分析树的叶结点由非终结符号或终结符号标记，它们从左到右排列起来，构成一个句型。

例 2.3 如下推导

$E \Rightarrow T \Rightarrow T * F \Rightarrow T * (E) \Rightarrow F * (E) \Rightarrow \mathrm{i} * (E) \Rightarrow \mathrm{i} * (E+T)$

$\Rightarrow \mathrm{i} * (T+T) \Rightarrow \mathrm{i} * (F+T) \Rightarrow \mathrm{i} * (\mathrm{i}+T)$

所对应的分析树如图 2-1 所示。

从一棵分析树本身并不能完全反映其中间推导过程，因为如下的最左推导与上述推导过程具有同样的分析树。

$E \Rightarrow T \Rightarrow T * F \Rightarrow F * F \Rightarrow \mathrm{i} * F \Rightarrow \mathrm{i} * (E) \Rightarrow \mathrm{i} * (E+T)$

$\Rightarrow \mathrm{i} * (T+T) \Rightarrow \mathrm{i} * (F+T) \Rightarrow \mathrm{i} * (\mathrm{i}+T)$

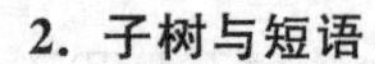

图 2-1 句型 $\mathrm{i} * (\mathrm{i}+T)$ 的分析树

2. 子树与短语

一棵分析树的子树，是指分析树中的一个特有的结点、连同它的全部后裔结点、连接这些结点的边，以及这些结点的标记。

因此，子树根结点的标记可能不是文法的开始符号。如果子树的根结点的标记是非终结符号 A，则可称该子树为 A-子树。

子树与短语之间存在着十分密切的关系。一颗分析树的所有叶结点自左至右排列起来形成的文法符号串是文法的一个句型，它的一棵子树的所有叶结点自左至右排列起来形成的文法符号串就是该句型的一个相对于该子树根结点的短语。分析树中只有父子两代的子树的所有叶结点自左至右排列起来形成的文法符号串，是该句型相对于该子树根结点的直接短语。分析树中最左边的直接短语，即最左直接短语，就是该句型的句柄。图 2-1 中，最左边的叶结点 i 是该句型的句柄，第二个 i 是该句型的直接短语，而第一个 i、第二个 i、$\mathrm{i}+T$、$(\mathrm{i}+T)$、$\mathrm{i} * (\mathrm{i}+T)$ 都是该句型的短语。

3. 二义性

如果一个文法的某个句子（或句型）有不止一棵分析树与之对应，则这个句子（或句型）是二义性的。相应地，含有二义性句子（或句型）的文法是二义性文法。

例 2.4 考虑文法 G：$G=(\{+, *, (,), \mathrm{i}\}, \{E\}, E, \varphi)$

其中，φ：

$E \rightarrow E+E \mid E * E \mid (E) \mid \mathrm{i}$ （文法 2.2）

该文法的一个句子 $\mathrm{i}+\mathrm{i}*\mathrm{i}$ 存在如下两个不同的最左推导：

$$E \Rightarrow E+E \Rightarrow \mathrm{i}+E \Rightarrow \mathrm{i}+E * E \Rightarrow \mathrm{i}+\mathrm{i} * E \Rightarrow \mathrm{i}+\mathrm{i} * \mathrm{i}$$

$$E \Rightarrow E * E \Rightarrow E+E * E \Rightarrow \mathrm{i}+E * E \Rightarrow \mathrm{i}+\mathrm{i} * E \Rightarrow \mathrm{i}+\mathrm{i} * \mathrm{i}$$

相应地就有两棵不同的分析树，如图 2-2 所示，由此可知该句子具有二义性，因此产生该句子的文法 2.2 也是二义性的。

值得注意的是，文法的二义性和语言的二义性是两个不同的概念。很可能存在两个不同的文法 G 和 G'，其中一个是二义性的，另一个是无二义性的，但它们所产生的语言是相同的，即 $L(G)=L(G')$。如果两个文法产生的语言相同，则称这两个文法是等价的。

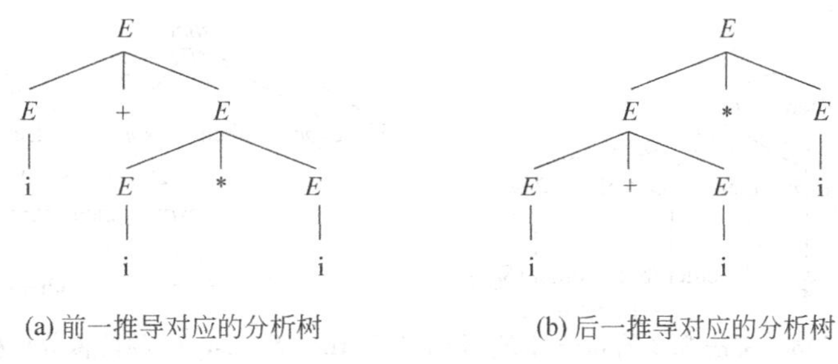

图 2-2 句子 i+i*i 的两棵不同的分析树

有时，可以把一个二义性的文法变换为一个与之等价的、但无二义性的文法。如对于文法 2.2，通过规定运算符的优先级和结合性质，比如规定"*"优先于"+"，并且都遵从左结合，就可以将它变换为一个等价的无二义性的文法，这就是文法 2.1。但也有一些语言，根本就不存在无二义性的文法，这样的语言称为二义性的语言。已经证明，二义性问题是不可判定的，也就是说，不存在这样一种算法，它能够在有限步骤内确切地判定出一个文法是否是二义性的。我们所能做的只是找出一些充分条件(未必是必要条件)，当文法满足这些条件时，就可以确信该文法是无二义性的。

2.1.6 文法变换

这一小节讨论文法的等价变换，主要是文法二义性的消除和左递归的消除等问题，使改写后的文法满足语法分析的需要。

1. 文法二义性的消除

有些二义性文法，通过重写文法可以消除其二义性，如前所述的将文法 2.2 改写为文法 2.1，再如，对于映射程序设计语言中 IF 语句的文法：

stmt → if *expr* then *stmt*

　　| if *expr* then *stmt* else *stmt*

　　| other

expr → e　　　　(文法 2.3)

其中 other 代表任何其他的语句。

根据该文法，句子 if e_1 then if e_2 then S_1 else S_2 有两棵不同的分析树，如图 2-3 所示。由此可知，这个文法是二义性的。

为了避免二义性，在所有允许这两种形式 IF 语句的程序设计语言中都作了规定，即"else 必须匹配离它最近的那个未匹配的 then"，这就是最近最后匹配原则。根据这个原则，出现在 then 和 else 之间的语句必须是"匹配的"，所谓匹配的语句是不包含不匹配语句的 if-then-else 语句，或是其他任何非 IF 语句。这样，就可以把文法改写为：

stmt → *matched_stmt* | *unmatched_stmt*

matched_stmt → if *expr* then *matched_stmt* else *matched_stmt*

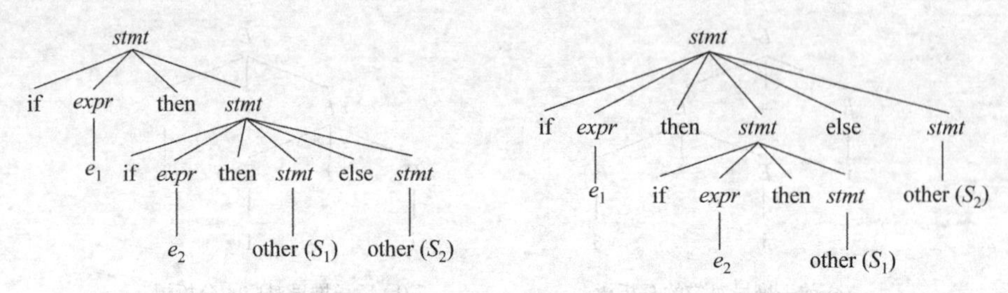

图 2-3 文法 2.3 的句子 if E_1 then if E_2 then S_1 else S_2 的两棵分析树

| other

unmatched_stmt → if *expr* then *stmt*

| if *expr* then *matched_stmt* else *unmatched_stmt*

expr → e (文法 2.4)

根据改写后的文法,上述句子只有一棵分析树,如图 2-4 所示。

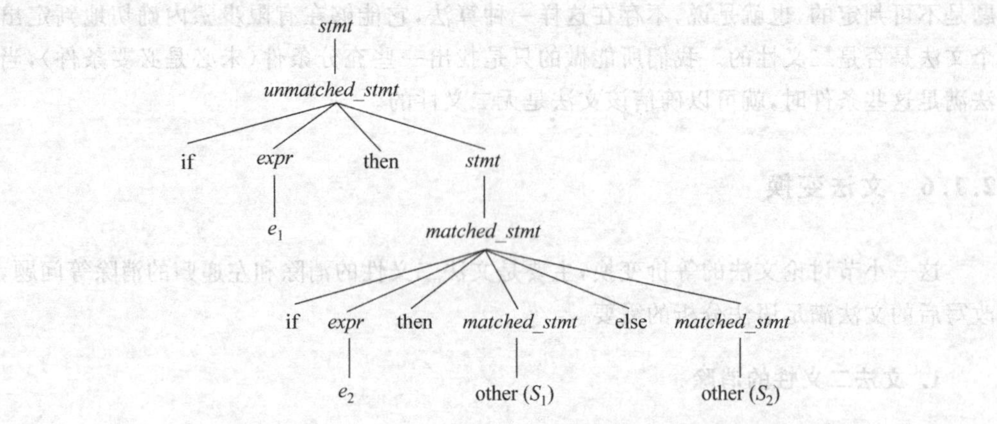

图 2-4 文法 2.4 的句子 if e_1 then if e_2 then S_1 else S_2 的分析树

由此可见,改写后的文法与以前的文法是等价的,即生成同样的 IF 语句集合,但前者是二义性的,后者是无二义性的。

2. 左递归的消除

一个文法是左递归的,如果它有非终结符号 A,对某个文法符号串 α,存在推导:

$$A \overset{+}{\Rightarrow} A\alpha$$

若存在某个 $\alpha=\varepsilon$,则称该文法是有环路的。

由于自顶向下的语法分析方法不能处理左递归文法,所以对左递归文法进行消除左递归变换是必需的,具体方法如下。

首先考虑简单的情况。如果文法 G 有产生式:

$$A \rightarrow A\alpha \mid \beta$$

其中候选式 β 不以 A 开头,产生式 $A \rightarrow A\alpha$ 表明非终结符号 A 是直接左递归的。通过引入一个新的非终结符号 A',把 A 的这两个产生式改写为:

$$A \to \beta A'$$
$$A' \to \alpha A' \mid \varepsilon$$

由于这两组产生式从 A 推导出的符号串是相同的，即都是 $\beta\alpha\cdots\alpha$，故它们是等价的。

例 2.5 考虑表达式文法：

$E \to E+T \mid T$

$T \to T*F \mid F$

$F \to (E) \mid \mathrm{i}$ （文法 2.5）

由上述产生式可知，非终结符号 E、T 都是直接左递归的。利用上面介绍的消除直接左递归的方法，可以将该文法改写为：

$E \to TE'$

$E' \to +TE' \mid \varepsilon$

$T \to FT'$

$T' \to *FT' \mid \varepsilon$

$F \to (E) \mid \mathrm{i}$ （文法 2.6）

现在考虑一般的情况。假定关于 A 的全部产生式如下：

$A \to A\alpha_1 \mid A\alpha_2 \mid \cdots \mid A\alpha_m \mid \beta_1 \mid \beta_2 \mid \cdots \mid \beta_n$

其中 $\beta_i (i=1,2,\cdots,n)$ 不以 A 开头，$\alpha_j (j=1,2,\cdots,m)$ 不等于 ε。则上述产生式可以改写为：

$A \to \beta_1 A' \mid \beta_2 A' \mid \cdots \mid \beta_n A'$

$A' \to \alpha_1 A' \mid \alpha_2 A' \mid \cdots \mid \alpha_m A' \mid \varepsilon$

使用这种方法，可以很方便地把见于表面的所有直接左递归消除，但并不意味着已经消除了文法中的全部左递归。例如，对于有如下具有间接左递归的文法 $G[S]$：

$S \to Aa \mid b$

$A \to Ac \mid Sd \mid \varepsilon$ （文法 2.7）

用上述方法就无法消除其中的全部左递归。下面介绍一个算法，它可以彻底地消除一个文法中的左递归。为确保算法 2.1 的正确执行，要求输入的文法无环路，且不存在 ε-产生式。

算法 2.1 消除文法中左递归的算法。

输入：无环路、无 ε-产生式的文法 G。

输出：不含左递归的与 G 等价的文法 G'。

方法：

(1) 把文法 G 的所有非终结符号按某种顺序排列成 $A_1, A_2, \cdots, A_n$。

(2) for(i＝1;i＜＝n;i＋＋)

```
for(j=1;j<=i-1;j++)
if(Aj→δ1|δ2|…|δk 是关于当前 Aj 的所有产生式)
{
    把每个形如 Ai→Ajγ 的产生式改写为 Ai→δ1γ|δ2γ|…|δkγ;
    消除 Ai 产生式中的直接左递归;
```

}

(3) 化简第(2)步得到的文法，即去除无用的非终结符号和产生式。

所谓无用的非终结符号和产生式，指的是那些从文法开始符号出发永远无法到达的非终结符号及其相关产生式，及从此符号出发推导不出终结符号串的非终结符号。

利用算法 2.1 改写后得到的非左递归文法可能含有 ε-产生式(即形如 $A \to \varepsilon$ 的产生式)。

由于该算法要求输入的是无 ε-产生式的文法，因此在对一个含有 ε-产生式的文法施用算法 2.1 之前，必须先为之构造一个等价的不含有 ε-产生式的文法。

为一个含有 ε-产生式的文法 $G=(V_T, V_N, S, \varphi)$ 构造相应的不含有 ε-产生式的文法 $G'=(V_T{}', V_N{}', S, \varphi')$ 的方法如下：

若产生式 $A \to X_1 X_2 \cdots X_n \in \varphi$，则把产生式 $A \to \alpha_1 \alpha_2 \cdots \alpha_n$ 加入 φ'，这里 X_i、α_i 为文法符号，即 X_i、$\alpha_i \in (V_T \cup V_N)$。

若 X_i 不能产生 ε(即 $X_i \not\overset{*}{\Rightarrow} \varepsilon$)，则 $\alpha_i = X_i$；

若 X_i 能产生 ε(即 $X_i \overset{*}{\Rightarrow} \varepsilon$)，则 $\alpha_i = X_i$ 或 $\alpha_i = \varepsilon$；

注意，不能所有的 α_i 都取 ε。

这样得到的文法 G' 满足：

$$L(G') = \begin{cases} L(G) - \{\varepsilon\} & \text{如果 } L(G) \text{ 中含有 } \varepsilon \\ L(G) & \text{如果 } L(G) \text{ 中不含有 } \varepsilon \end{cases}$$

文法 G 是 ε-无关的，如果它没有 ε-产生式，或者只有文法的开始符号 S 有一个 ε-产生式，即 $S \to \varepsilon$，并且 S 不出现在任何产生式的右部。

例 2.6 应用算法 2.1 消除文法 2.7 中的左递归。

首先，必须保证此文法中无环路、无 ε-产生式。很明显，该文法中不存在环路，但是由于有产生式 $A \to \varepsilon$，所以要先将该文法改写为无 ε-产生式的文法，根据上述方法得到：

$S \to Aa \mid a \mid b$

$A \to Ac \mid c \mid Sd$

然后，应用算法 2.1，消除其中的左递归。

第一步，把文法的非终结符号排列为 S、A。

第二步，由于 S 不存在直接左递归，所以算法第(2)步在 $i=1$ 时不做工作；在 $i=2$ 时，把产生式 $S \to Aa|a|b$ 代入 A 的有关产生式中，得到：

$A \to Ac|c|Aad|ad|bd$

消除 A 产生式中的直接左递归，得到如下产生式：

$A \to cA'|adA'|bdA'$

$A' \to cA'|adA'|\varepsilon$

整理产生式，得到如下与文法 2.7 等价但不含左递归的文法：

$S \to Aa|a|b$

$A \to cA'|adA'|bdA'$

$A' \to cA'|adA'|\varepsilon$ (文法 2.8)

3. 提取左公因子

通过对文法提取左公因子，使改写后的文法适用于语法分析的预测分析方法。

一般来讲，如有产生式：

$A \rightarrow \alpha\beta_1 | \alpha\beta_2$

即，两个候选式具有相同的前缀 α，并且从 α 可以推导出非空符号串。在无法确定选用哪个产生式时，可以通过提取左公因子 α，把原产生式变换为：

$A \rightarrow \alpha A'$

$A' \rightarrow \beta_1 | \beta_2$

这样，在分析完 α 之后，再分析 A' 为 β_1 或 β_2。

同样，若有产生式：

$A \rightarrow \alpha\beta_1 | \alpha\beta_2 | \cdots | \alpha\beta_n | \gamma$

其中 γ 不以 α 开头，则这些产生式可用如下的产生式代替：

$A \rightarrow \alpha A' | \gamma$

$A' \rightarrow \beta_1 | \beta_2 | \cdots | \beta_n$

例 2.7 考虑如下映射程序设计语言中 IF 语句的文法。

stmt→if *expr* then *stmt*

|if *expr* then *stmt* else *stmt*

|a

expr→e （文法 2.9）

在语法分析过程中，当遇到输入符号 if 时，无法确定这是一个 if-then 语句还是 if-then-else 语句，即此时语法分析程序不知道应该用哪个产生式来展开 *stmt*。但不难看出，它们有一个左公因子 if *expr* then *stmt*。这样，可以通过提取左公因子把该文法变换为：

stmt→if *expr* then *stmt* S' | a

S'→ else *stmt* | ε

expr→e （文法 2.10）

这样，当遇到 if 开头的输入符号串时，可以用 if *expr* then *stmt* S' 展开文法的非终结符号 *stmt*，直到 if *expr* then *stmt* 分析完毕，再根据下一个输入符号是否为 else 来决定应该把 S' 展开为 else *stmt* 还是 ε。

2.2 有限自动机

有限自动机是具有离散输入与输出的系统的一种数学模型。系统可以处于有限个内部状态的任何一个之中，系统的当前状态概括了过去输入的有关信息，这些信息对于确定系统在以后的输入上的行为是必需的。例如，自动电梯的控制机构就是有限状态系统的一个很好的例子，这个机构并不记住所有以前的服务要求，而只记住现在是在第几层、运动方向是上升还是下降，以及还有哪些服务要求尚未满足。

有限自动机有"确定的"和"非确定的"两种。所谓"确定的有限自动机(Deterministic Finite Automate,DFA)"是指,在当前状态下,输入一个符号,有限自动机转换到唯一的下一个状态,称为后继状态;而"非确定的有限自动机(Nondeterministic Finite Automate,NFA)"是指,在当前状态下输入一个符号,可能有两个以上可选择的后继状态,并且非确定的有限自动机所对应的状态转换图可以有标记为 ε 的边。

2.2.1 确定的有限自动机

首先介绍一下状态转换图的概念。所谓状态转换图是一张有限的方向图,图中的结点代表状态,用圆圈表示,状态之间用有向边连接,边上的标记表示在射出结点状态下可能出现的输入符号。一张状态转换图只含有有限个状态(即有限个结点),其中有一个为初始状态,可以有若干个(0个或多个)终结状态,终态用双圆圈表示。如图2-5就是一张状态转换图。图中共有5个状态结点,其中 S 代表初态,f 代表终态,边上的标记均是字母表 $\Sigma=\{0,1\}$ 上的字符。

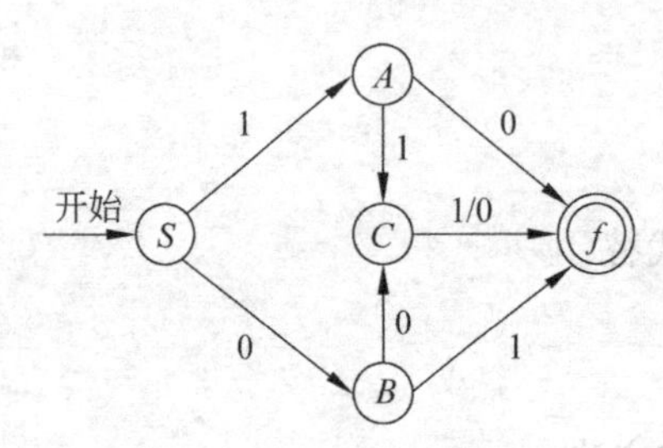

图 2-5 状态转换图

利用状态转换图可以识别符号串 $\omega\in\Sigma^*$,即可以找到一条从初态 S 到终态 f 的标记为 ω 的路径。方法如下:

(1) 起点为初态 S,从 ω 的最左符号开始,重复步骤(2),直到达到 ω 的最右符号为止。

(2) 扫描 ω 的下一个符号,在当前状态的所有射出边中找出标记为该字符的有向边,沿此边转换到下一个状态。

状态转换图所能识别的符号串的全体称为该状态转换图所识别的语言。图2-5中的状态转换图所能识别的语言为 $L(M)=\{10,110,111,01,000,001\}$。显然,$\omega$ 是句子的充分必要条件是最终的当前状态是终态 f。把状态转换图的概念形式化,即可得到有限自动机的概念。

定义 2.1 一个确定的有限自动机 M(记做 DFA M)是一个五元组:

$$M=(\Sigma,Q,q_0,F,\delta)$$

其中,Σ 是一个字母表,它的每个元素称为一个输入符号;Q 是一个有限的状态集合;$q_0\in Q$,q_0 称为初始状态;$F\subseteq Q$,F 称为终结状态集合;δ 是一个从 $Q\times\Sigma$ 到 Q 的映射。

转换函数 $\delta(q,a)=q'$(其中 $q,q'\in Q,a\in\Sigma$)表示当前状态为 q、输入符号为 a 时,自动机将转换到下一个状态 q',q' 称为 q 的一个后继。

若 $Q=\{q_1,q_2,\cdots,q_n\}$,$\Sigma=\{a_1,a_2,\cdots,a_m\}$,则 $Q\times\Sigma=(\delta(q_i,a_j))_{n\times m}$ 是一个 n 行 m 列的矩阵,称为 DFA M 的状态转换矩阵,也称为状态转换表。

例 2.8 设有 DFA $M=(\{0,1\},\{A,B,C,S,f\},S,\{f\},\delta)$,其中

$$\delta(S,0)=B\quad\delta(A,0)=f\quad\delta(B,0)=C\quad\delta(C,0)=f$$

$$\delta(S,1)=A\quad\delta(A,1)=C\quad\delta(B,1)=f\quad\delta(C,1)=f$$

则 M 的状态转换矩阵如图 2-6 所示，这是一个 5 行 2 列的矩阵，它的每一行对应 M 的一个状态，每一列对应 M 的一个输入符号。

	0	1
S	B	A
A	f	C
B	C	f
C	f	f
f	—	—

图 2-6　DFA M 的状态转换矩阵

一个确定的有限自动机 M 可形象地用一张状态转换图来表示。假定 DFA M 有 n 个状态，m 个输入符号，则这张状态转换图含有 n 个状态结点，每个结点最多有 m 条射出边与其他状态结点相连接，即若 q、$q' \in Q$，$a \in \Sigma$，并且 $\delta(q,a)=q'$，则从 q 到 q' 有一条标记为 a 的有向边。整个图有唯一的一个初态和若干个终态。例如，与例 2.8 中的 DFA M 相应的状态转换图即为图 2-5 所示。

对 Σ 上的任何符号串 $\omega \in \Sigma^*$，若存在一条从初态结点到终态结点的路径，该路径上每条边的标记连接成的符号串恰好是 ω，则称 ω 能为 DFA M 所识别。DFA M 所能识别的符号串的全体记为 $L(M)$，称为 DFA M 所识别的语言。

如果我们对所有 $\omega \in \Sigma^*$，以下述方式递归地扩充 δ 的定义：

对任何 $a \in \Sigma$，$q \in Q$，定义：

$$\delta(q,\varepsilon) = q$$

$$\delta(q,\omega a) = \delta(\delta(q,\omega),a)$$

根据定义，如果从初态 q_0 出发，有一条到达终态 f 的路径，该路径上的边的标记依次连接起来是 ω，则有

$$\delta(q_0,\omega)=f$$

则有

$$L(M)=\{\omega|\omega \in \Sigma^*,\quad \text{并且存在 } q \in F,\quad \text{使 } \delta(q_0,\omega)=q\}$$

实际上，$L(M)$ 的这种表示方法就是 DFA M 所识别语言的形式定义。

可以用下面的算法模拟 DFA 的行为。

算法 2.2　模拟 DFA 识别符号串的算法。

输入：符号串 ω，ω 以文件结束符 eof 结尾；一个 DFA $M=(\Sigma,Q,q_0,F,\delta)$。

输出：如果 DFA M 接受 ω，则返回 yes，否则返回 no。

方法：首先初始化向前扫描指针 ip，使之指向 ω 的第一个符号。

```
q=q0;                                //取初始状态作为当前状态
a=getchar;                           //读取 ip 所指符号,保存于变量 a
while(a!=eof){
    if (δ(q,a)!=φ)  q=move(q,a);    //沿 a 边前进到下一状态
    else return('no');
    a=getchar;
    };
if q∈F return('yes');                //到达终态
else return('no');
```

其中，函数 getchar 返回指针 ip 所指向的符号，并移动指针 ip 使之指向 ω 中的下一个符号；函数 $move(q,a)$ 返回状态 q 经过标记为 a 的有向边的后继状态。

2.2.2 非确定的有限自动机

从 DFA 的概念来讲，如果在某个状态下，对某个输入符号存在多个后继状态，那么当自动机处于该状态时，就无法确定其状态改变。当然该自动机可以试探各种可能，以确定某一输入串是否能为其所接受。图 2-7 是一个 NFA 的状态转换图，它所接受的语言是 $L(M)=\{a^+b^+\}$。

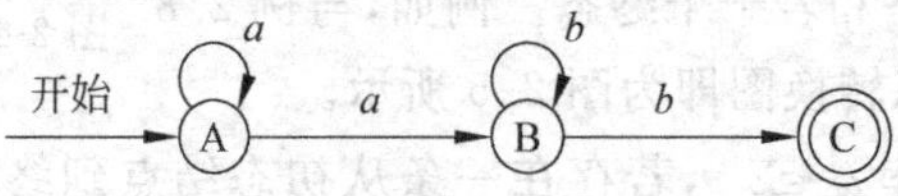

图 2-7 非确定的有限自动机的例子

把 DFA 的概念加以扩充，就可以得到非确定的有限自动机（NFA）的概念。

定义 2.2 一个非确定的有限自动机 M（记作 NFA M）是一个五元组

$$M=(\Sigma,Q,q_0,F,\delta)$$

其中，Σ 是一个字母表，它的每个元素称为一个输入符号；Q 是一个有限状态集合；$q_0\in Q$，q_0 称为初始状态；$F\subseteq Q$，F 称为终结状态集合；δ 是一个从 $Q\times\Sigma$ 到 Q 的子集的映射，即 δ: $Q\times\Sigma\to 2^Q$，其中 2^Q 是 Q 的幂集，也就是由 Q 的所有子集组成的集合。

一个含有 n 个状态、m 个输入符号的非确定的有限自动机 M，也可以用一张状态转换图来形象地表示。图中含有 n 个状态结点，每个结点可射出若干条边与其他的状态结点相连接，整个图含有唯一的一个初态结点和若干个终态结点（可以为 0 个）。

对 Σ 上的任何符号串 $\omega\in\Sigma^*$，若存在一条从初态结点到终态结点的路径，该路径上每条边的标记连接成的符号串恰好是 ω，则称 ω 能为 NFA M 所识别。NFA M 所能识别的符号串的全体记为 $L(M)$，称为 NFA M 所识别的语言。

如果 $q_0\in F$，则 q_0 既是初态，又是终态，因而存在一条从初态结点到终态结点的 ε-道路，此时，空串 ε 可为该 NFA M 所识别。

例 2.9 设有 NFA $M=(\{a,b\},\{0,1,2,3\},0,\{3\},\delta)$，其中：

$$\delta(0,a)=\{0,1\}\quad \delta(0,b)=\{0\}\quad \delta(1,b)=\{2\}\quad \delta(2,b)=\{3\}$$

该 NFA M 的状态转换矩阵和状态转换图分别如图 2-8(a)和(b)所示。

	a	b
0	{0, 1}	{0}
1	-	{2}
2	-	{3}
3	-	-

(a) 状态转换矩阵

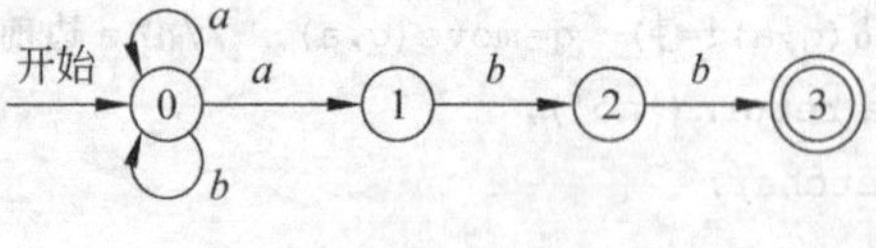

(b) 状态转换图

图 2-8 NFA M 的状态转换矩阵和状态转换图

该 NFA M 所识别的语言为 $L(M)=\{(a|b)^*abb\}$。

定理 2.1 对任何一个 NFA M，都存在一个与之等价的 DFA D，即 $L(M)=L(D)$。

这里不对定理进行证明，只通过例子来说明为 NFA M 构造等价的 DFA D 的方法。

例 2.10 请构造与 NFA $M=(\{a,b\},\{A,B\},A,\{B\},\delta)$ 等价的 DFA D。

其中，δ：$\delta(A,a)=\{A,B\}$ $\delta(A,b)=\{B\}$ $\delta(B,b)=\{A,B\}$

首先，画出该 NFA M 的状态转换图，如图 2-9 所示。

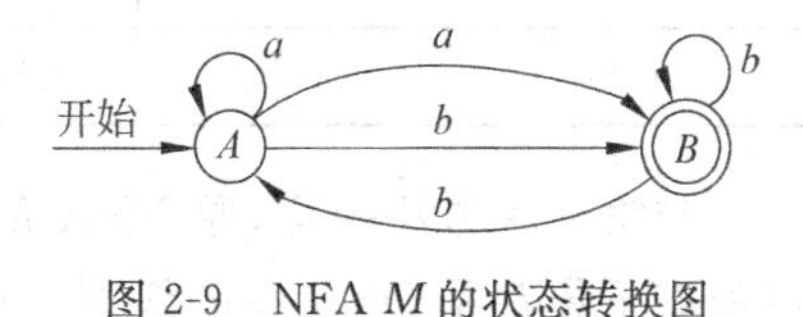

图 2-9 NFA M 的状态转换图

下面介绍构造 DFA D 的两种方法。

(1) 转换函数构造法

假设 DFA $D=(\{a,b\},Q',q_0',F',\delta')$

其中：

- Q 中一切子集组成的集合就是 DFA D 的状态集合 Q'。
  这里 $Q'=\{\varnothing,\{A\},\{B\},\{A,B\}\}$。
- $q_0'=\{q_0\}$。在此，$q_0'=\{A\}$。
- 含有原 NFA M 终态的 Q 的所有子集组成的集合就是 DFA D 的终态集合 F'。
  这里 $F'=\{\{B\},\{A,B\}\}$。
- DFA D 的转换函数 δ' 的构成：

$$\delta'(\{q_1,q_2,\cdots,q_k\},a)=\delta(q_1,a)\cup\delta(q_2,a)\cup\cdots\cup\delta(q_k,a)$$

这里：

$$\delta'(\phi,a)=\varnothing \quad \delta'(\phi,b)=\varnothing$$

$$\delta'(\{A\},a)=\delta(A,a)=\{A,B\} \quad \delta'(\{A\},b)=\delta(A,b)=\{B\}$$

$$\delta'(\{B\},a)=\delta(B,a)=\varnothing \quad \delta'(\{B\},b)=\delta(B,b)=\{A,B\}$$

$$\delta'(\{A,B\},a)=\delta(A,a)\cup\delta(B,a)=\{A,B\}\cup\varnothing=\{A,B\}$$

$$\delta'(\{A,B\},b)=\delta(A,b)\cup\delta(B,b)=\{B\}\cup\{A,B\}=\{A,B\}$$

其中，状态$\varnothing$是一个无用的状态，可以去掉。这样就得到 DFA D 的状态转换矩阵和状态转换图，分别如图 2-10(a)和(b)所示。

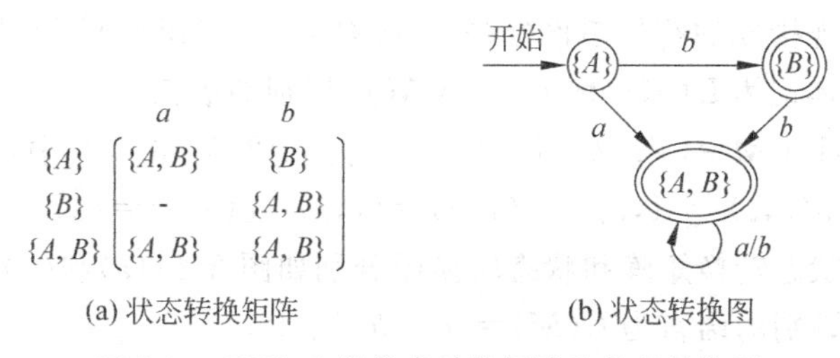

	a	b
{A}	{A, B}	{B}
{B}	-	{A, B}
{A, B}	{A, B}	{A, B}

(a) 状态转换矩阵 (b) 状态转换图

图 2-10 DFA D 的状态转换矩阵和状态转换图

(2) 子集构造法

用子集构造 NFA M 的状态转换矩阵，即列出它的每个子集及该子集相对于每个输入符号的后继子集，如表 2-5 所示。对表 2-5 中的所有子集重新命名，形成表 2-6 所示的状态转换矩阵，这就是与 NFA M 等价的 DFA D 的状态转换矩阵。其状态转换图如图 2-10(b)所示(只是状态名称不同而已)。

表 2-5 NFA M 的状态转换矩阵

状态子集 \ 输入	a	b
$\{A\}$	$\{A,B\}$	$\{B\}$
$\{B\}$	—	$\{A,B\}$
$\{A,B\}$	$\{A,B\}$	$\{A,B\}$

表 2-6 DFA D 的状态转换矩阵

状态 \ 输入	a	b
0	2	1
1	—	2
2	2	2

与第一种方法一样，原 NFA M 的初态仍作为 DFA D 的初态，含有原 NFA M 终态的所有子集都是 DFA D 的终态。对应表 2-6，初态为 0，终态为 1 和 2。

2.2.3 具有ε-转移的非确定的有限自动机

如果状态转换图中有标记为 ε 的边，则无法用前面的定义描述。因而需要扩充 NFA 的概念。

定义 2.3 一个具有 ε-转移的非确定的有限自动机 M(记作 NFA M)是一个五元组

$$M=(\Sigma,Q,q_0,F,\delta)$$

其中，Σ 是一个字母表，它的每个元素称为一个输入符号；Q 是一个有限的状态集合；$q_0\in Q$，q_0 称为初始状态；$F\subseteq Q$，F 称为终结状态集合；δ 是一个从 $Q\times(\Sigma\cup\{\varepsilon\})$ 到 Q 的子集的映射，即 δ: $Q\times(\Sigma\cup\{\varepsilon\})\to 2^Q$，也就是说，对任何 $q\in Q$ 及 $a\in(\Sigma\cup\{\varepsilon\})$，转移函数 δ 的值具有如下的形式。

$$\delta(q,a)=\{q_1,q_2,\cdots,q_k\}\quad \text{其中 } q_i\in Q\ (i=1,2,\cdots,k)$$

同样，具有 ε-转移的非确定的有限自动机 M，也可用一张状态转换图来表示，与不含 ε-转移的 NFA 状态转换图的区别是该图中可能有标记为 ε 的边。

当 $\delta(q,\varepsilon)=\{q_1,q_2,\cdots,q_k\}$时，从 q 出发有 k 条标记为 ε 的边分别指向 $q_1,q_2,\cdots,q_k$。

同样，对 Σ 上的任何符号串 $\omega\in\Sigma^*$，若存在一条从初态结点到终态结点的路径，该路径上每条边的标记连接成的符号串恰好是 ω，则称 ω 能为 NFA M 所识别。NFA M 所能识别的符号串的全体记为 $L(M)$，称为 NFA M 所识别的语言。

例 2.11 有 NFA $M=(\{a,b\},\{0,1,2,3,4\},0,\{2,4\},\delta)$，其中：

$$\delta(0,\varepsilon)=\{1,3\}\quad \delta(1,a)=\{1,2\}\quad \delta(3,b)=\{3,4\}$$

该 NFA M 的状态转换矩阵和状态转换图分别如图 2-11(a)和(b)所示。

该 NFA M 所识别的语言为 $L(M)=\{a^+\mid b^+\}$。

定理 2.2 对任何一个具有 ε-转移的 NFA M，都存在一个等价的不具有 ε-转移的 NFA N。

在此举例说明构造不具有 ε-转移的 NFA N 的方法。

例 2.12 构造与例 2.11 中 NFA M 等价的不具有 ε-转移的 NFA N。

假设 NFA $N=(\{a,b\},\{0,1,2,3,4\},0,F',\delta')$，其中：

- NFA N 的终态集合 F' 包含 NFA M 的终态集合 F，并且如果 M 中从 q_0 出发有一条标记为 ε 的道路(路径上所有边的标记连接起来为 ε 的道路)可以到达某个终

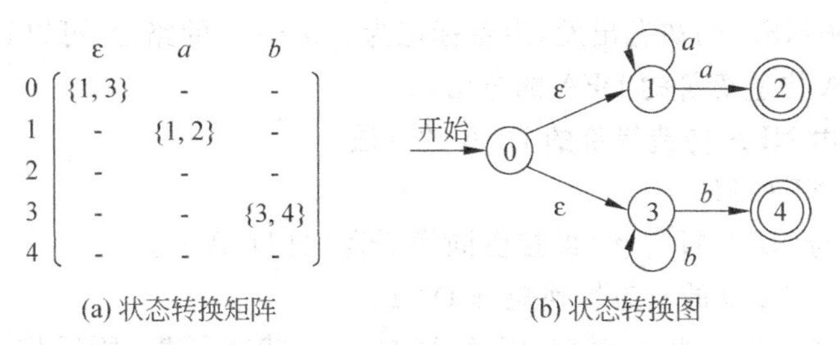

	ε	a	b
0	{1, 3}	-	-
1	-	{1, 2}	-
2	-	-	-
3	-	-	{3, 4}
4	-	-	-

(a) 状态转换矩阵　　(b) 状态转换图

图 2-11　NFA M 的状态转换矩阵和状态转换图

态结点，则 q_0 属于 F'。

可以用 ε_closure(q)表示从状态 q 出发，经过 ε-道路可以到达的所有状态的集合。这样 F' 的构成就是：

$$F'=\begin{cases}F\cup\{q_0\} & \text{如果 ε\_closure}(q_0)\text{中包含 }F\text{ 的一个终态}\\ F & \text{否则}\end{cases}$$

在这个例子中，ε_closure(0)＝{0,1,3}，不包含 NFA M 的终态，因此 $F'=F=\{2,4\}$。

- NFA N 的转换函数 δ' 的构成：

  $\delta'(q,a)=\{q'\mid q'$ 为从 q 出发，经过标记为 a 的道路所能到达的状态$\}$

  这里：

$$\delta'(0,a)=\{1,2\}\quad \delta'(0,b)=\{3,4\}$$
$$\delta'(1,a)=\{1,2\}\quad \delta'(1,b)=\varnothing$$
$$\delta'(2,a)=\varnothing\quad \delta'(2,b)=\varnothing$$
$$\delta'(3,a)=\varnothing\quad \delta'(3,b)=\{3,4\}$$
$$\delta'(4,a)=\varnothing\quad \delta'(4,b)=\varnothing$$

其中状态 $\varnothing$ 是一个无用的状态，可以去掉。这样就得到 NFA N 的状态转换矩阵和状态转换图分别如图 2-12(a)和(b)所示。

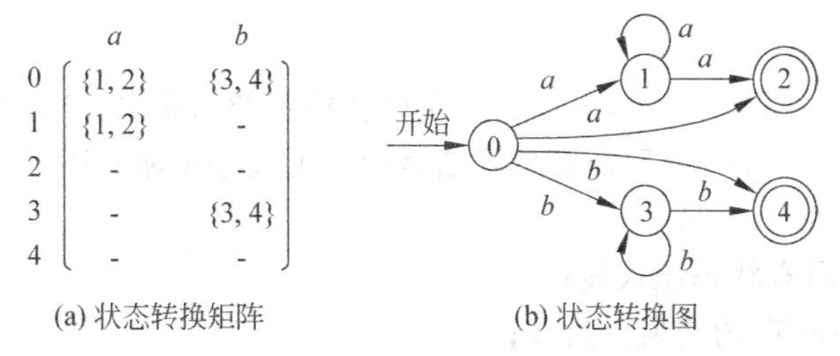

	a	b
0	{1, 2}	{3, 4}
1	{1, 2}	-
2	-	-
3	-	{3, 4}
4	-	-

(a) 状态转换矩阵　　(b) 状态转换图

图 2-12　NFA N 的状态转换矩阵和状态转换图

根据定理 2.1 和定理 2.2，可以得出如下结论。

推论 1　对于任何一个具有 ε-转移的 NFA M，都存在一个与之等价的 DFA D。

从定义可以看出，在 NFA 的状态转换矩阵中，每一项是一个状态集合，而在 DFA 的状态转换矩阵中，每一项是一个状态。由 NFA 构造等价的 DFA 所面临的基本问题就是 DFA 的一个状态对应 NFA 的一个状态集合，这样当读入每个符号后，DFA 应用其状态跟踪 NFA 所有可能的状态，也就是说，当输入 $a_1a_2\cdots a_n$ 后，DFA 所处的状态表示 NFA

的状态子集 T，从 NFA 的初态出发，沿着标记为 $a_1a_2\cdots a_n$ 的路径，可以到达 T 中的状态。下面介绍由 NFA 构造等价的 DFA 的方法。

算法 2.3 由 NFA 构造等价的 DFA 的方法。

输入：一个 NFA M。

输出：一个与 NFA M 等价（即接受同样语言）的 DFA D。

方法：构造 DFA D 的状态转换矩阵 DTT。

因为 DFA D 的每个状态对应 NFA M 的一个状态子集，所以构造状态转换矩阵 DTT 时，对给定的输入符号串，使 D“并行地”模拟 M 所能产生的所有可能的转换。令 q 为 NFA M 的状态，T 为 NFA M 的状态子集，引入以下操作。

(1) $\varepsilon\_closure(q)=\{q' \mid$ 从 q 出发，经过 ε-道路可以到达状态 $q'\}$

(2) $\varepsilon\_closure(T)=\bigcup_{i=1}^{n}\varepsilon\_closure(q_i)$，其中 $q_i\in T$，从 T 中任一状态出发，经过 ε-道路后可以到达的状态集合。

(3) $move(T,a)=\{q \mid \delta(q_i,a)=q$，其中 $q_i\in T\}$，即从 T 中状态 $q_i\in T$ 出发，经过输入符号 a 之后可到达的状态集合。

算法描述如下。

```
(1) 初态 ε_closure(q0)是 DQ 中唯一的状态，且未标记。
(2) while(DQ 中存在一个未标记的状态 T){
(3)       标记 T;
(4)       for(字母表中的每一个符号 a ∈Σ)
(5)       {
(6)            U=ε_closure(move(T,a));
(7)            if(U ∉DQ) 把 U 作为一个未标记的状态加入 DQ;
(8)            DTT[T,a]=U;
(9)       }
(10) }
```

关于 ε_closure(T)的计算，是在有向图中从给定的结点集合出发，搜索可以到达的结点的问题。计算 ε_closure(T)的简单算法是用一个栈存放那些还未完成 ε 转换检查的状态，其过程如下。

```
(1) 把 T 中所有状态压入栈;
(2) ε_closure(T)的初值置为 T;
(3) while(栈不空){
(4)       弹出栈顶元素 t;
(5)       for (每一个状态 q ∈ε_closure(t))
(6)            if  q ∉ε_closure(T) {
(7)                 把 q 加入 ε_closure(T);
(8)                 把 q 压入栈;
(9)            }
(10) }
```

例 2.13 有 NFA M，其状态转换图如图 2-13 所示，它识别的语言为 $L(M)=\{(a|b)^*abb\}$，请构造与之等价的 DFA D。

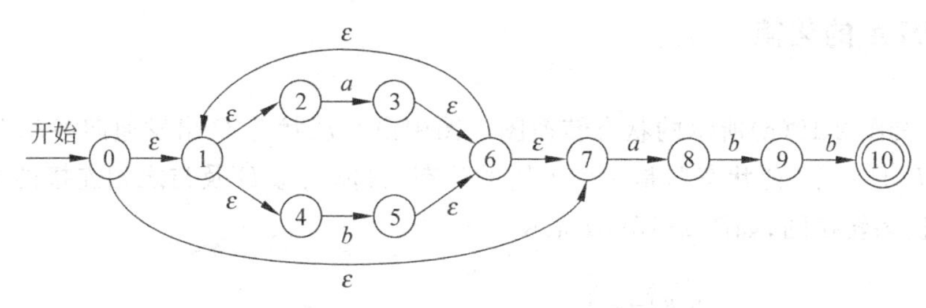

图 2-13　NFA M 的状态转换图

现在运用算法 2.3 为之构造等价的 DFA D。从图中可以知道，字母表 $\Sigma=\{a,b\}$，假定 DFA D 的初态为 A，则 $A=\varepsilon\_closure(0)=\{0,1,2,4,7\}$。

从初态 A 出发，构造 DFA D 的其余状态如下。

$$\begin{aligned}DTT[A,a] &= \varepsilon\_closure(move(A,a))\\ &= \varepsilon\_closure(move(0,a)\cup move(1,a)\cup move(2,a)\cup move(4,a)\cup move(7,a))\\ &= \varepsilon\_closure(\{3,8\}) = \varepsilon\_closure(3)\cup\varepsilon\_closure(8) = \{1,2,3,4,6,7,8\} = B\end{aligned}$$

$DTT[A,b] = \varepsilon\text{-}closure(move(A,b)) = \varepsilon\text{-}closure(5) = \{1,2,4,5,6,7\} = C$

$DTT[B,a] = \varepsilon\text{-}closure(move(B,a)) = \varepsilon\text{-}closure(\{3,8\}) = B$

$DTT[B,b] = \varepsilon\text{-}closure(move(B,b)) = \varepsilon\text{-}closure(\{5,9\}) = \{1,2,4,5,6,7,9\} = D$

$DTT[C,a] = \varepsilon\text{-}closure(move(C,a)) = \varepsilon\text{-}closure(\{3,8\}) = B$

$DTT[C,b] = \varepsilon\text{-}closure(move(C,b)) = \varepsilon\text{-}closure(5) = C$

$DTT[D,a] = \varepsilon\text{-}closure(move(D,a)) = \varepsilon\text{-}closure(\{3,8\}) = B$

$DTT[D,b] = \varepsilon\text{-}closure(move(D,b)) = \varepsilon\text{-}closure(\{5,10\}) = \{1,2,4,5,6,7,10\} = E$

$DTT[E,a] = \varepsilon\text{-}closure(move(E,a)) = \varepsilon\text{-}closure(\{3,8\}) = B$

$DTT[E,b] = \varepsilon\text{-}closure(move(E,b)) = \varepsilon\text{-}closure(5) = C$

至此，不再有新状态出现，构造过程结束。共构造出 5 个状态，即 A、B、C、D、E，其中 A 为初态，E 为终态，因为 E 的状态集合中包括原 NFA M 的终态 10。

所构造的 DFA D 的状态转换矩阵和状态转换图分别如图 2-14(a)和图 2-14(b)所示。

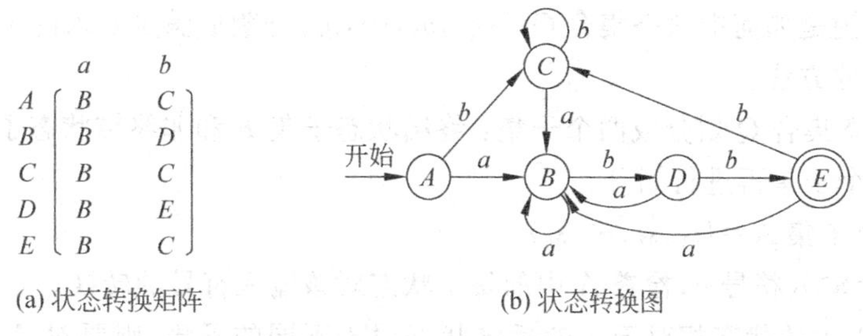

	a	b
A	B	C
B	B	D
C	B	C
D	B	E
E	B	C

(a) 状态转换矩阵　　(b) 状态转换图

图 2-14　所构造的 DFA D 的状态转换矩阵和状态转换图

此 DFA D 识别的语言同样为 $L(D)=\{(a|b)^*abb\}$，由此可知构造出来的 DFA D 与

NFA M 是等价的。

2.2.4 DFA 的化简

首先，看图 2-15(a)所示的状态转换图。图中没有从状态 D 出发通向终态 B 的路径，因而状态 D 是一个"死状态"，是一个无用的状态，去掉状态 D 及与之相连接的边，可以得到等价的状态转换图，如图 2-15(b)所示。

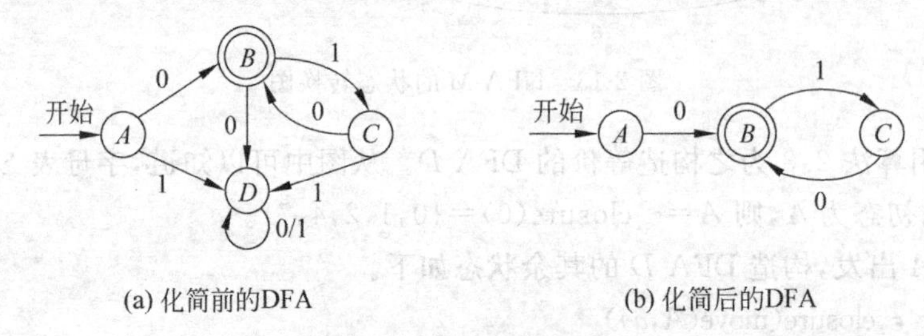

图 2-15 两个等价的 DFA

实际上，对于任何一个含有 n 个状态的 DFA，都存在含有 $m(m>n)$ 个状态的 DFA 与之等价。所谓一个 DFA D 的化简就是指寻找一个状态数比较少的 DFA D'，使 $L(D)=L(D')$，而且，可以证明，存在一个最少状态的 DFA D''，使 $L(D)=L(D'')$，并且这个 D'' 是唯一的。

定义 2.4 设 $s,t\in Q$，若对任何 $\omega\in\Sigma^*$，$\delta(s,\omega)\in F$ 当且仅当 $\delta(t,\omega)\in F$，则称状态 s 和 t 是等价的，否则称状态 s 和 t 是可区分的。

也就是说，如果 DFA D 从状态 s 出发，经过标记为 ω 的路径之后，到达某个终结状态，而从 t 出发，经过 ω 路径之后，到达一个非终结状态，或反过来，这时就说串 ω 区分状态 s 和 t。例如，空串 ε 区分任何终结状态和非终结状态。

将 DFA D 最小化的思想是，首先把 D 的状态集合分割成一些互不相交的子集，使每个子集中的任何两个状态是等价的，而任何两个属于不同子集的状态是可区分的。然后在每个子集中任取一个状态作"代表"，而删去该子集中其余的状态，并把射向其他结点的边改为射向该代表结点的边。如果得到的 DFA 中有无用状态，则删除之。这样得到的状态转换图所对应的 DFA D' 就是识别 $L(D)$ 的具有最少状态的 DFA。

现在的关键是如何把状态集合 $Q=\{q_1,q_2,\cdots,q_n\}$ 分割成满足要求的子集。这里介绍一种比较简单的方法。

(1) 把状态集合 Q 划分成两个子集：终结状态子集 F 和非终结状态子集 G。

(2) 对每个子集再进行划分。

① 取某个子集 $A=\{s_1,s_2,\cdots,s_k\}$

② 取某个输入符号 a，检查 A 中的每个状态对该输入符号的转换。

③ 如果 A 中的状态相对于 a 的后继状态属于不同的子集，则要对 A 进行划分。使 A 中相对于相同的输入符号能够转换到同一子集的状态作为一个新的子集。

例如：A 中的状态 s_1 和 s_2，相对于输入符号 a，分别转换到状态 t_1 和 t_2，而 t_1 和 t_2 分

别属于不同的两个状态子集，这时，至少要把 A 划分成两个子集，一个子集包含 s_1，另一个子集包含 s_2。假如 t_1 和 t_2 是串 ω 可区分的，则状态 s_1 和 s_2 就是串 $a\omega$ 可区分的。

④ 重复上述过程，直到每个子集都不能再划分为止。

例 2.14 最小化图 2-14(b)中的状态转换图所描述的 DFA D。

(1) 把 DFA D 的状态集合划分为子集，使每个子集中的状态相互等价，不同子集中的状态可区分。

首先，把 DFA D 的状态集合划分为 2 个子集：终态子集$\{E\}$和非终态子集$\{A,B,C,D\}$。由于终态子集只含有一个状态 E，故不可再分。

然后，考察非终态子集$\{A,B,C,D\}$。

对于输入符号 a，状态 A、B、C、D 都转换到状态 B，所以对输入符号 a 而言，该子集不能再划分。对于输入符号 b，状态 A、B、C 都转换到子集$\{A,B,C,D\}$中的一个状态，而状态 D 则转换到状态子集$\{E\}$中的状态。所以，应把子集$\{A,B,C,D\}$划分成两个新的子集$\{A,B,C\}$和$\{D\}$。

这时，DFA D 的状态集合被划分为 3 个子集，即$\{A,B,C\}$、$\{D\}$和$\{E\}$。

其次，考察子集$\{A,B,C\}$。

对于输入符号 a，状态 A、B、C 都转换到状态 B，所以对输入符号 a 而言，该子集不能再划分。对于输入符号 b，状态 A、C 转换到状态 C，状态 B 转换到状态 D。由于 C 和 D 分别属于不同的状态子集，所以应该把子集$\{A、B、C\}$划分成两个新的子集$\{A、C\}$和$\{B\}$。

这时，DFA D 的状态集合被划分为 4 个子集，即$\{A、C\}$、$\{B\}$、$\{D\}$和$\{E\}$。

最后，考察子集$\{A,C\}$。

对于输入符号 a，状态 A、C 都转换到状态 B。对于输入符号 b，状态 A、C 都转换到状态 C，故该子集不可再划分。

于是，DFA D 的状态集合最终被划分为 4 个子集：$\{A,C\}$、$\{B\}$、$\{D\}$和$\{E\}$。

(2) 为每个子集选择一个代表状态。

选择 A 为子集$\{A,C\}$的代表状态，由于子集$\{B\}$、$\{D\}$和$\{E\}$中都只含有一个状态，故状态 B、D、E 理所当然是它们的代表状态。

至此，得到化简的 DFA D'，其状态转换矩阵如表 2-7 所示，其中 A 是初态，E 为终态。没有无用状态。DFA D'的状态转换图如图 2-16 所示。

表 2-7 简化的 DFA D'的状态转换矩阵

状　态	输入符号	
	a	b
A	B	A
B	B	D
D	B	E
E	B	A

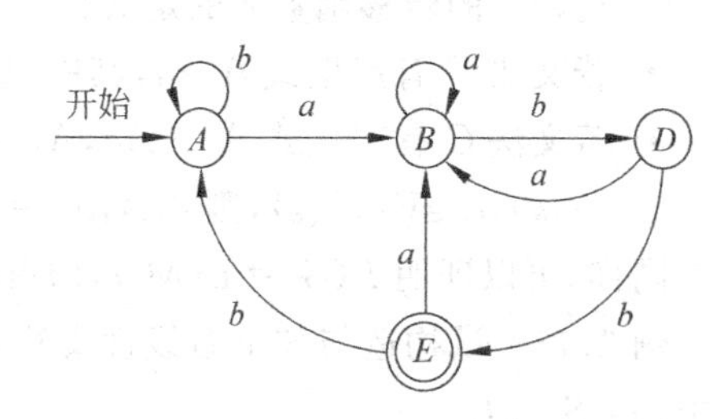

图 2-16 最小化后得到的 DFA D'

2.3 正规文法与有限自动机的等价性

如果对于某个正规文法 G 和某个有限自动机 M,有 $L(G)=L(M)$,则称 G 和 M 是等价的。关于正规文法和有限自动机的等价性,有如下定理。

定理 2.3 对每一个右线性文法 G 或左线性文法 G,都存在一个等价的有限自动机 M。

首先考虑右线性文法。设给定的一个右线性文法 G 为 $G=(V_T,V_N,S,\varphi)$,则与之等价的有限自动机 M 为 $M=(\Sigma,Q,q_0,F,\delta)$,其中:

① $\Sigma=V_T$,即文法的终结符号作为自动机的字母表。

② 将 V_N 中的每一个非终结符号看作一个状态符号,另外再增加一个终态符号 f,并且 $f\notin V_N$,则 $Q=V_N\cup\{f\}$,$F=\{f\}$。

③ $q_0=S$,即文法 G 的开始符号 S 对应于自动机的初态。

④ 自动机的转移函数 δ 的定义为:

- 若文法 G 有产生式 $A\to a$,其中 $A\in V_N$,$a\in V_T\cup\{\varepsilon\}$,则 $\delta(A,a)=\{f\}$。
- 若文法 G 有产生式 $A\to aA_1|aA_2|\cdots|aA_k$,其中 $A\in V_N$,$A_i\in V_N(i=1,2,\cdots,k)$,$a\in V_T\cup\{\varepsilon\}$,则 $\delta(A,a)=\{A_1,A_2,\cdots,A_k\}$。

对于右线性文法 G,若 $\omega\in L(G)$,则在 ω 的最左推导过程中,每一次利用产生式 $A\to aB$,就相当于在有限自动机 M 中从状态 A 经过标记为 a(包括 $a=\varepsilon$)的有向边到达状态 B。在推导的最后一步,利用产生式 $A\to a$,就相当于在 M 中从状态 A 出发经过标记为 a(包括 $a=\varepsilon$)的有向边到达终态 f。这就是说,在右线性文法 G 中,开始符号 S 推导出 ω 的充分必要条件为:在自动机 M 中,从初态 S 到终态 f 有一条路径,该路径上所有边的标记依次连接起来恰好是 ω。因此,$\omega\in L(G)$ 的充要条件是 $\omega\in L(M)$,所以 $L(G)=L(M)$。

现在考虑左线性文法。设给定的一个左线性文法 G 为 $G=(V_T,V_N,S,\varphi)$,则与之等价的有限自动机 M' 为 $M'=(\Sigma,Q,q_0,F,\delta)$,其中:

① $\Sigma=V_T$,即文法的终结符号作为自动机的字母表。

② 将 V_N 中的每一个非终结符号看作一个状态符号,将文法 G 的开始符号 S 看作自动机的终态符号,另外再增加一个初态符号 q_0,并且 $q_0\notin V_N$,则 $Q=V_N\cup\{q_0\}$,$F=\{S\}$。

③ 自动机的转移函数 δ 的定义为:

- 若文法 G 有产生式 $A\to a$,其中 $A\in V_N$,$a\in V_T\cup\{\varepsilon\}$,则 $\delta(q_0,a)=A$。
- 若文法 G 有产生式 $A_1\to Aa$,$A_2\to Aa$,$\cdots$,$A_k\to Aa$,其中 $A\in V_N$,$A_i\in V_N(i=1,2,\cdots,k)$,$a\in V_T\cup\{\varepsilon\}$,则 $\delta(A,a)=\{A_1,A_2,\cdots,A_k\}$。

同样,可以证明 $L(G)=L(M')$,即有限自动机 M' 与左线性文法 G 是等价的。

例 2.15 试构造与如下右线性文法 $G=(\{a,b\},\{S,B\},S,\varphi)$ 等价的有限自动机 M。

其中,φ: $S\to aB$

$B\to aB|bS|a$

设 FA $M=(\Sigma,Q,q_0,F,\delta)$

其中，$\Sigma=\{a,b\}$　$Q=\{S,B,f\}$　$q_0=S$　$F=\{f\}$

转换函数 δ 如下：对于产生式 $S\to aB$，有 $\delta(S,a)=\{B\}$

对于产生式 $B\to aB$，有 $\delta(B,a)=\{B\}$

对于产生式 $B\to bS$，有 $\delta(B,b)=\{S\}$

对于产生式 $B\to a$，有 $\delta(B,a)=\{f\}$

该 FA M 的状态转换图如图 2-17 所示。

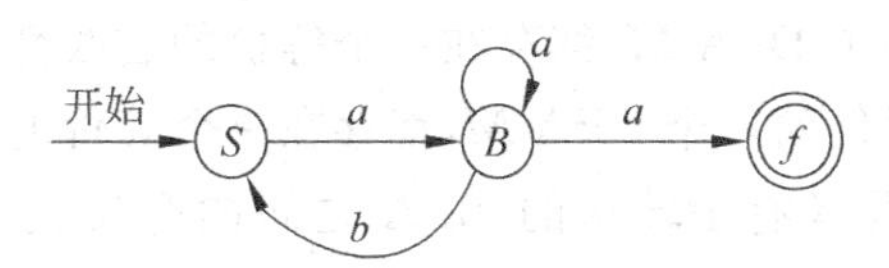

图 2-17　FA M 的状态转换图

定理 2.4　对每一个 DFA M，都存在一个等价的右线性文法 G 和一个等价的左线性文法 G'。

设确定的有限自动机 M 为 $M=(\Sigma,Q,q_0,F,\delta)$

构造与 M 等价的右线性文法 G：$G=(V_T,V_N,S,\varphi)$

其中，$V_T=\Sigma$　$V_N=Q$　$S=q_0$

产生式集合 φ 如下构造。

对任何 $a\in\Sigma$，及 A、$B\in Q$，若存在 $\delta(A,a)=B$，则

① 如果 $B\notin F$，则有 $A\to aB$。

② 如果 $B\in F$，则有 $A\to aB|a$。

(1) 首先说明被 DFA M 接受的语言可以由右线性文法 G 产生。

对任何 $\omega\in L(M)$，设 $\omega=a_1a_2\cdots a_n$，其中 $a_i\in\Sigma(i=1,2,\cdots,n)$，则存在状态序列 q_0，q_1，$\cdots$，q_{n-1}，q，并且 $q\in F$，有转换函数 $\delta(q_0,a_1)=q_1$，$\delta(q_1,a_2)=q_2$，$\cdots$，$\delta(q_{n-1},a_n)=q$。因此，在文法 G 中有产生式：

$$q_0\to a_1q_1,\quad q_1\to a_2q_2,\quad \cdots,\quad q_{n-1}\to a_n$$

于是，有推导序列：

$$q_0\Rightarrow a_1q_1\Rightarrow a_1a_2q_2\Rightarrow\cdots\Rightarrow a_1a_2\cdots a_{n-1}q_{n-1}\Rightarrow a_1a_2\cdots a_n$$

因此，$a_1a_2\cdots a_n$ 是文法 G 生成的一个句子，即 $\omega\in L(G)$，因此 $L(M)\subset L(G)$。

(2) 再说明由文法 G 产生的语言，能够被 DFA M 所接受。

对任何 $\omega\in L(G)$，设 $\omega=a_1a_2\cdots a_n$，其中 $a_i\in V_T(i=1,2,\cdots,n)$，由于 ω 是文法 G 产生的句子，必存在推导序列：

$$q_0\Rightarrow a_1q_1\Rightarrow a_1a_2q_2\Rightarrow\cdots\Rightarrow a_1a_2\cdots a_{n-1}q_{n-1}\Rightarrow a_1a_2\cdots a_n$$

其中 q_0，q_1，$\cdots$，q_{n-1} 是非终结符号。

DFA M 中有转换函数：$\delta(q_0,a_1)=q_1$，$\delta(q_1,a_2)=q_2$，$\cdots$，$\delta(q_{n-1},a_n)=q$，并且 $q\in F$。因而，在 DFA M 中有一条从 q_0 出发，依次经过状态 q_1，q_2，$\cdots$，q_{n-1} 再到达终态 q 的道路，路径上有向边的标记依次为 a_1，a_2，$\cdots$，a_{n-1}，a_n，这些标记依次连接起来恰好是 ω，所以 ω 被 DFA M 所接受，即 $\omega\in L(M)$，因此 $L(G)\subset L(M)$。

如果 $q_0\in F$，则 $\omega=\varepsilon\in L(M)$，但是 ε 不属于上面构造的文法 G 所生产的语言，实际上

$$L(G)=L(M)-\{\varepsilon\}$$

因而,需进一步对所构造的文法 G 进行改进:增加一个新的非终结符号 S' 及相应产生式:

$S' \to S \mid \varepsilon$

并用 S' 代替 S 作为文法的开始符号。

这样,改进后的文法 G 仍是右线性文法,并且满足 $L(M)=L(G)$。

至此,问题"对任何一个 DFA M,都存在一个等价的右线性文法 G"得证。

类似地,可以证明"对任何一个 DFA M,都存在一个等价的左线性文法 G"。

根据 DFA、NFA 以及具有 ε-转移的 NFA 之间的等价性,可以得到定理 2.3 和定理 2.4 的两个推论。

推论 2 对任何一个有限自动机 M,都存在一个等价的正规文法 G,反之亦然。

推论 3 对任何一个右线性文法 G,都存在一个等价的左线性文法 G',反之亦然。

例 2.16 设有 DFA $M=(\{a,b\},\{q_0,q_1,q_2,q_3\},q_0,\{q_3\},\delta)$,其中转换函数 δ 如下:

$$\delta(q_0,a)=q_1,\quad \delta(q_1,a)=q_3,\quad \delta(q_2,a)=q_2$$
$$\delta(q_0,b)=q_2,\quad \delta(q_1,b)=q_1,\quad \delta(q_2,b)=q_3$$

试构造与之等价的右线性文法 G。

该 DFA M 的状态转换图如图 2-18 所示。

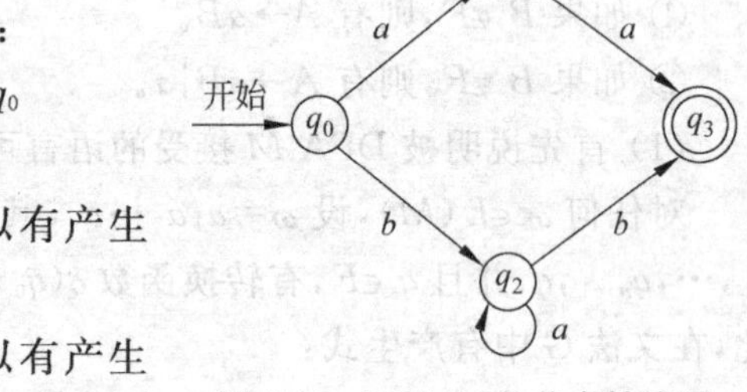

图 2-18 DFA M 的状态转换图

构造右线性文法 $G=(V_T,V_N,S,\varphi)$,其中:

$V_T=\{a,b\}$ $V_N=\{q_0,q_1,q_2,q_3\}$ $S=q_0$

产生式集合 φ 如下。

(1) 由于存在转换函数 $\delta(q_0,a)=q_1$,所以有产生式 $q_0 \to aq_1$。

(2) 由于存在转换函数 $\delta(q_0,b)=q_2$,所以有产生式 $q_0 \to bq_2$。

(3) 由于存在转换函数 $\delta(q_1,a)=q_3$,$q_3 \in F$,所以有产生式 $q_1 \to a \mid aq_3$。

(4) 由于存在转换函数 $\delta(q_1,b)=q_1$,所以有产生式 $q_1 \to bq_1$。

(5) 由于存在转换函数 $\delta(q_2,a)=q_2$,所以有产生式 $q_2 \to aq_2$。

(6) 由于存在转换函数 $\delta(q_2,b)=q_3$,$q_3 \in F$,所以有产生式 $q_2 \to b \mid bq_3$。

由于没有从 q_3 出发的转换,故从 q_3 出发推导不出终结符号串,因此 q_3 是无用的符号,相应地 $q_1 \to aq_3$ 和 $q_2 \to bq_3$ 就是无用的产生式,去掉这些无用的符号及产生式,得到右线性文法 G 为 $G=(\{a,b\},\{q_0,q_1,q_2\},q_0,\varphi)$

其中,φ: $q_0 \to aq_1 \mid bq_2$

$q_1 \to a \mid bq_1$

$q_2 \to aq_2 \mid b$

2.4 正规表达式与有限自动机的等价性

在 Pascal 语言中，标识符是由字母打头，后跟若干个字母、数字组成的符号串。对于这种结构，应用串和语言有关的运算，可以给出一种表示方法，称为正规表达式（简称正规式），用正规表达式可以精确地定义集合。例如定义标识符的正规表达式如下。

```
letter(letter|digit)*
```

其中，letter 代表英文字母的集合；digit 代表数字的集合；(…)代表用括号括起来的子表达式；…|…代表子表达式的“并/或”运算；(…)* 代表括号中子表达式的闭包。这个表达式表示的是一个字母和 0 个或若干个字母、数字的连接。

一个正规表达式是由一些简单的正规表达式按照一定规则组成的。正规表达式 r 表示语言 $L(r)$，所用规则指明了 $L(r)$是如何由 r 的子表达式所表示的语言以不同的方式结合而成的。

定义 2.5 定义在字母表 Σ 上的正规表达式。

(1) ε 是正规表达式，它表示的语言是$\{\varepsilon\}$。

(2) 如果 a 是 Σ 上的符号，则 a 是正规表达式，它表示的语言是$\{a\}$。

(3) 如果 r 和 s 都是正规表达式，分别表示语言 $L(r)$和 $L(s)$，则：

$(r)|(s)$是正规表达式，表示的语言是 $L(r)\cup L(s)$；

$(r)(s)$是正规表达式，表示的语言是 $L(r)L(s)$；

$(r)^*$ 是正规表达式，表示的语言是$(L(r))^*$；

(r)是正规表达式，表示的语言是 $L(r)$。

正规表达式的定义是递归的。上述规则(1)和(2)是基本定义，通常所谓“基本符号”指的是 ε 或 Σ 上以正规表达式的形式出现的符号，规则(3)是归纳步骤，定义了一个正规表达式由一些简单的正规表达式组成的规则。正规表达式表示的语言叫做正规集。

为了表示方便，可以省略正规表达式中不必要的括号，为此做如下约定：

(1) 一元 Kleene 闭包“ * ”具有最高优先级，并且遵从左结合。

(2) 连接运算的优先级次之，遵从左结合。

(3) 并运算“|”的优先级最低，遵从左结合。

根据此约定，可知$(a)|(b^*(c))$等价于 $a|b^*c$。

例 2.17 如果 $\Sigma=\{a,b\}$，则有：

(1) 正规表达式 $a|b$ 表示集合$\{a,b\}$。

(2) 正规表达式$(a|b)(a|b)$表示集合$\{aa,ab,ba,bb\}$。

(3) 正规表达式 a^* 表示由 0 个或多个 a 组成的所有符号串的集合。

(4) 正规表达式$(a|b)^*$ 表示由 a 和 b 构成的所有符号串的集合，表示该集合的另一个正规表达式是$(a^*|b^*)^*$。

(5) 正规表达式 $a|a^*b$ 表示 a 和 0 个或多个 a 后跟一个 b 的所有符号串的集合。

如果两个正规表达式 r 和 s 表示同样的语言，则称 r 和 s 等价，写做 $r=s$。例如正规

表达式 $a|b$ 和 $b|a$ 是等价的,可以写做 $(a|b)=(b|a)$。

正规表达式遵循许多代数定律,用这些定律可以对正规表达式进行等价变换。如 r, s, t 分别为正规表达式,则它们遵从表 2-8 列出的代数定律。

表 2-8 正规表达式遵从的代数定律

定 律	说 明
$r\|s=s\|r$	"并"运算是可交换的
$r\|(s\|t)=(r\|s)\|t$	"并"运算是可结合的
$(rs)t=r(st)$	连接运算是可结合的
$r(s\|t)=rs\|rt, (s\|t)r=sr\|tr$	连接运算对并运算的分配
$\varepsilon r=r, r\varepsilon=r$	对连接运算而言,ε 是单位元素
$r^*=(r\|\varepsilon)^*$	* 和 ε 之间的关系
$r^{**}=r^*$	* 是等幂的

另外,一元运算符"+"和"*"具有同样的优先级,并且遵从左结合。下面的两个等价式说明了正闭包和 Kleene 闭包运算之间的关系:$r^*=r^+|\varepsilon, r^+=rr^*$。

定理 2.5 对任何一个正规表达式 r,都存在一个 FA M,使 $L(r)=L(M)$,反之亦然。

本节只介绍构造方法,而不对定理进行证明。

(1) 设 r 是 Σ 上的一个正规表达式,则存在一个具有 ε-转移的 NFA M 接受 $L(r)$。

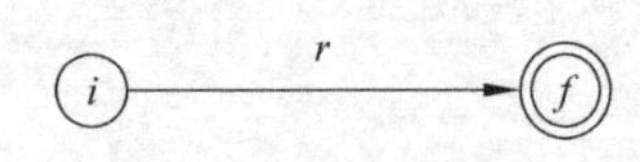

图 2-19 正规表达式 r 的拓广转换图

这里介绍由正规表达式构造 NFA 的方法。为此,需要把转换图的概念加以拓广,令每条有向边的标记可以是一个正规表达式。

首先,为正规表达式 r 构造如图 2-19 所示的拓广转换图。

然后,按照图 2-20 所示的转换规则,对正规表达式 r 进行分裂、加入新的结点,直到每条边的标记都为基本符号为止。

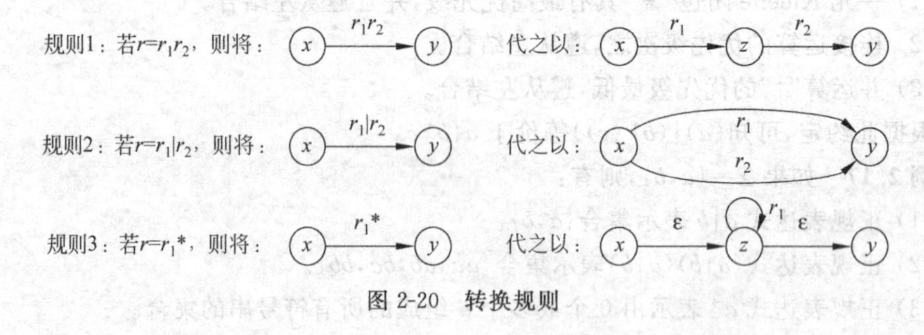

图 2-20 转换规则

在构造 NFA 的过程中,每增加一个新的状态都要用一个新的名称标识,保证 NFA 的状态不重名。这样构造的 NFA 只有一个开始状态和一个终结状态,终结状态没有射出边。

例 2.18 为正规表达式 $(a|b)^*abb$ 构造等价的 NFA。

首先，构造该正规表达式的拓广转换图，如图 2-21(a)所示。

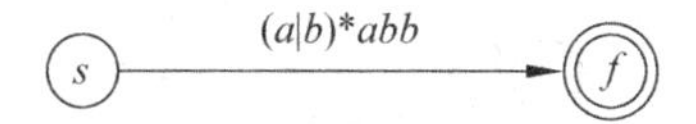

(a) 表达式$(a|b)^*abb$的拓广转换图

(b) 对(a)应用规则1后得到的转换图

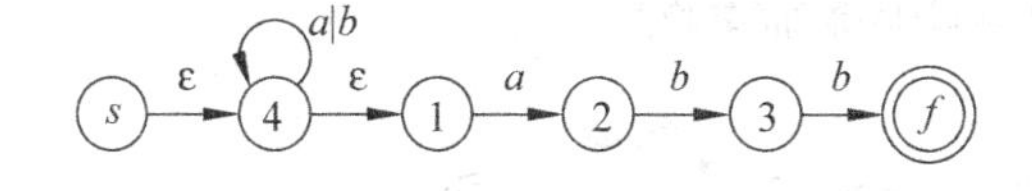

(c) 对(b)应用规则3后得到的转换图

(d) 对(c)应用规则2后得到的转换图

图 2-21　与正规表达式$(a|b)^*abb$等价的 NFA 的构造过程

然后，根据该正规表达式的构成，利用图 2-20 所示的转换规则，对表达式进行分裂，直到每条边的标记都是 Σ 上的符号或 ε 为止，即得到与该正规表达式等价的 NFA。其构造过程如图 2-21 所示。

(2) 设有 FA M，则存在一个正规表达式 r，它表示的语言即该 FA M 所识别的语言。

首先，在 FA M 的转换图中增加两个结点 s 和 f，并且增加 ε 边，将 s 连接到 M 的所有初态结点，并将 M 的所有终态结点连接到 f，这样就形成一个新的 NFA N，它只有一个初态 s 和一个终态 f，显然 N 与 M 等价。

然后，反复利用图 2-22 所示的替换规则，逐步消去 N 中的中间结点，直到只剩下结点 s 和 f 为止。在消去结点的过程中，逐步用较复杂的正规表达式来标记有向边。

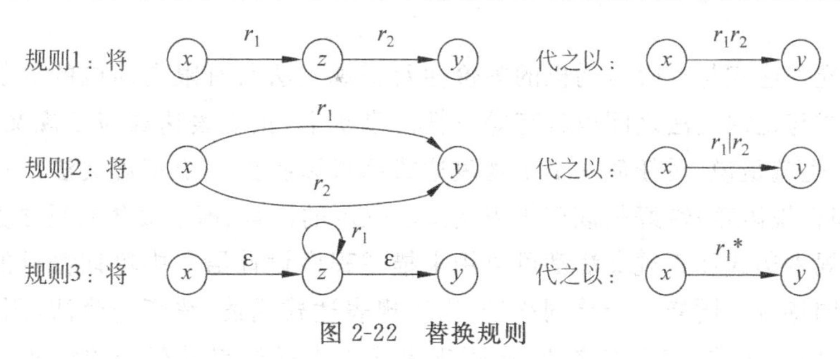

图 2-22　替换规则

例 2.19　为图 2-23 所示的 NFA M 构造等价的正规表达式 r。

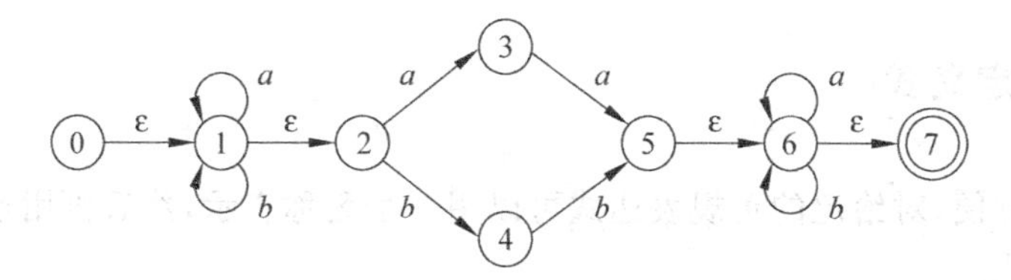

图 2-23　NFA M 的状态转换图

由于该 NFA M 仅有一个初态和一个终态，故不用增加新的结点，可直接从 NFA M 出发，反复利用图 2-22 的替换规则，逐步消去其中间结点，直到只剩下初态 0 和终态 7 为止，则从 0 指向 7 的有向边的标记即为所求正规表达式。消去结点的过程如图 2-24

所示。

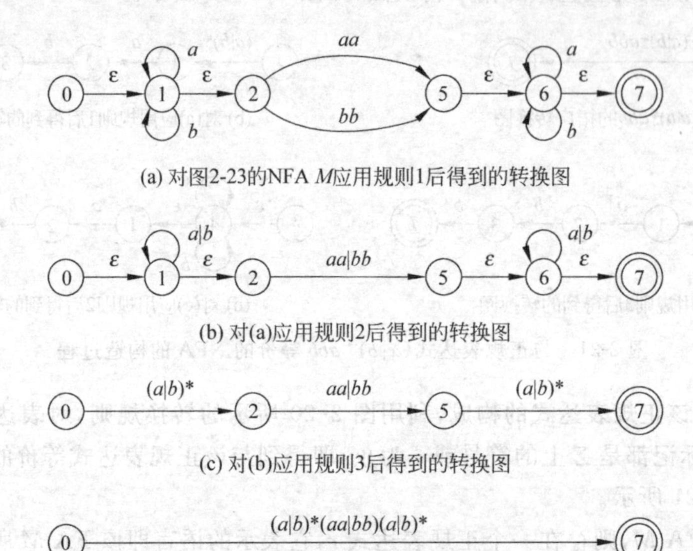

(a) 对图2-23的NFA M应用规则1后得到的转换图

(b) 对(a)应用规则2后得到的转换图

(c) 对(b)应用规则3后得到的转换图

(d) 对(c)应用规则1后得到的转换图

图 2-24　构造与图 2-23 所示 NFA M 等价的正规表达式的过程

2.5　正规表达式与正规文法的等价性

根据正规表达式与有限自动机的等价性及正规文法与有限自动机的等价性，可以推知正规表达式与正规文法之间也具有等价性。事实上，正规表达式与正规文法具有同样的表达能力，也就是说，对任何一个正规表达式都可以找到一个正规文法，使该文法所产生的语言（即正规语言）恰好是该正规表达式所表示的语言（即正规集），反之亦然。

虽然正规表达式和正规文法都可以用来描述程序设计语言中单词符号的结构，但二者又各具不同特点。同样一个单词符号，用正规表达式描述，清晰而简洁，用正规文法描述，则易于识别。通常，在工作之初，用正规表达式来描述单词符号的结构，然后根据需要，把正规表达式转换为等价的正规文法，正规定义式为这种转换提供了条件。

2.5.1　正规定义式

为了表示方便，对给定的正规表达式可以用一个名称表示，然后再用这样的名称定义新的正规表达式。

定义 2.6　令 Σ 是字母表，正规定义式是如下形式的定义序列：

$d_1 \rightarrow r_1$

$d_2 \rightarrow r_2$

…

$d_n \rightarrow r_n$

其中，$d_i(i=1,2,\cdots,n)$是不同的名字；$r_i(i=1,2,\cdots,n)$是在$\Sigma\cup\{d_1,d_2,\cdots,d_{i-1}\}$上定义的正规表达式，即用基本符号和前面已经定义的名字表示的正规表达式。

由于限制了每个正规表达式r_i只能包含Σ上的符号和前面已经定义过的名字，故对r_i中的名字用它所表示的正规表达式进行替换，就可以得到定义在Σ上的正规表达式。

例 2.20 Pascal 语言的标识符是以字母开头的由字母和数字组成的符号串，其标识符的集合可以由如下的正规表达式来描述：

$letter(letter|digit)^*$

如果引进一个名字 *id* 来表示它，而 *letter* 和 *digit* 也分别表示两个正规表达式的名字，则标识符集合可以表示为如下正规定义式：

$$letter \to A \mid B \mid \cdots \mid Z \mid a \mid b \mid \cdots \mid z$$
$$digit \to 0 \mid 1 \mid \cdots \mid 9$$
$$id \to letter(letter \mid digit)^*$$

再如，形如 5280,56.23,5.46E5,2.34E－5 的符号串均是 Pascal 的无符号数，下面的正规定义式可以为这类符号串提供精确的说明：

$$digit \to 0 \mid 1 \mid \cdots \mid 9$$
$$digits \to digit\ digit^*$$
$$optional\_fraction \to .digits \mid \varepsilon$$
$$optional\_exponent \to (E(+|-|\varepsilon)digits) \mid \varepsilon$$
$$num \to digits\ optional\_fraction\ optional\_exponent$$

2.5.2 表示的缩写

1. 正闭包运算符“+”

利用闭包运算符“*”和正闭包运算符“+”之间的关系$r^*=r^+|\varepsilon$、$r^+=rr^*$，可以对正规定义式进行缩写。Pascal 语言中无符号数的正规定义式中名字 *digits* 可以定义为$digit^+$，即

$digits \to digit^+$

2. 可选运算符“?”

利用关系$r?=r|\varepsilon$，可以对正规定义式进行缩写。如果r是正规式，则$(r)?$是表示语言$L(r)\cup\{\varepsilon\}$的正规表达式。

例如，利用“+”和“?”算符，可以将上述无符号数的正规定义式改写为：

$$digit \to 0|1|\cdots|9$$
$$digits \to digit^+$$
$$optional\_fraction \to (.digits)?$$
$$optional\_exponent \to (E(+|-)?\ digits)?$$
$$num \to digits\ optional\_fraction\ optional\_exponent$$

3. 表示“[…]”

利用字符组[abc](其中 a,b,c 是字母表 Σ 上的符号)表示正规表达式 $a|b|c$。这样正规表达式 $a|b|\cdots|z$ 就可以缩写为[$a-z$],于是,标识符的正规表达式可以缩写为如下形式:

$[A-Za-z][A-Za-z0-9]^*$

2.5.3 正规表达式转换为等价的正规文法

利用正规定义式,可以把一个正规表达式转换为一个等价的正规文法。

例 2.21 给出产生 Pascal 语言标识符的正规文法。

前面已经给出描述 Pascal 语言标识符的正规表达式和正规定义式,现在的问题是如何把正规定义式转换为相应的正规文法。不难看出,仅需要对正规定义式中的第三个正规定义的右部正规表达式作进一步的分析即可。

如为子表达式(letter|digit)* 取一个名字 *rid*,并展开如下:

$$
\begin{aligned}
(\text{letter} \mid \text{digit})^* &= \varepsilon \mid (\text{letter} \mid \text{digit})^+ \\
&= \varepsilon \mid (\text{letter} \mid \text{digit})(\text{letter} \mid \text{digit})^* \\
&= \varepsilon \mid \text{letter}(\text{letter} \mid \text{digit})^* \mid \text{digit}(\text{letter} \mid \text{digit})^* \\
&= \varepsilon \mid (\text{A} \mid \text{B} \mid \cdots \mid \text{Z} \mid \text{a} \mid \text{b} \mid \cdots \mid \text{z})(\text{letter} \mid \text{digit})^* \\
&\quad \mid (0 \mid 1 \mid \cdots \mid 9)(\text{letter} \mid \text{digit})^* \\
&= \varepsilon \mid \text{A}(\text{letter} \mid \text{digit})^* \mid \text{B}(\text{letter} \mid \text{digit})^* \mid \cdots \mid \text{Z}(\text{letter} \mid \text{digit})^* \\
&\quad \mid \text{a}(\text{letter} \mid \text{digit})^* \mid \text{b}(\text{letter} \mid \text{digit})^* \mid \cdots \mid \text{z}(\text{letter} \mid \text{digit})^* \\
&\quad \mid 0(\text{letter} \mid \text{digit})^* \mid 1(\text{letter} \mid \text{digit})^* \mid \cdots \mid 9(\text{letter} \mid \text{digit})^*
\end{aligned}
$$

于是,我们可以把 *id* 和 *rid* 看成是文法的非终结符号,则可写出如下的一组产生式:

$id \rightarrow A\,rid \mid B\,rid \mid \cdots \mid Z\,rid \mid a\,rid \mid b\,rid \mid \cdots \mid z\,rid$

$rid \rightarrow \varepsilon \mid A\,rid \mid B\,rid \mid \cdots \mid Z\,rid \mid a\,rid \mid b\,rid \mid \cdots \mid z\,rid \mid 0\,rid \mid 1\,rid \mid \cdots \mid 9\,rid$

其中每个产生式的左部只有一个非终结符号,右部是由一个终结符和一个非终结符组成,或者为 ε,显然这是一个正规文法,并且是右线性文法。

通过上述分析,可把描述标识符结构的正规表达式转换为相应的正规文法,一般来讲,当书写上述正规文法时,把 letter 和 digit 看作是终结符号,写成如下形式即可:

id→letter *rid*

rid→ε|letter *rid*|digit *rid*

需要注意的是,正规文法的产生式和正规定义式中的正规定义是两个不同的概念,具有不同的含义。正规文法的一个产生式,其左部是一个非终结符号,右部是一个符合特定形式的文法符号串 α,α 中的非终结符号可以与该产生式左部的非终结符号相同,即允许非终结符号的递归出现。正规定义式中的一个定义,其左部是一个名字,右部是一个正规表达式,表达式中出现的名字是有限制的,即只能是此定义之前已经定义过的名字。

习题 2

2.1 写出字符串 *abcd* 的所有前缀、后缀、子串和子序列，以及真前缀、真后缀和真子串。

2.2 用文字描述下列文法所产生的语言。

(1) G_1：$S \to SaS$ $S \to b$

(2) G_2：$S \to aSb$ $S \to c$

(3) G_3：$S \to a$ $S \to aB$ $B \to aS$

2.3 有文法 G：$S \to aSbS \mid bSaS \mid \varepsilon$

(1) 通过为该文法的句子 *abab* 构造两个不同的最左推导说明该文法是二义性的。

(2) 写出句子 *abab* 的两个不同的最右推导。

(3) 为句子 *abab* 构造两棵不同的分析树。

(4) 用文字描述该文法所产生的语言。

2.4 考虑文法 G：

expr→*expr* or *term*|*term*

term→*term* and *factor*|*factor*

factor→not *factor*|(*expr*)|true|false

(1) 写出该文法的终结符号、非终结符号和开始符号。

(2) 构造句子 not (true or false)的分析树，并给出其短语、直接短语和句柄。

(3) 说明该文法产生的语言是全体布尔表达式。

2.5 为了矫正 if-then-else 语句中悬而未决的 else，提出了下面的文法，试说明该文法仍然是二义性的。

stmt→ if *expr* then *stmt*|*matched_stmt*

matched_stmt→ if *expr* then *matched_stmt* else *stmt*|other

2.6 请对下面的文法进行消除左递归等价变换。

$S \to (L) \mid a$

$L \to L, S \mid S$

2.7 请写出下列语言的正规表达式，并为之构造右线性文法。

(1) 以字母或'_'开头的，由字母、数字或'_'组成的符号串(如 C 语言中的标识符)。

(2) 以 I、J、K、L、M 或 N 开头的、由字母或数字组成的、最大长度为 6 的标识符。

(3) 不包含子串 011 的由 0 和 1 组成的符号串的全体。

(4) 不包含子序列 011 的由 0 和 1 组成的符号串的全体。

(5) 所有具有三个 0 的由 0 和 1 组成的符号串的全体。

(6) 所有以 00 结尾的由 0 和 1 组成的符号串的全体。

(7) 含有奇数个 0 的由 0 和 1 组成的符号串的全体。

(8) 含有偶数个 1 的由 0 和 1 组成的符号串的全体。

(9) 能被 5 整除的十进制无符号整数，规定整数不能以 0 开头。

2.8 为下面的文法构造等价的自动机 M，该自动机是确定的吗？如果不是，请将其确定化。该文法产生的语言是什么？

$S \rightarrow A0$

$A \rightarrow A0 \mid S1 \mid 0$

2.9 为下面的正规表达式构造等价的最简DFA，再构造与之等价的正规文法。

(1) $10 \mid (0 \mid 11)0^{*}1$

(2) $(a \mid b)^{*}a(a \mid b)$

(3) $(a \mid b)^{*}a(a \mid b)(a \mid b)$

(4) $(a \mid b)^{*}abb(a \mid b)^{*}$

2.10 用C语言编码实现如下算法。

(1) 把正规表达式转换成NFA的算法。

(2) 把NFA确定化的算法。

(3) 把DFA最小化的算法。

第3章 词法分析

编译过程的第一步是进行词法分析，其主要任务是从左至右逐个字符地对源程序进行扫描，按照源语言的词法规则识别出一个个单词符号，把识别出来的标识符存入符号表中，并产生用于语法分析的记号序列。该任务由词法分析程序(即扫描程序)完成。

在词法分析过程中，还可以完成用户接口有关的一些任务，如跳过源程序中的注释和空格，把来自编译程序的错误信息和源程序联系起来，如记住单词在源程序中的行/列位置，从而行号可以作为错误信息的一部分提示给用户。有些词法分析程序可以复制源程序，并把错误信息嵌入其中。

本章首先讨论用手工方式设计并实现词法分析程序的方法和步骤，主要内容有词法分析程序与语法分析程序之间的关系、词法分析程序的输入与输出、单词符号的描述及识别、词法分析程序的设计与实现。然后介绍词法分析程序的自动生成工具LEX。

3.1 词法分析程序与语法分析程序的关系

词法分析程序与语法分析程序之间的关系可以是3种形式之一，即词法分析程序作为独立的一遍、词法分析程序作为语法分析程序的子程序，或者词法分析程序与语法分析程序作为协同程序。

词法分析单独作为一遍来实现时，此时可将词法分析程序的输出放入一个中间文件，语法分析程序从该文件取得它的输入。若机器的内存空间足够大，也可以将词法分析的结果放在内存中以提高存取效率。经过这一遍的加工，就可以将以字符串表示的源程序转换成以记号序列表示的源程序了，如图3-1所示。

字符串表示的源程序 —字符→ [词法分析程序] —记号→ 记号序列表示的源程序

图3-1 词法分析程序单独作为一遍

有些编译程序将词法分析和语法分析安排在同一遍中，词法分析程序作为语法分析程序的一个子程序，每当语法分析程序需要一个新的记号时就调用词法分析程序，每调用一次，词法分析程序就从源程序字符串中识别出一个具有独立意义的单词，并把相应的记号返回。这种方法不仅避免了中间文件，而且还省去了取送符号的工作，有利于提高编译程序的效率，如图3-2所示。

还可以将词法分析程序与语法分析程序以协同工作的方式安排在同一遍中，以生产者和消费者的关系同步运行，即把它们安排成交替执行的协同程序。

无论采取哪种方式，词法分析程序相对于语法分析程序都是独立的。这么做的好处如下：

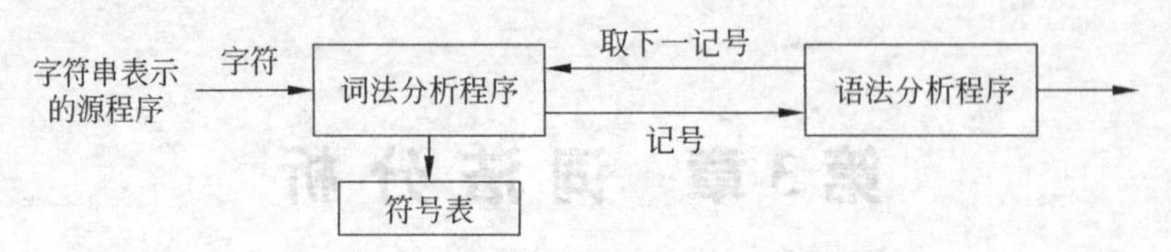

图 3-2　词法分析程序作为语法分析程序的子程序

（1）简化设计。如词法分析程序在扫描字符串源程序的过程中，可以很容易地识别并跳过源程序中的注释和空格，以便语法分析程序致力于语法分析。程序结构清晰，实现起来也较容易。

（2）改进编译程序的效率。由于编译的大部分时间消耗在扫描源程序并把它分成记号上，将词法分析程序独立出来，可以构造专门的更有效的词法分析程序。利用专门的读字符和处理记号的技术以加快编译速度。

（3）加强编译程序的可移植性。可以将输入字符集的特殊性和其他与机器有关的不规则性限制在词法分析程序中，即在词法分析程序中处理特殊的或非标准的符号。

3.2　词法分析程序的输入与输出

如何读入源程序是词法分析程序的一项重要任务，词法分析程序的实现方法不同，其源程序的输入方法也不相同。一般来讲，词法分析程序的实现有以下3种方法：

（1）利用词法分析程序生成器，从基于正规表达式的规范说明自动生成词法分析程序。这种情况下，生成器将提供用于源程序字符串的读入和缓冲的若干子程序。

（2）利用传统的系统程序设计语言（如Pascal、C语言等）来编写词法分析程序。这种情况下，需要利用该语言所提供的输入/输出能力来处理源程序字符串的读入操作。

（3）利用汇编语言编写词法分析程序。此时需要直接管理源程序字符串的读入。

上述3种实现方法的难度是递增的，但实现难度大的方法往往带来较快的处理速度。由于相当一部分编译时间要花在词法分析上，所以加快词法分析的速度是编译程序设计中的一个重要问题，这里介绍一种常用的双缓冲区输入模式。

3.2.1　输入缓冲区

对许多程序设计语言而言，有时词法分析程序为了得到某一个单词符号的确切性质，只从该单词本身所含有的字符不能做出判定，需要超前扫描若干个字符之后才能做出确定的分析。例如，在FORTRAN90/95标准之前的FORTRAN语言版本中，源程序中的空格完全被忽略，有合法的FORTRAN语句：

`DO 99 K=1,10` 和 `DO 99 K=1.10`

前者是循环语句，相当于C语言的语句for(K＝1; K＜＝10; K＋＋)，后者是赋值语句，相当于C语言的语句DO99K＝1.10。二者的区别在于等号后边的第一个标点符号符不同,前者是逗号,后者是句点,前者有7个词法单位,后者有3个词法单位。因此,为了识别出前者中的关键字DO,必须超前扫描许多个字符,直到能够确定词性的地方为止。

再如,C语言语句x=(y++)+z,只有超前扫描,才可以确定运算符"+"和"++"。

因此,有必要设置一个缓冲区来保存输入符号串。通常,把一个缓冲区分为大小相同的左右两个半区,每半区可保存*N*个字符,一般*N*=1KB或4KB。假定每引用一次系统的读入命令可以输入*N*个字符(而不是引用一次只读入一个字符),以备送入缓冲区的左半区或右半区。如果余下的输入字符数少于*N*个,则在输入字符之后,放入一个特殊符号eof,以标记源程序文件的结束,它不同于任何输入字符,如图3-3所示。

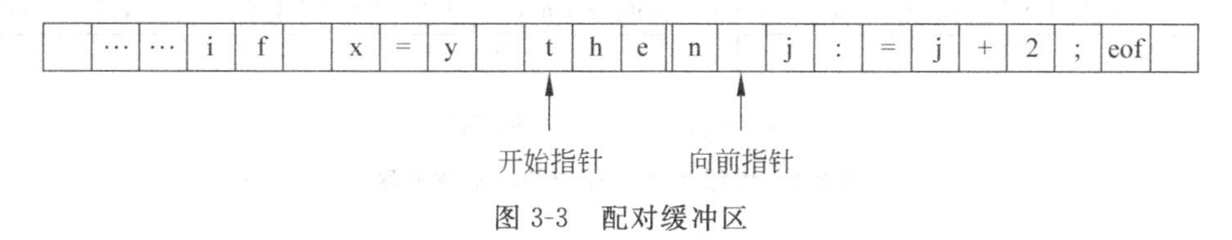

图3-3 配对缓冲区

输入缓冲区设有两个指针,即单词符号开始指针和向前指针。开始时,两个指针都指向下一个单词符号的第一个字符,向前指针向前扫描,直到单词符号可以确定为止,一旦单词被确定,向前指针置于该单词符号的右端,此时,两个指针之间的字符串是当前的单词符号。在处理完该单词符号后,让两个指针都指向下一个字符。注释和空格可以看成不生成任何记号的结构。

如果向前指针即将移过左半区终点,则读入*N*个字符填入缓冲区的右半区;如果向前指针即将移过右半区终点,则读入*N*个字符填入缓冲区的左半区,并设置向前指针到新读入缓冲区的开始位置。这种输入缓冲区模式大部分时间工作得很好,一般来说,缓冲区的容量足够使用。只是每当需要移动向前指针时,必须检查它是否将移过缓冲区的左半区或右半区终点,若是,则需要再次读入符号串并填充另一半,此测试指针的过程的伪代码如下。

```
IF (向前指针在左半区的终点){
重新填充右半区;
向前指针前移一个位置;
};
ELSE IF(向前指针在右半区的终点) {
    重新填充左半区;
    向前指针移到缓冲区的开始位置;
    };
ELSE  向前指针前移一个位置;
```

为简单起见,可以为每一半缓冲区增添一个结束标记,如图3-4所示,这样可以把两种测试合为一种,伪代码如下。

```
向前指针前移一个位置;
IF(向前指针指向 eof)
   IF(向前指针在左半区的终点) {
```

```
        重新填充右半区；
        向前指针前移一个位置；
    };
    ELSE IF(向前指针在右半区的终点) {
            重新填充左半区；
            向前指针指向缓冲区的开始位置；
    };
    ELSE 终止词法分析；                          //遇到了源程序结束标记
```

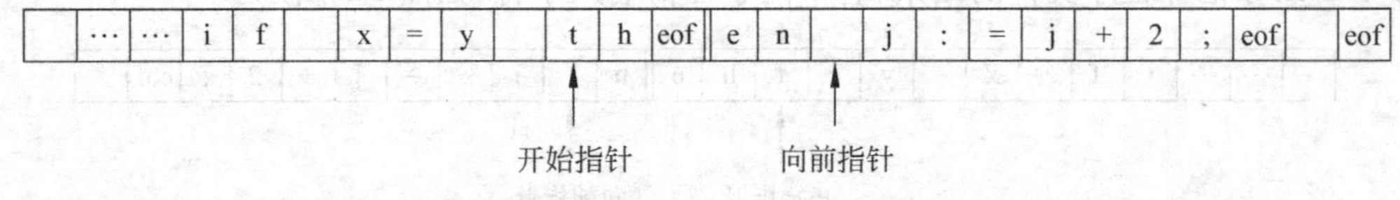

图 3-4　增添了结束标记的配对缓冲区

可以看出，多数情况下，只测试向前指针是否指向 eof，仅当向前指针到达缓冲区的半区终点或源程序结尾时做较多的测试，因每半缓冲区有 N 个字符，仅有一个 eof（除源程序结尾外），所以每扫描一个字符要做的测试次数接近于 1。

3.2.2　词法分析程序的输出

词法分析程序将源程序字符串转换成记号序列的形式。为方便讨论，引入具有特定含义的术语：记号（token）、模式（pattern）和单词（lexeme）。

记号指的是某一类单词符号的类别编码，如标识符的记号 id，常数的记号 num 等。模式指的是某一类单词符号的构成规则，如标识符的模式可以是“由字母开头的字母数字串”。单词指的是某一类单词符号中的一个实例，如标识符 position 就是一个单词。表 3-1 列出了这 3 个术语表示不同对象的例子。

表 3-1　记号、模式和单词实例

记　号	模式（非正式描述）	单 词 实 例
CONST	CONST	CONST
IF	IF	IF
relop	<或<=或=或<>或>或>=	<,<=,=,<>,>,>=
id	由字母开头的字母数字串	pi,count,position
num	任何数值常数	3.14,0,6.25
literal	双引号之间的字符串	“hello”

一般来说，在输入符号串中有很多子串具有相同的记号输出，每个这样的子串都是一个单词，并且都可以用同一构成规则（即模式）描述。大多数程序设计语言中都包含下列记号：关键字、标识符、常数、运算符，还有像逗号、分号、括号这样的标点符号。在描述程

序设计语言语法结构的上下文无关文法中，记号是终结符号。

在语法分析阶段，记号代表构成规则相同的单词的集合，如记号 num 可以代表数 0、3.14，记号 id 可以代表标识符 count 和 pi，而在翻译阶段必须明确记号 num 代表的是 0 还是 3.14，记号 id 代表的标识符是 pi 还是 count，这样才能进行语义分析和生成目标代码。

词法分析程序在识别出一个记号后，要把与之有关的信息作为它的属性保留下来。记号影响语法分析的决策，属性影响记号的翻译。词法分析阶段只能确定记号的一种属性，如对标识符来说，记号的属性是它所代表的单词在符号表中的入口指针，对常数来说，它的属性是它所表示的值，这样，给以后的翻译带来了方便。

有的编译程序把表示常数的字符串存入常数表，把它在常数表中的入口指针作为记号的属性，这样使词法分析简单，而把数值转换的工作留给了以后的翻译阶段。

对关键字、运算符和标点符号来说，如果每一个关键字、运算符或标点符号作为单独的一类，则记号所代表的单词是唯一的，所以不再需要属性。若记号所代表的单词不唯一，如表 3-1 中的记号 relop，则需要给出属性。若将所有的关键字归为一类，则对某一关键字的输出，除了类别编码外，还应该指出它在关键字表中的位置。

例如，对 Pascal 语言的赋值语句 total:=total+rate*4 进行词法分析，得到的记号及其属性可以用二元组序列表示如下：

```
<id,指向标识符 total 在符号表中的入口的指针>
<assign_op, >
<id,指向标识符 total 在符号表中的入口的指针>
<plus_op, >
<id,指向标识符 rate 在符号表中的入口的指针>
<mul_op, >
<num,整数值 4>
```

3.3 记号的描述和识别

前面已经说明，识别单词是按照记号的模式进行的，一种记号的模式匹配一类单词的集合。为了设计词法分析程序，需要对模式给出规范、系统的精确说明。正规表达式和正规文法是描述模式的重要工具。

正规表达式与正规文法都可用来描述程序设计语言中单词符号的结构，二者具有同样的表达能力，即对任何一个正规表达式都可以找到一个正规文法，使这个正规文法所产生的语言（即正规语言）恰好是该正规表达式所表示的语言（即正规集），反之亦然。但二者又各具不同的特点，同样一个单词符号，用正规表达式描述，清晰而简洁，用正规文法描述，则易于识别。通常，先用正规表达式来描述单词符号的结构，然后根据需要，把正规表达式转换为等价的正规文法，正规定义式为这种转换提供了条件。

3.3.1 词法与正规文法

词法分析作为分析阶段的子任务，是由专门的词法分析程序完成的。为了把词法分析从分析过程中分离出来，可以把源语言的文法 G 分解为若干个子文法 $G_0, G_1, G_2, \cdots, G_n$。其中 $G_1, G_2, \cdots, G_n$ 是描述语言的标识符、常数、运算符和标点符号等记号的文法，称之为词法，G_0 是借助于记号来描述语言的结构的文法，称之为语法。

一般来讲，可用正规文法或正规表达式描述记号的结构，用上下文无关文法描述语言的语法结构，这样文法 G_0 的终结符号是语言的记号，而各记号又是由文法 $G_1, G_2, \cdots, G_n$ 等生成的，因此用 $L(G_1), L(G_2), \cdots, L(G_n)$ 中的各种基本符号取代文法 G_0 的终结符号就可以得到源语言程序集合 $L(G_0)$。

词法分析的任务就是识别出由词法 $G_1, G_2, \cdots, G_n$ 所描述的各种记号，这就是说，经过词法分析，各种记号将作为文法 G_0 的终结符号，为语法分析程序直接对 $L(G_0)$ 进行分析做好准备。可以说，文法 $G_1, G_2, \cdots, G_n$ 等是定义在初级字母表上的，该字母表上的每个符号都是字符；而文法 G_0 则是定义在一般的字母表上的，该字母表上的元素是语言的记号。

3.3.2 记号的文法

下面分析各种记号的文法。

1. 标识符

假设某种语言的标识符定义为“由字母打头的、由字母或数字组成的符号串”，可以用如下的正规表达式来描述该标识符集合：

$\text{letter}(\text{letter}|\text{digit})^*$

如果引入名字 *id* 来表示标识符、引入名字 *letter* 和 *digit* 分别表示字母和数字的正规表达式，则标识符集合可以表示为如下的正规定义式：

$letter \to A|B|\cdots|Z|a|b|\cdots|z$

$digit \to 0|1|\cdots|9$

$id \to letter(letter|digit)^*$

现在的问题是如何把正规定义式转换为相应的正规文法。不难看出，仅需要对上述第3个正规定义的右部正规表达式作进一步的转换即可。

如为子表达式 $(\text{letter}|\text{digit})^*$ 取一个名字 *rid*，并展开如下：

$$
\begin{aligned}
(\text{letter} \mid \text{digit})^* &= \varepsilon \mid (\text{letter} \mid \text{digit})^+ \\
&= \varepsilon \mid (\text{letter} \mid \text{digit})(\text{letter} \mid \text{digit})^* \\
&= \varepsilon \mid \text{letter}(\text{letter} \mid \text{digit})^* \mid \text{digit}(\text{letter} \mid \text{digit})^* \\
&= \varepsilon \mid (\text{A} \mid \text{B} \mid \cdots \mid \text{Z} \mid \text{a} \mid \text{b} \mid \cdots \mid \text{z})(\text{letter} \mid \text{digit})^* \\
&\quad \mid (0 \mid 1 \mid \cdots \mid 9)(\text{letter} \mid \text{digit})^*
\end{aligned}
$$

$=\varepsilon \mid A(\text{letter} \mid \text{digit})^* \mid B(\text{letter} \mid \text{digit})^* \mid \cdots \mid Z(\text{letter} \mid \text{digit})^*$
$\mid a(\text{letter} \mid \text{digit})^* \mid b(\text{letter} \mid \text{digit})^* \mid \cdots \mid z(\text{letter} \mid \text{digit})^*$
$\mid 0(\text{letter} \mid \text{digit})^* \mid 1(\text{letter} \mid \text{digit})^* \mid \cdots \mid 9(\text{letter} \mid \text{digit})^*$

引入 *id* 和 *rid* 作为文法的非终结符号，则可写出如下的一组产生式：

$id \rightarrow A\ rid \mid B\ rid \mid \cdots \mid Z\ rid \mid a\ rid \mid b\ rid \mid \cdots \mid z\ rid$

$rid \rightarrow \varepsilon \mid A\ rid \mid B\ rid \mid \cdots \mid Z\ rid \mid a\ rid \mid b\ rid \mid \cdots \mid z\ rid \mid 0\ rid \mid 1\ rid \mid \cdots \mid 9\ rid$

可以看出，每个产生式的左部只有一个非终结符号，右部是由一个终结符和一个非终结符组成或者为 ε，显然这是一个正规文法，并且是右线性文法。

通过上面的分析和代数变换，把描述标识符结构的正规表达式转换成了相应的正规文法。通常，在书写上述正规文法时，把 letter 和 digit 看作是终结符号，写成如下形式即可：

$id \rightarrow \text{letter}\ rid$

$rid \rightarrow \varepsilon \mid \text{letter}\ rid \mid \text{digit}\ rid$

需要注意的是，正规文法的产生式和正规定义式中的正规定义是两个不同的概念，具有不同的含义。

2. 常数

这里以整数和无符号数为例说明描述常数的正规文法。

(1) 整数

描述整数结构的正规表达式为(digit)$^+$。利用正规表达式的代数定律(如 2.4 节的表 2-8 所示)对此正规表达式进行等价变换：

$$(\text{digit})^+ = \text{digit}\ (\text{digit})^*$$

$$(\text{digit})^* = \varepsilon \mid \text{digit}\ (\text{digit})^*$$

其中，digit 表示 0，1，…，9 中的某个数字。

如果用 *digits* 表示(digit)$^+$，用 *remainder* 表示(digit)*，并把 *digits* 和 *remainder* 作为非终结符号，则可得到整数的正规文法如下：

$digits \rightarrow \text{digit}\ remainder$

$remainder \rightarrow \varepsilon \mid \text{digit}\ remainder$

(2) 无符号数

虽然无符号数的结构比较复杂，但其文法的产生式也具有简单的形式，左线性或右线性文法。无符号数的正规表达式为：

$$(\text{digit})^+ (.(\text{digit})^+)?\ (E(+\mid-)?\ (\text{digit})^+)?$$

引入名字 *digit*、*digits*、*optional_fraction*、*optional_exponent* 和 *num* 分别表示数字、整数、可选的小数部分、可选的指数部分及无符号数，则其正规定义式为：

$digit \rightarrow 0 \mid 1 \mid \cdots \mid 9$

$digits \rightarrow digit^+$

$optional\_fraction \rightarrow (.\ digits)?$

$optional\_exponent \rightarrow (E(+\mid-)?\ digits)?$

num→*digits optional_fraction optional_exponent*

为把此正规定义式转换为正规文法,需进一步分析无符号数的正规表达式:

$$(\text{digit})^{+}(.(\text{digit})^{+})?(\text{E}(+|-)?(\text{digit})^{+})?$$
$$=(\text{digit})^{+}(.(\text{digit})^{+}|\varepsilon)(\text{E}(+|-|\varepsilon)(\text{digit})^{+}|\varepsilon)$$
$$=\text{digit}(\text{digit})^{*}(.\text{digit}(\text{digit})^{*}|\varepsilon)(\text{E}(+|-|\varepsilon)\text{digit}(\text{digit})^{*}|\varepsilon)$$

用 *num*1 表示无符号数的第一个数字之后的部分;*num*2 表示小数点以后的部分;*num*3 表示小数点后第一个数字以后的部分;*num*4 表示 E 之后的部分;*num*5 表示 $(\text{digit})^{*}$;*digits* 表示 $(\text{digit})^{+}$;无符号数的结构如图 3-5 所示。

① 由于有定义 *num*5→$(\text{digit})^{*}$,根据闭包与正闭包之间的关系:

$$(\text{digit})^{*}=(\text{digit})^{+}|\varepsilon=\text{digit}(\text{digit})^{*}|\varepsilon$$

所以有 *num*5→digit *num*5|ε

② 由于有定义 *digits*→$(\text{digit})^{+}$,并且 $(\text{digit})^{+}=\text{digit}(\text{digit})^{*}$,所以有 *digits*→digit *num*5。

这样就得到无符号数的正规文法如下:

num→ digit *num*1

*num*1→ digit *num*1|. *num*2|E *num*4|ε

*num*2→ digit *num*3

*num*3→ digit *num*3|E *num*4|ε

*num*4→+*digits*|−*digits*|digit *num*5

digits→ digit *num*5

*num*5→ digit *num*5|ε

例如,无符号数 4.6E−8 的分析树如图 3-6 所示。

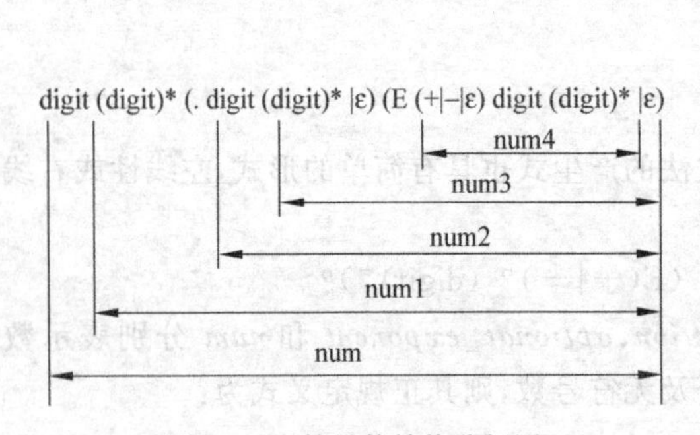

图 3-5 无符号数结构分析图

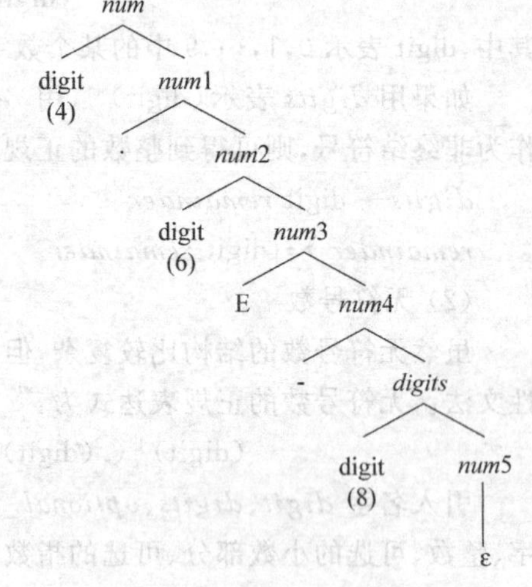

图 3-6 无符号数 4.6E−8 的分析树

在单词符号中,无符号数的结构最复杂,标识符次之,其余的均十分简单。

3. 运算符

这里以关系运算符为例说明运算符的正规文法。关系运算符的正规表达式为：

$$<|<=|=|<>|>=|>$$

若给此正规表达式以名字 *relop*，则得到相应的正规定义式：

$relop \to <|<=|=|<>|>=|>$

再引入两个非终结符号 *greater* 和 *equal*，则关系运算符的正规文法如下：

$relop \to <|<equal|=|<greater|>|>equal$

$greater \to >$

$equal \to =$

其余的单词符号的文法与此类似，不再赘述。

3.3.3 状态转换图与记号的识别

1. 状态转换图

构造词法分析程序的第一步首先是根据描述单词符号的文法构造状态转换图，然后再根据状态转换图进一步构造词法分析程序。

如前所述，状态转换图是有限的方向图，图中结点代表状态，用圆圈表示，状态之间用有向边连接，边上的标记代表在射出结状态下可能出现的输入符号或字符类。如图 3-7 所示，状态 1 有两条分别标记为 x、y 的射出边，即在状态 1，若输入为 x，则转换到状态 2，若输入为 y，则转换到状态 3。

任何状态转换图只包含有限个状态（即有限个结点），其中有一个初态（如图 3-7 中的状态 1），至少有一个终结状态，终结状态用双圆圈表示（如图 3-7 中的状态 3）。

根据自动机与文法的等价性，可以根据记号的正规文法来构造相应的自动机，并用状态转换图表示。例如标识符的文法有产生式：

$$id \to \text{letter}\ rid$$

$$rid \to \varepsilon \mid \text{letter}\ rid \mid \text{digit}\ rid$$

该文法有两个非终结符号，即 *id* 和 *rid*，让它们分别对应状态 0 和 1，并设状态 2 为终结状态。这样，根据产生式就可以得到如图 3-8 所示的状态转换图，第一个产生式对应从状态 0 到状态 1 的边，第二个产生式对应从状态 1 到其自身的边。

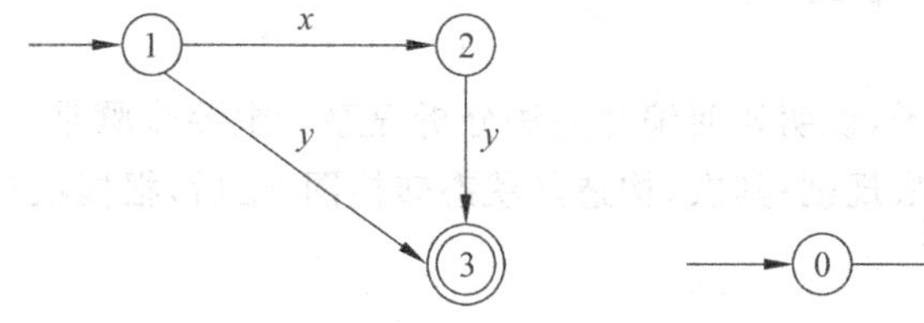

图 3-7 状态转换图示例

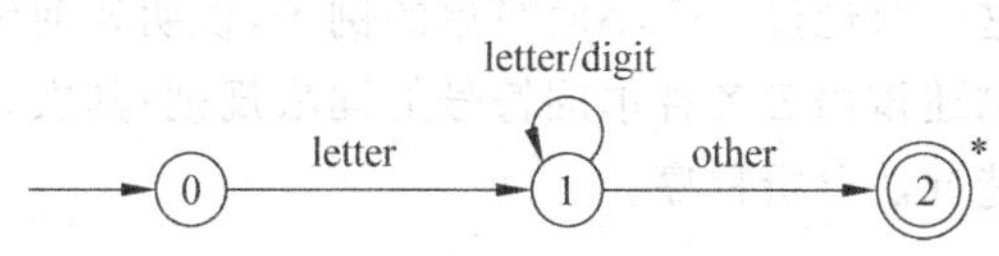

图 3-8 识别标识符的状态转换

2. 利用状态转换图识别记号

仍以标识符为例加以说明。从状态0开始，读入一个字符，若输入的为一个字母，则转换到状态1；在状态1读入下一个字符，若为字母或数字，则重新进入状态1，一直重复此过程，直到状态1发现读入的字符不再是字母或数字，就进入状态2。状态2为终结状态，意味着此时已经识别出一个标识符，识别过程结束。在终态结2上有一个星号，表示多读入了一个不属于标识符本身的字符，应该把它退还给输入串。

如果在状态0读入的字符不是字母，则意味着输入符号串不是标识符，或者说，这个状态转换图工作不成功。

3. 为线性文法构造相应的状态转换图

这里以右线性文法为例加以说明。

(1) 状态集合的构成

为文法 G 的每一个非终结符号设置一个对应的状态，其中文法的开始符号对应的状态称为初态，另外再增加一个新的状态，称为终态。

(2) 状态之间边的形成

右线性文法的产生式有3种形式，即 $A \to aB$、$A \to a$ 和 $A \to \varepsilon$。对形如 $A \to aB$ 的产生式，从与 A 对应的状态到与 B 对应的状态画一条标记为 a 的边；对形如 $A \to a$ 的产生式，从与 A 对应的状态到终结状态画一条标记为 a 的边；对形如 $A \to \varepsilon$ 的产生式，从与 A 对应的状态到终结状态画一条标记为 ε 的边。

根据上述原则，可以为任何右线性文法构造相应的状态转换图。例如，对应于前面描述的无符号数的右线性文法的状态转换图如图3-9所示。

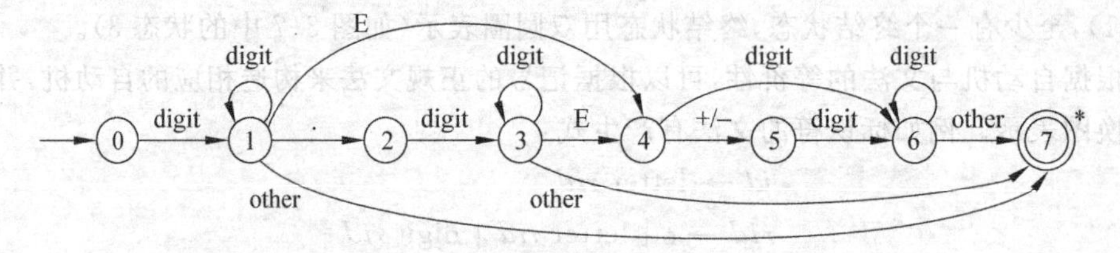

图3-9 识别无符号数的状态转换图

3.4 词法分析程序的设计与实现

这一节通过一个小而简单的例子，说明如何编写词法分析程序。主要步骤是：首先，给出描述该语言各种单词符号的词法规则；其次，构造其状态转换图；最后，根据状态转换图构造词法分析程序。

3.4.1 文法及状态转换图

1. 语言说明

假定源语言有以下记号及单词：

(1) 标识符：以字母开头的、后跟字母或数字组成的符号串。

(2) 关键字：标识符集合的子集。该语言定义的关键字有 3 个，即 if、then 和 else。

(3) 无符号数：由整数部分、可选的小数部分和可选的指数部分构成。

(4) 关系运算符：<、<=、=、<>、>=、>。

(5) 算术运算符：+、-、*、/。

(6) 标点符号：(、)、:、'、;等。

(7) 赋值号：:=

(8) 注释标记：以“/*”开始，以“*/”结束。

(9) 单词符号间的分隔符：空格。

2. 记号的正规文法

这里仅给出各种单词符号的文法产生式。

(1) 标识符的文法

$$id \rightarrow \text{letter } rid$$
$$rid \rightarrow \varepsilon \mid \text{letter } rid \mid \text{digit } rid$$

(2) 无符号整数的文法

$$digits \rightarrow \text{digit } remainder$$
$$remainder \rightarrow \varepsilon \mid \text{digit } remainder$$

(3) 无符号数的文法

$$num \rightarrow \text{digit } num1$$
$$num1 \rightarrow \text{digit } num1 \mid .\ num2 \mid \text{E } num4 \mid \varepsilon$$
$$num2 \rightarrow \text{digit } num3$$
$$num3 \rightarrow \text{digit } num3 \mid \text{E } num4 \mid \varepsilon$$
$$num4 \rightarrow +\,digits \mid -\,digits \mid \text{digit } num5$$
$$digits \rightarrow \text{digit } num5$$
$$num5 \rightarrow \text{digit } num5 \mid \varepsilon$$

(4) 关系运算符的文法

$$relop \rightarrow < \mid <\,equal \mid = \mid <\,greater \mid > \mid >\,equal$$
$$greater \rightarrow >$$
$$equal \rightarrow =$$

(5) 赋值号的文法

$$assign\_op \rightarrow :equal$$

$$equal \to =$$

(6) 算术运算符及标点符号的文法

$$single \to +|-|*|/|(|)|:|'|;$$

(7) 注释头符号的文法

$$note \to /\ star$$

$$star \to *$$

可以看出，上述文法均是右线性文法。

3. 状态转换图

根据上节介绍的方法，可以为每种记号的文法构造出相应的状态转换图，让这些状态转换图共用一个初态，就可以得到词法分析程序的状态转换图，如图 3-10 所示。

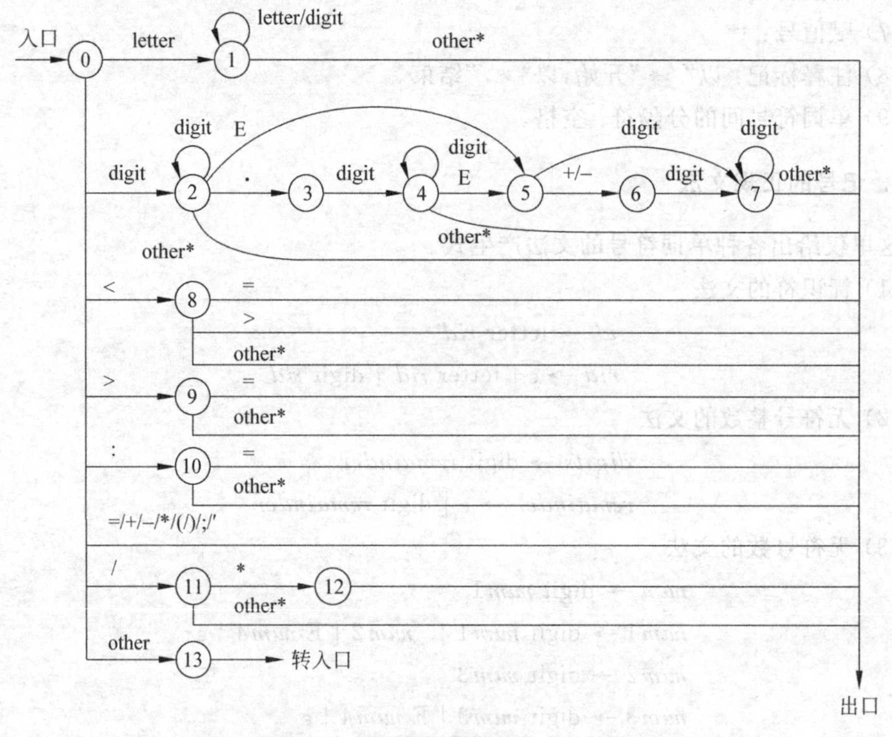

图 3-10　词法分析程序的状态转换图

其中，状态 0 是初始状态，若此时读入的字符是字母，则转换到状态 1，进入标识符识别过程；如果读入的字符是数字，则转换到状态 2，进入无符号数识别过程；……；若读入的字符是“/”，转换到状态 11，再读入下一个字符，如果读入的是“*”，则转换到状态 12，进入注释处理状态；如果在状态 0 读入的字符不是语言所定义的单词符号的首字符，则转换到状态 13，进入错误处理状态。

3.4.2 词法分析程序的构造

有了上述状态转换图,只要把语义动作进一步添加到状态转换图中,使每一个状态都对应一小段程序,就可以构造出相应的词法分析程序。如:

在开始状态,首先要读进一个字符。若读入的字符是一个空格(包括 blank、tab、enter)就跳过它,继续读字符,直到读进一个非空字符为止。接下来的工作就是根据所读进的非空字符转相应的程序段进行处理。

在标识符状态,识别并组合出一个标识符之后,还必须加入一些动作,如查关键字表,以确定识别出的单词符号是关键字还是用户自定义标识符,并输出相应的记号。

在无符号数状态,可识别出各种常数,包括整数、小数和无符号数。在组合常数的同时,还要进行从字符串到数字的转换。

在"＜"状态,若读进的下一个字符是"＝",则输出关系运算符"＜＝";若读进的下一个字符是"＞",则输出关系运算符"＜＞";否则输出关系运算符"＜"。

在"/"状态,若读进的下一个字符是"*",则进入注释处理状态,词法分析程序要做的工作是跳过注释,具体做法就是不断地读字符,直到遇到"*/"为止,然后转开始状态,继续识别和分析下一个单词;若读进的下一个字符不是"*",则输出斜杠"/"。

在":"状态,若读进的下一个字符是"＝",则输出赋值号":＝";否则,输出冒号":"。

在其他算术运算符和标点符号状态,只需输出其相应的记号即可。

若进入错误处理状态,表示词法分析程序从源程序中读入了一个不合法的字符。所谓不合法的字符是指该语言不包括以此字符开头的单词符号。词法分析程序发现不合法字符时,要做错误处理,其主要工作是显示或打印错误信息,并跳过这个字符,然后转开始状态继续识别和分析下一个单词符号。

还有一点应该注意,在词法分析过程中,为了判断是否已经读到单词符号的右端字符,有时需要向前多读入一个字符,比如在标识符状态和无符号数状态,因此词法分析程序在返回调用程序之前,应将向前指针后退一个字符。

3.4.3 词法分析程序的实现

1. 输出形式

编制词法分析程序,首先需要确定程序的输出形式。假设该词法分析程序使用表 3-2 所给出的翻译表。在分离出一个单词后,对识别出的记号以二元式的形式加以输出,其形式为＜记号,属性＞,该语言仅有 3 个关键字,即 if、then 和 else,并且每个关键字单独作为一类,所以其记号唯一代表一个关键字,不再需要属性。

表 3-2 记号的正规表达式及属性

正规表达式	记　号	属　性	正规表达式	记　号	属　性
if	if	—	:=	assign-op	—
then	then	—	+	+	—
else	else	—	—	—	—
id	id	符号表入口指针	*	*	—
num	num	常数值	/	/	—
<	relop	LT	(	(	—
<=	relop	LE	)	)	—
=	relop	EQ	,	,	—
<>	relop	NE	;	;	—
>	relop	GT	:	:	—
>=	relop	GE			

2. 定义全局变量和过程

根据词法分析程序的状态转换图，可以设计出相应的词法分析程序。程序规模的大小一般和状态转换图中的状态数与边数之和成正比。在设计过程中，对转换图中的每一状态分别用一段程序实现。如果某一状态有若干条射出边，则程序段首先读入一个字符，根据读到的字符，选择标记与之匹配的边到达下一个状态，即程序控制转去执行下一个状态对应的语句序列。此例中的词法分析程序所用的全局变量及要调用的过程和函数如下。

(1) state：整型变量，当前状态指示。

(2) C：字符变量，存放当前读入的字符。

(3) iskey：整型变量，值为−1，表示识别出的单词是用户自定义标识符，否则，表示识别出的单词是关键字，其值为关键字的记号。

(4) token：字符数组，存放当前正在识别的单词字符串。

(5) lexemebegin：字符指针，指向输入缓冲区中当前单词的开始位置。

(6) forward：字符指针，向前指针。

(7) buffer：字符数组，输入缓冲区。

(8) get_char：过程，每调用一次，根据向前指针 forward 的指示从输入缓冲区中读一个字符，并把它放入变量 C 中，然后，移动 forward，使之指向下一个字符。

(9) get_nbc：过程，每次调用时，检查 C 中的字符是否为空格，若是，则反复调用过程 get_char，直到 C 中进入一个非空字符为止。

(10) cat：过程，把 C 中的字符连接在 token 中的字符串后面。

(11) letter：布尔函数，判断 C 中的字符是否为字母，若是则返回 true，否则返回

false。

(12) digit：布尔函数，判断C中的字符是否为数字，若是则返回true，否则返回false。

(13) retract：过程，向前指针forward后退一个字符。

(14) reserve：函数，根据token中的单词查关键字表，若token中的单词是关键字，则返回值该关键字的记号，否则，返回值“－1”。

(15) SToI：过程，将token中的字符串转换成整数。

(16) SToF：过程，将token中的字符串转换成浮点数。

(17) table_insert：函数，将识别出来的用户自定义标识符(即token中的单词)插入符号表，返回该单词在符号表中的位置指针。

(18) error：过程，对发现的错误进行相应的处理。

(19) return：过程，将识别出来的单词的记号返回给调用程序。

3. 编制词法分析程序

用类C语言书写的词法分析程序的主体部分如下。

```
state=0;
DO {
    SWITCH ( state ) {
    CASE 0:                                                    //初始状态
        token='';
        get_char() ;
        get_nbc();
        SWITCH ( C ) {
        CASE'a':
        CASE'b':
         ⋮
        CASE'z': state=1; break;                               //设置标识符状态
        CASE'0':
        CASE'1':
         ⋮
        CASE'9': state=2; break;                               //设置常数符状态
        CASE'<': state=8; break;                               //设置'<'符状态
        CASE'> ': state=9; break;                              //设置'>'符状态
        CASE':': state=10; break;                              //设置':'符状态
        CASE'/': state=11; break;                              //设置'/'符状态
        CASE'=': state=0; return(relop,EQ); break;             //返回'='的记号
        CASE'+': state=0; return('+',-); break;                //返回'+'的记号
        CASE'-': state=0; return('-',-); break;                //返回'-'的记号
        CASE'*': state=0; return('*',-); break;                //返回'*'的记号
        CASE'(': state=0; return('(',-); break;                //返回'('的记号
        CASE')': state=0; return(')',-); break;                //返回')'的记号
```

```
        CASE';': state=0; return(';',-); break;      //返回';'的记号
        CASE'\'': state=0; return('\'',-); break;    //返回'''的记号
        default: state=13; break;                    //设置错误状态
        };
        break;
    CASE 1:                                          //标识符状态
        cat();
        get_char();
        IF ( letter() ‖ digit() ) state=1;
        ELSE {
            retract();
            state=0;
            iskey=reserve();                         //查关键字表
            IF( iskey!=-1 ) return (iskey,-);        //识别出的是关键字
            ELSE {                                   //识别出的是用户自定义标识符
                identry=table_insert();              //返回该标识符在符号表的入口指针
                return(ID,identry);
            };
        };
        break;
    CASE 2:                                          //常数状态
        cat();
        get_char();
        SWITCH ( C ) {
        CASE'0':
        CASE'1':
        ⋮
        CASE'9': state=2; break;
        CASE'.' : state=3; break;
        CASE'E': state=5; break;
        DEFAULT:                                     //识别出整常数
            retract();
            state=0;
            return(NUM,SToI(token));                 //返回整数
            break;
        };
        break;
    CASE 3:                                          //小数点状态
        cat();
        get_char();
        IF ( digit )  state=4;
        ELSE {
            error();
            state=0;
```

```
    };
    break;
CASE 4:                                     //小数状态
    cat();
    get_char();
    SWITCH ( C ) {
    CASE'0':
    CASE'1':
    ⋮
    CASE'9': state=4; break;
    CASE'E': state=5; break;
    DEFAULT:                                //识别出小数
        retract();
        state=0;
        return(NUM,SToF(token));            //返回小数
        break;
    };
    break;
CASE 5:                                     //指数状态
    cat();
    get_char();
    SWITCH ( C ) {
    CASE'0':
    CASE'1':
    ⋮
    CASE'9': state=7; break;
    CASE'+':
    CASE'-': state=6; break;
    DEFAULT:
        retract();
        error();
        state=0;
        break;
    };
    break;
CASE 6:
    cat();
    get_char();
    IF ( digit )  state=7;
    ELSE {
        retract();
        error();
        state=0;
    };
```

```
        break;
    CASE 7:
        cat();
        get_char();
        IF ( digit )  state=7;
        ELSE {
            retract();
            state=0;
            return(NUM,SToF(token));                    //返回无符号数
        };
        break;
    CASE 8:                                             //'<'状态
        cat();
        get_char();
        SWITCH ( C ) {
        CASE'=': cat(); state=0; return(relop,LE); break;         //返回'<='的记号
        CASE'>': cat(); state=0; return(relop,NE); break;         //返回'<>'的记号
        DEFAULT: retract(); state=0; return(relop,LT); break;     //返回'<'的记号
        };
        break;
    CASE 9:                                             //'>'状态
        cat();
        get_char();
        IF ( C=='=') {
            cat();
            state=0;
            return(relop,GE);                           //返回'>='的记号
        }
        ELSE {
            retract();
            state=0;
            return(relop,GT);                           //返回'>'的记号
        };
        break;
    CASE 10:                                            //':'状态
        cat();
        get_char();
        IF ( C=='=') {
            cat();
            state=0;
            return(assign_op,-);                        //返回':='的记号
        }
        ELSE {
            retract();
```

```
            state=0;
            return(':',-);                         //返回':'的记号
        };
        break;
    CASE 11:                                       //'/'状态
        cat();
        get_char();
        IF ( C=='*' )  state=12;                   //设置注释处理状态
        ELSE {
            retract();
            state=0;
            return('/',-);                         //返回'/'的记号
        };
        break;
    CASE 12:                                       //注释处理状态
        get_char();
        while ( C!='*' ) get_char();
        get_char();
        IF (C=='/') state=0;                       //注释处理结束
        ELSE state=12;
        break;
    CASE 13:                                       //错误处理状态
        error();
        state=0;
        break;
    }
}WHILE(C!=eof).                                 //未扫描到源程序结束标志,则继续循环
```

3.5 LEX 简介

LEX 是 LEXical compiler 的缩写,是 UNIX 环境下非常著名的工具软件,其主要功能是根据 LEX 源程序生成一个用 C 语言描述的词法分析程序(scanner)。LEX 源程序是词法分析程序的规格说明文件,其文件名约定为 lex. l,经过 LEX 编译程序的编译,生成一个 C 语言程序 lex. yy. c。若用 C 语言作为编译程序的实现语言,则 lex. yy. c 可以和其他源程序文件一起编译,生成编译程序的目标程序。若用 C 语言编译程序对 lex. yy. c 进程单独编译,可生成目标文件 lex. yy. o,或直接生成可执行程序 a. out。目标文件 lex . yy. o 作为编译程序目标代码的组成部分,可以和其他高级语言或汇编语言产生的目标代码连接。词法分析程序 a. out 运行时,可以将输入的字符串转换成相应的记号序列。

使用 LEX 生成词法分析程序的流程如图 3-11 所示。

3.5.1 LEX 源程序的结构

一个 LEX 源程序由声明、翻译规则和辅助过程 3 部分组成,各部分之间用双百分号

"%%"隔开,如图 3-12 所示。

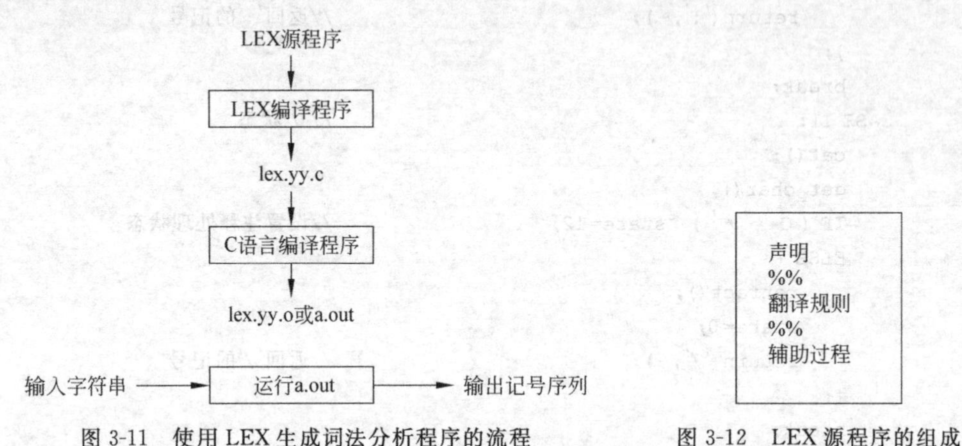

图 3-11 使用 LEX 生成词法分析程序的流程　　图 3-12 LEX 源程序的组成

声明部分可以包括变量的声明、符号常量的声明和正规定义。正规定义中定义的名字可以出现在翻译规则的正规表达式中。希望出现在输出文件 lex. yy. c 中的 C 语言声明语句必须用符号"%{"和"%}"括起来。如:

```
%{
    #include<stdio.h>
    #include<stdlib.h>
    #include<string.h>
    #include<ctype.h>
    #include"y.tab.h"
    typedef char * YYSTYPE;
    char * yylval;
%}
```

下面是关于名字 delim、ws、letter、digit 以及标识符 id 的正规定义,这些名字可以在翻译规则部分的正规表达式中出现。

```
delim   [ \t\n]
ws {delim}+
letter [A-Za-z]
digit   [0-9]
id   {letter}({letter}|{digit})*
```

翻译规则部分是由正规表达式和相应的动作组成的具有如下形式的语句序列:

```
P1      { 动作 1 }
P2      { 动作 2 }
...
Pn      { 动作 n }
```

其中,$P_i(i=1,2,\cdots,n)$是一个正规表达式,描述一种记号的模式;动作 i 是用 C 语言描述的程序段,表示当一个符号串匹配模式 P_i 时,词法分析程序应执行的动作。

在 LEX 源程序中的正规表达式书写中,可能用到以下规则:

(1) 转义字符

" \ [ ] ^ - ? . * + | ( ) $ / { } % <>

以上这些字符具有特殊含义,不能用来匹配自身。如果需要匹配的话,可以通过引号(")或者转义符号(\)来指示。比如:C"++"和 C\+\+都可以匹配 C++ 。

除了转义字符之外的其他字符都是非转义字符。一个非转义字符可以匹配其自身。比如:char 匹配输入串中出现的 char。

(2) 通配符

在正规表达式中可以用通配符.(dot)来匹配任何一个字符。如:a.c 匹配任何以 a 开头、以 c 结尾的长度为 3 的字符串。

(3) 字符集

用一对方括号“[”和“]”指定的字符构成一个字符集。比如:[abc]表示一个字符集,可以匹配 a、b 或 c 中的任意一个字符。使用“-”可以指定范围。比如:[A-Za-z]表示可以匹配所有大写和小写字母的字符集。

(4) 重复

符号“*”表示任意次重复(可以是零次),符号“+”表示至少一次的重复,符号?表示零次或者一次,如:a+相当于 aa*,a*相当于 a+|ε,a?相当于 a|ε。

(5) 选择和分组

符号|表示选择,二者则一;括号“(”和“)”表示分组,括号内的组合被看作是一个原子。比如:x(ab|cd)y 匹配 xaby 或者 xcdy。

由 LEX 生成的词法分析程序在识别单词符号时,遵循以下匹配原则:

(1) 最长匹配原则:当有几条规则都适用时,实施匹配最长输入串的那个规则。如“:=”,应该识别为赋值号,而不应该识别为冒号和等号。再比如有如下规则:

```
%%
a       {printf ("1"); }
aa      {printf ("2"); }
aaaa    {printf ("4"); }
%%
```

根据此规则生成的词法分析程序在识别输入符号串“aaaaaaa”时,输出结果是“421”。

(2) 优先匹配原则:当有几条规则都适用,并且匹配长度相同时,则实施排在最前面的那条规则。

也就是说,词法分析程序依次尝试每一条规则,尽可能地匹配最长的输入符号串,并且,排在前面的规则的优先级高于排在其后的规则的优先级。另外,如果有一些内容不匹配任何规则,则 LEX 将会把它拷贝到标准输出。

辅助过程是对翻译规则的补充。翻译规则部分中某些动作需要调用的过程或函数,如果不是 C 语言的库函数,则要在此给出具体的定义。这些过程或函数也可以在另一个程序文件中定义,然后再和词法分析程序链接在一起即可。

在 LEX 源程序中,翻译规则部分是必需的,声明部分和辅助过程部分可以没有。因

此,第一个%%必须存在,用以标记翻译规则部分的开始,第二个%%是可选的。最简单的LEX源程序是只有一个%%的程序,如:

```
%%
```

没有声明部分和辅助过程部分,也没有任何描述规则的正规表达式,这个源程序的功能是将输入不加修改地复制到输出文件中。

3.5.2 LEX源程序举例

由LEX生成的词法分析程序作为语法分析程序的子过程,每被调用一次就返回一个记号。每当词法分析程序被激活后,便开始继续读入缓冲区中的字符,按照最长匹配和优先匹配原则,找到一个正规表达式 P_i 后,执行相应的动作 i。动作 i 的主要功能是把识别出的记号返回给语法分析程序,为了传递记号的属性,通常将所确定的属性值置于全程变量 yylval 中,最后使控制返回语法分析程序。

例如,有如下正规定义式:

$$
\begin{aligned}
&\text{if} \rightarrow \text{if}\\
&\text{then} \rightarrow \text{then}\\
&\text{else} \rightarrow \text{else}\\
&\text{relop} \rightarrow < \mid <= \mid = \mid <> \mid > \mid >=\\
&\text{id} \rightarrow \text{letter}(\text{letter} \mid \text{digit})^*\\
&\text{num} \rightarrow \text{digit}^+ (.\text{digit}^+)?(\text{E}(+\mid-)?\text{digit}^+)?
\end{aligned}
$$

与其相应的LEX源程序框架如下:

```
/*声明部分 */
(1)  %{
(2)  #include<stdio.h>
(3)  ⋮         /* C语言描述的符号常量的定义,如 LT、LE、EQ、NE、GT、GE、IF、THEN、
(4)  ELSE、ID、NUMBER、RELOP */
(5)  extern yylval,yytext,yyleng;
(6)  %}
     /*正规定义式 */
(7)  delim      [ \t\n]
(8)  ws         {delim}+
(9)  letter     [A-Za-z]
(10) digit      [0-9]
(11) id         {letter}({letter}|{digit})*
(12) num        {digit}+(\.{digit}+)?(E[+\-]?{digit}+)?
(13) %%
/*翻译规则部分 */
(14) {ws}       {}/*没有动作,也不返回,作用是跳过所有的空字符 */
(15) if         { return(IF); }
```

```
(16) then        { return(THEN); }
(17) else        { return(ELSE); }
(18) {id}          { yylval=install_id(); return(ID); }
(19) {num}       { yylval=num_val(); return(NUMBER); }
(20) "<"         { yylval=LT; return(RELOP); }
(21) "<="        { yylval=LE; return(RELOP); }
(22) "="         { yylval=EQ; return(RELOP); }
(23) "<>"        { yylval=NE; return(RELOP); }
(24) ">"         { yylval=GT; return(RELOP); }
(25) ">="        { yylval=GE; return(RELOP); }
(26) %%
/*辅助过程部分 */
(27) intinstall_id() {
(28) ⋮           /*把单词插入符号表并返回该单词在符号表中的位置
(29)             yytext 指向该单词的第一个字符
(30)             yyleng 给出它的长度   */
(31) }
(32) intnum_val() {
(33) ⋮           /*将识别出的无符号数字符串转换成数值型返回*/
(34) }
```

整个源程序保存于文件 lex.l 中。

第(1)～(6)行用“%{”和“%}”括起来的是关于变量和符号常量的声明，出现在这里的任何内容，LEX 编译程序都直接复制到 lex.yy.c 中，所以应符合 C 语言的规范。

第(7)～(12)行是名字 delim、ws、letter、digit、id 和 num 的正规定义，在名字与右边的表达式之间用空格分隔。当在表达式中引用前面定义过的名字时，要用一对花括号将该名字括起来，另外，正规表达式中出现的源语言中的符号如“-”、“.”等要用转义符“\”引导，如 delim 的表达式中的“\t”和“\n”，num 的表达式中的“\.”和“\-”。

第(14)～(25)行是翻译规则，左边是正规表达式，右边是当扫描到的串匹配该正规表达式时应该执行的动作。如正规表达式中引用声明部分定义过的名字，则要用花括号括起来，如(14)行的{ws}、(18)行的{id}和(19)行的{num}。当 LEX 的元字符在正规表达式中出现时，用双引号括起来，如(20)行中的“<”等。当识别出一个单词后，应将其记号返回，如果动作中不包含明确的 return 语句，则 yylex()在处理完了完整的输入之后才会返回。需要注意的是第(14)行，由于{ws}代表任何可能的连续空白符号，词法分析程序不需要执行任何动作，它所对应的是空花括号。

第(27)～(34)行是辅助过程部分。这里定义了两个函数 install_id()和 num_val()，这两个函数分别在规则{id}和{num}对应的动作中被调用。辅助过程一般是用 C 语言编写的。当用 LEX 编译程序编译 lex.l 时，把这部分内容原原本本地复制到文件 lex.yy.c 中。注释中提到的变量 yytext 相当于输入缓冲区中单词符号的开始指针，变量 yyleng 是当前识别出的单词符号的长度。执行 install_id()时，若符号表中没有当前识别出的单词，则增加一项，其单词从缓冲区 yytext 所指的位置开始，共有 yyleng 个字符，将其复制到存放单词的指定位置。

习题 3

3.1 设某程序设计语言规定,其程序中的注释是由"/ * "和" * /"括起来的字符串,注释中不能出现" * /",除非它们出现在双引号中(假设双引号必须配对使用),请给出识别该语言注释结构的 DFA *D*。

3.2 试用文字描述由下列正规表达式所表示的语言。

(1) $0(0|1)^*0$

(2) $((\varepsilon|0)1^*)^*$

(3) $(0|1)^*0(0|1)(0|1)$

(4) $0^*10^*10^*10^*$

(5) $(00|11)^*((01|10)(00|11)^*(01|10)(00|11)^*)^*$

3.3 写出下列各语言的正规表达式。

(1) 处于/ * 和 * /之间的串构成的注释,注释中没有 * /,除非它们出现在双引号中。

(2) 所有不含子串 011 的由 0 和 1 构成的符号串的全体。

(3) 所有不含子序列 011 的由 0 和 1 构成的符号串的全体。

(4) 以 a 开头和结尾的所有小写字母串。

(5) 所有表示偶数的数字串。

3.4 构造一文法,使其语言是无符号偶整数的集合。

(1) 假设允许无符号偶整数以 0 打头。

(2) 假设不允许无符号偶整数以 0 打头。

3.5 请写出 C 语言的字母表。

3.6 请说明 C 语言中定义了哪些记号?分别给出这些记号的正规表达式和右线性文法。

3.7 画出识别 C 语言关键字 case、char、const 和 continue 的 DFA。

3.8 C 语言规定其程序中的注释可以有单行和多行两种不同的格式,单行注释出现在行尾,其格式形如 //…,多行注释格式形如/*…*/,请给出一个可以识别这两种风格的注释的 DFA *D*。

3.9 Pascal 语言规定其程序中的注释可以有单行和多行两种不同的格式,单行注释格式形如{…},多行注释格式形如{ * … * },请给出一个可以识别这两种风格的注释的 DFA *D*。

3.10 在对 C 语言源程序进行词法分析的过程中,下面哪几个单词符号的确定需要超前扫描,说明理由。

(1) = (2) for (3) != (4) + (5) <=

3.11 编写一个程序,其功能是将 Pascal 源程序中所有注释字母均改为大写字母。

3.12 编写一个程序,其功能是将一个 Pascal 源程序中注释之外的所有关键字全部改为大写。

3.13 编写一个 LEX 源程序,其作用是将 C 语言程序中所有注释中出现的小写字母均改为大写,其余保持不变。

3.14 编写一个 LEX 源程序,其作用是将 C 语言程序中注释之外的所有关键字均改为大写,其余保持不变。

3.15 编写一个 LEX 源程序,其功能是可以统计 C 语言程序中出现的字符总数、各类单词的个数、以及程序的行数,并且能够报告统计结果。

程序设计 1

题目:词法分析程序的设计与实现。

实验内容:设计并实现 C 语言的词法分析程序,要求实现如下功能。

(1) 可以识别出用 C 语言编写的源程序中的每个单词符号,并以记号的形式输出每个单词符号。

(2) 可以识别并跳过源程序中的注释。

(3) 可以统计源程序中的语句行数、各类单词的个数、以及字符总数,并输出统计结果。

(4) 检查源程序中存在的词法错误,并报告错误所在的位置。

(5) 对源程序中出现的错误进行适当的恢复,使词法分析可以继续进行,对源程序进行一次扫描,即可检查并报告源程序中存在的所有词法错误。

实现要求:分别用以下两种方法实现。

方法 1:采用 C/C++ 作为实现语言,手工编写词法分析程序。

方法 2:编写 LEX 源程序,利用 LEX 编译程序自动生成词法分析程序。

第4章 语 法 分 析

语法是组词造句的规则，正如韦氏词典所述，语法是组合单词以形成词组、从句或句子的方法。每种语言都有各自不同的语法，包括人类自然语言和计算机语言等。对于编译程序而言，语法分析是其核心任务。本章将介绍有关语法分析的原理和常用技术。

4.1 语法分析简介

编译程序对源程序进行语法分析，目的就是根据源语言的语法规则从源程序记号序列中识别出各种语法成分，同时进行语法检查，为语义分析和代码生成作准备。语法分析工作由语法分析程序完成。

4.1.1 语法分析程序的地位

语法分析程序在编译程序模型中所处的地位可用图4-1表示。

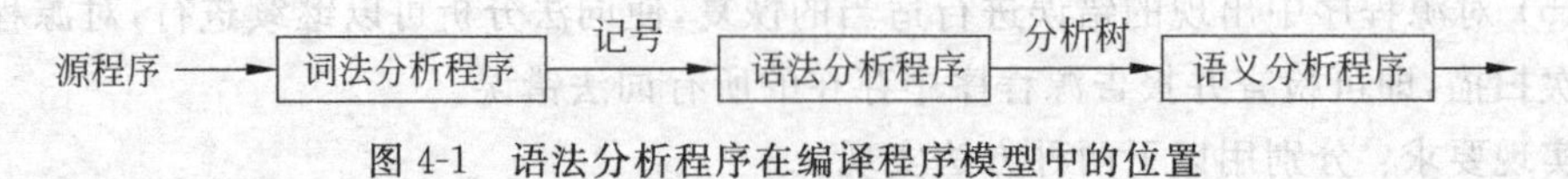

图4-1 语法分析程序在编译程序模型中的位置

语法分析程序的输入是词法分析程序在扫描字符串源程序的过程中识别并生成的记号序列，语法分析程序分析验证这个记号序列是不是符合该语言语法规则的一个程序，若是，则输出其分析树，若不是，则表明输入的记号序列中存在语法错误，需要报告错误的性质和位置。

4.1.2 常用的语法分析方法

常用的语法分析方法有自顶向下和自底向上两大类。

(1) 自顶向下的分析方法：语法分析程序从树根到树叶自顶向下地为输入的记号序列建立分析树。如预测分析程序采用的就是自顶向下的分析方法。

(2) 自底向上的分析方法：语法分析程序从树叶到树根自下而上地为输入的记号序列建立分析树。如LR分析程序采用的就是自底向上的分析方法。

无论采用哪种分析方法，分析程序对输入记号序列的扫描均是自左向右进行的，每次读入一个记号。

4.1.3 语法错误的处理

如果编译程序只能处理正确的源程序，那么其设计和实现可以大大简化。但如果要求所有程序写出来就是正确的，这是不现实的。通常，用户要求编译程序在工作过程中应该能够识别出源程序中存在的错误，并能确定错误出现的位置和性质。如果在编译程序的设计阶段就考虑错误处理，则可以简化编译程序的结构，改进它对错误的响应。

源程序中可能出现各种性质的错误，如：

(1) 词法错误：如非法符号、单词首字符非法等。

(2) 语法错误：如算术表达式的括号不匹配、缺少运算对象等。

(3) 语义错误：如运算量的类型不相容、实参与形参不匹配、变量未声明等。

(4) 逻辑错误：如无穷的递归调用等。

为了解程序中实际出现的错误种类，G. D. Ripley 和 F. C. Druseikis 抽样检查学生写的 Pascal 程序后，得出这样的统计数字：60%的程序的语法和语义都是正确的；80%的出错语句只含有一个错误，13%的含有两个错误；错误中，90%是单个记号错；错误中，60%是标点符号错，而且大多数是由于分号的不正确使用引起的，原因是各种语言的分号在使用上有区别，20%是算术符号或运算对象错，如最典型的错误是忽略了赋值号":="中的冒号，15%是关键字拼写错误，剩下的5%是其他类型的错误。

由此可见，源程序中出现的错误多是语法错误，所以，编译时大多数错误的诊断和恢复工作集中在语法分析阶段，并且现代分析方法的正确性较高，可以非常有效地诊断语法错误。

1. 错误处理目标

语法分析程序进行错误处理的基本目标如下。

(1) 能够清楚而准确地报告发现的错误，如错误的位置和性质。

(2) 能够迅速地从错误中恢复过来，以便继续诊断后面可能存在的错误。

(3) 错误处理功能不应该明显地影响编译程序对正确程序的处理效率。

2. 错误恢复策略

语法分析程序在分析输入记号序列的过程中，一旦发现错误，就应做适当的恢复。通常，编译程序试图恢复自己到某一状态，以便可以继续分析后续的输入串，使错误不断地被检查出来。但是如果恢复不当，也可能引起令人讨厌的、以假乱真的伪错误大量涌现，这些错误不是源程序中的，而是由于恢复时改变了分析程序的状态所引起的。同样，语法错误的恢复也可能引入语义伪错误，如错误恢复时，分析程序可能跳过某个变量如 rate 的声明，以后遇到 rate 引用时，虽然语法没有错，但由于符号表中无 rate 的条目，因此会产生"变量 rate 未定义"的错误信息。当然，这样的错误通常可由语义分析程序或代码生成程序检查出来。

有时，错误所在的位置远远先于发现它的位置，并且这种错误的准确性质也难以推断,在一些困难的场合,出错处理程序可能需要猜想程序员的本意。

语法分析程序可以采用的错误恢复策略有很多种,有几种方法已被广泛使用,但还没有哪一种策略是被普遍接受的,现介绍以下几种方法。

(1) 紧急恢复

这是最简单的恢复方式,适用于大多数分析程序。其做法是:一旦发现错误,分析程序每次抛弃一个输入记号,直到向前指针所指向的记号属于某个指定的同步记号集合为止。同步记号通常是定界符,如语句结束符分号、块结束标识 END 等,它们在源程序中的作用是清楚的。

这种方法实现起来比较简单,也不会陷入死循环,在一个语句中很少出现多个错误的情况下,还是可以胜任的,但由于常常会跳过一段记号不做分析,这就要求编译程序的设计者必须选择适当的同步记号。

(2) 短语级恢复

这是一种局部纠正策略。在分析过程中,一旦发现错误,分析程序便对剩余输入做局部纠正,用可以使分析程序继续分析的符号串代替剩余输入串的前缀。

典型的局部纠正有用分号代替逗号、删除多余的分号、插入遗漏的分号等。但如果总是在当前输入串前面插入一些记号的话,这种策略就可能使分析陷入死循环,所以编译程序的设计者必须仔细选择替换串。

这种策略可以用来纠正任何输入串,而且已经在几个错误修复编译程序中得到应用,其主要缺点是难以应付实际错误出现在诊断点之前的情况。

(3) 出错产生式

这种策略的做法是:通过增加产生错误结构的产生式,扩充源语言的文法,然后根据扩充后的文法构造分析程序。如果分析程序在分析过程中使用了这些扩充的产生式,表示输入记号序列中的这个错误结构已经被识别,产生适当的错误诊断信息。

这种策略要求编译程序的设计者对源程序中经常出现的错误了解得很清楚。

(4) 全局纠正

使用全局纠正策略的分析程序在处理不正确的输入符号串时,作尽可能少的修改,即给定不正确的输入串 x 和文法 G,获得串 y 的分析树,使把 x 变成 y 所需要的插入、删除和修改量最少。这种算法是存在的,但其付出的时间和空间代价太大,因而目前这种技术还处于理论阶段。

4.2 自顶向下分析方法

自顶向下分析方法是一种面向目标的分析方法。分析从文法的开始符号开始,进行推导,试图推导出与输入符号串完全匹配的句子。若输入符号串是给定文法的一个句子,则在分析过程中,从对应于文法开始符号的根结点出发,根据推导所采用的产生式,就可以自顶向下地为输入符号串构建一棵分析树。若输入符号串不是给定文法的句子,则在分析过程中应该能够检查出错误并进行相应的处理。

自顶向下分析方法又分为不确定的和确定的两类。不确定的分析方法是带回溯的分析方法，实际上是一种穷举的试探方法，其效率低、代价高，一般极少采用。确定的分析方法实现起来简单、直观，但对文法有一定的限制，是目前常用的分析方法之一。

本节介绍自顶向下分析方法中的一些基本概念，讨论如何构造一个有效的无回溯的自顶向下分析程序，常称之为预测分析程序。

4.2.1 递归下降分析

递归下降分析方法是一种非确定的方法，其本质上是一种试探过程，即反复使用不同的产生式谋求匹配输入符号串的过程。

例 4.1 试分析输入符号串 $\omega=abbcde$ 是否为文法 4.1 的一个句子。

$$S \rightarrow aAcBe$$
$$A \rightarrow b \mid Ab$$
$$B \rightarrow d \qquad \text{(文法 4.1)}$$

为了自顶向下地构造 ω 的分析树，首先，为文法的开始符号建立根结点 S，向前指针指向 ω 的第一个符号 a；然后用 S 的产生式右部展开该树，得到图 4-2(a)所示的分析树。依次比较 ω 中的符号与 S 的子结点，指针指向的符号与 S 的最左子结点匹配，指针向前移动，指向符号 b，考虑 S 的下一个子结点 A(如图 4-2(b)所示)，用 A 的第一个候选式 b 构造A 的子结点，得到图 4-2(c)所示的分析树。比较指针所指的符号与 A 的子结点，二者匹配，则指针向前移动，指向下一个符号 b，再比较 b 和 S 的下一个子结点 c(如图 4-2(d)所示)，发现二者不匹配，因此 A 的第 1 个候选式宣告失败。此时，应回溯到 A，一方面，应注销 A 的子结点，另一方面，把向前指针恢复到进入 A 之前的原值，即指向第一个 b，即回溯到图 4-2(b)所示状态。现在试用 A 的第二个候选式 Ab 来构建 A 的子结点，得到图 4-2(e)所示的分析树。再用 A 的第一个候选式 b 构造 A 的子结点，得到图 4-2(f)所示的分析树。依次比较指针指向的符号和分析树中终结符号对应的叶子结点，二者匹配，向前指针向前移动，直到图 4-2(g)所示的状态，用 B 的产生式 d 构造 B 的子结点，得到图 4-2(h)所示的分析树，继续分析，直到输入符号串中的所有符号已经扫描完，并且根结点 S 的所有子结点也已经处理完，于是得到了输入符号串 ω 的分析树，从而宣告分析成功。该过程说明输入符号串 ω 是文法 4.1 的一个句子。

上述自顶向下为输入符号串 ω 建立分析树的过程，实际上也是设法寻找一个最左推导序列，以便通过一步步推导将输入符号串推导出来。很明显，对于输入符号串 ω，可以通过如下的推导过程推导出来：

$$S \Rightarrow aAcBe \Rightarrow aAbcBe \Rightarrow abbcBe \Rightarrow abbcde$$

之所以用最左推导，是因为分析时对输入符号串的扫描是自左向右进行的，只有使用最左推导，才能保证按照扫描的顺序去匹配输入符号串。

要实现这种带回溯的递归下降分析方法，可以为文法的每一个非终结符号设计一个递归过程，通过执行一组递归过程完成对输入符号串的分析。递归过程执行时，若发现它的某个候选式与当前输入子串匹配，则用该候选式展开分析树，并返回 true，否则，分析树保持不变，返回 false。

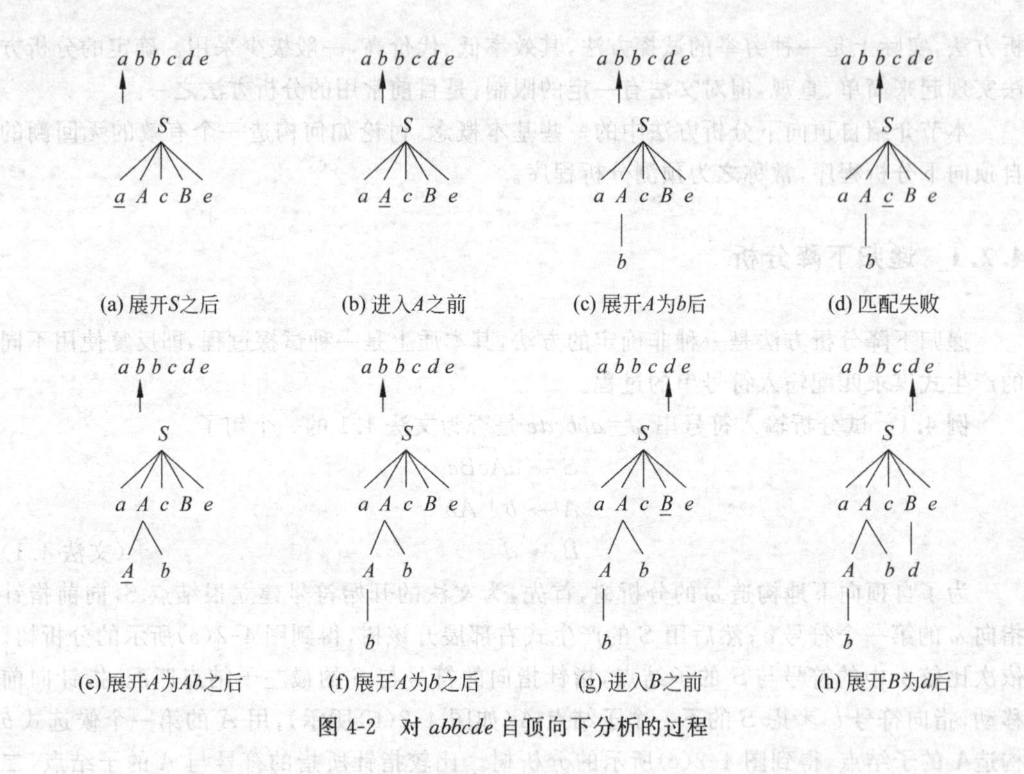

图 4-2 对 *abbcde* 自顶向下分析的过程

这种分析方法在实践中存在许多困难和缺点。首先,一个左递归的文法可能导致分析过程陷入死循环,因此,一定要先消除文法中存在的左递归。其次,当非终结符号用某个候选式匹配成功时,这种成功可能是虚假的(图 4-2(c)所示的就是这种情况),这就需要回溯。由于回溯,就要把前面已经做了的一些工作推倒重来,既费时又麻烦,所以应尽量避免回溯。最后,由于这种带回溯的自顶向下分析实际上采用的是穷尽一切可能的试探法,效率低、代价高。因此,这种方法的实用价值不大。

4.2.2 递归调用预测分析

递归调用预测分析方法是一种确定的自顶向下分析方法。多数情况下,消除了左递归和提取了左公因子后的无二义文法,可以由一个不带回溯的递归下降分析程序进行分析,这样的分析程序称作递归调用预测分析程序。

1. 预测分析对文法的要求

构造递归调用预测分析程序的关键在于克服回溯,为此必须保证:当要用文法的某个非终结符号去匹配输入符号串时,它能够根据所面临的输入符号准确地指派一个候选式去执行分析任务,并且该选择的工作结果应该是确信无疑的,即如果该候选式匹配成功,则这种成功绝不是虚假的,若该候选式无法完成匹配任务,则任何其他候选式肯定也无法匹配成功。

例如,现在轮到 A 去执行分析任务,而 A 共有 n 个候选式 $\alpha_1,\alpha_2,\cdots,\alpha_n$,当前的输入

符号是 a，如果 A 能够根据 a 准确地指派唯一的候选式 α_i 作为全权代表去执行分析任务，匹配输入符号串，该候选式的工作成败完全代表了 A 的成败，这样肯定就无须回溯了。这里 A 不再是让某个候选式去试探性地执行任务。

为了避免回溯，文法必须满足一定的条件。首先，文法中不能含有左递归，如果 α_i 是非终结符号 A 的一个候选式，现引进集合 FIRST(α_i)来表示可由 α_i 推导出的所有开头终结符号的集合，即从 α_i 可以推导出一个或多个符号串，由这些符号串的开头终结符号组成的集合就是 FIRST(α_i)，称为候选式 α_i 的开头终结符号集。

定义 4.1 $\mathrm{FIRST}(\alpha_i)=\{a \mid \alpha_i \overset{*}{\Rightarrow} a\beta, a \in V_T, \alpha_i、\beta \in (V_T \cup V_N)^*\}$

如果 $\alpha_i \overset{*}{\Rightarrow} \varepsilon$，则规定 $\varepsilon \in \mathrm{FIRST}(\alpha_i)$。

如果非终结符号 A 的所有候选式的开头终结符号集两两互不相交，即对于 A 的任何两个不同的候选式 α_i 和 α_j，有 $\mathrm{FIRST}(\alpha_i) \cap \mathrm{FIRST}(\alpha_j)=\Phi$，那么当要求 A 匹配输入符号串时，就能根据它所面临的输入符号 a，准确地指派一个候选式去执行分析任务，这个候选式就是那个开头终结符号集中含有 a 的候选式，如果所有候选式的开头终结符号集都不含有 a，则用 ε-候选式匹配，如果 A 没有 ε-候选式，则发现了输入符号串中的错误。

例 4.2 有如下产生 Pascal 类型子集的文法：

type → *simple* | ↑id | array[*simple*] of *type*

simple → integer | char | num dotdot num　　　　(文法 4.2)

记号 dotdot 表示“..”，以强调这个字符序列作为一个词法单位。对于 *type* 的 3 个候选式，有：

FIRST(*simple*) = { integer, char, num }

FIRST(↑id) = { ↑ }

FIRST(array[*simple*] of *type*) = { array }

可见，*type* 的 3 个候选式的开头终结符号集两两互不相交，显然 *simple* 的也一样，这样，对输入符号串 array [num dotdot num] of char 的分析如图 4-3 所示。

由图 4-3 可知，分析过程的每一步，都是有的放矢地指派一个候选式去匹配输入符号串。

2. 预测分析程序的状态转换图

与词法分析程序的状态转换图类似，递归调用预测分析程序的状态转换图是实现语法分析程序的基础，但两者之间存在着明显的区别。

为构造预测分析程序，需要每一个非终结符号对应一张状态转换图，有向边的标记可以是终结符号或非终结符号，这里所说的终结符号指的是经词法分析后得到的记号。经过一个非终结符号 A 的转移意味着对相应 A 的过程的调用，经过一个终结符号 a 的转移，意味着如果下一个输入符号为 a，则应做此转移。

(1) 状态转换图的构造

为构造文法的预测分析程序状态转换图，首先，需要改写文法使其符合预测分析的要求，如消除左递归、提取左公因子等；然后，对每一个非终结符号 A 做如下工作：

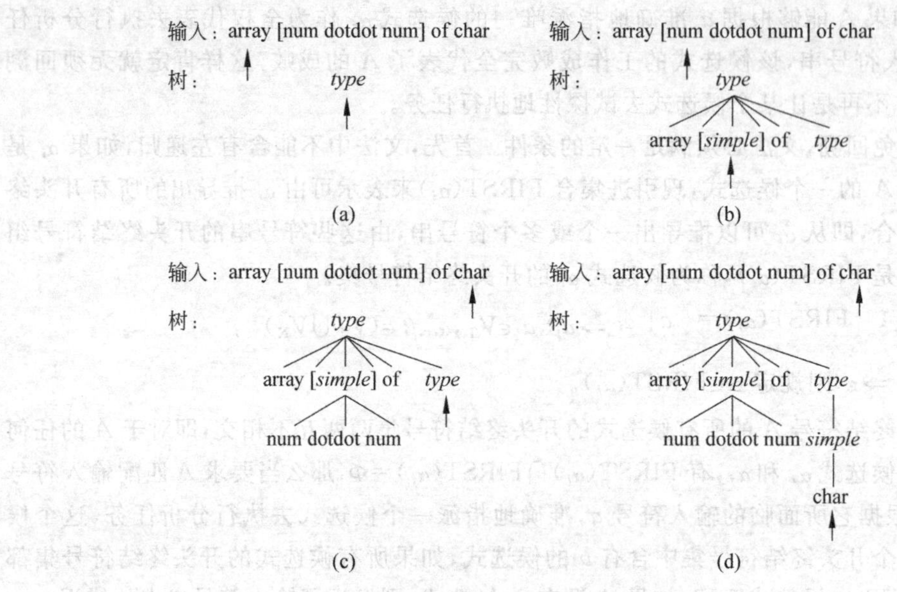

图 4-3 输入符号串的预测分析

① 创建一个初始状态和一个终结状态。

② 对每一个产生式 $A \rightarrow X_1 X_2 \cdots X_n$ 创建一条从初态到终态的路径，有向边的标记依次为 $X_1, X_2, \cdots, X_n$。

例 4.3 构造文法 4.3 的预测分析程序状态转换图。

$$E \rightarrow E + T \mid T$$
$$T \rightarrow T * F \mid F$$
$$F \rightarrow (E) \mid \mathrm{id} \qquad \text{(文法 4.3)}$$

首先，改写文法，即消除文法中存在的左递归，得到文法 4.4：

$$E \rightarrow TE'$$
$$E' \rightarrow + TE' \mid \varepsilon$$
$$T \rightarrow FT'$$
$$T' \rightarrow * FT' \mid \varepsilon$$
$$F \rightarrow (E) \mid \mathrm{id} \qquad \text{(文法 4.4)}$$

根据文法 4.4 的各个产生式，可以构造出图 4-4 所示的一组状态转换图。

(2) 状态转换图的工作过程

构造状态转换图的目的是希望利用它来识别输入符号串，或从它出发构造预测分析程序。利用状态转换图识别输入符号串的过程如图 4-5 所示。

首先，从文法开始符号所对应的状态转换图的初始状态开始分析。若在某些动作之后处于状态 S，并且状态 S 有射出边到达状态 T。

如果射出边的标记为终结符号 a，当向前指针所指向的输入符号为 a，如图 4-5(a) 所示，则分析程序将向前指针移动到下一个位置，并将状态转移到 T。如果射出边的标记为非终结符号 A，则分析控制立即转移到 A 对应的状态转换图的初始状态，此时不移动向

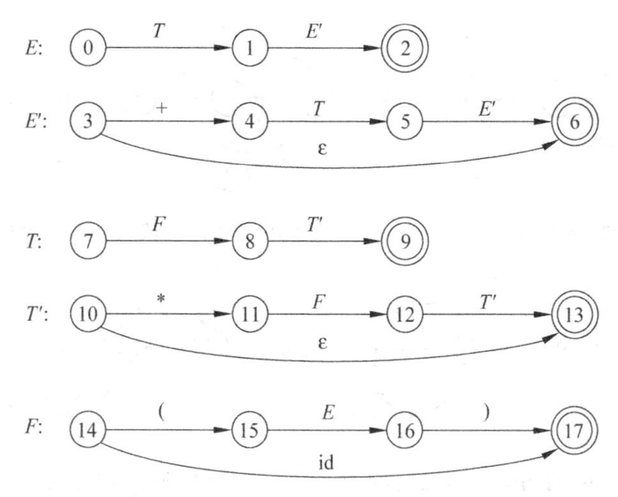

图 4-4 文法 4.4 的预测分析程序状态转换图

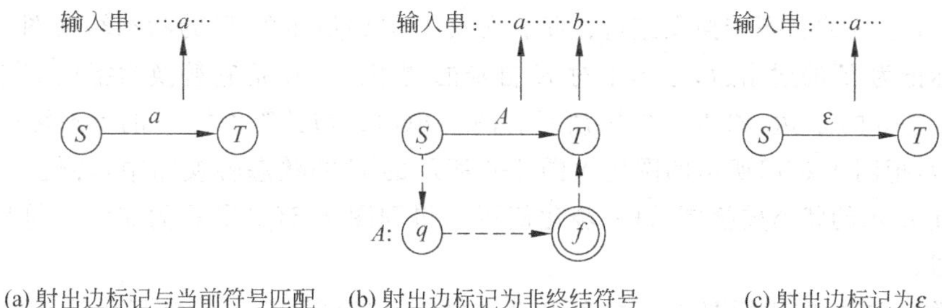

图 4-5 状态转换图的工作过程

前指针，如果分析到了 A 的终结状态，则控制立即返回到状态 T，如图 4-5(b)所示，事实上，从状态 S 到 T 期间从输入符号串中读入了与 A 有关的信息。如果射出边的标记为 ε，如图 4-5(c)所示，那么控制立即从状态 S 转移到状态 T，向前指针不动。

上述工作过程可以顺利进行的前提是状态转换图中不存在非确定性。

定义 4.2 如果在一个非终结符号的状态转换图中，每个状态结点都不存在同名的射出边、不存在标记为 ε 的边，而且如果有以非终结符号标记的射出边，则此边是该状态结点的唯一射出边，则称该状态转换图是“确定的”。

如果一个文法的所有非终结符号的状态转换图都是确定的，那么就可以此为基础构造预测分析程序。如果存在不确定性，通常可用特殊的方法解决，如例 4.3 中的非确定性仅涉及 ε-边问题。如 E' 的状态转换图可解释为：若下一个输入符号为“+”，则转移到状态 4，向前指针向前移动一个位置，否则，沿 ε-边转移到状态 6，向前指针不动。这样，非确定性可以移走。如果状态转换图中的非确定性无法消除，则不能建立预测分析程序，但可以建立带回溯的递归下降分析程序，用来系统地试探各种可能性。

(3) 状态转换图的化简

根据需要，可以用代入的方法对状态转换图进行化简。图 4-6 所示即对图 4-4 中所示的 E 和 E' 的状态转换图进行化简的过程。

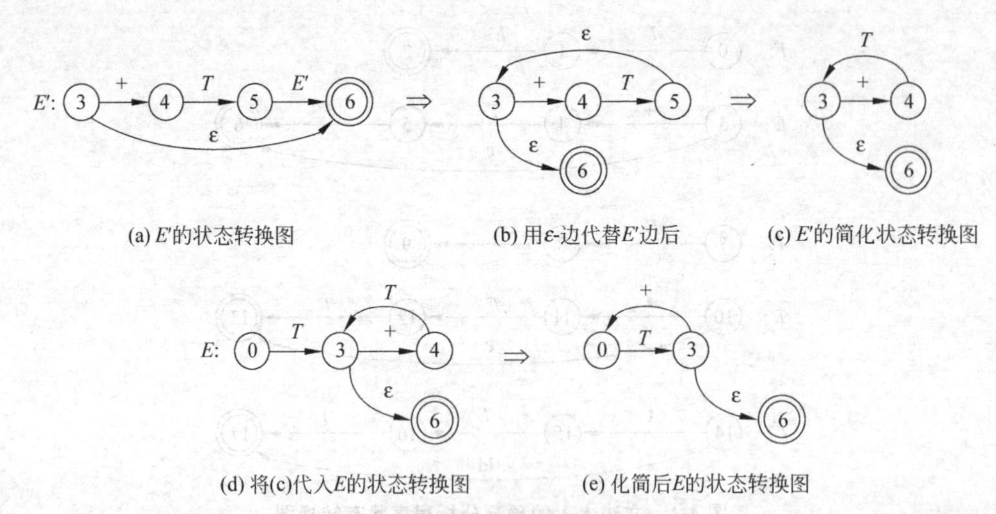

图 4-6 文法 4.4 的状态转换图的化简过程

首先,对 E'的状态转换图进行化简。在图 4-6(a)所示的 E'的状态转换图中,状态 5 有一条标记为 E'的射出边,相当于对 E'自身的调用。可以把它替换为指向 E'状态转换图初始状态 3 的 ε-边,如图 4-6(b)所示。图 4-6(c)是与其等价的 E'的状态转换图。

然后,把图 4-6(c)所示的图代入图 4-4 所示的 E 的状态转换图中,替代边 E',得到图 4-6(d)所示的状态转换图,进一步化简可以得到图 4-6(e)所示的非终结符号 E 的状态转换图。

同样的方法,应用到图 4-4 中 T 和 T'的状态转换图中,对其进行化简,最后可以把图 4-4 所示的状态转换图化简为图 4-7 所示的简化的状态转换图。

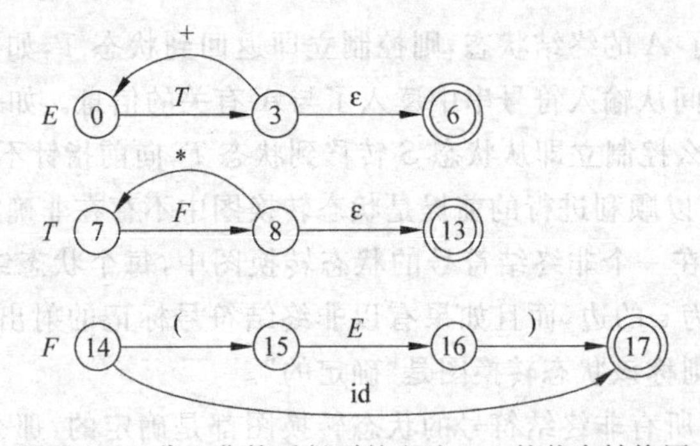

图 4-7 经代入化简后得到的文法 4.4 的状态转换图

3. 预测分析程序的实现

以状态转换图为蓝图构造的递归调用预测分析程序是用来识别输入符号串的。例如,若输入符号串为 id+id*id,则根据图 4-7 所设计的预测分析程序的工作过程如下。

从文法开始符号 E 的状态转换图初态 0 开始工作。状态 0 只有一条标记为 T 的射出边,这意味着,在状态 0 不论遇到什么输入符号,总是调用 T 的转换图,因此控制转向 T 图的初态 7;同理,控制再转向 F 图的初态 14。状态 14 有两条射出边,分别标记为“(”

和"id",由于输入符号串中的当前输入符号为 id,则读入它,向前指针向前移动一个位置,指向下一个输入符号"+"(即"+"成为当前输入符号),控制沿标记为 id 的边转移到状态 17。因状态 17 是 F 图的终态,故控制由此转移到 T 图的状态 8。由于当前输入符号不是"*",故控制沿 ε-边转移到 T 图的终态 13,进而控制直接转移到 E 图的下一个状态 3。由于当前输入符号"+"与状态 3 的一条射出边的标记匹配,因而读入"+",向前指针向前移动,指向下一个输入符号 id,控制转移到状态 0。以后,重复类似的过程,当输入符号串扫描完时,控制到达 E 图的终态 6。可知输入串 id+id * id 是文法 4.4 的一个句子,即语法正确的算术表达式。

不难看出,当输入的表达式中出现括号时,分析过程中将会出现 E 调用 T,T 调用 F,而 F 又调用 E 的情形,即在这 3 个状态转换图之间出现相互递归调用,每个状态转换图的作用就如同一个递归过程。从这种状态转换图出发,很容易构造出相应的递归过程,但是要求用来实现预测分析程序的语言支持递归调用(如 Pascal 语言、C 语言)。

对文法 4.3 产生的算术表达式进行分析的递归调用预测分析程序的主体如下,其中 error()为错误处理过程。

```
E 的过程: void procE(void)
              {
                procT();
                if(char=='+'){
                  forward pointer;
                  procE();
                }
              }
T 的过程: void procT(void)
              {
                procF();
                if(char=='*'){
                  forward pointer;
                  procT();
                }
              }
F 的过程: void procF(void)
              {
                if(char=='('){
                   forward pointer;
                   procE();
                   if(char==')')
                     forward pointer;
                   else   error();
                };
                else if(char=='id')
                        forward pointer;
```

```
        else error();
    }
```

4.2.3 非递归预测分析

非递归预测分析方法是另一种常用的、确定的自顶向下分析方法，是一种不含递归调用的有效分析方法，它使用一张分析表和一个分析栈进行联合控制，实现对输入符号串的自顶向下分析。

1. 预测分析程序的模型及工作过程

非递归预测分析程序的模型如图4-8所示。

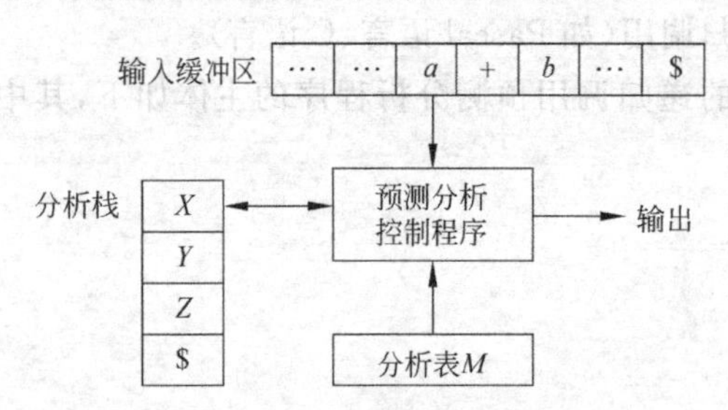

图4-8 非递归预测分析程序的模型

从图4-8中可以看出，非递归预测分析程序用到一个输入缓冲区、一个分析栈、一张分析表，其核心是预测分析控制程序，另外，还有输出流。每部分的作用如下。

输入缓冲区：存放被分析的输入符号串，串尾的符号$是符号串结束标志。

分析栈：存放一系列文法符号，符号$标识栈底。分析开始时，先将$入栈，以标识栈底，然后再将文法的开始符号入栈。

分析表：这是一个二维表 $M[A,a]$，其中 A 是非终结符号，a 是终结符号或是$。根据给定的 A 和 a，可在分析表 M 中找到相应的分析动作指示。

输出流：分析过程中所采用的产生式序列。

预测分析控制程序：该程序是预测分析程序的核心部分，是由分析表驱动的，它总是根据栈顶符号 X 和当前输入符号 a 来决定分析程序应采取的动作，有4种可能：

(1) 若 $X=a=\$$，则分析程序宣告分析成功，停止分析。

(2) 若 $X=a\neq\$$，则分析程序从栈顶弹出 X，向前指针前移一个位置，指向 a 的后继符号。

(3) 若 X 是终结符号，但 $X\neq a$，则分析程序发现了输入符号串中存在的一个错误，调用相应的错误处理程序，以报告错误并进行错误恢复。

(4) 若 X 是非终结符号，则预测分析控制程序访问分析表 $M[X,a]$。

- 若 $M[X,a]$ 是产生式 $X\rightarrow Y_1Y_2\cdots Y_n$，则先将 X 从栈顶弹出，然后把产生式的右部符号串按反序(即按 $Y_n,\cdots,Y_{n-1},Y_2,Y_1$ 的顺序)一一推入栈中。
- 若 $M[X,a]$ 是产生式 $X\rightarrow\varepsilon$，则预测分析控制程序从栈顶弹出 X。
- 若 $M[X,a]$ 是 error，则预测分析控制程序调用错误处理程序。

非递归预测分析方法可用算法4.1描述如下。

算法 4.1 非递归预测分析方法。

输入：输入符号串 ω，文法 G 的一张预测分析表 M。

输出：若 $\omega \in L(G)$，则输出 ω 的最左推导，否则报告错误。

方法：

首先，初始化，即将 $ 压入栈底，将文法开始符号 S 压入栈顶；将 ω\$ 放入输入缓冲区中，并置向前指针 ip 指向 ω\$ 的第一个符号。

然后，预测分析控制程序根据分析表 M 对输入符号串 ω 作出自顶向下的分析，过程如下：

```
do{
      令 X 是栈顶文法符号,a 是 ip 所指向的输入符号;
      if( X 是终结符号或$)
          if( X==a ) {从栈顶弹出 X;ip 前移一个位置;};
          else  error();
      else                                                  /* X 是非终结符号 */
        if( M[X,a]=X→Y1Y2…Yk){
          从栈顶弹出 X;
          依次把 Yk,Yk-1,…,Y2,Y1 压入栈;                      /* Y1 在栈顶 */
          输出产生式 X→Y1Y2…Yk;
        };
        else  error();
} while (X!=$)                                              /* 栈非空,分析继续 */
```

例 4.4 表 4-1 是文法 4.4 的预测分析表 M，试分析输入符号串 id+id * id。

表 4-1 算术表达式文法 4.4 的预测分析表

	id	+	*	(	)	$
E	$E \to TE'$			$E \to TE'$		
E'		$E' \to +TE'$			$E' \to \varepsilon$	$E' \to \varepsilon$
T	$T \to FT'$			$T \to FT'$		
T'		$T' \to \varepsilon$	$T' \to *FT'$		$T' \to \varepsilon$	$T' \to \varepsilon$
F	$F \to \text{id}$			$F \to (E)$		

表中空白表项表示错误入口，非空白处的产生式可用来展开栈顶的非终结符号，预测分析程序的动作可由栈中的内容和剩余输入符号串的各种配置来描述，根据算法 4.1，对输入符号串 id+id * id 的分析过程如表 4-2 所示。

表中"输出"栏中列出的是在分析输入符号串的过程中所采用的产生式。从文法开始符号 E 出发，依次采用这些产生式进行最左推导，就可以得到输入符号串 id+id * id。因此，预测分析也就是试图为输入符号串寻找一个最左推导的过程。分析过程中，已经被扫描过的输入符号串，后跟随按自顶到底的顺序排列的栈中的文法符号，构成此文法的左句型。

表 4-2　预测分析程序对输入符号串 id+id*id 的分析过程

栈	输　入	输　出	左句型
$ E	id+id*id$		E
$ E′ T	id+id*id$	$E \to TE'$	TE'
$ E′ T′ F	id+id*id$	$T \to FT'$	$FT'E'$
$ E′ T′ id	id+id*id$	$F \to$ id	id$T'E'$
$ E′ T′	+id*id$		id$T'E'$
$ E′	+id*id$	$T' \to \varepsilon$	idE'
$ E′ T +	+id*id$	$E' \to +TE'$	id+TE'
$ E′ T	id*id$		id+TE'
$ E′ T′ F	id*id$	$T \to FT'$	id+$FT'E'$
$ E′ T′ id	id*id$	$F \to$ id	id+id$T'E'$
$ E′ T′	*id$		id+id$T'E'$
$ E′ T′ F *	*id$	$T' \to *FT'$	id+id*$FT'E'$
$ E′ T′ F	id$		id+id*$FT'E'$
$ E′ T′ id	id$	$F \to$ id	id+id*id$T'E'$
$ E′ T′	$		id+id*id$T'E'$
$ E′	$	$T' \to \varepsilon$	id+id*idE'
$	$	$E' \to \varepsilon$	id+id*id

2. 预测分析表的构造

从预测分析程序的模型可以看出，其核心部分（即预测分析控制程序）是不随文法改变的，即不同文法的预测分析程序之间的区别主要是分析表的内容不同，分析表的内容是预测分析控制程序工作的依据，因此构造非递归预测分析程序的关键就是构造分析表。

为了构造分析表，需要定义与文法有关的两个集合 FIRST 和 FOLLOW。

(1) FIRST 集合及其构造

前面已经介绍过非终结符号 A 的候选式 α 的 FIRST 集合的定义，现在对它进行扩充。

定义 4.3　对任何文法符号串 $\alpha \in (V_T \cup V_N)^*$，FIRST($\alpha$)是 α 可以推导出的开头终结符号集合，即：

$$\text{FIRST}(\alpha) = \{ a \mid \alpha \overset{*}{\Rightarrow} a\cdots, a \in V_T \}$$

若 $\alpha \overset{*}{\Rightarrow} \varepsilon$，则 $\varepsilon \in \text{FIRST}(\alpha)$。

为了构造每个文法符号 $X \in (V_T \cup V_N)$ 的 FIRST(X)，可以连续使用下面的规则，直到每个集合不再增大为止。

- 若 $X \in V_T$，则 FIRST(X)＝{X}。
- 若 $X \in V_N$，且有产生式 $X \to a\cdots$，其中 $a \in V_T$，则把 a 加入到 FIRST(X)中。
  若有产生式 $X \to \varepsilon$，则 ε 也加入到 FIRST(X)中。
- 若有产生式 $X \to Y\cdots$，且 $Y \in V_N$，则把 FIRST(Y)中的所有非 ε 元素加入到 FIRST(X)中。
  若有产生式 $X \to Y_1Y_2\cdots Y_k$，如果对某个 i，FIRST(Y_1)，FIRST(Y_2)，…，FIRST(Y_{i-1})都含有 ε，即 $Y_1Y_2\cdots Y_{i-1} \stackrel{*}{\Rightarrow} \varepsilon$，则把 FIRST($Y_i$)中的所有非 ε 元素加入到 FIRST($X$)中。
  若所有 FIRST(Y_i)均含有 ε，其中 $i=1,2,\cdots,k$，则把 ε 加入到 FIRST(X)中。

根据上述方法，可以为文法 G 的任何文法符号串 α 构造集合 FIRST(α)。

(2) FOLLOW 集合及其构造

定义 4.4 假定 S 是文法 G 的开始符号，对于 G 的任何非终结符号 A，FOLLOW(A)是该文法的所有句型中紧跟在 A 之后出现的终结符号或 \$ 组成的集合，即：

$$\text{FOLLOW}(A) = \{ a \mid S \stackrel{*}{\Rightarrow} \cdots Aa\cdots, a \in V_T \}$$

特别地，若 $S \stackrel{*}{\Rightarrow} \cdots A$，则规定 $\$ \in \text{FOLLOW}(A)$，\$ 为输入符号串的右结尾标志符。

为了构造文法 G 的每个非终结符号 A 的 FOLLOW(A)，可以连续使用下面的规则，直到每个集合不再增大为止。

- 对文法开始符号 S，置 \$ 于 FOLLOW(S)中。
- 若有产生式 $A \to \alpha B\beta$，则把 FIRST(β)中的所有非 ε 元素加入到 FOLLOW(B)中。
- 若有产生式 $A \to \alpha B$，或有产生式 $A \to \alpha B\beta$，但是 $\varepsilon \in \text{FIRST}(\beta)$，则把 FOLLOW($A$)中的所有元素加入到 FOLLOW($B$)中。

例 4.5 构造文法 4.4(见 4.2.2 节)中每个非终结符号的 FIRST 和 FOLLOW 集合。

根据上述的 FIRST 和 FOLLOW 集合的定义及其构造规则，该文法中每个非终结符号的 FIRST 集合和 FOLLOW 集合为：

$$\text{FIRST}(E) = \text{FIRST}(T) = \text{FIRST}(F) = \{ (, \text{id} \}$$
$$\text{FIRST}(E') = \{ +, \varepsilon \}$$
$$\text{FIRST}(T') = \{ *, \varepsilon \}$$
$$\text{FOLLOW}(E) = \text{FOLLOW}(E') = \{ \$,) \}$$
$$\text{FOLLOW}(T) = \text{FOLLOW}(T') = \{ \$,), + \}$$
$$\text{FOLLOW}(F) = \{ \$,), +, * \}$$

(3) 预测分析表的构造

在对文法 G 的每个非终结符号 A 及其任意候选式 α 都构造出 FIRST(α)和 FOLLOW(A)之后，就可以用它们来构造文法 G 的预测分析表了。其主要思想如下。

如有产生式 $A \to \alpha$，当 A 呈现于分析栈栈顶时：

① 如果当前输入符号 $a \in \text{FIRST}(\alpha)$时,$\alpha$ 应被选作 A 的唯一合法代表去执行分析任务,即用 α 展开 A,所以表项 $M[A,a]$中应放入产生式 $A \to \alpha$。

② 如果 $\varepsilon \in \text{FIRST}(\alpha)$,并且当前输入符号 $b \in \text{FOLLOW}(A)$,这里 $b \in V_T \cup \{\$\}$,则 $A \to \alpha$ 就认为 A 自动得到匹配,因此,应把产生式 $A \to \alpha$ 放入表项 $M[A,b]$中。

构造预测分析表的思想可用算法 4.2 描述。

算法 4.2 预测分析表的构造方法

输入：文法 G。

输出：文法 G 的预测分析表 M。

方法：

```
for(文法 G 的每一个产生式 A→α) {
    for(每个终结符号 a ∈FIRST(α)) 把 A→α 放入表项 M[A,a]中;
    if(ε ∈FIRST(α))
        for (每个 b ∈FOLLOW(A)) 把 A→α 放入表项 M[A,b]中;
    };
for( 所有无定义的表项 M[A,a] )  标上错误标志。
```

例 4.6 构造文法 4.4 的预测分析表。

根据算法 4.2,检查该文法的每一个产生式。

对于 $E \to TE'$：由于 $\text{FIRST}(TE') = \text{FIRST}(T) = \{(,\text{id}\}$,故应把 $E \to TE'$ 放入表项 $M[E,(]$和 $M[E,\text{id}]$中。

对于 $E' \to +TE'$：由于 $\text{FIRST}(+TE') = \{+\}$,故应把 $E' \to +TE'$ 放入表项 $M[E',+]$中。

对于 $E' \to \varepsilon$：由于 $\text{FOLLOW}(E') = \{\$,)\}$,故应把 $E' \to \varepsilon$ 放入表项 $M[E',\$]$和 $M[E',)]$中。

依次检查其余的产生式,就可得到表 4-1 所示的预测分析表 M。

3. LL(1)文法

对任何文法 G,都可用算法 4.2 为其构造预测分析表,但对某些文法而言,所构造出来的分析表可能有某些表项含有多个产生式。如果文法是二义性的,则其分析表中至少有一个表项是多重定义的。

例 4.7 考虑如下映射程序设计语言中 if 语句的文法。

$$S \to iEtSS' \mid a$$
$$S' \to eS \mid \varepsilon$$
$$E \to b \qquad \text{(文法 4.5)}$$

首先,构造各非终结符号的 FIRST 和 FOLLOW 集合,如表 4-3 所示。

表 4-3 文法 4.5 中非终结符号的 FIRST 和 FOLLOW 集合

	S	S'	E
FIRST	i,a	e,ε	b
FOLLOW	$e,\$$	$e,\$$	t

其次，应用算法4.2，构造该文法的预测分析表 M，如表4-4所示。

表4-4　文法4.5的预测分析表 M

	a	b	e	i	t	\$
S	$S \to a$			$S \to iEtSS'$		
S'			$S' \to eS$ $S' \to \varepsilon$			$S' \to \varepsilon$
E		$E \to b$				

从表4-4可以看出，$M[S',e]$中有两个产生式，源于该文法是二义性文法。

如果一个文法的预测分析表 M 不含多重定义的表项，则称该文法为LL(1)文法。这里，第一个 L 表示从左向右扫描输入符号串，第二个 L 表示生成输入符号串的一个最左推导，1表示在决定分析程序的每步动作时，向前看一个符号。

由算法4.2可知，一个文法是LL(1)文法，当且仅当对于它的每一个非终结符号 A，如果 A 有两个以上候选式的话，如 $A \to \alpha_1 | \alpha_2 | \cdots | \alpha_n$，同时满足下面两个条件：

(1) $\text{FIRST}(\alpha_i) \cap \text{FIRST}(\alpha_j) = \Phi, (i \neq j)$，即 A 的任何两个候选式的开头终结符号集合互不相交。

(2) 若 $\alpha_i \overset{*}{\Rightarrow} \varepsilon$，则 $\text{FIRST}(\alpha_j) \cap \text{FOLLOW}(A) = \Phi, (i \neq j)$，即若 A 的某个候选式可以推导出 ε，则其他候选式的开头终结符号集合与 A 的跟随终结符号集合互不相交。

根据这两个条件，可以判断出算术表达式文法(文法4.4)是LL(1)文法，而文法4.5不是LL(1)文法，因为对于非终结符号 S' 而言，有 $\text{FIRST}(es) \cap \text{FOLLOW}(S') = \{e\}$。

当某文法的预测分析表含有多重定义的表项时，对文法进行消除左递归和提取左公因子等改写可能有助于获得无多重定义表项的分析表，但并不是每个文法都可以改写为LL(1)文法(如文法4.5)。一般来说，没有普遍的规则可使多重定义的表项单值化而又不影响分析程序所识别的语言。

另外，还有LL(k)分析方法，实际中应用很少，在此不再介绍。

4. 错误处理示例

从算法4.1可以看出，非递归预测分析程序在分析过程中，若出现以下两种情况，则表明发现了源程序中的语法错误：

(1) 分析栈栈顶符号是终结符号，但却与当前输入符号不匹配。

(2) 分析栈栈顶符号是非终结符号 A，当前输入符号为 a，但分析表中 $M[A,a]$为空。

发现错误后应进行相应的处理。一种"应急"式的错误处理方法是：对于情况(1)，预测分析控制程序将栈顶的终结符号弹出；对于情况(2)，预测分析控制程序移动向前指针，跳过若干个输入符号，直到可以继续进行分析为止。至于跳过多少个符号，取决于栈顶符号和剩余输入符号串何时能重新协调同步工作。为此，需要构造一种新的分析表，这种分析表是在原分析表的基础上加进同步信息synch之后构成的。同步信息synch在分析表中的位置可根据非终结符号的FOLLOW集合得到，即对非终结符号 A，终结符号 $b \in$

FOLLOW(A)，如果表项 $M[A,b]$为空，则填入 synch。

例 4.8 构造文法 4.4 的带有同步信息的预测分析表。

在例 4.5 和例 4.6 中已经求得文法 4.4 的各非终结符号的 FOLLOW 集合及文法的预测分析表 M(如表 4-1 所示)。现在，利用上述方法可以得到同步信息 synch 在分析表中的位置。如对于非终结符号 E，FOLLOW(E)={ $,)}，由于原预测分析表中 $M[E,\$]$和 $M[E,)]$均为空，则在这两个表项中填入同步信息 synch。依次检查每一个非终结符号及其 FOLLOW 集合，就可得到该算术表达式文法的带有同步信息的预测分析表，如表 4-5 所示。

表 4-5　文法 4.4 的带有同步信息的预测分析表

	id	+	*	(	)	$
E	$E \to TE'$			$E \to TE'$	synch	synch
E'		$E' \to +TE'$			$E' \to \varepsilon$	$E' \to \varepsilon$
T	$T \to FT'$	synch		$T \to FT'$	synch	synch
T'		$T' \to \varepsilon$	$T' \to *FT'$		$T' \to \varepsilon$	$T' \to \varepsilon$
F	$F \to$ id	synch	synch	$F \to (E)$	synch	synch

从表 4-5 可以看出，分析表中有两种标志错误的表项，即空白表项和同步信息 synch。

利用这种带有同步信息的分析表，预测分析控制程序在发现错误时，进行如下错误处理：如果栈顶符号是终结符号，但它与当前输入符号不匹配，则将此终结符号从栈顶弹出；如果栈顶符号是非终结符号 A，当前输入符号是 a，预测分析控制程序在分析表中查表项 $M[A,a]$，若它是空白，则移动向前指针，使它指向下一个符号，若它是 synch，则从栈顶弹出 A。实际应用中，为了避免跳过太多的符号，往往把一个新结构的开始符号也看作是同步符号，即当遇到一个新结构的开始符号时，就把栈顶非终结符号弹出。

例 4.9 利用表 4-5 所示分析表，分析输入符号串 *id*+id。

分析过程如表 4-6 所示。

表 4-6　利用带有同步信息的分析表分析输入符号串 *id*+id 的过程

栈	输　入	输　出
$ E	*id*+id$	出错，$M[E,*]$=空白，向前移动向前指针
$ E	id*+id$	$E \to TE'$
$ E' T	id*+id$	$T \to FT'$
$ E' T' F	id*+id$	$F \to$ id
$ E' T' id	id*+id$	
$ E' T'	*+id$	$T' \to *FT'$
$ E' T' F *	*+id$	

续表

栈	输　入	输　　出
$ E' T' F	+id $	出错，M[F,+]=synch，弹出 F
$ E' T'	+id $	$T'\to\varepsilon$
$ E'	+id $	$E'\to+TE'$
$ E' T +	+id $	
$ E' T	id $	$T\to FT'$
$ E' T' F	id $	$F\to$id
$ E' T' id	id $	
$ E' T'	$	$T'\to\varepsilon$
$ E'	$	$E'\to\varepsilon$
$	$	

这里讨论的“应急”式恢复策略，是为实现分析工作的再同步所采取的必要措施，这种措施能够迅速解决问题，使分析工作得以继续，但不一定完善。另外，讨论中没有涉及错误信息这个重要问题，一般来说，错误信息必须由编译程序的设计者提供。

4.3　自底向上分析方法

在分析符号串的过程中，自底向上分析方法试图自下而上地为输入符号串构造一棵分析树，即从树叶开始向上构造，直到树根。在采用自左向右扫描、自底向上分析的前提下，这种分析方法是从输入符号串开始，通过查找当前句型的“可归约串”，并使用规则把它归约为相应的非终结符号，得到一个新的句型，重复这种“查找可归约串-归约”的过程，直到最后归约到文法开始符号为止。自底向上分析方法的关键在于找出“可归约串”，然后，根据规则辨别将它归约为哪个非终结符号。

常用的自底向上分析方法有优先分析法和 LR 分析方法。优先分析法又分为简单优先分析法和算符优先分析法。简单优先分析法是按照文法符号(包括终结符号和非终结符号)之间的优先关系确定当前句型的“可归约串”，其分析过程实际上是一种规范归约，但这种方法分析效率低，且只适用于简单优先文法(简单优先文法的定义见定义 4.5)，使用价值不大。

定义 4.5　满足以下两个条件的文法是简单优先文法：

(1) 任何两个文法符号之间最多存在一种优先关系。

(2) 不存在具有相同右部的产生式。

算符优先分析方法只考虑终结符号之间的优先关系，根据算符优先关系确定的“可归约串”是句型的“最左素短语”。所谓素短语(prime phrase)是指这样的一个短语，它至少含有一个终结符号，并且除它自身之外不再含有其他更小的素短语。所谓最左素短语

(left-most prime phrase)是指处于句型最左边的那个素短语。在分析过程中只要找到最左素短语就归约，分析速度快，但不是规范归约，且只适用于算符优先文法（算符文法及算符优先文法的定义分别见定义 4.6 和定义 4.7）。早期的编译程序普遍采用这种分析方法。

定义 4.6 如果文法 G 中没有形如 $A \to \cdots BC \cdots$ 的产生式，其中 B、$C \in V_N$，则称文法 G 为算符文法(operator grammar)。

例如，具有如下产生式的表达式文法 G 不是算符文法，因为产生式 $E \to EAE$ 的右部有 2 个（确切地讲是 3 个）非终结符号连续出现。

$$E \to EAE \mid (E) \mid \mathrm{id}$$
$$A \to + \mid *$$

而与之等价的文法 G'：$E \to E+E \mid E*E \mid (E) \mid \mathrm{id}$ 是算符文法。

定义 4.7 对于算符文法 G，如果它不含有 ε 产生式，并且它的任何两个构成序对的终结符号之间最多有 ＞、＝ 和 ＜ 三种优先关系中的一种成立，则称 G 是一个算符优先文法。

例如，上述文法 G' 虽是算符文法，但不是算符优先文法。如果对 G' 的任何两个终结符号对 a、b 之间定义优先关系，如定义：+＞+、+＜*、*＞+、(＝)、*＞*、+＜(、*＜(、)＞*、)＞+、id＞+、+＜id、id＞*、*＜id 等，则得到的文法即是算符优先文法。

利用算符优先分析方法对符号串 id+id*id+id 的自底向上分析过程可用如下的句型序列表示，下划线标注的是当前句型的最左素短语。

自下而上构建的分析树如图 4-9 所示。

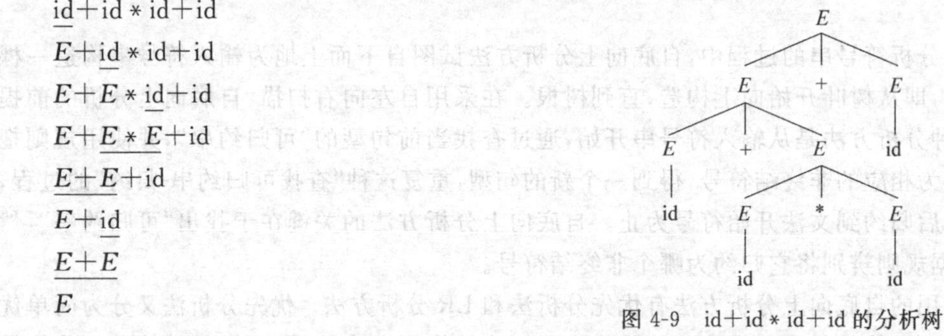

图 4-9 id+id*id+id 的分析树

在 LR 分析方法中，“可归约串”是句型的句柄（即最左直接短语）。其分析过程是一种规范归约，这种分析方法分析速度快，且能够及时准确地指出错误出现的位置，适用于大多数无二义性的文法。LR 分析技术是一种比较完备的技术，是最一般的无回溯的“移进-归约”分析方法，它可以分析所有能用上下文无关文法书写的程序设计语言的结构，它能分析的文法类是预测分析方法能分析的文法类的真超集，故本章重点介绍普遍适用的自底向上分析方法——LR 分析方法。

自底向上分析方法也称为“移进-归约”分析方法，分析程序使用一个栈存放符号，分析过程是：

(1) 把输入符号一个一个地移进栈中，直到栈顶的符号串形成一个可归约串为止；

(2) 把栈顶的这个可归约串归约(即替换)为产生式的左部符号,重复归约过程,直到栈顶不再有可归约串为止。

(3) 重复步骤(1)~(2)的移进-归约动作,直到归约到文法的开始符号为止。

4.3.1 规范归约

下面通过一个具体例子来说明利用句柄对输入符号串进行分析的过程。

例 4.10 利用规范归约,分析符号串 *abbcde* 是否为文法 4.1 的句子。

文法 4.1 的产生式集合如下:

(1) $S \rightarrow aAcBe$

(2) $A \rightarrow b$

(3) $A \rightarrow Ab$

(4) $B \rightarrow d$

从文法的开始符号可以推导出的所有终结符号串,均是该文法的句子。这里,从 S 开始,依次使用产生式 1、4、3、2 进行最右推导,可以得到:

$$S \underset{rm}{\Rightarrow} aAcBe \underset{rm}{\Rightarrow} aAcde \underset{rm}{\Rightarrow} aAbcde \underset{rm}{\Rightarrow} abbcde$$

这说明输入符号串 *abbcde* 是文法 4.1 的一个句子。

现在,从符号串 *abbcde* 开始,向上归约,如果最终能够归约到文法的开始符号 S,同样可以说明该输入符号串是文法 4.1 的一个句子,其归约过程如图 4-10 所示。

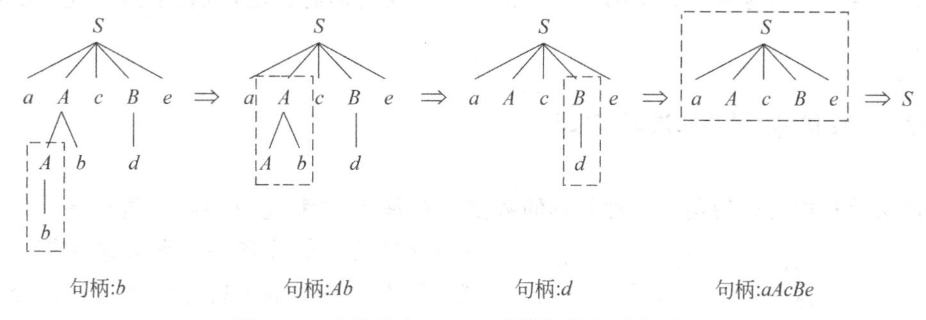

图 4-10 对符号串 *abbcde* 进行规范归约的过程

从图 4-10 可以看出,这个过程的每一步都是:首先找出当前句型的句柄(即分析树中最左边的只有父子两代的子树的叶结点自左至右排列形成的符号串),然后把句柄归约为相应产生式的左部符号,得到一个新的句型(从分析树上去掉句柄结点之后的分析树,其叶结点自左至右排列形成的符号串),再对新句型的句柄进行归约,重复此过程,最终可归约为文法的开始符号。这说明符号串 *abbcde* 是文法 4.1 的一个句子。

不难看出,这一归约过程是上述最右推导的逆过程。

由于最右推导又称规范推导,因此,由最右推导得到的右句型也称为规范句型。规范推导的逆过程称为规范归约,下面给出规范归约的形式定义。

定义 4.8 假定 α 是文法 G 的一个句子,如果右句型序列 $\alpha_n, \alpha_{n-1}, \cdots, \alpha_1, \alpha_0$ 满足以

下两个条件，则称该序列是 α 的一个规范归约。

(1) $\alpha_n=\alpha, \alpha_0=S$

(2) 对任何 $i(0<i\leqslant n)$，α_{i-1} 是经过把 α_i 的句柄替换为相应产生式的左部符号而得到的。

显然，规范归约是关于 α 的一个最右推导的逆过程，因此规范归约也称为最左归约。根据该定义，上例中，句子 $abbcde$ 的规范归约是如下的右句型序列：

$$abbcde, aAbcde, aAcde, aAcBe, S$$

句柄的最左性对于"移进-归约"方法来说是非常重要的，因为句柄和符号栈的栈顶密切相关，并且，规范句型的句柄之后不会出现非终结符号。基于这一点，规范归约过程的"可归约串"可以描述为：若 $\alpha\beta\omega$ 是一个规范句型，β 是它的句柄，α 是位于 β 之前的符号串，它是在 β 之前所进行的规范归约过程中得到的结果，可含有终结符号和非终结符号，ω 是位于 β 之后的符号串，只能含有终结符号，若该句型的分析树中 β 的父结点为 A，则可将句柄 β 归约到 A。

对于不同的最右推导，其逆过程也是不同的。例如，文法 $E\rightarrow E+E|E*E|(E)|\text{id}$ 是二义性的，因为它的句子 id+id*id 有如下两个不同的最右推导：

(1) $E\Rightarrow E+E\Rightarrow E+E*E\Rightarrow \underline{E+E*\text{id}}\Rightarrow E+\text{id}*\text{id}\Rightarrow \text{id}+\text{id}*\text{id}$

(2) $E\Rightarrow E*E\Rightarrow E*\text{id}\Rightarrow \underline{E+E*\text{id}}\Rightarrow E+\text{id}*\text{id}\Rightarrow \text{id}+\text{id}*\text{id}$

对于句型 $E+E*\text{id}$，在推导(1)中，其句柄是 id，而在推导(2)中，其句柄是 $E+E$。因此，对句型 $E+E*\text{id}$ 进行归约时，就有两种不同的选择。由此可知，规范归约的关键问题是如何寻找或确定一个句型的句柄。给出了寻找句柄的方法，也就给出了规范归约的方法。

4.3.2 "移进-归约"方法的实现

语法分析中普遍使用的一种基本的数据结构是栈。"移进-归约"分析程序使用一个存放文法符号的栈和一个存放输入符号串的缓冲区来实现对输入符号串的分析。分析开始时，先将符号"＄"入栈以示栈底，并将"＄"置入输入符号串 ω 之后以示结束，如图 4-11(a)所示。

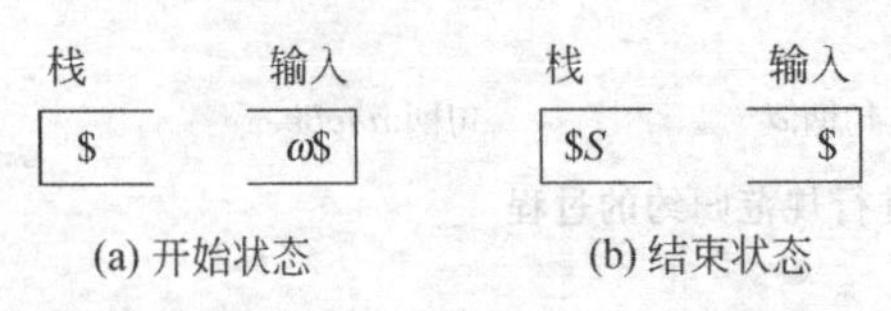

图 4-11 "移进-归约"过程的开始和结束状态

分析程序自左至右地把输入符号一一移进栈中，一旦发现栈顶的一部分符号形成一个可归约串，就把栈顶的这个子串用相应的归约符号进行替换(对规范归约而言，可归约串是句柄，归约符号是相应产生式的左部符号)，重复此过程，直到栈顶不再呈现可归约串为止，然后继续向栈中移进符号，重复整个过程，直到最终形成图 4-11(b)所示的状态为止。此时栈中只有栈底标识"＄"和最终归约符号 S(S 为文法的开始符号)，而输入符号串 ω 全部被吸收，输入缓冲区中仅剩下结束符号"＄"。这种状态表示分析成功，若达不到这种状态，说明输入符号串 ω 中含有语法错误。

例 4.11 用“移进-归约”分析方法分析符号串 *abbcde* 是否为文法 4.1 的一个句子。

表 4-7 给出了对输入符号串 *abbcde* 进行规范归约的分析过程。最终分析成功，说明输入符号串 *abbcde* 是文法 4.1 的一个句子。

表 4-7 句子 *abbcde* 的规范归约过程

步 骤	栈	输 入	分 析 动 作
(1)	$	*a bbcde* $	移进
(2)	$ *a*	*b bcde* $	移进
(3)	$ *ab*	*b cde* $	用 $A \rightarrow b$ 归约
(4)	$ *aA*	*b cde* $	移进
(5)	$ *aAb*	*c de* $	用 $A \rightarrow Ab$ 归约
(6)	$ *aA*	*c de* $	移进
(7)	$ *aAc*	*d e* $	移进
(8)	$ *aAcd*	*e* $	用 $B \rightarrow d$ 归约
(9)	$ *aAcB*	*e* $	移进
(10)	$ *aAcBe*	$	用 $S \rightarrow aAcBe$ 归约
(11)	$ *S*	$	接受

从表 4-7 可以看到，第 3、5、8、10 这 4 步的分析动作均是归约，每一次都是把栈顶的符号串用相应产生式的左部符号进行替换。其中，第 5 步归约时采用的是产生式 $A \rightarrow Ab$ 而不是 $A \rightarrow b$，为什么呢？怎么知道此时栈顶符号串 *Ab* 是可归约串而 *b* 不是呢？这就需要精确定义“可归约串”这个概念。事实上，存在着多种刻划可归约串的方法，相应地也就形成了不同的自底向上分析方法，如前面所述的简单优先分析方法、算符优先分析方法和 LR 分析方法等。规范归约用句柄来刻画可归约串。所有的自底向上分析方法具有共同的特点，即在自左至右将输入符号移进栈顶的过程中，一旦发现栈顶的符号串是可归约串，就立即进行归约。

由表 4-7 所示分析过程可知，“移进-归约”分析方法的分析动作有以下 4 种。

(1) 移进：把当前输入符号移进到栈顶，向前指针指向下一个符号。

(2) 归约：当栈顶呈现可归约串时，用适当的归约符号去替换此串。

(3) 接受：宣布分析成功，停止分析。

(4) 错误处理：当发现输入符号串中存在语法错误时，调用相应的错误处理程序进行诊断和恢复。

某些上下文无关文法的“移进-归约”分析程序在分析输入符号串的过程中，根据栈中的内容和当前输入符号无法确定应该采取“移进”动作，还是“归约”动作，或者不能确定该用哪个产生式进行归约，这说明在分析过程中发生了动作冲突，前一种是“移进-归约”

冲突，后一种是“归约-归约”冲突。

4.4 LR分析方法

规范归约的关键问题是寻找句柄。在“移进-归约”过程中，当某一产生式的右部符号串呈现于栈顶时，如何判定它是否为当前句型的句柄呢？这一节将介绍一种有效的自底向上语法分析技术，即LR(k)分析方法。LR(k)分析方法是Knuth于1965年提出的，绝大多数无二义的上下文无关文法均可用LR(k)方法进行分析，这里L表示自左至右扫描输入符号串，R表示为输入符号串构造一个最右推导的逆过程，k表示为了确定分析动作而需要向前看的输入符号的个数。LR分析方法的基本思想是：在规范归约过程中，一方面要记住历史信息，即已经移进和归约出的整个符号串；另一方面要预测未来，即根据所用的产生式推测未来可能遇到的输入符号；当一串貌似句柄的符号串呈现于栈顶时，根据所记载的历史信息和预测信息，以及当前的输入符号来确定栈顶的符号串是否构成当前句型的句柄，从而确定应该采取的分析动作。

LR分析方法也有不足之处，主要是对于实用的程序设计语言文法而言，手工构造其LR分析程序的工作量太大，且k越大构造过程越复杂，实现起来比较困难。因此，目前许多实用的采用LR分析技术的编译程序均借助于专门的LR分析程序自动生成工具来实现，例如YACC，只要给出上下文无关文法，就可以根据它来自动地生成相应的LR分析程序，如果文法是二义性的，或有其他难以自左向右分析的结构，生成工具能定位这些结构，并向设计者报告这些情况。

本节首先讨论LR分析算法，以及为给定文法构造LR分析表的技术，最后介绍语法分析程序自动生成工具YACC的使用。

4.4.1 LR分析程序的模型及工作过程

图4-12所示是LR分析程序的模型，由图可知，一个LR分析程序包括输入、输出、栈、分析控制程序及分析表5部分。

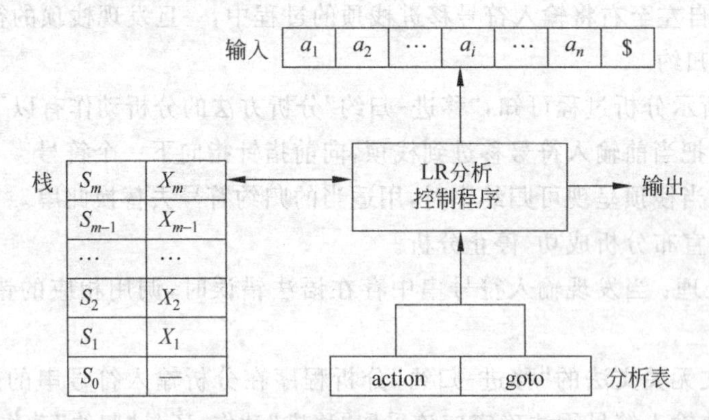

图4-12 LR分析程序的模型

(1) 输入缓冲区用来存放待分析的输入符号串,并以 $ 作为符号串的结束标志。

(2) 输出:是 LR 分析控制程序分析输入符号串的过程中所采用的动作序列。

(3) 栈:由状态栈和符号栈构成,状态栈中存放形如 $S_0S_1S_2\cdots S_{m-1}S_m$ 的状态符号串,其中在栈底的 S_0 是初始状态,栈顶的 S_m 是当前状态。每个状态符号概括了在栈中位于它下面的部分所包含的全部信息,即从分析开始到某一归约阶段的全部历史信息和预测信息。符号栈中存放形如 $X_1X_2\cdots X_{m-1}X_m$ 的文法符号串,是从初态 S_0 到当前状态 S_m 的路径上各边的标记。两个栈同步增减。在进行语法分析时,有状态栈足矣。

(4) 分析表:分析表是 LR 分析程序的关键部件,是分析控制程序工作的依据。实际上,分析表是一个确定有限自动机的状态转移表,该自动机的字母表即由全部文法符号构成的集合。它的每一行对应一个状态,每一列对应一个文法符号或者 $,其中,终结符号及 $ 对应的列构成动作(action)表,非终结符号对应的列构成状态转移(goto)表。只是在 action 表中,既保存了状态转移信息,也保存了应该采取的分析动作。

goto[S_m,A]保存了当前状态 S_m 相对于非终结符号 A 的后继状态。

action[S_m,a_i]规定了当前状态 S_m 面临输入符号 a_i 时应采取的分析动作,有以下几种可能。

- 移进:把当前输入符号 a_i 及 S_m 相对于 a_i 的后继状态 $S=$goto[S_m,a_i]分别压入符号栈和状态栈的栈顶,向前指针前移,指向下一个输入符号。
- 归约:用产生式 $A\to\beta$ 进行归约,若 $|\beta|=r$,则分别从状态栈和符号栈的栈顶弹出 r 项,使 S_{m-r} 成为栈顶状态,然后把文法符号 A 及状态 $S=$goto[S_{m-r},A]分别压入符号栈和状态栈的栈顶。
- 接受:宣布分析成功,停止分析。
- 出错:调用出错处理程序,进行错误处理与恢复。

(5) LR 分析控制程序:这是 LR 分析程序的核心,所有文法的 LR 分析程序都具有相同的分析控制程序,不同的只是分析表的内容。分析控制程序根据栈顶状态符号和向前指针所指向的符号(即当前输入符号)查找分析表,从中取得动作指示信息并采取相应的分析动作。

一个 LR 分析程序的工作过程,可以看作是栈中状态符号序列和剩余的输入符号串所构成的二元式的变化过程。分析开始时,初始的二元式为(S_0,$a_1a_2\cdots a_n$ $),其中 S_0 是分析程序的初态,$a_1a_2\cdots a_n$ 是输入符号串,$ 是输入符号串的结束符号。分析过程中每步的结果,均可表示为形如($S_0S_1\cdots S_m$,$a_ia_{i+1}\cdots a_n$ $)的二元式,为便于理解,可以把从 S_0 到 S_m 的路径上各边的标记也显式地给出,则二元式形如($S_0X_1S_1X_2\cdots X_mS_m$,$a_ia_{i+1}\cdots a_n$ $),这里 $X_1X_2\cdots X_ma_ia_{i+1}\cdots a_n$ 是一个右句型,$X_1X_2\cdots X_m$ 是它的一个活前缀(见定义 4.9)。

定义 4.9 对于规范句型的一个前缀,如果它不包含句柄之后的任何符号,则称该前缀为该句型的一个活前缀。

例如,文法 4.1 的规范句型 $aAbcde$ 的句柄是 Ab,所以该句型的活前缀有 ε、a、aA、aAb;规范句型 $aAcde$ 的句柄是 d,故它的活前缀有 ε、a、aA、aAc、$aAcd$。

之所以称它们为活前缀,是因为它们是一个或若干个规范句型的前缀,即在其右边增加某些不同的终结符号串之后,就可以构成不同的规范句型。在规范归约过程中的任何时刻，只要已经分析过的部分（即符号栈中的符号串）是活前缀，则表明它是正确的，是不含语法错误的。

分析控制程序的每一步动作都由栈顶状态 S_m 和当前输入符号 a_i 唯一决定，在执行 action[S_m, a_i]规定的动作之后，二元式发生相应的变化。

- 若 action[S_m, a_i]＝shift S（移进当前输入符号 a_i，后继状态为 S，这里 S＝goto[S_m, a_i]），则二元式变为：

$$(S_0 X_1 S_1 X_2 \cdots X_m S_m a_i S, a_{i+1} \cdots a_n \$)$$

- 若 action[S_m, a_i]＝reduce by $A \to \beta$（用产生式 $A \to \beta$ 进行归约），则二元式变为：

$$(S_0 X_1 S_1 X_2 \cdots X_{m-r} S_{m-r} AS, a_i a_{i+1} \cdots a_n \$)$$

其中：$|\beta| = r$，且 $\beta = X_{m-r+1} X_{m-r+2} \cdots X_m$，$S$＝goto[$S_{m-r}$, A]

- 若 action[S_m, a_i]＝accept（接受），表示分析成功，二元式变化过程终止。
- 若 action[S_m, a_i]＝error（出错），表示发现错误，调用错误处理程序。

这就是 LR 分析程序的工作过程，上面讨论的分析思想可以用算法 4.3 描述。

算法 4.3 LR 分析程序。

输入：文法 G 的一张分析表和一个输入符号串 ω。

输出：若 $\omega \in L(G)$，得到 ω 的自底向上的分析，否则报错。

方法：

首先初始化，将初始状态 S_0 入栈，将 $\omega\$$ 存入输入缓冲区中；并置 ip 指向 $\omega\$$ 的第一个符号

```
do {
    令 S 是栈顶状态，a 是 ip 所指向的符号；
    if(action[S,a]=shift S') {
        把 a 和 S'分别压入符号栈和状态栈的栈顶；
        推进 ip，使它指向下一个输入符号；
    };
    else if (action[S,a]=reduce by A→β) {
            从栈顶弹出|β|个符号；
            令 S'是当前栈顶状态，把 A 和 goto[S',A]分别压入符号栈和状态栈的栈顶；
            输出产生式 A→β；
    };
        else if (action[S,a]=accept) return;
            else error();
} while(1);
```

例 4.12 具有如下产生式集合的文法 G 的 LR 分析表如表 4-8 所示。利用该分析表分析输入符号串 id＋id＊id。

(1) $E \to E + T$　(2) $E \to T$　(3) $T \to T * F$

(4) $T \to F$　(5) $F \to (E)$　(6) $F \to \text{id}$

对输入符号串 id＋id＊id 的分析动作如表 4-9 所示。

表 4-8　算术表达式文法 *G* 的 LR 分析表

状态	Action						goto		
	id	+	*	(	)	$	*E*	*T*	*F*
0	*S*5			*S*4			1	2	3
1		*S*6				ACC			
2		*R*2	*S*7		*R*2	*R*2			
3		*R*4	*R*4		*R*4	*R*4			
4	*S*5			*S*4			8	2	3
5		*R*6	*R*6		*R*6	*R*6			
6	*S*5			*S*4				9	3
7	*S*5			*S*4					10
8		*S*6			*S*11				
9		*R*1	*S*7		*R*1	*R*1			
10		*R*3	*R*3		*R*3	*R*3			
11		*R*5	*R*5		*R*5	*R*5			

说明：*Si* 中的 *S* 表示“移进”，即把当前输入符号和状态 *i* 压入栈，*i* 成为新的栈顶；*Rj* 中的 *R* 表示“归约”，即用第 *j* 个产生式进行归约；ACC 表示“接受”；空白表示“出错”。

表 4-9　对符号串 id+id * id 的分析动作

栈	输　入	分 析 动 作
State：0 Symbol：–	id+id * id $	Shift 5
State：0 5 Symbol：– id	+id * id $	reduce by $F \to id$
State：0 3 Symbol：– *F*	+id * id $	reduce by $T \to F$
State：0 2 Symbol：– *T*	+id * id $	reduce by $E \to T$
State：0 1 Symbol：– *E*	+id * id $	Shift 6
State：0 1 6 Symbol：– *E* +	id * id $	Shift 5
State：0 1 6 5 Symbol：– *E* + id	* id $	reduce by $F \to id$

续表

栈	输 入	分 析 动 作
State: 0 1 6 3 Symbol: - E + F	* id $	reduce by $T \to F$
State: 0 1 6 9 Symbol: - E + T	* id $	Shift 7
State: 0 1 6 9 7 Symbol: - E + T *	id $	Shift 5
State: 0 1 6 9 7 5 Symbol: - E + T * id	$	reduce by $F \to \text{id}$
State: 0 1 6 9 7 10 Symbol: - E + T * F	$	reduce by $T \to T * F$
State: 0 1 6 9 Symbol: - E + T	$	reduce by $E \to E + T$
State: 0 1 Symbol: - E	$	ACC

从上述内容可知,LR分析程序需要一张LR分析表,并且分析程序的每一步动作均由分析表的内容决定,因此构造LR分析程序的关键问题就是如何为一个给定的文法构造LR分析表。分析表的构造方法不同,相应的LR分析程序的分析能力也不同。常用的LR分析表有SLR(1)分析表、LR(1)分析表和LALR(1)分析表,下面分别讨论不同的分析表的构造方法。

4.4.2 SLR(1)分析表的构造

SLR中的S是Simple的首字母。在LR分析技术中,SLR分析方法的能力最弱,也最容易实现。构造SLR(1)分析表的基本思想是:首先为给定文法构造一个识别它的所有活前缀的确定的有限自动机,然后根据此有限自动机构造该文法的分析表。

1. 构造识别给定文法的所有活前缀的DFA

由定义4.9可知,一个规范句型的活前缀与其句柄之间的关系可以是以下3种情况之一:

(1) 活前缀不包含句柄的任何符号。

(2) 活前缀包含句柄的一部分符号。

(3) 活前缀包含句柄的全部符号。

在LR分析过程中,任何时候,栈中的文法符号串 $X_1X_2\cdots X_m$ 都应该是活前缀,即把输入符号串中还未分析的剩余部分连接上之后,应构成一个规范句型(如果整个输入符号串确实是一个句子),因此,只要输入符号串中已扫描部分可以归约为一个活前缀,就意味着扫描过的部分没有语法错误。

LR分析过程中,若分析栈中出现的活前缀属于情况(1),表明此时期望从剩余输入符号串中能够看到由某产生式 $A\to\alpha$ 的右部 α 所推导出的终结符号串;若是情况(2),表明此时某产生式 $A\to\beta_1\beta_2$ 的右部子串 β_1 已经出现在栈顶,期待从剩余的输入符号串中能够看到 β_2 推导出的符号串;若是情况(3),则表明此时某产生式 $A\to\gamma$ 的右部符号串 γ 已经出现在栈顶,此时应该用该产生式进行归约。

在LR分析过程中,为了刻划文法 G 的每一个产生式的右部符号串已经有多大一部分被识别(即出现在栈顶),可以在产生式右端的某处加上一个圆点"·"来标示,对上述3种情况,标有圆点的产生式分别形如 $A\to\cdot\alpha$、$A\to\beta_1\cdot\beta_2$ 和 $A\to\gamma\cdot$。

右部某个位置上标有圆点的产生式称为文法 G 的一个LR(0)项目。例如产生式 $A\to XYZ$ 对应有4个LR(0)项目:

(1) $A\to\cdot XYZ$

(2) $A\to X\cdot YZ$

(3) $A\to XY\cdot Z$

(4) $A\to XYZ\cdot$

其中,圆点在产生式最右端的LR(0)项目称为归约项目(reduction-item),对文法开始符号的归约项目称为接受项目(acceptance-item)。圆点后第一个符号为终结符号(形如 $A\to\alpha\cdot a\beta$)的LR(0)项目称为移进项目(shift-item),圆点后第一个符号为非终结符号(形如 $A\to\alpha\cdot B\beta$)的LR(0)项目称为待约项目(reduction-expecting-item)。如上面(1)~(3)为移进或待约项目,(4)为归约项目。特别地,产生式 $A\to\varepsilon$ 只有一个LR(0)项目,即 $A\to\cdot$,这是一个归约项目。

对任何一个文法 $G=(V_T,V_N,S,\varphi)$,通过增加一个新的符号 S' 和一个产生式 $S'\to S$,并以 S' 作为开始符号,可以得到一个与 G 等价的文法 $G'=(V_T,V_N\cup\{S'\},S',\varphi\cup\{S'\to S\})$,称 G' 为 G 的拓广文法。由于 G' 的开始符号 S' 仅在一个产生式的左部出现,因此 G' 的接受项目是唯一的(即 $S'\to S\cdot$)。

为了构造识别给定文法的所有活前缀的DFA,现在引入以下几个定义。

定义 4.10 LR(0)有效项目:如果存在规范推导 $S\overset{*}{\Rightarrow}\alpha A\omega\Rightarrow\alpha\beta_1\beta_2\omega$,则称LR(0)项目 $A\to\beta_1\cdot\beta_2$ 对活前缀 $\gamma=\alpha\beta_1$ 是有效的。

推广定义:若LR(0)项目 $A\to\alpha\cdot B\beta$ 对活前缀 $\gamma=\delta\alpha$ 是有效的,这里 $B\in V_N$ 并且 $B\to\eta$ 是产生式,则LR(0)项目 $B\to\cdot\eta$ 对活前缀 $\gamma=\delta\alpha$ 也是有效的。

根据定义4.10,有规范推导:$S\overset{*}{\Rightarrow}\delta A\omega\Rightarrow\delta\alpha B\beta\omega$

设 $\beta\underset{rm}{\overset{*}{\Rightarrow}}\chi\in V_T^*$,则对任何产生式 $B\to\eta$,有规范推导:

$$S\overset{*}{\Rightarrow}\delta A\omega\Rightarrow\delta\alpha B\beta\omega\overset{*}{\Rightarrow}\delta\alpha B\chi\omega\Rightarrow\delta\alpha\eta\chi\omega$$

同样,根据定义4.10可知,LR(0)项目 $B\to\cdot\eta$ 对活前缀 $\gamma=\delta\alpha$ 也是有效的。

同理可知,LR(0)项目 $S'\to\cdot S$ 是活前缀 ε 的有效项目(取 $\gamma=\varepsilon,\beta_1=\varepsilon,\beta_2=S$,

$A=S'$)。

文法 G 的某个活前缀 γ 的所有 LR(0)有效项目组成的集合称为 γ 的 LR(0)有效项目集。文法 G 的所有活前缀的 LR(0)有效项目集组成的集合称为 G 的 LR(0)项目集规范族。

为构造文法 G 的 LR(0)项目集规范族,下面引入闭包(closure)和转移函数 go 的定义。

定义 4.11 closure(I):设 I 是文法 G 的一个 LR(0)项目集合,closure(I)是从 I 出发,用下面的方法构造的项目集合:

(1) I 中的每一个项目都属于 closure(I)。

(2) 若 $A\to\alpha\cdot B\beta\in$closure($I$),且 $B\to\eta$ 是 G 的产生式,若 $B\to\cdot\eta\notin$ closure(I),则将 $B\to\cdot\eta$ 加入 closure(I)。

(3) 重复规则(2),直到 closure(I)不再增大为止。

算法 4.4 closure(I)的构造过程。

输入:项目集合 I。

输出:集合 $J=$closure(I)。

方法:

```
J=I;
do {
      J_new=J;
      for(J_new 中的每一个项目 A→α·Bβ 和文法 G 的每个产生式 B→η)
          if(B→·η∉J) 把 B→·η 加入 J;
} while(J_new!=J).
```

定义 4.12 go(I,X):若 I 是文法 G 的一个 LR(0)有效项目集,X 是 G 的文法符号,定义

$$go(I,X)=closure(J)$$

其中,$J=\{A\to\alpha X\cdot\beta \mid A\to\alpha\cdot X\beta\in I\}$

go(I,X)称为转移函数,项目 $A\to\alpha X\cdot\beta$ 称为 $A\to\alpha\cdot X\beta$ 的后继项目。

若 $A\to\alpha\cdot X\beta$ 是活前缀 $\gamma=\delta\alpha$ 的有效项目,根据定义 4.10,有规范推导:

$$S\overset{*}{\Rightarrow}\delta A\omega\Rightarrow\delta\alpha X\beta\omega$$

这个推导同样说明 $A\to\alpha X\cdot\beta$ 是活前缀 $\delta\alpha X$(即 γX)的有效项目。所以,若 I 是某个活前缀 γ 的 LR(0)有效项目集,则 go(I,X)便是活前缀 γX 的 LR(0)有效项目集。

算法 4.5 描述了构造给定文法 G 的 LR(0)项目集规范族的过程。

算法 4.5 构造文法 G 的 LR(0)项目集规范族。

输入:文法 G。

输出:G 的 LR(0)项目集规范族 C。

方法:

构造文法 G 的拓广文法 G';

```
C={closure({S'→·S})};
do
    for(C中的每一个项目集 I 和每一个文法符号 X)
        if((go(I,X)≠Φ)并且(go(I,X)∉C)) 把 go(I,X)加入 C 中;
while (有新项目集加入 C 中)
```

这里,closure($\{S'\rightarrow \cdot S\}$)是活前缀 ε 的有效项目集。

例 4.13 构造如下文法 G 的 LR(0)项目集规范族。

$$S \rightarrow aA \mid bB \quad A \rightarrow cA \mid d \quad B \rightarrow cB \mid d \qquad \text{(文法 4.6)}$$

应用算法 4.5 来构造文法 G 的 LR(0)项目集规范族。

首先,构造文法 G 的拓广文法 G': $S'\rightarrow S \quad S\rightarrow aA|bB \quad A\rightarrow cA|d \quad B\rightarrow cB|d$

首先构造活前缀 ε 的 LR(0)有效项目集,记为 I_0:

$$I_0=\text{closure}(\{S'\rightarrow \cdot S\})=\{S'\rightarrow \cdot S,\ S\rightarrow \cdot aA,\ S\rightarrow \cdot bB\}$$

现在,从 I_0 出发构造其他活前缀的 LR(0)有效项目集。

由定义 4.12 可知,从 I_0 出发的转移有:

$$I_1 = \text{go}(I_0,S) = \text{closure}(\{S' \rightarrow S \cdot\}) = \{S' \rightarrow S \cdot\}$$

$$I_2 = \text{go}(I_0,a) = \text{closure}(\{S \rightarrow a \cdot A\}) = \{S \rightarrow a \cdot A,\ A \rightarrow \cdot cA,\ A \rightarrow \cdot d\}$$

$$I_3 = \text{go}(I_0,b) = \text{closure}(\{S \rightarrow b \cdot B\}) = \{S \rightarrow b \cdot B,\ B \rightarrow \cdot cB,\ B \rightarrow \cdot d\}$$

由于 I_0 是活前缀 ε 的 LR(0)有效项目集,所以 I_1、I_2 和 I_3 分别是活前缀 S、a 和 b 的 LR(0)有效项目集。

由于 I_1 中唯一的元素为接受项目 $S'\rightarrow S \cdot$,故没有从 I_1 出发的转移。

从 I_2 出发的转移有:

$$I_4 = \text{go}(I_2,A) = \text{closure}(\{S \rightarrow aA \cdot\}) = \{S \rightarrow aA \cdot\}$$

$$I_5 = \text{go}(I_2,c) = \text{closure}(\{A \rightarrow c \cdot A\}) = \{A \rightarrow c \cdot A,\ A \rightarrow \cdot cA,\ A \rightarrow \cdot d\}$$

$$I_6 = \text{go}(I_2,d) = \text{closure}(\{A \rightarrow d \cdot\}) = \{A \rightarrow d \cdot\}$$

I_4、I_5 和 I_6 分别是活前缀 aA、ac 和 ad 的 LR(0)有效项目集。

从 I_3 出发的转移有:

$$I_7 = \text{go}(I_3,B) = \text{closure}(\{S \rightarrow bB \cdot\}) = \{S \rightarrow bB \cdot\}$$

$$I_8 = \text{go}(I_3,c) = \text{closure}(\{B \rightarrow c \cdot B\}) = \{B \rightarrow c \cdot B,\ B \rightarrow \cdot cB,\ B \rightarrow \cdot d\}$$

$$I_9 = \text{go}(I_3,d) = \text{closure}(\{B \rightarrow d \cdot\}) = \{B \rightarrow d \cdot\}$$

I_7、I_8 和 I_9 分别是活前缀 bB、bc 和 bd 的 LR(0)有效项目集。

由于 I_4、I_6、I_7、I_9 中都分别只含有一个归约项目,故没有从它们出发的转移。

从 I_5 出发的转移有:

$$I_{10} = \text{go}(I_5,A) = \text{closure}(\{A \rightarrow cA \cdot\}) = \{A \rightarrow cA \cdot\}$$

$$\text{go}(I_5,c) = \text{closure}(\{A \rightarrow c \cdot A\}) = I_5$$

$$\text{go}(I_5,d) = \text{closure}(\{A \rightarrow d \cdot\}) = I_6$$

I_{10}、I_5 和 I_6 分别是活前缀 acA、acc 和 acd 的 LR(0)有效项目集。

从 I_8 出发的转移有:

$$I_{11} = \text{go}(I_8,B) = \text{closure}(\{B \rightarrow cB \cdot\}) = \{B \rightarrow cB \cdot\}$$

$$\mathrm{go}(I_8,c) = \mathrm{closure}(\{B \to c \cdot B\}) = I_8$$

$$\mathrm{go}(I_8,d) = \mathrm{closure}(\{B \to d \cdot\}) = I_9$$

I_{11}、I_8 和 I_9 分别是活前缀 bcB、bcc 和 bcd 的 LR(0)有效项目集。

至此，不再有新的有效项目集出现，上面构造的 LR(0)有效项目集 $I_0, I_1, \cdots, I_{11}$ 组成的集合 $C=\{I_0, I_1, \cdots, I_{11}\}$ 就是文法 G 的 LR(0)项目集规范族。

识别给定文法 G 的所有活前缀的确定有限自动机 $M=(\sum, Q, q_0, F, \delta)$ 构造如下：字母表Σ是 G 的文法符号集合，状态集合 Q 即文法 G 的 LR(0)项目集规范族 C，其中每个有效项目集都对应一个状态，初态 q_0 是 ε 的 LR(0)有效项目集，即包含项目 $S' \to \cdot S$ 的有效项目集 I_0，终态集合 $F=Q$，即每个状态都是终结状态，转换函数 δ 由 $\mathrm{go}(I,X)$ 定义，即定义在有效项目集规范族 C 及所有文法符号上的转移函数。

图 4-13 所示即识别文法 4.6 的所有活前缀的 DFA。

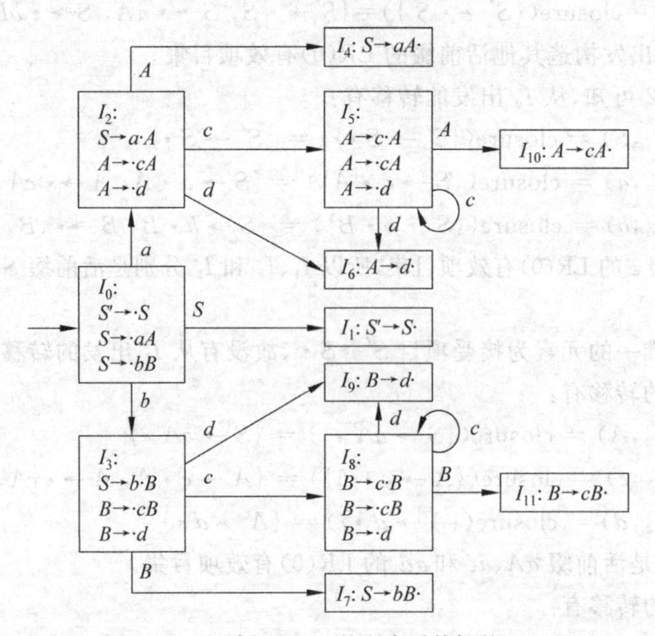

图 4-13 识别文法 4.6 的所有活前缀的 DFA

从上述讨论可知，拓广文法 G' 的每一个活前缀 γ 的有效项目集恰好是从识别文法所有活前缀的 DFA 的初态出发，经过 γ 路径之后所到达的那个状态对应的项目集。如从图 4-13 可知文法 4.6 的活前缀 acc^* 的有效项目集是 I_5，活前缀 bcc^* 的有效项目集是 I_8。事实上，在分析过程中，任何时候，分析栈中的活前缀 $X_1 X_2 \cdots X_m$ 的有效项目集恰好就是栈顶状态 S_m 所对应的那个集合，这也说明了栈顶状态体现了栈中一切有用的信息。

通常，一个活前缀可以有若干个不同的有效项目，而且，与它们相对应的分析动作可能各不相同，甚至相互冲突，这种冲突通过向前看若干个输入符号或许能够解决。

2. SLR(1)分析表的构造

从例 4.13 可知，文法 4.6 的有效项目集中，I_0、I_2、I_3、I_5、I_8 中只含有移进和待约项目，I_1、I_4、I_6、I_7、I_9、I_{10}、I_{11} 中只含有归约项目，因此不存在冲突。然而，许多文法（如算术表达式文法)的有效项目集中可能含有移进-归约冲突或归约-归约冲突项目,多数冲突可通过考察有关非终结符号的 FOLLOW 集合得到解决,这是 SLR 分析方法的一个特征。

假如,在某文法的 LR(0)项目集规范族中有如下项目集:

$$I=\{X\to\alpha\cdot b\beta,\ A\to\alpha\cdot,\ B\to\beta\cdot\}$$

其中第一个项目是移进项目,其他两个是归约项目。在分析过程中,这三个项目对应不同的分析动作:第一个项目要求移进,即如果下一个输入符号为 b,则把它移进栈顶;第二个项目要求把栈顶符号串 α 归约为 A;第三个项目要求把栈顶符号串 β 归约为 B。因此,这个项目集中既存在移进-归约冲突,又存在归约-归约冲突。

为解决冲突,需要分析所有含有 A 和 B 的句型,考察这些句型中跟在 A、B 后面出现的终结符号分别有哪些,即 FOLLOW(A)和 FOLLOW(B),如果这两个集合不相交,也都不含有 b,则当状态 I 面临输入符号 a 时,就可以根据如下策略决定应采用的分析动作:

- 当 $a=b$ 时,采取移进动作,把 b 移进栈里。
- 当 $a\in$FOLLOW(A)时,采取归约动作,用产生式 $A\to\alpha$ 进行归约。
- 当 $a\in$FOLLOW(B)时,采取归约动作,用产生式 $B\to\beta$ 进行归约。

把上述思想形式化,可得到构造 SLR(1)分析表的算法 4.6。

算法 4.6 构造文法 G 的 SLR(1)分析表。

输入:文法 G。

输出:文法 G 的 SLR(1)分析表(包括 action 表和 goto 表两部分)。

方法:

(1) 构造文法 G 的拓广文法 G';

(2) 构造 G'的 LR(0)项目集规范族 $C=\{I_0,I_1,\cdots,I_n\}$。

(3) 对于状态 i(对应于项目集 I_i 的状态)的分析动作如下:

- 若 $A\to\alpha\cdot a\beta\in I_i$,且 go($I_i$,$a$)=$I_j$,则置 action[$i$,$a$]=$Sj$,表示将终结符号 a 及状态 j 移进到栈中。
- 若 $A\to\alpha\cdot\in I_i$,则对所有 $a\in$FOLLOW(A)置 action[i,a]=$R\ A\to\alpha$,表示用产生式 $A\to\alpha$ 进行归约,这里 $A\neq S'$。

  如果 j 是产生式 $A\to\alpha$ 的编号,还可以写作 Rj。
- 若 $S'\to S\cdot\in I_i$,则置 action[i,\$]=ACC,表示分析成功。

(4) 若 go(I_i,A)=I_j,A 为非终结符号,则置 goto[i,A]=j。

(5) 分析表中凡不能用规则(3)和规则(4)填入信息的空白表项,均置为出错标志 error。

(6) 分析程序的初态是包含项目 $S'\to\cdot S$ 的有效项目集所对应的状态。

如果用算法 4.6 构造的分析表中不含有冲突动作,则称它为文法 G 的一张 SLR(1)分析表。具有 SLR(1)分析表的文法称为 SLR(1)文法,这里数字 1 表示在分析过程中最多向前看一个输入符号。使用 SLR(1)分析表的分析程序称为 SLR(1)分析程序。

例 4.14 构造文法 4.6 的 SLR(1)分析表,并判断该文法是否为 SLR(1)文法。

文法 4.6 的拓广文法如下:

(0) $S'\to S$　(1) $S\to aA$　(2) $S\to bB$　(3) $A\to cA$

(4) $A\to d$　(5) $B\to cB$　(6) $B\to d$

在例4.13中已经构造出该文法的LR(0)项目集规范族及识别文法活前缀的DFA（见图4-13所示），现在，应用算法4.6来构造该文法的SLR(1)分析表。

考察 $I_0=\{S'\to\cdot S, S\to\cdot aA, S\to\cdot bB\}$

对项目 $S'\to\cdot S$，有 $go(I_0,S)=I_1$，所以置 goto[0,S]=1

对项目 $S\to\cdot aA$，有 $go(I_0,a)=I_2$，所以置 action[0,a]=S2

对项目 $S\to\cdot bB$，有 $go(I_0,b)=I_3$，所以置 action[0,b]=S3

考察 $I_1=\{S'\to S\cdot\}$

项目 $S'\to S\cdot$ 是接受项目，所以置 action[1,$]=ACC

考察 $I_2=\{S\to a\cdot A, A\to\cdot cA, A\to\cdot d\}$

对项目 $S\to a\cdot A$，有 $go(I_2,A)=I_4$，所以置 goto[2,A]=4

对项目 $A\to\cdot cA$，有 $go(I_2,c)=I_5$，所以置 action[2,c]=S5

对项目 $A\to\cdot d$，有 $go(I_2,d)=I_6$，所以置 action[2,d]=S6

考察 $I_3=\{S\to b\cdot B, B\to\cdot cB, B\to\cdot d\}$

对项目 $S\to b\cdot B$，有 $go(I_3,B)=I_7$，所以置 goto[3,B]=7

对项目 $B\to\cdot cB$，有 $go(I_3,c)=I_8$，所以置 action[3,c]=S8

对项目 $B\to\cdot d$，有 $go(I_3,d)=I_9$，所以置 action[3,d]=S9

考察 $I_4=\{S\to aA\cdot\}$（假设产生式 $S\to aA$ 的编号为1）

项目 $S\to aA\cdot$ 是归约项目，因为 FOLLOW(S)={$}，所以置 action[4,$]=R1

考察 $I_5=\{A\to c\cdot A, A\to\cdot cA, A\to\cdot d\}$

对项目 $A\to c\cdot A$，有 $go(I_5,A)=I_{10}$，所以置 goto[5,A]=10

对项目 $A\to\cdot cA$，有 $go(I_5,c)=I_5$，所以置 action[5,c]=S5

对项目 $A\to\cdot d$，有 $go(I_5,d)=I_6$，所以置 action[5,d]=S6

考察 $I_6=\{A\to d\cdot\}$（假设产生式 $A\to d$ 的编号为4）

项目 $A\to d\cdot$ 是归约项目，因为 FOLLOW(A)={$}，所以置 action[6,$]=R4

依次考察每一个项目集，最终可得到表4-10所示的文法4.6的SLR(1)分析表。

表4-10 文法4.6的SLR分析表

状态	action					goto		
	a	*b*	*c*	*d*	$	*S*	*A*	*B*
0	S2	S3				1		
1					ACC			
2			S5	S6			4	
3			S8	S9				7
4					R1			
5			S5	S6			10	
6					R4			
7					R2			

续表

状态	action					goto		
	a	b	c	d	\$	S	A	B
8			$S8$	$S9$				11
9					$R6$			
10					$R3$			
11					$R5$			

由于表 4-10 中不存在任何冲突，所以文法 4.6 是 SLR(1)文法。

如果在应用算法 4.6 构造分析表的过程中，始终没有向前看任何输入符号，则所构造的 SLR 分析表称为 LR(0)分析表，具有 LR(0)分析表的文法称为 LR(0)文法。这就意味着，如果在 LR(0)文法的某个项目集中有归约项目，则该归约项目是此项目集中唯一的项目。一个文法是 LR(0)文法，当且仅当该文法的每个活前缀的有效项目集中，要么所有元素都是移进或待约项目，要么只含有唯一的归约项目，即 LR(0)文法是一种只需要查看栈就可进行分析的文法。不难看出，文法 4.6 是 LR(0)文法。再如，具有产生式 $A\to(A)|a$ 的文法也是一个 LR(0)文法。

例 4.15 判断文法 4.3 是 LR(0)文法，还是 SLR(1)文法。

文法 4.3 的拓广文法 G' 有产生式：

(0) $E'\to E$ (1) $E\to E+T$ (2) $E\to T$ (3) $T\to T*F$

(4) $T\to F$ (5) $F\to(E)$ (6) $F\to \mathrm{id}$

首先，构造 G' 的 LR(0)项目集规范族及识别它所有活前缀的 DFA，如图 4-14 所示。

从图 4-14 可以看出，在这 12 个项目集中，I_1 含有“移进-接受”冲突，I_2 和 I_9 含有“移进-归约”冲突，由此可知该文法不是 LR(0)文法。但通过向前看符号，这些冲突可以得到解决。

考察 I_1：因为 $E'\to E\cdot$ 为接受项目，而 $E\to E\cdot+T$ 是移进项目，故这两个项目存在移进-接受冲突，又因 $\mathrm{FOLLOW}(E')=\{\$\}$，而 $+\notin\mathrm{FOLLOW}(E')$，故此冲突可以解决，根据算法 4.6 有：action[1, \$]=ACC，action[1, +]=$S6$

考察 I_2：项目 $E\to T\cdot$ 与 $T\to T\cdot*F$ 之间存在移进—归约冲突，由于 $\mathrm{FOLLOW}(E)=\{+,),\$\}$，而 $*\notin\mathrm{FOLLOW}(E)$，所以该冲突可以得到解决，根据算法 4.6，有

$$\text{action}[2,+]=\text{action}[2,)]=\text{action}[2,\$]=R2,\quad \text{action}[2,*]=S7$$

考察 I_9：项目 $E\to E+T\cdot$ 与 $T\to T\cdot*F$ 之间存在移进-归约冲突，同样，因为 $\mathrm{FOLLOW}(E)=\{+,),\$\}$，而 $*\notin\mathrm{FOLLOW}(E)$，所以该冲突也可以得到解决，根据算法 4.6，有

$$\text{action}[9,+]=\text{action}[9,)]=\text{action}[9,\$]=R1,\quad \text{action}[2,*]=S7$$

其他的项目集中不存在任何冲突，根据算法 4.6 可以得到表 4-8 所示的 SLR 分析表。由于此表中没有多重定义的表项，即不存在冲突，则此表是 SLR(1)分析表，因而算术表达式文法 4.3 是 SLR(1)文法。

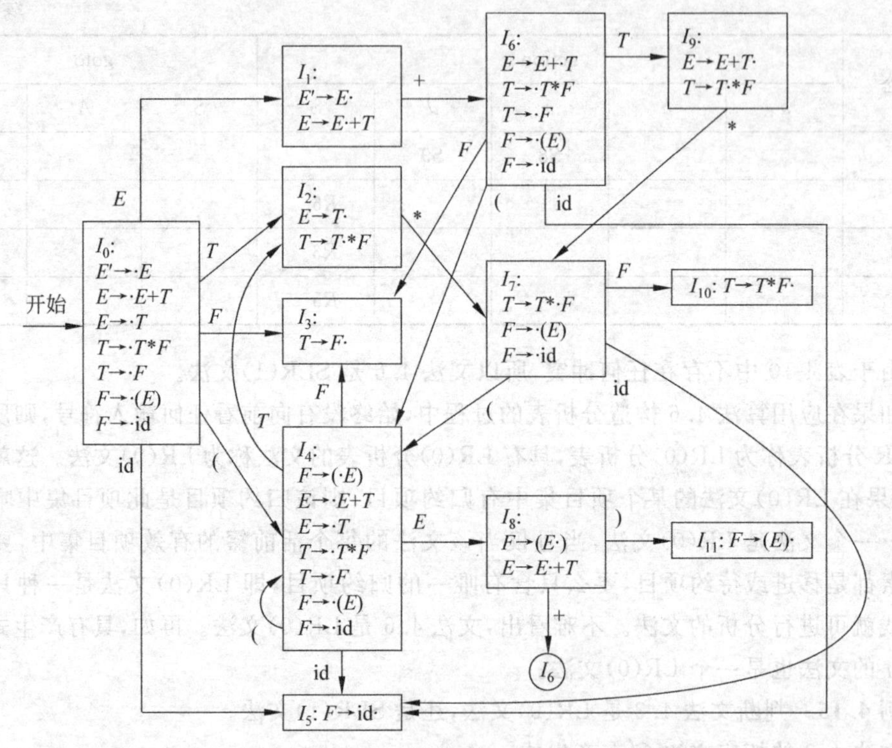

图 4-14　算法 4.3 的 LR(0)项目集规范族及识别文法所有活前缀的 DFA

每一个 SLR(1)文法都是无二义的,但并非无二义的文法都是 SLR(1)文法。存在许多无二义的文法,它们不是 SLR(1)文法,如下面的文法 4.7。

例 4.16　判断文法 4.7 是不是 SLR(1)文法。

(1) $S\to L=R$　　(2) $S\to R$　　(3) $L\to *R$　　(4) $L\to\mathrm{id}$　　(5) $R\to L$

(文法 4.7)

首先,拓广文法 4.7,得到文法 G',G'有如下产生式:

(0) $S'\to S$　(1) $S\to L=R$　(2) $S\to R$　(3) $L\to *R$　(4) $L\to\mathrm{id}$　(5) $R\to L$

其次,构造 G 的 LR(0)项目集规范族及识别其活前缀的 DFA,如图 4-15 所示。

从图 4-15 可知,项目集 I_2 中含有移进-归约冲突,应用算法 4.6,根据项目 $S\to L\cdot=R$,有 action[2,=]=S6,根据项目 $R\to L\cdot$,有 action[2,=]=action[2,\$]=R5,因为 FOLLOW(R)={=,\$}。这样,action[2,=]就有两个不同的分析动作,因此,构造出的分析表不是 SLR(1)分析表,说明这种“移进-归约”冲突用算法 4.6 无法解决,相应地,文法 4.7 也不是 SLR(1)文法。

虽然文法 4.7 是无二义的,但无法应用 SLR 分析程序对其输入符号串进行分析,原因是其 SLR 分析表中未包含足够多的预测信息。

4.4.3　LR(1)分析表的构造

根据算法 4.6 可知,在 SLR 分析方法中,若某项目集 I_k 含有项目 $A\to\alpha\cdot$,则在相应

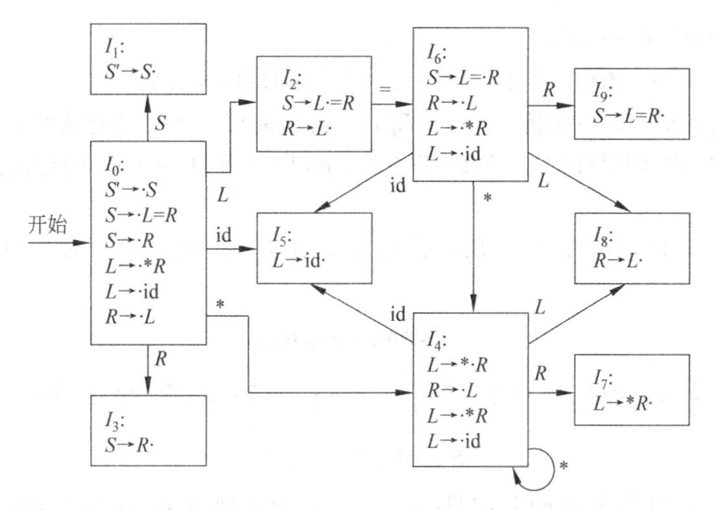

图 4-15 文法 4.7 的 LR(0)项目集规范族及识别所有活前缀的 DFA

状态 k 下，只要当前输入符号 $a\in$FOLLOW(A)，就采用 $A\to\alpha$ 进行归约。但在某些情况下，状态 k 呈现于栈顶时，栈内文法符号串 $\beta\alpha$ 所构成的活前缀不允许把 α 归约为 A，因为没有一个右句型具有前缀 βAa，也就是说，此时 α 不是右句型 $\beta\alpha a\cdots a_n$ 的句柄，因此，在这种情况下，用 $A\to\alpha$ 进行归约是无效的。如例 4.16 中的文法 4.7，当状态 2 呈现于栈顶，当前输入符号是"＝"时，由于该文法不存在以"$R=$"为前缀的规范句型，因此不能把栈顶的 L 归约为 R。

为了避免动作冲突和用 $A\to\alpha$ 进行的无效归约，可以考虑让每个状态含有更多的信息。考虑对 LR(0)项目进行细分，使得 LR 分析程序的每个状态能够明确指出：当 α 后紧跟哪些终结符号时，才允许把 α 归约为 A。为此，需要重新定义项目，使得每个项目都附带有 k 个终结符号，每个项目的形式为$[A\to\alpha\cdot\beta,\ a_1a_2\cdots a_k]$，这里 $A\to\alpha\cdot\beta$ 是一个 LR(0)项目，$a_i(i=1,2,\cdots,k)$是终结符号，这样的一个项目称为 LR(k)项目，其中 $a_1a_2\cdots a_k$ 称为该项目的向前看符号串(lookahead string)。

归约项目$[A\to\alpha\cdot,\ a_1a_2\cdots a_k]$意味着，当它所属项目集对应的状态呈现于栈顶，且后续的 k 个输入符号为 $a_1a_2\cdots a_k$ 时，才允许把栈顶的符号串 α 归约为 A。对任何移进或待约项目$[A\to\alpha\cdot\beta,\ a_1a_2\cdots a_k]$(这里 $\beta\neq\varepsilon$)而言，向前看符号串没有意义。

由于对大多数实用的程序设计语言来讲，向前看一个符号就可以确定所要进行的分析动作了，所以，这里仅讨论 $k=1$ 的情况。

定义 4.13 LR(1)有效项目：如果存在规范推导 $S\overset{*}{\Rightarrow}\delta A\omega\Rightarrow\delta\alpha\beta\omega$，则称 LR(1)项目$[A\to\alpha\cdot\beta,\ a]$对活前缀 $\gamma=\delta\alpha$ 是有效的，其中 $a\in$FIRST$(\omega\$)$。

例 4.17 考虑文法 $G[S]$：

$$S\to CC\quad C\to cC\mid d \qquad \text{(文法 4.8)}$$

有规范推导：$S\Rightarrow CC\Rightarrow CcC$

根据定义 4.13，LR(1)项目$[C\to c\cdot C,\ \$]$对活前缀 Cc 是有效的。

再如，有规范推导：$S\Rightarrow CC\Rightarrow CcC\Rightarrow Ccd\Rightarrow cCcd\Rightarrow ccCcd\Rightarrow cccCcd$

即有 $S \overset{*}{\Rightarrow} cc\underline{C}cd \Rightarrow cc\underline{cC}cd$

根据定义 4.13，LR(1)项目[$C \to c \cdot C$, c]对活前缀 ccc 是有效的。

推广定义：若 LR(1)项目[$A \to \alpha \cdot B\beta$, a]对活前缀 $\gamma = \delta\alpha$ 是有效的，这里 $B \in V_N$ 并且 $B \to \eta$ 是产生式，则对任何 $b \in \text{FIRST}(\beta a)$，LR(1)项目[$B \to \cdot \eta$, b]对活前缀 $\gamma = \delta\alpha$ 也是有效的。

根据定义 4.13，若[$A \to \alpha \cdot B\beta$, a]对活前缀 $\gamma = \delta\alpha$ 是有效项目，则存在如下规范推导：

$$S \overset{*}{\Rightarrow} \delta A a x \Rightarrow \delta\alpha B\beta a x$$

假定 $\beta a x \underset{\text{rm}}{\overset{*}{\Rightarrow}} by \in V_T^*$，则对每一个形如 $B \to \eta$ 的产生式，有规范推导：

$$S \overset{*}{\Rightarrow} \delta\alpha B b y \Rightarrow \delta\alpha\eta b y$$

同样根据定义 4.13 可知，LR(1)项目[$B \to \cdot \eta$, b]对活前缀 $\gamma = \delta\alpha$ 也是有效的。

根据定义 4.13，LR(1)项目[$S' \to \cdot S$, \$]对活前缀 ε 是有效的。

文法 G 的某个活前缀 γ 的所有 LR(1)有效项目组成的集合称为 γ 的 LR(1)有效项目集。文法 G 的所有活前缀的 LR(1)有效项目集组成的集合称为 G 的 LR(1)项目集规范族。

为构造文法的 LR(1)项目集规范族，下面引入闭包(closure)和转移函数 go 的定义。

定义 4.14　闭包(closure)：设 I 是文法 G 的一个 LR(1)项目集合，closure(I)是从 I 出发，用下面的方法构造的项目集合：

(1) I 中的每一个项目都属于 closure(I)。

(2) 若[$A \to \alpha \cdot B\beta$, a]$\in$closure(I)，且 $B \to \eta$ 是 G 的一个产生式，则对任何终结符号 $b \in \text{FIRST}(\beta a)$，若[$B \to \cdot \eta$, b]$\notin$closure(I)，则将[$B \to \cdot \eta$, b]加入 closure(I)。

(3) 重复规则(2)，直到 closure(I)不再增大为止。

算法 4.7　closure(I)的构造过程。

输入：项目集合 I。

输出：集合 J=closure(I)。

方法：

```
J=I;
do {
     J_new=J;
     for(J_new 中的每一个项目[A→α·Bβ,a] 和文法 G 的每个产生式 B→η)
          for (FIRST(βa)中的每一个终结符号 b)
               if([B→·η,b]∉J)  把[B→·η,b]加入 J;
} while (J_new!=J);
```

定义 4.15　go(I,X)：若 I 是文法 G 的一个 LR(1)有效项目集，X 是文法符号，定义

$$\text{go}(I, X) = \text{closure}(J)$$

其中，J={ [$A \to \alpha X \cdot \beta$, a] | [$A \to \alpha \cdot X\beta$, a]$\in I$ }。

go(I,X)称为转移函数，项目[$A \to \alpha X \cdot \beta$, a]称为[$A \to \alpha \cdot X\beta$, a]的后继项目。

若$[A \to \alpha \cdot X\beta, \quad a]$是活前缀$\gamma=\delta\alpha$的有效项目，根据定义4.13，有规范推导：

$$S \stackrel{*}{\Rightarrow} \delta A\omega \Rightarrow \delta\alpha X\beta\omega$$

这个推导同样说明$[A \to \alpha X \cdot \beta, \quad a]$是活前缀$\delta\alpha X$(即$\gamma X$)的有效项目。所以，若$I$是某个活前缀$\gamma$的LR(1)有效项目集，则go$(I,X)$便是活前缀$\gamma X$的LR(1)有效项目集。

把上述讨论形式化，可以得出构造文法G的LR(1)项目集规范族的算法4.8。

算法4.8 构造文法G的LR(1)项目集规范族。

输入：文法G。

输出：G的LR(1)项目集规范族。

方法：

构造文法G的拓广文法G'；

```
C={closure({[S'→ · S,$]})};
do
    for(C 中的每一个项目集 I 和每一个文法符号 X)
        if((go(I,X)≠Φ)并且(go(I,X)∉C)) 把 go(I,X)加入 C 中;
while (有新项目集加入 C 中);
```

这里closure($\{[S' \to \cdot S, \$]\}$)是活前缀$\varepsilon$的有效项目集。

例4.18 构造文法4.8的LR(1)项目集规范族。

首先，构造文法4.8的拓广文法G'，有产生式：

(0) $S' \to S$ (1) $S \to CC$ (2) $C \to cC$ (3) $C \to d$

其次，根据算法4.8构造其LR(1)项目集规范族。这里，直接给出该文法的LR(1)项目集规范族及识别其所有活前缀的DFA，如图4-16所示。

从图4-16可以看出，项目集I_3和I_6、I_4和I_7、I_8和I_9的核心部分(即LR(0)项目)是相同的，不同的只是项目的向前看符号。在该文法的LR(0)项目集规范族中，这些项目集是合二为一的，现在由于加上了向前看符号便被一分为二了。

有了文法的LR(1)项目集规范族及识别其所有活前缀的DFA之后，就可以利用算法4.9构造文法的LR(1)分析表了。

算法4.9 构造文法G的LR(1)分析表。

输入：文法G。

输出：文法G的LR(1)分析表(包括action表和goto表两部分)。

方法：

(1) 构造文法G的拓广文法G'；

(2) 构造G'的LR(1)项目集规范族$C=\{I_0, I_1, \cdots, I_n\}$。

(3) 对于状态i(代表项目集I_i)，分析动作如下：

- 若$[A \to \alpha \cdot a\beta, \ b] \in I_i$，且go$(I_i, a)=I_j$，则置action$[i,a]=Sj$。
- 若$[A \to \alpha \cdot, \ a] \in I_i$，且$A \neq S'$，则置action$[i,a]=Rj$，这里$j$是产生式$A \to \alpha$的编号。
- 若$[S' \to S \cdot, \$] \in I_i$，则置action$[i, \$]=$ACC。

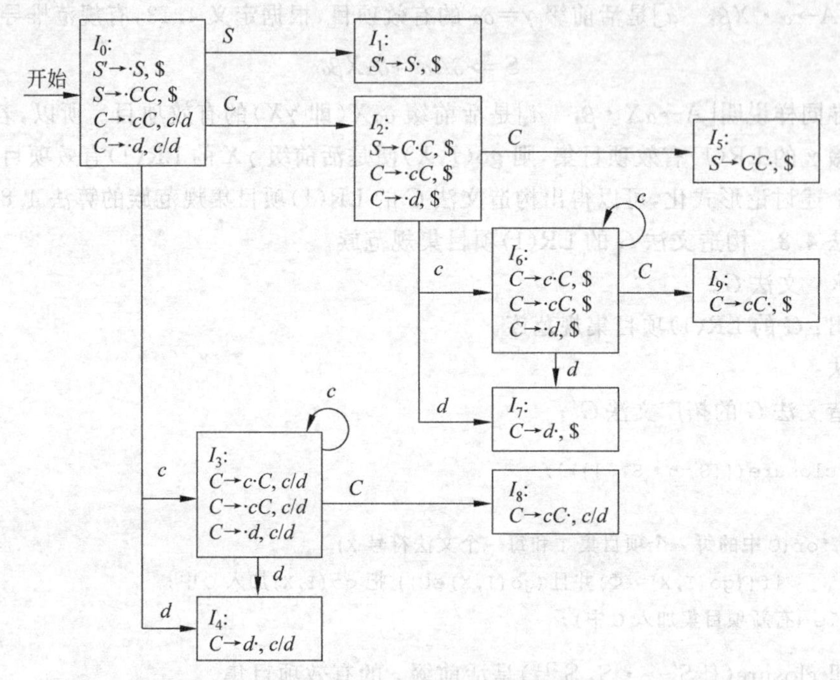

图 4-16 文法 4.8 的 LR(1)项目集规范族及识别其所有活前缀的 DFA

(4) 若对非终结符号 A，有 $go(I_i,A)=I_j$，则置 goto$[i,A]=j$。

(5) 分析表中凡是不能用规则(3)和规则(4)填入信息的空白表项，均置上出错标志 error。

(6) 分析程序的初态是包括$[S'\to\cdot S,\$]$的有效项目集所对应的状态。

如果用算法 4.9 构造的分析表中不含有多重定义的表项，说明没有动作冲突，则称此表为文法 G 的 LR(1)分析表。具有 LR(1)分析表的文法，称为 LR(1)文法。使用 LR(1)分析表的分析程序，称为 LR(1)分析程序。

例 4.19 构造文法 4.8 的 LR(1)分析表。

例 4.18 已经构造出此文法的 LR(1)项目集规范族及识别其所有活前缀的 DFA，现在应用算法 4.9 构造其 LR(1)分析表。

考察 I_0：由于有$[S'\to\cdot S,\$]$ 且 $go(I_0,S)=I_1$，所以 goto$[0,S]=1$

$[S\to\cdot CC,\$]$ $go(I_0,C)=I_2$ goto$[0,C]=2$

$[C\to\cdot cC,c/d]$ $go(I_0,c)=I_3$ action$[0,c]=S3$

$[C\to\cdot d,c/d]$ $go(I_0,d)=I_4$ action$[0,d]=S4$

考察 I_1：由于有$[S'\to S\cdot,\$]$ 故 action$[1,\$]$=ACC

考察 I_2：由于有$[S\to C\cdot C,\$]$ 且 $go(I_2,C)=I_5$ 所以 goto$[2,C]=5$

$[C\to\cdot cC,\$]$ $go(I_2,c)=I_6$ action$[2,c]=S6$

$[C\to\cdot d,\$]$ $go(I_2,d)=I_7$ action$[2,d]=S7$

考察 I_4：由于有$[C\to d\cdot,c/d]$ 故 action$[4,c]$=action$[4,d]=R3$

考察 I_5：由于有$[S\to CC\cdot,\$]$ 故 action$[5,\$]=R1$

如此依次考察其余的项目集，可得到表 4-11 所示的 LR(1)分析表。

表 4-11 文法 4.8 的 LR(1)分析表

状态	action			goto	
	c	d	\$	S	C
0	S3	S4		1	2
1			ACC		
2	S6	S7			5
3	S3	S4			8
4	R3	R3			
5			R1		
6	S6	S7			9
7			R3		
8	R2	R2			
9			R2		

例 4.20 试构造文法 4.7(其拓广文法 G' 的产生式如下)的 LR(1)分析表。

(0) $S'\to S$ (1) $S\to L=R$ (2) $S\to R$

(3) $L\to *R$ (4) $L\to \text{id}$ (5) $R\to L$

首先,构造 G 的 LR(1)项目集规范族及识别其所有活前缀的 DFA,如图 4-17 所示。

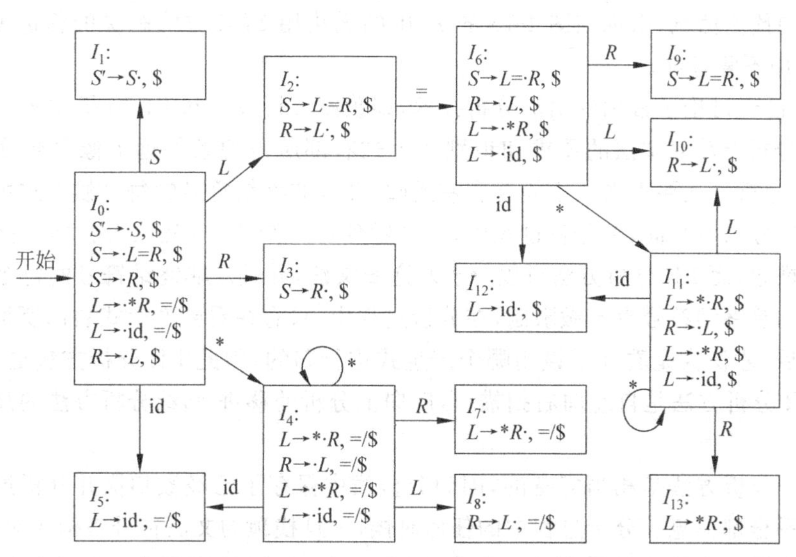

图 4-17 文法 4.7 的 LR(1)项目集规范族及识别其所有活前缀的 DFA

应用算法 4.9,为之构造 LR(1)分析表,如表 4-12 所示。由于表中不含有多重定义的表项,所以,该文法是 LR(1)文法。

表 4-12 文法 4.7 的 LR(1)分析表

状态	action				goto		
	=	*	id	$	S	L	R
0		S4	S5		1	2	3
1				ACC			
2	S6			R5			
3				R2			
4		S4	S5			8	7
5	R4			R4			
6		S11	S12			10	9
7	R3			R3			
8	R5			R5			
9				R1			
10				R5			
11		S11	S12			10	13
12				R4			
13				R3			

对比图 4-15 和图 4-17，不难发现，由于向前看符号的引入，LR(1)有效项目集中包含了更详细的预测信息，出现在图 4-15 的 I_2 中的无法用 SLR 方法解决的移进-归约冲突，在图 4-17 中不复存在。

至此，已经讨论了常用的语法分析技术，即预测分析技术和 LR 分析技术。通过对比可知，LR 分析方法对文法的要求和识别产生式右部所需的条件远不像预测分析方法那样强，预测分析方法要求文法不能含有左递归，并且非终结符号的每个候选式可以推导出的首终结符号均不相同，在分析过程中，一旦看到首终结符号，就认为看准了该用哪个产生式进行推导；而 LR 分析方法可以分析左递归文法，并且对非终结符号的每个候选式可以推导出的首终结符号也不做限制，在分析过程中，只有在看到产生式右部所推导的整个符号串之后，才认为是看准了该用哪个产生式进行归约，因此 LR 分析方法更一般化，可以认为 LR 分析方法是自左向右扫描、自底向上分析的移进-归约分析方法的高度概括和集中。

LR(k)分析方法是相当完备的，因为分析栈中保存了已经被扫描并分析过的输入符号串的几乎全部信息。分析过程中的任何时候，一旦栈顶的文法符号串构成句柄时，栈顶状态和未来的 k 个输入符号将唯一确定是否应该归约以及用哪个产生式进行归约。但是，由于识别文法所有活前缀的 DFA 中状态较多，实现 LR(k)分析程序的工作量较大。

与 LR(1)分析方法相比，SLR(1)分析方法之所以简单是因为它的状态中包含的预测信息不够详细，这使其状态数大大减少，但它的功能相应也弱。

通常采用一种折中的方法，构造一种使用 LALR(1)分析表的分析程序，LALR(1)分析表比 LR(1)分析表小，相应地，分析程序的能力也弱一些，但却能够处理 SLR(1)分析方法所不能处理的一些情况。

4.4.4 LALR(1)分析表的构造

LALR 分析方法是实际中经常使用的一种方法，其分析表的大小与 SLR(1)分析表相当，分析能力与 LR(1)分析程序类似，而且大多数程序设计语言的结构又都可以方便地由 LALR(1)文法表示。为了构造 LALR(1)分析表，需要进一步考虑 LR(1)项目集的特征，可用下面两个定义来描述这种特征。

定义 4.16 同心集：如果两个 LR(1)项目集去掉向前看符号之后是相同的，即它们具有相同的心(core)，则称这两个项目集是同心集。

例如，图 4-16 所示的文法 4.8 的 LR(1)项目集规范族中，I_3 与 I_6、I_4 与 I_7、I_8 与 I_9 是同心集。很显然，LR(1)项目集的心就是一个 LR(0)项目集。

定义 4.17 项目集的核：除初态项目集外，一个项目集的核(kernel)是由该项目集中那些圆点不在最左边的项目组成的集合。LR(1)初态项目集的核中有且只有项目[$S'\to\cdot S, \$$]。

1. LALR(1)分析表的构造方法

构造 LALR(1)分析表的基本思想如下：

(1) 合并 LR(1)项目集规范族中的同心集，以减少分析表的状态数；

(2) 用项目集的核代替项目集，以减少项目集所需的存储空间。

由定义 4.15 可知，转移函数 go(I,X)仅依赖于项目集 I 的心，也就是说，如果项目集 I_i 和项目集 I_j 是同心集，则 go(I_i,X)和 go(I_j,X)也是同心集，因此，在合并同心集时，不必同时考虑修改转移函数的问题，同心集合并后的转移函数可以通过 go(I,X)自身的合并得到，但动作应当进行相应的修改，使得能够反映各被合并集合的既定动作。

对于一个 LR(1)文法，虽然它的 LR(1)项目集中不存在引起冲突的项目，但同心集合并后的项目集中可能会出现冲突，并且这种冲突只可能是归约-归约冲突，绝不可能是移进-归约冲突。因为，如果合并同心集后得到的集合中存在移进-归约冲突，说明在该集合中既有移进项目[$B\to\beta\cdot a\gamma, b$]，又有归约项目[$A\to\alpha\cdot, a$]，根据定义 4.16 可知，必定存在某个 c，并且在合并前的某个同心集中就同时有项目[$A\to\alpha\cdot, a$]和[$B\to\beta\cdot a\gamma, c$]，说明原来的 LR(1)项目集中已经存在移进-归约冲突，这与文法是 LR(1)文法的前提相矛盾。因此，同心集的合并不会引入新的移进-归约冲突。下面的例子说明同心集的合并可能会产生归约-归约冲突。

例 4.21 有文法 G：

$$S\to aAd \mid bBd \mid aBe \mid bAe$$
$$A\to c$$
$$B\to c \qquad\qquad (文法 4.9)$$

其拓广文法 G'具有如下产生式：

(0) $S'\to S$ (1) $S\to aAd$ (2) $S\to bBd$ (3) $S\to aBe$

(4) $S\to bAe$ (5) $A\to c$ (6) $B\to c$

首先，构造 G 的 LR(1)项目集规范族及识别其所有活前缀的 DFA，如图 4-18 所示。

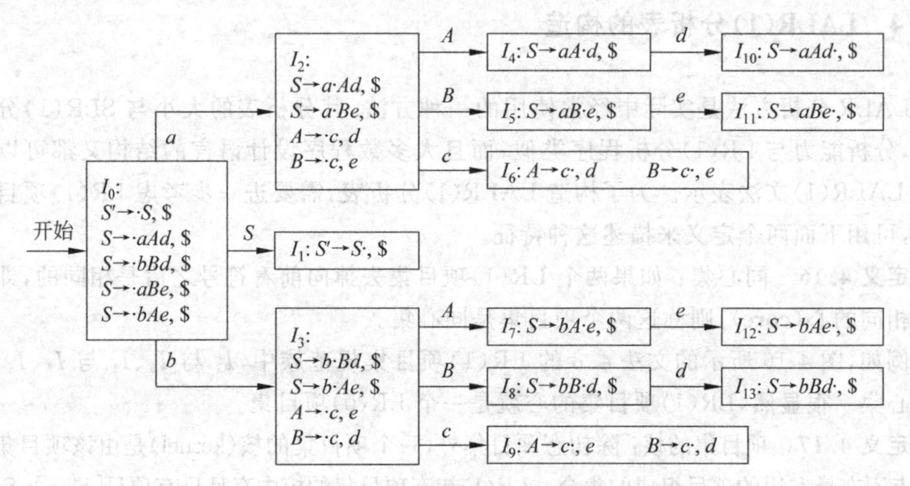

图 4-18 文法 4.9 的 LR(1)项目集规范族及识别其所有活前缀的 DFA

利用算法 4.9，构造此文法的 LR(1)分析表，如表 4-13 所示。

表 4-13 文法 4.9 的 LR(1)分析表

状态	action						goto		
	a	b	c	d	e	\$	S	A	B
0	$S2$	$S3$					1		
1						ACC			
2			$S6$					4	5
3			$S9$					7	8
4				$S10$					
5					$S11$				
6				$R5$	$R6$				
7					$S12$				
8				$S13$					
9				$R6$	$R5$				
10						$R1$			
11						$R3$			
12						$R4$			
13						$R2$			

从表 4-13 可以看出，分析表中不存在多重定义的表项，所以该表为文法 4.9 的 LR(1) 分析表，即文法 4.9 是 LR(1)文法。

从图 4-18 可以看出，在该文法的 LR(1)项目集规范族中，活前缀 *ac*、*bc* 的有效项目集分别是 I_6、I_9，这两个项目集都不含冲突项目，且是同心集，合并 I_6、I_9 后得到的集合为：

$$\{[A\rightarrow c\cdot,\ d/e]\ [B\rightarrow c\cdot,\ d/e]\}$$

此集合中含有归约-归约冲突，因为在分析过程中，当该项目集面临输入符号 d 或 e 时，无法确定应把栈顶的 c 归约为 A 还是 B。这个例子说明，对于一个 LR(1)文法，其同心集的合并可能产生归约-归约冲突。

要构造文法的 LALR(1)分析表，首先，构造其 LR(1)项目集规范族，如果不存在冲突，说明该文法是 LR(1)文法；其次，检查 LR(1)项目集规范族中有没有同心集，若没有，则该 LR(1)分析表就是 LALR(1)分析表，若有，则合并同心集；然后，检查合并同心集后的项目集规范族是否有归约－归约冲突，若有，则不存在 LALR(1)分析表，若没有，则根据它可以构造文法的 LALR(1)分析表。算法 4.10 描述了构造 LALR(1)分析表的方法。

算法 4.10 构造 LALR(1)分析表。

输入：一个文法 G。

输出：文法 G 的 LALR(1)分析表。

方法：

(1) 构造文法 G 的拓广文法 G'；

(2) 构造 G'的 LR(1)项目集规范族 $C=\{I_0, I_1, \cdots, I_n\}$。

(3) 若 C 中不存在冲突，则合并 C 中的同心集，得到项目集规范族 $C'=\{J_0, J_1, \cdots, J_m\}$，其中含有项目$[S'\rightarrow\cdot S, \$]$的 J_k 为分析表的初态。

(4) 从 C'出发，构造 action 表

- 若$[A\rightarrow\alpha\cdot a\beta,\ b]\in J_i$，且 $\text{go}(J_i, a)=J_j$，则置 $\text{action}[i, a]=Sj$
- 若$[A\rightarrow\alpha\cdot,\ a]\in J_i$，则置 $\text{action}[i, a]=RA\rightarrow\alpha$
- 若$[S'\rightarrow S\cdot,\ \$]\in J_i$，则置 $\text{action}[i, \$]=\text{ACC}$

(5) 构造 goto 表

设 $J_k=\{I_{k1}, I_{k2}, \cdots, I_{kt}\}$

由于 $I_{k1}, I_{k2}, \cdots, I_{kt}$ 是同心集，因此 $\text{go}(I_{k1}, X), \text{go}(I_{k2}, X), \cdots, \text{go}(I_{kt}, X)$ 也是同心集，把所有这些项目集合并后得到的集合记作 J_l，则有：

$$\text{go}(J_k, X)=J_l$$

于是，若 $\text{go}(J_k, A)=J_l$，则置 $\text{goto}[k, A]=l$

(6) 分析表中凡不能用上述规则(4)、(5)填入信息的空表项，均置上出错标志。

若用此算法构造的分析表不存在冲突，则称它为文法 G 的 LALR(1)分析表，相应地，文法 G 称为 LALR(1)文法。算法第(3)步产生的项目集规范族 C'称为文法的 LALR(1)项目集规范族。

例 4.22 构造文法 4.8 的 LALR(1)分析表。

在例 4.18 中已经构造出文法 4.8 的 LR(1)项目集规范族，图 4-16 给出了识别该文

法所有活前缀的DFA。在例4.19中构造出了该文法的LR(1)分析表,说明文法4.8是LR(1)文法。现在利用算法4.10构造它的LALR(1)分析表。

从图4-16可知,其LR(1)项目集规范族中有三对同心集可以合并,即:

I_3 和 I_6 合并,得到 $I_{36}=\{[C\to c\cdot C, c/d/\$][C\to\cdot cC, c/d/\$][C\to\cdot d, c/d/\$]\}$

I_4 和 I_7 合并,得到 $I_{47}=\{[C\to d\cdot, c/d/\$]\}$

I_8 和 I_9 合并,得到 $I_{89}=\{[C\to cC\cdot, c/d/\$]\}$

同心集合并后得到的项目集规范族为 $C'=\{I_0, I_1, I_2, I_{36}, I_{47}, I_5, I_{89}\}$。

现在考虑如何计算转移函数go。先看 $go(I_{36}, C)$,从图4-16和表4-11都可以看出,在文法的LR(1)项目集规范族中存在 $go(I_3, C)=I_8$、$go(I_6, C)=I_9$,因 I_8、I_9 都是 I_{89} 的一部分,故有 $go(I_{36}, C)=I_{89}$。再看 $go(I_2, c)$,由于在原来的LR(1)项目集规范族中存在 $go(I_2, c)=I_6$,因 I_6 是 I_{36} 的一部分,因此 $go(I_2, c)=I_{36}$,这反映在LALR(1)分析表中为 $action[2, c]=S36$。

利用算法4.10为该文法构造的LALR(1)分析表如表4-14所示。

表4-14 文法4.8的LALR(1)分析表

状态	action			goto	
	c	*d*	$	*S*	*C*
0	*S*36	*S*47		1	2
1			ACC		
2	*S*36	*S*47			5
36	*S*36	*S*47			89
47	*R*3	*R*3	*R*3		
5			*R*1		
89	*R*2	*R*2	*R*2		

从表4-14可以看出,该表中不存在冲突的表项,因此文法4.8是LALR(1)文法。

2. LALR(1)分析与LR(1)分析的比较

仍以文法4.8为例。LR(1)分析程序和LALR(1)分析程序对输入符号串*ccdcd*的分析过程分别如表4-15和表4-16所示。为简单起见,以"状态—符号—状态"的形式表示栈中的内容。

表4-15 LR(1)分析程序对符号串*ccdcd*的分析过程

步骤	栈	输入	分析动作
0	0	*ccdcd*$	Shift 3
1	0*c*3	*cdcd*$	Shift 3
2	0*c*3*c*3	*dcd*$	Shift 4
3	0*c*3*c*3*d*4	*cd*$	reduce by $C\to d$

续表

步　骤	栈	输　入	分析动作
4	0c3c3C8	cd$	reduce by $C \to cC$
5	0c3C8	cd$	reduce by $C \to cC$
6	0C2	cd$	Shift 6
7	0C2c6	d$	Shift 7
8	0C2c6d7	$	reduce by $C \to d$
9	0C2c6C9	$	reduce by $C \to cC$
10	0C2C5	$	reduce by $S \to CC$
11	0S1	$	accept

表 4-16　LALR(1)分析程序对符号串 *ccdcd* 的分析过程

步　骤	栈	输　入	分析动作
0	0	ccdcd$	Shift 36
1	0c36	cdcd$	Shift 36
2	0c36c36	dcd$	Shift 47
3	0c36c36d47	cd$	reduce by $C \to d$
4	0c36c36C89	cd$	reduce by $C \to cC$
5	0c36C89	cd$	reduce by $C \to cC$
6	0C2	cd$	Shift 36
7	0C2c36	d$	Shift 47
8	0C2c36d47	$	reduce by $C \to d$
9	0C2c36C89	$	reduce by $C \to cC$
10	0C2C5	$	reduce by $S \to CC$
11	0S1	$	accept

它们对输入符号串 *ccd* 的分析过程分别如表 4-17 和表 4-18 所示。

表 4-17　LR(1)分析程序对符号串 *ccd* 的分析过程

步　骤	栈	输　入	分析动作
0	0	ccd$	Shift 3
1	0c3	cd$	Shift 3
2	0c3c3	d$	Shift 4
3	0c3c3d4	$	error

表 4-18　LALR(1)分析程序对符号串 ccd 的分析过程

步骤	栈	输入	分析动作
0	0	$ccd\$$	Shift $\underline{36}$
1	$0c\ \underline{36}$	$cd\$$	Shift $\underline{36}$
2	$0c\ \underline{36}c\ \underline{36}$	$d\$$	Shift $\underline{47}$
3	$0c\ \underline{36}c\ \underline{36}d\ \underline{47}$	$	reduce by $C\to d$
4	$0c\ \underline{36}c\ \underline{36}C\ \underline{89}$	$	reduce by $C\to cC$
5	$0c\ \underline{36}C\ \underline{89}$	$	reduce by $C\to cC$
6	$0C2$	$	error

通过比较表 4-15 与表 4-16 可以看出，当输入符号串为 c^*dc^*d 时，LALR(1)分析程序和 LR(1)分析程序对输入符号串的分析过程是一样的，即具有同样的移进-归约序列，只是状态名称不同而已，这说明对于正确的输入符号串，LR(1)和 LALR(1)分析程序始终形影相随。

通过比较表 4-17 与表 4-18 可以看出，当遇到错误时，LR(1)分析程序能够立即报告错误，而 LALR(1)分析程序可能需要多做一些归约动作之后才能报告错误，但绝不会比 LR(1)分析程序移进更多的输入符号。

4.4.5　LR 分析方法对二义文法的应用

所有的二义性文法都不是 LR 文法。但目前实用的程序设计语言的某些结构用二义性文法描述比较直观且使用方便，比如下面关于算术表达式的文法 4.10 和描述 if 语句的文法 4.5(见 4.2.3 节)。虽然这些文法是二义性的，但在所有语言中，都说明了消除二义性的一些规则(即这类结构的使用限制)，以保证对每个句子的解释是唯一的，确保这个语言是无二义的。本节要讨论的问题是，如何使用 LR 分析方法再凭借一些其他限制条件来分析二义性文法所定义的语言。

1. 利用优先级和结合规则解决表达式冲突

含有“+”及“*”运算的算术表达式集合可用文法 4.10 描述：

$$E \to E+E \mid E*E \mid (E) \mid \text{id} \qquad \text{(文法 4.10)}$$

显然，这个文法是二义性的，但是如果对运算符号“+”和“*”赋予优先级和结合规则，这个文法就再简单不过了。

4.2.2 节中出现过的文法 4.3 同样描述具有“+”和“*”运算的算术表达式，且规定了“*”运算优先于“+”运算，且都遵从左结合规则，这是一个无二义性的文法，其产生式集合如下：

$$E \to E+T \mid T$$
$$T \to T*F \mid F$$

$$F \rightarrow (E) \mid \text{id}$$

比较这两个文法可以发现，前者具有两个明显的优点：

(1) 如果需要改变运算符号的优先级或结合规则，只需改变限制条件，无须改变文法本身。

(2) 前者的 LR 分析表所包含的状态数比后者少，因为后者含有两个用于定义运算符号优先级和结合规则的产生式 $E \rightarrow T$ 和 $T \rightarrow F$，这两个产生式的右部都只含有一个非终结符号，但对它们的分析却要占用不少的状态和消耗不少时间。

下面，以文法 4.10 为例说明如何利用运算符号的优先级和结合规则解决表达式冲突。文法 4.10 的拓广文法 G' 具有如下产生式：

(0) $E' \rightarrow E$　(1) $E \rightarrow E+E$　(2) $E \rightarrow E*E$　(3) $E \rightarrow (E)$　(4) $E \rightarrow \text{id}$

应用前面学过的知识，可以构造出 G' 的 LR(0)项目集规范族及识别其所有活前缀的 DFA，如图 4-19 所示。

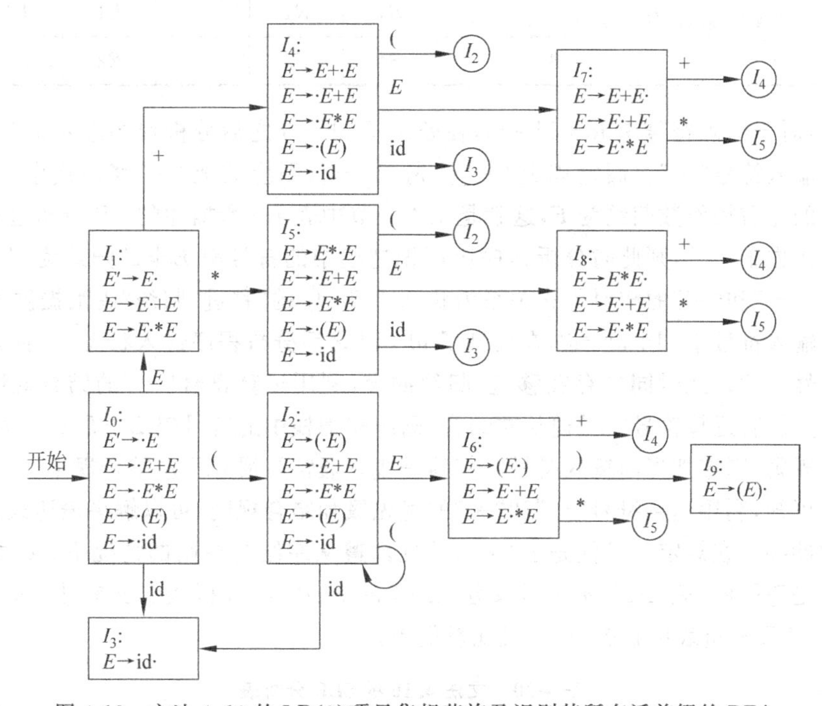

图 4-19　文法 4.10 的 LR(0)项目集规范族及识别其所有活前缀的 DFA

从图中可以看出，状态 I_1、I_7、和 I_8 中存在冲突。

状态 I_1 中存在接受-移进冲突。因为 FOLLOW(E')＝{ \$ }，所以当状态 I_1 面临的输入符号是"\$"时，接受是唯一可行的动作，当面临输入符号"＋"和"∗"时，采取移进动作。该冲突利用 SLR 方法得以解决。

状态 I_7 中存在移进-归约冲突。因为 FOLLOW(E)＝{ ∗，＋，)，\$ }，所以该冲突无法用 SLR 方法解决。同样，状态 I_8 中也存在用 SLR 方法无法解决的移进-归约冲突。

要解决这些冲突，就需要借助于其他的限制条件，这就是关于运算符号"＋"和"∗"的优先级和结合规则。"＋"和"∗"的优先级及结合规则共有 4 种组合情况，限制条件不同得到的分析表也不同，这里仅给出分析表中状态 I_7 和 I_8 有关的动作，如表 4-19 所示。

表 4-19　不同限制条件下的分析动作

条　件	状态	action						goto
		id	+	*	(	)	$	E
"*"优先于"+"，遵从左结合规则	7		$R1$	$S5$		$R1$	$R1$	
	8		$R2$	$R2$		$R2$	$R2$	
"*"优先于"+"，遵从右结合规则	7		$S4$	$S5$		$R1$	$R1$	
	8		$R2$	$S5$		$R2$	$R2$	
"+"优先于"*"，遵从左结合规则	7		$R1$	$R1$		$R1$	$R1$	
	8		$S4$	$R2$		$R2$	$R2$	
"+"优先于"*"，遵从右结合规则	7		$S4$	$R1$		$R1$	$R1$	
	8		$S4$	$S5$		$R2$	$R2$	

比如，对于输入符号串 id+id*id，在处理了 id+id 之后分析程序进入状态 I_7，向前指针指向输入符号"*"。假定规定"*"优先于"+"，则应该把"*"移进栈中，准备先把"*"和它的左右操作数归约为 E，这就是 4.4.1 节中表 4-9 所描述的 LR 分析过程。如果规定"+"优先于"*"，则此时分析程序应该先把栈中的符号串 $E+E$ 归约为 E。从这里可以看到，"+"和"*"的相对优先关系为状态 I_7 和 I_8 的"移进-归约"决策提供了依据。

对于输入符号串 id+id+id，在处理了 id+id 之后分析程序进入状态 I_7，向前指针指向输入符号"+"。此时同样存在移进-归约冲突，利用运算符号"+"的结合规则可以解决这一冲突。若运算符号"+"遵从左结合，则应先把栈中的符号串 $E+E$ 归约为 E；若遵从右结合规则，则应把当前输入符号"+"移进栈。通常习惯采用左结合规则。

由此可知，利用运算符号"+"和"*"的优先级和结合规则，可以解决表达式分析过程中遇到的冲突。在规定"*"优先于"+"、并且都遵从左结合规则的情况下，文法 4.10 和文法 4.3 是等同的，表 4-20 所示是文法 4.10 的 SLR(1)分析表。比较表 4-8 可知，文法 4.10 的 LR 分析表中状态数少，且比较简单。

表 4-20　文法 4.10 的 SLR 分析表

状态	action						goto
	id	+	*	(	)	$	E
0	$S3$			$S2$			1
1		$S4$	$S5$			ACC	
2	$S3$			$S2$			6
3		$R4$	$R4$		$R4$	$R4$	
4	$S3$			$S2$			7

续表

状态	action						goto
	id	+	*	(	)	$	E
5	S3			S2			8
6		S4	S5		S9		
7		R1	S5		R1	R1	
8		R2	R2		R2	R2	
9		R3	R3		R3	R3	

2. 利用最近最后匹配原则解决 if 语句冲突

映射程序设计语言中 if 语句结构的文法如下：

$$S \to \text{if } E \text{ then } S \text{ else } S$$
$$\mid \text{if } E \text{ then } S$$
$$\mid \text{others} \qquad \text{（文法 4.11）}$$

该文法是二义性的。为便于讨论，对文法进行抽象，用 i 表示 if E then，用 e 表示 else，用 a 表示 others，于是文法 4.11 可以表示为如下形式：

$$S \to iS \mid iSeS \mid a \qquad \text{（文法 4.12）}$$

其拓广文法 G' 为：

(0) $S' \to S$ (1) $S \to iSeS$ (2) $S \to iS$ (3) $S \to a$

构造文法 G' 的 LR(0)项目集规范族及识别其所有活前缀的 DFA，如图 4-20 所示。

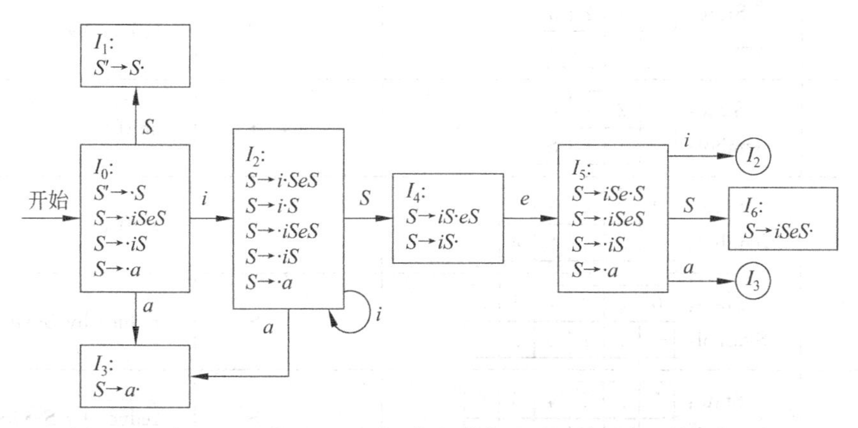

图 4-20 文法 4.12 的 LR(0)项目集规范族及识别其所有活前缀的 DFA

从图中可以看出，状态 I_4 含有移进-归约冲突，且无法用 SLR(1)方法解决。根据最近最后匹配原则，else 必须与离它最近的一个未匹配的 then 相匹配。在分析过程中，当符号串 if E then S 呈现于栈顶，且面临输入符号 else 时，认为 else 只是 if 语句的一部分，应该执行移进操作。

利用“else 的最近最后匹配原则”，可以构造出该文法的 LR 分析表，如表 4-21 所示。

表 4-21　文法 4.12 的 LR 分析表

状　态	action				goto
	i	*e*	*a*	$	*S*
0	*S*2		*S*3		1
1				ACC	
2	*S*2		*S*3		4
3		*R*3		*R*3	
4		*S*5		*R*2	
5	*S*2		*S*3		6
6		*R*1		*R*1	

利用这张分析表对输入符号串 *iiaea* 进行分析，其分析过程如表 4-22 所示。

表 4-22　对输入符号串 *iiaea* 的分析过程

步　骤	栈	输　入	分析动作
1	State：0 Symbol：—	*iiaea* $	shift 2
2	State：0 2 Symbol：— *i*	*iaea* $	shift 2
3	State：0 2 2 Symbol：— *i* *i*	*aea* $	shift 3
4	State：0 2 2 3 Symbol：— *i* *i* *a*	*ea* $	reduce by *S*→*a*
5	State：0 2 2 4 Symbol：— *i* *i* *S*	*ea* $	shift 5
6	State：0 2 2 4 5 Symbol：— *i* *i* *S* *e*	*a* $	shift 3
7	State：0 2 2 4 5 3 Symbol：— *i* *i* *S* *e* *a*	$	reduce by *S*→*a*
8	State：0 2 2 4 5 6 Symbol：— *i* *i* *S* *e* *S*	$	reduce by *S*→*iSeS*
9	State：0 2 4 Symbol：— *i* *S*	$	reduce by *S*→*iS*
10	State：0 1 Symbol：— *S*	$	accept

表中步骤 5 说明，在分析过程中，当状态 I_4 面临输入符号 e 时，选择了“移进”操作；步骤 9 说明，当状态 I_4 面临符号 \$ 时，选择了用产生式 $S \to iS$ 进行“归约”的动作。

4.4.6 LR 分析的错误处理与恢复

LR 分析过程中，分析程序总是根据当前的栈顶状态和当前输入符号去查分析表，若找不到合法的动作，则意味着发现了一个语法错误。因此，对 LR 分析程序而言，按照当前状态和当前输入符号设计错误处理过程是比较容易的，为了实现尽可能小范围的局部恢复(短语级恢复)，可根据使用语言时易犯的错误，在 action 表中设置相应的错误处理标识。这样，当发现错误时，就可根据在 action 表中找到的错误处理标识来确定并调用相应的过程进行错误处理和恢复，使语法分析得以继续进行。

常用的恢复策略是：首先，弹出栈顶状态(可能弹出 0 个或若干个状态)，直到状态 S 出现在栈顶为止(条件是：goto 表中有 S 相对于某非终结符号 A 的后继)；其次，向前指针前移，跳过 0 个或若干个输入符号，直到出现符号 a 为止(条件是：$a \in \text{FOLLOW}(A)$，即 a 可以合法地跟在 A 的后面)；然后，分析程序把状态 goto$[S,A]$压入栈顶，继续分析。这种策略实际上就是跳过包含错误的一部分输入符号串。

在弹出栈顶状态的过程中出现的 A 可能不止一个，通常选择表示主要结构成分(如表达式、语句、函数或过程等)的非终结符号，这样，A 的跟随符号 a 可能是右括号、保留字、分号或块结束标识(如 Pascal 语言中的 end、C 语言中的“}”等)。

由于在 LR 分析过程中不会出现归约错误，即归约出的非终结符号都是分析成功的语法成分，所以分析程序在进行错误处理时应该避免从分析栈中弹出与非终结符号相应的状态，但可以插入、删除或替换某个终结符号。

下面以大家熟知的算术表达式文法 4.10 为例来说明错误处理与恢复过程的设计。表 4-20 给出了在“*优先于+，运算符号遵从左结合规则”条件下的 LR 分析表，考虑错误出现时的状态，即分析在每个状态下，正常情况应该出现什么输入符号，实际上出现的是什么符号，以此推断产生错误的原因、提出进行恢复的策略，设计相应的错误处理过程，并在表中填入错误处理过程的标识，得到表 4-23 所示的分析表。

表 4-23 文法 4.10 的带有错误处理过程标识的分析表

状 态	action						goto
	id	+	*	(	)	\$	E
0	S3	e1	e1	S2	e2	e1	1
1	e3	S4	S5	e3	e2	ACC	
2	S3	e1	e1	S2	e2	e1	6
3	R4	R4	R4	R4	R4	R4	
4	S3	e1	e1	S2	e2	e1	7
5	S3	e1	e1	S2	e2	e1	8

续表

状 态	action						goto
	id	+	*	(	)	$	*E*
6	*e*3	*S*4	*S*5	*e*3	*S*9	*e*4	
7	*R*1	*R*1	*S*5	*R*1	*R*1	*R*1	
8	*R*2	*R*2	*R*2	*R*2	*R*2	*R*2	
9	*R*3	*R*3	*R*3	*R*3	*R*3	*R*3	

表中 *e*1、*e*2、*e*3 和 *e*4 标识相应的错误处理过程，基本功能如下。

*e*1：状态 0、2、4 和 5 期待输入符号为运算对象的首字符，即 id 或“(”，而当前输入符号却是运算符号“+”或“*”，或是输入符号串结束标志“$”，这时调用该过程。

处理：给出诊断信息“缺少运算对象”。

恢复：把一个假想的 id 压入栈，并将状态 3 压入栈顶(即转移到状态 3)，这是在状态 0、2、4 和 5 遇到符号 id 时应转移到的状态。

*e*2：状态 0、1、2、4 和 5 期待输入符号为运算对象的首字符或运算符号，而当前输入符号却是“)”时，调用该过程。

处理：给出诊断信息“括号不匹配”。

恢复：向前指针跳过该右括号，指向其后的符号。

*e*3：状态 1 和 6 期待输入符号为运算符号或“)”，而当前输入符号却是运算对象的首字符(即 id 或“(”)时，调用该过程。

处理：给出诊断信息“缺少运算符号”。

恢复：把一个假想的运算符号“+”压入栈，并将状态 4 压入栈顶(即转移到状态 4)。

*e*4：状态 6 期待输入符号为运算符号或“)”，而当前输入符号是串结束标志“$”时，调用该过程。

处理：给出诊断信息“缺少右括号”。

恢复：把一个假想的“)”压入栈，并将状态 9 压入栈顶(即转移到状态 9)。

状态 7、8 和 9 期待输入符号为运算符、“)”或“$”，如果当前出现的是运算对象的首字符，则先把栈顶的表达式进行归约，这样，在检查出错误之前可能归约出一个或几个非终结符号，但错误仍将在移进下一个输入符号之前被捕获，故在表中相应位置增加相应的归约动作。

例如，利用表 4-23 分析输入符号串“id+)”，其分析过程如表 4-24 所示。

表 4-24 对符号串 id+)的分析过程

栈	输入	分析动作
State: 0 Symbol: -	id+)$	shift 3
State: 0 3 Symbol: - id	+)$	reduce by *E*→id

续表

栈	输入	分析动作
State: 0 1 Symbol: – E	+)$	shift 4
State: 0 1 4 Symbol: – E +	)$	CALL $e2$“括号不匹配”，删掉“)”
State: 0 1 4 Symbol: – E +	$	CALL $e1$“缺少运算对象”，将 id 压入栈顶
State: 0 1 4 3 Symbol: – E + id	$	reduce by $E \to \mathrm{id}$
State: 0 1 4 7 Symbol: – E + E	$	reduce by $E \to E+E$
State: 0 1 Symbol: – E	$	Accept

4.5 软件工具 YACC

YACC(Yet Another Compiler-Compiler)是由 Steve Johnson 等人在 1975 年为 UNIX 系统编写的一个语法分析程序生成器(Parser Generator)，是 UNIX 操作系统的一个实用程序。

一个语法分析程序可用 YACC 按图 4-21 所示的步骤构造出来。

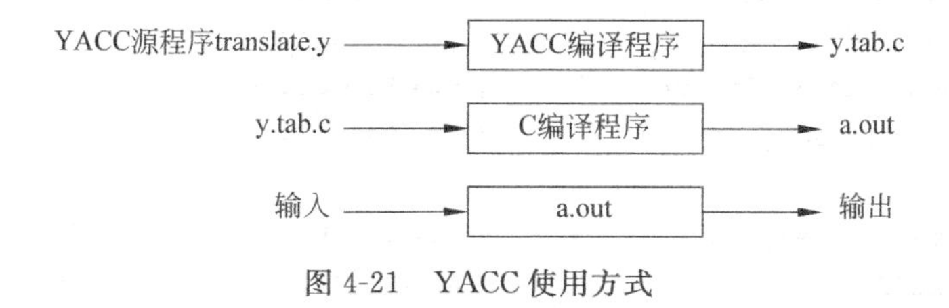

图 4-21 YACC 使用方式

首先，编制一个关于语法分析程序的 YACC 源程序，如 translate. y，UNIX 系统命令

```
%yacc  translate.y
```

将按照 LALR(1)分析方法，把文件 translate. y 翻译成名为 y. tab. c 的 C 语言程序。

然后，该 C 语言程序可以和编译程序的其他部分一起再用 C 编译程序进行编译，也可以用带有选项 ly 的 C 编译命令单独编译文件 y. tab. c：

```
%cc  y.tab.c  -ly  -o  a.out
```

其中-ly 表示使用 LR 分析程序的库(随系统而定)，编译得到的目标程序为 a. out。

最后，执行 a. out，可以对输入的源程序进行处理，完成 YACC 源程序 translate. y 中规定的语法分析和翻译。

4.5.1 YACC 源程序

YACC 源程序也称 YACC 说明文件，与 LEX 源程序类似，也由说明、翻译规则和辅助过程 3 部分组成，各部分之间用双百分号“%%”分隔。

例 4.23 根据算术表达式文法编制一个简单计算器的 YACC 源程序。要求该计算器可以读入一个算术表达式，对表达式进行求值，然后打印出计算结果。

假设算数表达式文法的产生式为：

$$E \rightarrow E + T \mid T$$
$$T \rightarrow T * F \mid F$$
$$F \rightarrow (E) \mid \text{digit}$$

其中记号 digit 表示 0～9 的数字。根据这一文法写出的 YACC 源程序如下。

```
(1)   %{
(2)     #include<stdio.h>
(3)     #include<ctype.h>
(4)   %}
(5)   %token DIGIT
(6)   %%
(7)   line : expr'\n'                {printf("%d\n",$1); }
(8)   ;
(9)   expr : expr'+' term            { $$=$1+$3; }
(10)       | term                    { $$=$1; }
(11)       ;
(12)  term : term'*' factor          { $$=$1*$3; }
(13)       | factor                  { $$=$1; }
(14)       ;
(15)  factor : '(' expr ')'          { $$=$2; }
(16)   | DIGIT                       { $$=$1;}
(17)         ;
(18)  %%
(19)  main(){
(20)    return yyparse();
(21)  }
(22)  int yylex(void){
(23)  static int done=0;             /* flag to end parse */
(24)  int c;
(25)  if (done) return 0;
(26)  while((c=getchar())==");
(27)    if (isdigit(c)) {
```

```
(28)  yylval=c-'0';
(29)  return(DIGIT);
(30)    } else if (c=='\n') done=1;    /* next call will end parse */
(31)    return c;
(32)  }
(33)  void yyerror(char * s){
(34)    printf("%s\n",s);
(35)  }
```

1. 说明部分

YACC 源程序的说明部分包括任选的两节。

第一节是处于"%{"和"%}"之间的部分,在翻译规则或辅助过程中用到的数据结构都需要在该节中声明,所以,在这里出现的应该是一些普通的 C 语言的声明语句。如在上述源程序中,此节有包含语句 #include<stdio. h>和 include<ctype. h>。

第二节是文法记号的声明,一般以 %start *S* 的形式说明 *S* 是文法的开始符号(如果没有使用该命令,则规则部分中出现的第一个产生式的左部非终结符号是文法的开始符号),用 %token IF,DO,…,ID 的形式说明 IF,DO,…,ID 等是记号。在这里说明过的记号可以用于随后的翻译规则部分和辅助过程中。在默认条件下,每个记号都被 YACC 赋予了不会与任何字符值冲突的数字值(即记号编号),文字字符的默认记号编号是它在本地字符集中的字符数值,其他记号赋予从 257 开始的记号编号。当然,记号编号也可以由用户来选择。但结束标记符的记号编号必须是 0 或一个负数,这个记号编号不能由用户重定义,所以,所有词法分析程序在处理到输入符号串结束符时,应当准备返回 0 或一个负数作为它的记号编号。YACC 将这些记号定义作为 # define 语句插入到输出代码中,因此,在输出文件中就可以找到 # define DIGIT 257。

2. 翻译规则部分

每条规则由一个文法产生式和与之相关的语义动作组成。形如 $A \rightarrow \alpha_1 | \alpha_2 | \cdots | \alpha_n$ 的产生式,在 YACC 源程序中写成:

```
A :α1    { 语义动作 1 }
  |α2    { 语义动作 2 }
  ⋮
  |αn    { 语义动作 n }
;
```

在 YACC 规则中,用单引号括起来的单个字符,如'c',是由终结符号 c 组成的记号,没有用引号括起来,也没有被说明成 token 类型的字母数字串是非终结符号。规则的左部非终结符号之后是一个冒号,可选的右部之间用竖线"|"分隔,在规则的末尾,即其所有右部和语义动作之后,用分号";"表示该规则的结束。

YACC 的语义动作是用 C 语言描述的语句序列。在语义动作中,"$$"表示和规则

左部非终结符号相关的属性值,"$i"表示和规则右部第 i 个文法符号相关的属性值。由于语义动作都放在规则右部的末尾,所以,每当用一个规则进行归约时,执行与之相关的语义动作,所以可以在每个 $i 的值求出之后,再求 $$ 的值。在该例中,在第(9)～(11)行描述的是对产生式 $E \to E + T | T$ 的翻译说明,第(9)行末尾的语义动作{ $$ = $1+$3; }表示产生式右部非终结符号 *expr* 的属性值($1)加上非终结符号 *term* 的属性值($3),其结果作为产生式左部非终结符号 *expr* 的属性值($$),从而规定按这一产生式进行求值的语义动作。

在例 4.23 中,对算术表达式文法进行了拓广,即增加了一个新的开始符号 *line* 和相应的产生式 *line*→*expr*。与该产生式相应的翻译规则见源程序中第(7)行:

```
line : expr'\n'   { printf("%d\n",$1); }
```

其含义是,这个计算器的输入是一个表达式后面跟一个换行符,它的语义动作是打印表达式的十进制值,并且换行。

3. 辅助过程部分

在这里出现的是用C语言书写的函数定义,这些函数可以在规则部分的语义动作中调用,其中名字为 yylex()的词法分析程序必须提供,其他的函数视需要而写。

在例 4.23 中,定义的第一个函数是 main,它调用函数 yyparse。yyparse 是 YACC 给它所产生的分析程序起的名称,yyparse 返回一个整数值,当分析成功时返回 0,否则返回 1。有了 main 函数,YACC 输出的结果可被直接编译为可执行程序。

YACC 生成的 yyparse 函数调用一个扫描函数(即词法分析程序),为了与 LEX 配合使用,假设扫描函数为 yylex,yyparse 每调用一次 yylex()就得到一个二元式的记号:＜记号,属性值＞。由 yylex()返回的记号(如 DIGIT 等),必须事先在 YACC 源程序的说明部分中用%token 说明,该记号的属性值必须通过 YACC 定义的变量 yylval 传给分析程序。

上述源程序中的词法分析程序是非常简单的,它只能从单个的字符中区分出数字。第(26)行的 getchar()是C语言的一个库函数,它读标准输入的一个字符作为返回值。第(27)行的 isdigit(c)也是C语言的库函数,它判断参数 c 的值是否为数字,如果是,则返回 1,表示逻辑真,否则返回 0,表示逻辑假。如果是数字,就必须识别记号 DIGIT 并返回它在 yylval 中的值。由于假设在一行中输入一个表达式,所以当词法分析程序已经扫描到输入的末尾时,输入的末尾将由一个换行符(如C语言中的'\n')指出。按照 LEX 的惯例,输入的末尾通过空值 0 标识(源程序中第 30 行)。对于数字之外的任何字符,函数 yylex()都返回该字符本身。

最后定义了一个函数 yyerror,当在分析过程中遇到错误时,YACC 就调用该过程打印出一个错误信息(如"语法错误"等)。

4.5.2 YACC 对二义文法的处理

下面,对例 4.23 中的计算器源程序进行如下扩充,使之具有应用价值。

(1) 允许输入多个表达式,每个表达式占一行,并且允许出现空行。

(2) 表达式中的数可以由多个数字组成,也可以是带负号的实数。

(3) 增加减法和除法运算,并且可以用括号来改变计算顺序。

这样,算术表达式文法可以写成如下形式:

$$E \to E+E \mid E-E \mid E*E \mid E/E \mid (E) \mid -E \mid \text{NUM}$$

这是一个二义性的文法。根据此文法写出的 YACC 源程序如下。

```
(1)  %{
(2)  # include<ctype.h>
(3)  # include<stdio.h>
(4)  # define YYSTYPE double                  /* double type for YACC stack */
(5)  %}
(6)  %token  NUM
(7)  %left  '+'  '-'
(8)  %left  '*'  '/'
(9)  %right UMINUS
(10) %%
(11) lines : lines expr'\'                    { printf("%f\n",$2); }
(12)       | lines'\n'
(13)       |/*ε*/
(14)       ;
(15) expr: expr'+' expr                       { $$=$1+$3; }
(16)       | expr'-' expr                     { $$=$1-$3; }
(17)       | expr'*' expr                     { $$=$1*$3; }
(18)       | expr'/' expr                     { $$=$1/$3; }
(19)       |'(' expr ')'                      { $$=$2; }
(20)       |'-' expr %prec UMINUS             { $$=-$2; }
(21)       |NUM                               { $$= $1; }
(22)       ;
(23) %%
(24) int main(){
(25)     return yyparse();
(26) }
(27) intyylex() {
(28)     int c;
(29)     while ((c=getchar())=='');
(30)     if ((c=='.') || (isdigit(c))) {
(31)         ungetc(c,stdin);
(32)         scanf("%f",&yylval);
(33)         return  NUM
(34)     }
(35)     return c;
(36) }
```

由于该算数表达式文法是二义性的，当YACC根据它建立LALR(1)分析表时将产生冲突的动作。在这种情况下，YACC将报告所产生的冲突动作的个数。如果在调用YACC命令时使用了选项“-v”，YACC将生成一个名为y.output的辅助文件，它包含LR项目集的核、对冲突动作的描述，以及说明如何解决冲突的LALR分析表。当YACC报告它发现冲突动作时，明智的做法是建立和查阅文件y.output，以明白为什么会出现冲突动作，以及它们是否已经正确解决。

YACC遵循如下两条默认规则来处理冲突。

(1) 前者优先原则，即排在前面的规则具有较高的优先级。对于“归约-归约”冲突，总是按照规则在源程序中的排列顺序，选择排在前面的规则进行归约。

(2) 移进优先原则。对于“移进-归约”冲突，总是选择执行移进动作。

由于设计者并不总是希望使用这些默认规则，因而YACC还提供了根据用户的定义来处理冲突的机制。在YACC源程序的说明部分，用户可以定义终结符号的优先级和结合规则，如：

(1) 利用%left '+' '-'声明'+'和'-'具有同样的优先级，并且遵从左结合规则。

(2) 利用%right '↑'声名算符'↑'遵从右结合规则。

(3) 利用 %nonassoc说明某些二元运算符不具有结合性，如 %nonassoc '<' '>'。

(4) 终结符号的优先级可按它们在声明部分出现的次序确定，先声明的记号的优先级低，同一声明中的记号具有相同的优先级。

从改进后的源程序可以看出，一元算符UMINUS(负号)具有最高的优先级，且遵从右结合规则；二元算符“+”和“-”具有最低的优先级，且遵从左结合规则；“*”和“/”的优先级介于二者之间，遵从左结合规则。

YACC根据涉及的规则和终结符号的优先级和结合性质来解决移进-归约冲突。通常规则的优先级和它最右边的终结符号的优先级一致，如果最右终结符号不能给规则以适当的优先级，可以通过给规则附加标记 %prec<ternimal>来限制它的优先级，即规则的优先级和结合性质同这个指定的终结符号的一样。这个终结符号可以是一个占位符，如改进后的源程序中的UMINUS，它不是由词法分析程序返回的记号，仅用来决定一个规则的优先级。

如源程序中第(9)行，%right UMINUS声明记号UMINUS的优先级高于“*”和“/”的优先级；第(20)行中，标记 %prec UMINUS出现在规则expr ：'-' expr后面，说明这个规则的一元减运算符的优先级高于其他任何运算符的优先级。

YACC不报告用这种优先级和结合性质能够解决的移进-归约冲突。

4.5.3 用LEX建立YACC的词法分析程序

LEX编译程序根据LEX源程序产生的词法分析程序yylex()可用于YACC，名字yylex()就是YACC所需要的词法分析程序的名字。如果YACC要调用由LEX产生的词法分析程序，则在YACC源程序的第三部分用语句#include "lex.yy.c"代替函数yylex()的定义即可，这样，函数yylex()就可以使用YACC中定义的记号，因为LEX的输出是

YACC 输出文件的一部分，所以每个 LEX 动作都返回 YACC 知道的终结符号。

在 UNIX 环境下，如果 LEX 源程序在 first.l 中，YACC 源程序在 second.y 中，可以使用下列命令得到所需要的分析程序。

```
lex  first.l                          /* 生成 lex.yy.c */
yacc  second.y                        /* 生成 y.tab.c */
cc -o yaccdemo y.tab.c lex.yy.c       /* 生成 yaccdemo 文件 */
```

表 4-25 列出了 YACC 的一些内部名称。

表 4-25 YACC 内部名称

YACC 内部名称	说　　明
y.tab.c	YACC 输出文件名
y.tab.h	YACC 生成的头文件，包含有记号定义
yyparse	YACC 分析程序
yylval	栈中当前记号的值
yyerror	由 YACC 使用的用户定义的错误信息打印程序
error	YACC 错误伪记号
yyerrok	在错误处理之后，使分析程序回到正常操作方式的程序
yychar	变量，记录导致错误的先行记号
YYSTYPE	定义分析栈值类型的预处理器符号
yydebug	变量，当由用户设置为 1 时，生成有关分析动作的运行信息

习题 4

4.1 考虑如下文法：

$bexpr \rightarrow bexpr$ or $bterm \mid bterm$

$bterm \rightarrow bterm$ and $bfactor \mid bfactor$

$bfactor \rightarrow$ not $bfactor \mid (bexpr) \mid$ true $\mid$ false

请为该文法构造一个递归调用分析程序。

4.2 考虑如下文法：

$$R \rightarrow R' \mid 'R \mid RR \mid R^* \mid (R) \mid a \mid b$$

请注意，第一个竖线是符号“或”，而不是两个候选式之间的分隔符。

(1) 说明该文法产生字母表$\{a,b\}$上的所有正规表达式。

(2) 说明该文法是二义性的。

(3) 试构造一个与之等价的无二义性的文法，它给出“*”、连接和“|”等运算符号的优先级和结合规则。

(4) 按上面两个文法，分别为句子 $a|b^* a$ 构造分析树。

4.3 有文法 G：$A \to (A)A \mid \varepsilon$

(1) 构造非终结符号 A 的 FIRST 集合和 FOLLOW 集合。

(2) 说明该文法是 LL(1)文法。

4.4 考虑如下文法 G：

$S \to (L) \mid a$

$L \to L, S \mid S$

(1) 消除文法 G 中的左递归。

(2) 为之构造预测分析程序。

(3) 说明在句子$(a,(a,a))$上的分析程序的动作。

4.5 考虑如下文法 G：

$E \to A \mid B$

$A \to \mathrm{num} \mid \mathrm{id}$

$B \to (L)$

$L \to LE \mid E$

(1) 消除该文法中的左递归。

(2) 为改写后的文法中的非终结符号构造 FIRST 集合和 FOLLOW 集合。

(3) 说明改写后的文法是 LL(1)文法，并构造其 LL(1)分析表。

(4) 给出输入符号串$(a(b(2))(c))$的预测分析过程。

4.6 考虑如下文法 G：

$E \to A \mid B$

$A \to \mathrm{num} \mid \mathrm{id}$

$B \to (L)$

$L \to E, L \mid E$

(1) 通过提取左公因子，对文法进行改写。

(2) 为改写后的文法中的非终结符号构造 FIRST 集合和 FOLLOW 集合。

(3) 说明改写后的文法是 LL(1)文法，并构造其 LL(1)分析表。

(4) 给出输入符号串$(a,(b,(2)),(c))$的预测分析过程。

4.7 考虑映射 C 语言声明语句的文法 G：

$declaration \to type\ varlist$

$type \to \mathrm{int} \mid \mathrm{float}$

$varlist \to \mathrm{id}, varlist \mid \mathrm{id}$

(1) 通过提取左公因子，对文法进行改写。

(2) 为改写后的文法中的非终结符号构造 FIRST 集合和 FOLLOW 集合。

(3) 说明改写后的文法是 LL(1)文法，并构造其 LL(1)分析表。

(4) 给出输入符号串 int x,y,z 的预测分析过程。

4.8 考虑文法 G：

$$A \to aAa \mid \varepsilon$$

(1) 说明该文法不是 LL(1)文法。

(2) 下面的伪代码试图写出该文法的递归下降分析程序，该程序可以正确地运行吗？为什么？

```
void  proc_A();
{
    if(token=='a'){
       match('a');
       proc_A();
       if(token=='a') match('a');
       else error();
       };
    else if(token!=$) error();
};
```

4.9 考虑如下文法 G：

$S \to AS|b$

$A \to SA|a$

(1) 构造该文法的LR(0)项目集规范族及识别其所有活前缀的DFA。

(2) 该文是SLR(1)文法吗？为什么？

(3) 构造该文法的LR(1)项目集规范族，该文法是LR(1)文法吗？

4.10 考虑如下文法 G：

$E \to (L)|a$

$L \to L,E|E$

(1) 构造该文法的LR(0)项目集规范族及识别其所有活前缀的DFA。

(2) 构造该文法的SLR(1)分析表。

(3) 给出对输入符号串$((a),a,(a,a))$的移进-归约分析动作。

(4) 该文法是LR(0)文法吗？如果是，请构造其LR(0)分析表；如果不是，请说明理由。

4.11 考虑如下文法 G：

$E \to (L)|a$

$L \to EL|E$

(1) 构造该文法的LR(0)项目集规范族及识别其所有活前缀的DFA。

(2) 构造该文法的SLR(1)分析表。

(3) 给出对输入符号串$((a)a(aa))$的移进-归约分析动作。

4.12 考虑习题4.8中的文法

(1) 说明该文法不是LR(1)文法。

(2) 该文法是二义性文法吗？说明理由。

4.13 考虑如下文法 G：

$E \to E+T|T$

$T \to TF|F$

$F \to F^*|a|b$

为该文法构造 SLR(1)分析表。

4.14 证明下面的文法是 LL(1)文法，但不是 SLR(1)文法。

$S \rightarrow AaAb \mid BbBa$

$A \rightarrow \varepsilon$

$B \rightarrow \varepsilon$

4.15 证明下面的文法是 LR(1)文法，但不是 LALR(1)文法。

$S \rightarrow Aa \mid bAc \mid Bc \mid bBa$

$A \rightarrow d$

$B \rightarrow d$

4.16 下面的文法属于哪一类 LR 文法？试构造其分析表。

$S \rightarrow (SR \mid a$

$R \rightarrow ,SR \mid)$

4.17 下面的文法是否为 SLR(1)文法？若是，请构造相应的分析表，若不是，请说明理由。

(1) $S \rightarrow Sab \mid bR$

$R \rightarrow S \mid a$

(2) $S \rightarrow aSAB \mid BA$

$A \rightarrow aA \mid B$

$B \rightarrow b$

4.18 考虑如下文法 G：

$S \rightarrow A$

$A \rightarrow BA \mid \varepsilon$

$B \rightarrow aB \mid b$

(1) 证明该文法是 LR(1)文法。

(2) 构造该文法的 LR(1)分析表。

(3) 给出对于输入符号串 $abab$ 的分析过程。

4.19 考虑下面的文法 G：

$S \rightarrow E$

$E \rightarrow E+T \mid T$

$T \rightarrow (E) \mid a$

(1) 构造该文法的 LR(1)项目集规范族。

(2) 判断该文法是否为 LR(1)文法，若是，请构造它的 LR(1)分析表。

4.20 说明如果一个文法是 LR(1)文法，但不是 LALR(1)文法，那么在它的 LALR(1)项目集规范族中只能存在归约-归约冲突，而不可能存在移进-归约冲突。

4.21 说明是否存在一个文法是 SLR(1)文法，但却不是 LALR(1)文法。

程序设计 2

题目：语法分析程序的设计与实现。

实验内容：编写语法分析程序，实现对算术表达式的语法分析。要求所分析算数表达式由如下的文法产生。

$E \rightarrow E+T \mid E-T \mid T$

$T \rightarrow T*F \mid T/F \mid F$

$F \rightarrow (E) \mid \text{num}$

实验要求：在对输入的算术表达式进行分析的过程中，依次输出所采用的产生式。

方法 1：编写递归调用程序实现自顶向下的分析。

方法 2：编写 LL(1)语法分析程序，要求如下。

(1) 编程实现算法 4.2，为给定文法自动构造预测分析表。

(2) 编程实现算法 4.1，构造 LL(1)预测分析程序。

方法 3：编写语法分析程序实现自底向上的分析，要求如下。

(1) 构造识别该文法所有活前缀的 DFA。

(2) 构造该文法的 LR 分析表。

(3) 编程实现算法 4.3，构造 LR 分析程序。

方法 4：利用 YACC 自动生成语法分析程序，调用 LEX 自动生成的词法分析程序。

第5章　语法制导翻译技术

编译程序的任务是把源程序转换成等价的目标程序，即目标程序必须和源程序具有同样的语义。因此，在对源程序进行了词法分析和语法分析之后，还需要对源程序的语义进行分析和处理，目的是检查每个语法单位的静态语义，以验证语法结构正确的语法成分或程序是否具有正确的语义，进而完成相应的翻译工作。

由于词法分析和语法分析仅涉及语言的结构，而且语言的结构可用上下文无关文法形式化描述，只要给定描述结构的文法，就能够很容易地将它的分析程序构造出来，甚至可以由相应的生成工具自动生成。语义分析涉及语言的语义，由于自然语言存在歧义性，用自然语言解释程序设计语言的含义容易造成误解，影响语言的正确实现和有效使用。实践证明，必须用形式化的语言和方法精确地解释程序设计语言，这种需求促进了形式语义学的研究和发展。形式语义学就是采用形式系统的方法对形式语言及其程序进行语义定义的学问。20世纪60年代初，在程序设计语言Algol 60的设计中第一次明确地区分了语言的语法和语义，并使用BNF成功地实现了语法的形式化描述，那么如何解释用BNF描述的语言的语义呢？语法的形式化大大地刺激了语义形式化的研究。在定义程序设计语言的语义时，需要一种定义语义的语言，即元语言。用程序设计语言编写的程序规定了计算机处理数据的过程，形式语义学的基本方法就是利用元语言形式化地描述程序对数据的加工过程和结果。由于形式化研究的侧重面和所使用的数学工具不同，形式语义学分为操作语义学、指称语义学、代数语义学和公理语义学四大类。操作语义学通过语言的实现方式(即语言成分所对应的计算机的操作)定义语言成分的语义，着重模拟数据加工过程中计算机系统的操作。指称语义学通过执行语言成分所得到的最终效果来定义该语言成分的语义，主要描述数据加工的结果，而不是加工过程的细节。代数语义学用代数公理刻画语言成分的语义，主要研究抽象数据类型的代数规范，可看作是指称语义学的一个分支。公理语义学采用公理化方法描述程序对数据的加工，用公理系统定义程序设计语言的语义，另外，公理语义学还研究和寻求适用于描述程序语义、便于语义推导的逻辑语言。所有这些方法都是语法制导的，其语义定义都是基于上下文无关语法或者BNF规则的。此外，形式语义还必须定义所有那些没有被BNF指明的语言特性，例如静态类型和声明的作用域等。

本章介绍的语法制导翻译技术是目前大多数编译程序普遍采用的一种技术，它虽然不是一种形式系统，但还是比较接近形式化的。使用这种方法对上下文无关语言进行翻译的整体思路是：首先，根据翻译目标的要求确定每个产生式所包含的语义，进而分析文法中每个符号的语义，并把这些语义以属性的形式附加到相应的文法符号上(即把语义和语言结构联系起来)；然后，确定产生式的语义规则，即根据产生式的语义给出符号属性的求值规则，从而形成语法制导定义。这样，就可以在语法制导下进行翻译了，也就是说，根据语法分析过程中所使用的产生式，执行与之相应的语义规则，完成符号属性值的计算，从而完成翻译。由此可见，翻译目标决定了产生式的含义、决定了文法符号应该具有的属性，也决定了产生式的语义规则。每条语义规则均可以表示为一个赋值语句、一个过程调用语句或者一段程序代码。把这些语义规则插入到产生式右部适当的位置即形成翻译方案，语义规则在产生式中出现的位置，表明了它的执行时机。语法制导定义是对翻译的抽象描述，它只描述了对于哪种语法结构应该采用哪些语义规则进行翻译，但是并没有指明翻译时应遵循的语义规则的计算次序；翻译方案是对翻译的具体说明，因为它不但指明了对语法结构进行翻译时应该采用的语义规则，还明确了语义规则的计算次序和执行时机。

通用的语法制导翻译过程如图 5-1 所示。首先，根据基础文法对输入符号串进行语法分析，建立分析树；其次，根据分析树构造出依赖图，即描述各结点属性间依赖关系的有向图；然后，对依赖图进行拓扑排序，得到各语义规则的计算顺序；最后，依此顺序执行语义规则，得到翻译结果，完成预定的翻译。

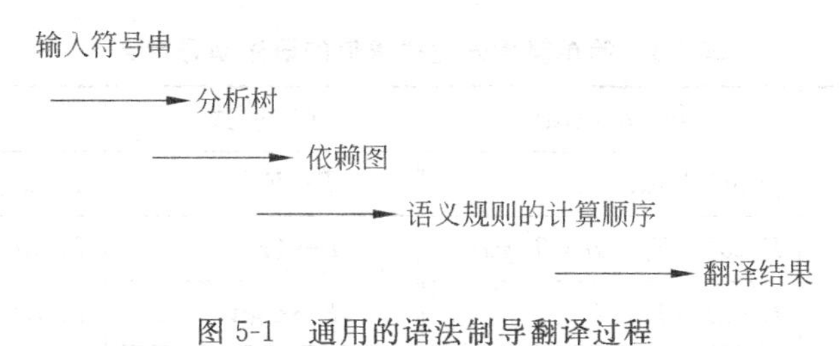

图 5-1　通用的语法制导翻译过程

并非所有的实现都必须按照图 5-1 所示的步骤进行，对某些语法制导定义而言，可以在对输入符号串进行语法分析的同时执行语义规则，完成翻译，而不需要建立分析树或者构造依赖图。由于在一遍中同时实现语法分析和翻译对编译时刻的效率是非常重要的，所以本章重点讨论这种特殊情况，尤其是 L 属性定义的翻译，它包含了所有不用显式构造分析树就可以实现翻译的情况。

5.1 语法制导定义及翻译方案

语法制导定义是上下文无关文法的一种扩展形式，其中每个文法符号都可以有一个属性集，其中可以包括综合属性（synthesized attribute）和/或继承属性（inherited attribute），其属性值是由产生式的语义规则决定的。语义规则建立了属性之间的依赖关系。

5.1.1 语法制导定义

定义 5.1　在一个语法制导定义中，对应于每一个产生式 $A \to \alpha$ 都有与之相联系的一组语义规则，其形式为 $b=f(c_1, c_2, \cdots, c_k)$，这里，$f$是一个函数，而且：

(1) 如果 b 是 A 的一个综合属性，则 $c_1, c_2, \cdots, c_k$ 是产生式右部文法符号的属性或 A 的继承属性。

(2) 如果 b 是产生式右部某个文法符号的一个继承属性，则 $c_1, c_2, \cdots, c_k$ 是 A 或产生式右部任何文法符号的属性。

由定义5.1可知，产生式左部符号的综合属性是从该产生式的右部文法符号的属性值计算出来的，产生式右部某文法符号的继承属性是从其所在产生式的左部符号和/或右部文法符号的属性值计算出来的。

在语法制导定义中，有些语义规则只是为了完成某种功能，例如打印一个值、向符号表中写信息或更新一个全程变量的值等，并不计算符号的属性值，这样的语义规则称为具有副作用(side effect)的语义规则。通常，语义规则可写成赋值语句的形式，但具有副作用的语义规则常以过程调用或程序段的形式出现，可以把它们看成是相应产生式左部符号的虚拟综合属性。所有语义规则都不具有副作用的语法制导定义称为属性文法(attribute grammar)。

表5-1所示是一个简单算术表达式求值的语法制导定义。

表5-1　简单算术表达式求值的语法制导定义

产生式	语义规则	产生式	语义规则
$L \to E$	print($E.val$)	$T \to F$	$T.val = F.val$
$E \to E_1 + T$	$E.val = E_1.val + T.val$	$F \to (E)$	$F.val = E.val$
$E \to T$	$E.val = T.val$	$F \to$ digit	$F.val = \text{digit}.lexval$
$T \to T_1 * F$	$T.val = T_1.val * F.val$		

根据对算术表达式求值的翻译目标可以知道，每个产生式的含义是计算子表达式的值，每个文法符号需要记录相应的子表达式的值。为此，定义了一个综合属性 *val* 与每一个非终结符号 E、T、F 联系起来，表示相应非终结符号所代表的子表达式的值。每个产生式的语义规则都是通过其右部文法符号的属性值来计算左部符号的属性值。记号 digit 的综合属性 *lexval* 的值由词法分析程序提供。与产生式 $L \to E$ 对应的语义规则是一个过程调用，其作用是打印出 E 的属性值，该语义规则可以看作是左部符号 L 的一个虚拟综合属性。

在语法制导定义中，假设终结符号只有综合属性，其属性值由词法分析程序提供，如果没有特别声明，则认为文法的开始符号没有继承属性。

1. 综合属性

产生式左部符号的综合属性是从该产生式的右部文法符号的属性值计算出来的。综合属性在实践中具有广泛的应用。在一棵分析树中，一个内部结点的综合属性值由其子结点的属性值决定。结点带有属性值的分析树称为注释分析树(annotated parse tree)，相应地，计算各结点属性值的一系列相互关联的活动称为给分析树加注释。

仅仅使用综合属性的语法制导定义称为 S 属性定义(S-attributed definition)。如表5-1中的语法制导定义就是一个 S 属性定义。对于 S 属性定义，通常采用自底向上的方法对其分析树加注释，即从树叶到树根，按照语义规则计算每个结点的属性值。

例5.1　根据表5-1中的语法制导定义为表达式 $2+3*4$ 的分析树加注释。可以得到图 5-2 所示的注释分析树。为分析树加注释的(即属性值的计算)过程如下。

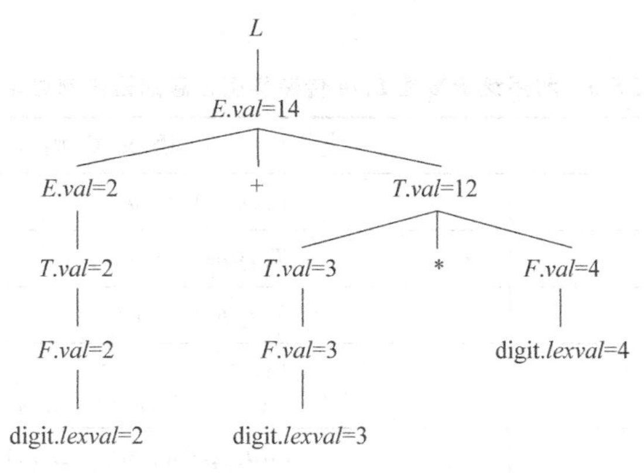

图 5-2 2+3*4 注释分析树

首先考虑左下方的内部结点 F,它对应的产生式是 $F\rightarrow$digit,由于其子结点 digit 的属性 $lexval$ 的值为 2(由词法分析程序提供),根据语义规则 $F.val=$digit.$lexval$ 可以计算出结点 F 的属性 val 的值也为 2。同理,F 的父结点 T 以及 T 的父结点 E 的属性 val 的值也为 2。这样,可以计算出所有 F 结点和应用产生式 $T\rightarrow F$ 的 T 结点的属性 val 的值。

接下来考虑产生式 $T\rightarrow T*F$ 对应的 T 结点。由于其左子结点 T 和右子结点 F 的属性值已经计算出来,根据与该产生式相应的语义规则 $T.val=T_1.val*F.val$ 可以计算出该 T 结点的属性 val 的值为 12。类似地,可以计算出其他结点的属性值。

最后,在根结点处,根据 L 的产生式 $L\rightarrow E$ 所对应的语义规则打印出该表达式的值。

2. 继承属性

产生式右部某文法符号的继承属性的值由左部符号的继承属性和/或右部任何文法符号的属性值决定。在分析树中,一个结点的继承属性值由它的父结点或兄弟结点的属性值决定。表 5-2 给出的是一个含有继承属性的语法制导定义,其中 i 表示继承属性,s 表示综合属性。

表 5-2 含有继承属性的语法制导定义

产 生 式	语 义 规 则
$A\rightarrow LM$	$L.i=l(A.i)$ $M.i=m(L.s)$ $A.s=f(M.s)$
$A\rightarrow QR$	$R.i=r(A.i)$ $Q.i=q(R.s)$ $A.s=f(Q.s)$

用继承属性来表示程序设计语言结构中上下文之间的依赖关系是很方便的,例如,可以利用继承属性来跟踪一个标识符,了解它是出现在赋值号的右边还是左边,以便确定是

需要它的值还是它的地址。表5-3中的语法制导定义利用继承属性把类型信息传递给声明中的各标识符。

表5-3 利用继承属性 *L.in* 传递类型信息的语法制导定义

产 生 式	语 义 规 则
$D \to TL$	$L.in = T.type$
$T \to \text{int}$	$T.type = \text{integer}$
$T \to \text{real}$	$T.type = \text{real}$
$L \to L_1, \text{id}$	$L_1.in = L.in$ $addtype(\text{id}.entry, L.in)$
$L \to \text{id}$	$addtype(\text{id}.entry, L.in)$

该文法产生的句子是声明语句，其形式为类型关键字 int 或 real 后跟一个标识符表。其中，非终结符号 T 有一个综合属性 $type$，它的值由声明中的类型关键字确定。产生式 $D \to TL$ 的语义规则 $L.in = T.type$ 把声明中的类型赋给继承属性 $L.in$。与 L 产生式相应的语义规则使用继承属性 $L.in$ 把类型信息沿分析树向下传递，并通过调用过程 $addtype$ 把类型赋予每个标识符，即把类型信息写入符号表中该标识符条目的相应表项中(标识符在符号表中的位置由其属性 $entry$ 指出)。

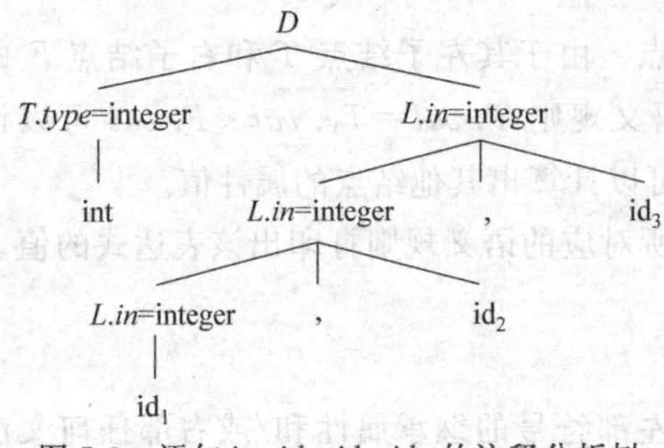

图5-3 语句 int $\text{id}_1, \text{id}_2, \text{id}_3$ 的注释分析树

图5-3所示是语句 int $\text{id}_1, \text{id}_2, \text{id}_3$ 的注释分析树。从图中可以看出，3个 L 结点的属性 $L.in$ 的值分别给出了标识符 id_1、id_2 和 id_3 的类型。其过程是，首先计算根结点 D 的左子结点 T 的属性 $type$ 的值，并把它赋予右子结点 L 的属性 in，然后在根的右子树中自上而下地计算每个 L 结点的属性 in 的值，并在每个 L 结点处调用过程 $addtype$ 把类型信息写入符号表中，说明其右子结点上的标识符的类型为 integer。

5.1.2 依赖图

属性之间的依赖关系可以用依赖图表示，每个属性(包括表示过程调用的虚拟综合属性)在依赖图中都有一个对应的结点，如果属性 b 依赖于 c，那么就有一条从属性 c 的结点指向属性 b 的结点的有向边，表示计算 b 的语义规则必须在定义 c 的语义规则之后计算。

例如，产生式 $A \to XY$ 的语义规则 $A.a = f(X.x, Y.y)$ 确定了综合属性 $A.a$ 依赖于属性 $X.x$ 和 $Y.y$。如果分析树中应用了这个产生式，那么在依赖图中就会有3个结点 $A.a$、$X.x$ 和 $Y.y$，并且有两条分别从结点 $X.x$ 和 $Y.y$ 指向 $A.a$ 的有向边，如图5-4(a)所示。

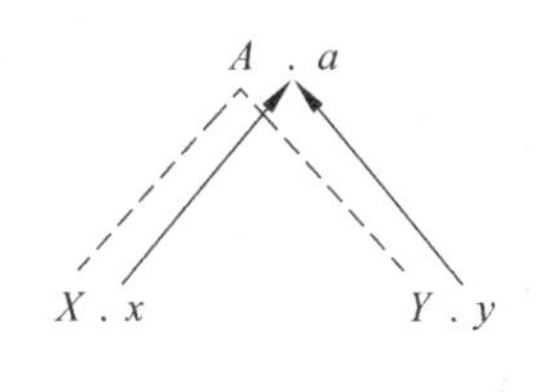

(a) $A.a=f(X.x, Y.y)$ 相应的图

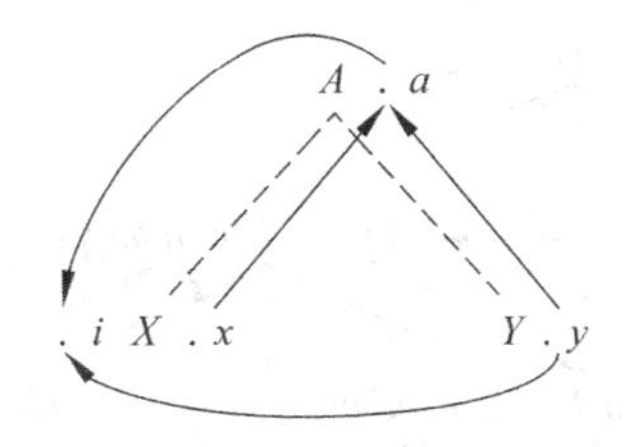

(b) $A.a=f(X.x, Y.y)$及$X.i=g(A.a, Y.y)$ 相应的图

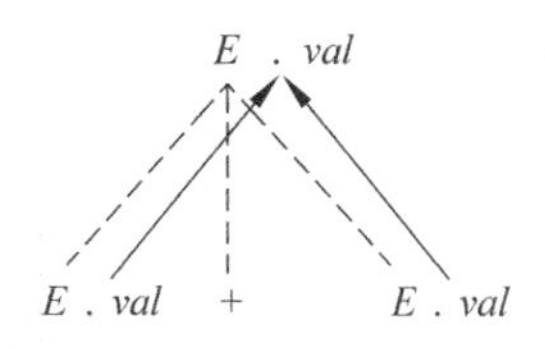

(c) $E.val=E_1.val+E_2.val$ 相应的图

图 5-4 语义规则与依赖图之间的关系示例

如果产生式 $A\rightarrow XY$ 还有语义规则 $X.i=g(A.a,Y.y)$，那么依赖图中还应有一个结点 $X.i$，及两条分别从 $A.a$ 和 $Y.y$ 指向 $X.i$ 的有向边，如图 5-4(b)所示。

假设在分析树某结点处使用了产生式 $E\rightarrow E_1+E_2$，如果与该产生式相应的语义规则为 $E.val=E_1.val+E_2.val$，则在依赖图中有图 5-4(c)所示的结点和有向边。

图 5-4 中虚线部分表示的是分析树，它不是依赖图中的一部分。

可根据算法 5.1 为一棵给定的分析树构造依赖图。

算法 5.1 构造依赖图。

输入：一棵分析树、语法制导定义。

输出：与分析树对应的依赖图。

方法：

```
for (分析树中每一个结点 n)
    for(结点 n 处文法符号的每一个属性 a)
        在依赖图中建立一个对应于 a 的结点；
for(分析树中每一个结点 n)
    for(结点 n 所用产生式对应的每一个语义规则 b=f(c1,c2,…,ck))
        for(i=1;i<=k;i++)
            从 ci 对应的结点到 b 对应的结点构造一条有向边；
```

例 5.2 应用算法 5.1 为图 5-3 中的分析树构造依赖图。

首先，为分析树中的每个结点的每个属性建立一个结点，如图 5-5 所示，这里结点用数字表示(这些数字将在后面用到)，其中结点 6、8、10 是对应于虚拟综合属性的结点。

其次，根结点 D 的产生式是 $D\rightarrow TL$，相应的语义规则 $L.in=T.type$ 规定了继承属性 $L.in$ 依赖于属性 $T.type$，所以从表示 $T.type$ 的结点 4 到表示 $L.in$ 的结点 5 构造一条有向边。D 的右子结点 L 处的产生式是 $L\rightarrow L_1$,id，根据语义规则 $L_1.in=L.in$，构造一条有向边从结点 5 指向结点 7；根据语义规则 *addtype*(id.*entry*,*L.in*) 构造两条有向边，分别从结点 5 和 3 指向结点 6。类似地，可以构造其他属性结点之间的有向边。从而，为图 5-3 中的分析树构造的依赖图如图 5-5 所示。

5.1.3 计算次序

一个有向非循环图的拓扑排序是图中结点的一种排序 $m_1,m_2,\cdots,m_k$，使得有向边只

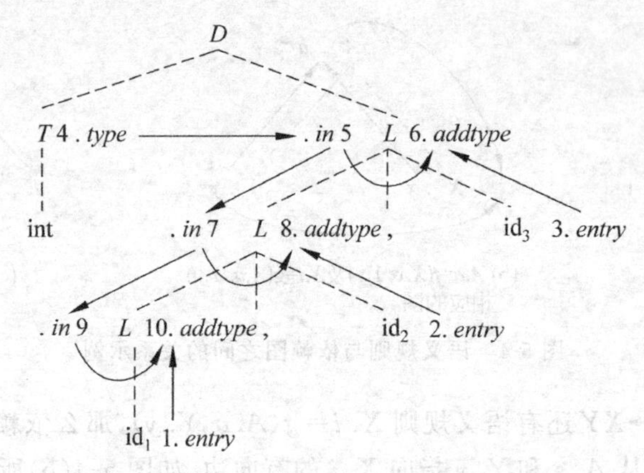

图 5-5 对应于图 5-3 中分析树的依赖图

能从这个序列中前边的结点指向后边的结点，即如果图中有从结点 m_i 指向 m_j 的有向边，那么在序列中 m_i 必须出现在 m_j 之前。一个有向图可能存在多种拓扑排序。依赖图的任何拓扑排序都给出了一种有效的计算分析树中结点属性值的顺序，也就是说，按照拓扑排序计算每个结点的属性值，当根据语义规则 $b=f(c_1,c_2,\cdots,c_k)$ 计算某结点的属性 b 的值时，它所依赖的属性 $c_1,c_2,\cdots,c_k$ 的值在此之前都已计算出来，是可用的。

从图 5-5 可以看出，依赖图中的每一条边都是从序号低的结点指向序号高的结点，因此，该依赖图的一个拓扑排序是结点按照序号从小到大的排列。根据这个拓扑排序可以得到各结点属性的计算顺序，根据此顺序对语义规则进行排列得到下面的程序段。这里 *type* 和 *in* 分别表示与结点 T 的属性 *type* 和 L 的属性 *in* 相应的变量。

```
type=integer;
in5=type;
addtype(id3.entry,in5);
in7=in5;
addtype(id2.entry,in7);
in9=in7;
addtype(id1.entry,in9);
```

执行这段程序，就实现了把类型信息 integer 存放到符号表中每个标识符的类型域中的翻译目标。

从上述介绍可知，语法制导定义说明的翻译是很精确的。其步骤是：基础文法用于建立输入符号串的分析树，按照算法 5.1 为分析树构造依赖图，对依赖图进行拓扑排序，从而得到属性的计算顺序，按照此顺序执行相应的语义规则对属性进行求值，即可完成对输入符号串的翻译。这就是图 5-1 所描述的步骤。

5.1.4 *S* 属性定义及 *L* 属性定义

前面已经提到，仅仅用到综合属性的语法制导定义是 S 属性定义。这里重点介绍 L 属性定义（L-attributed definition），L 代表 left，表示属性信息是从左到右相继出现的。

定义 5.2 一个语法制导定义是 L 属性定义，如果与每个产生式 $A \rightarrow X_1X_2\cdots X_n$ 相应的每条语义规则计算的属性或者是 A 的综合属性，或者是 $X_j(1\leqslant j\leqslant n)$ 的继承属性，且该继承属性仅依赖于：

(1) A 的继承属性；

(2) 产生式中 X_j 左边的符号 $X_1, X_2, \cdots, X_{j-1}$ 的属性。

显然，每一个 S 属性定义都是 L 属性定义，因为限制条件仅对继承属性进行限制。

根据定义 5.2 可知，表 5-2 给出的语法制导定义不是 L 属性定义，因为从产生式 $A \rightarrow QR$ 的语义规则 $Q.i=q(R.s)$ 可知，文法符号 Q 的继承属性依赖于其右边的文法符号 R 的属性，不满足定义 5.2 中对继承属性的限制条件。表 5-3 所示的语法制导定义是 L 属性定义，因为语义规则中定义的继承属性或者依赖于产生式右部其左边的文法符号的属性（如产生式 $D \rightarrow TL$ 的语义规则 $L.in=T.type$），或者依赖于产生式左部文法符号的继承属性（如产生式 $L \rightarrow L_1$,id 的语义规则 $L_1.in=L.in$）。

当在对输入符号串进行分析的过程中实现翻译时，属性的计算顺序与分析方法创建分析树结点的顺序相关。在自顶向下和自底向上多种翻译方法中，属性计算的自然顺序是深度优先顺序。其思想可以用下面的函数 deepfirst 描述，只要在调用该函数时以分析树的根结点作为实参即可。所有 L 属性定义中的语义规则都可以按深度优先的顺序计算。

```
deepfirst(treenode n)  {
    for(n 的每个子结点 m,从左到右) {
        计算 m 的继承属性(如果有的话);
        deepfirst(m);
    };
    计算 n 的综合属性;
}
```

5.1.5 翻译方案

翻译方案是上下文无关文法的一种便于翻译的书写形式，其中属性与文法符号相对应，语义规则括在花括号中，并嵌入到产生式右部某个合适的位置上。翻译方案给出了使用语义规则进行属性计算的时机和顺序。

考虑如下把具有“＋”和“－”运算符的中缀表达式翻译成相应的后缀表达式的翻译方案：

$$
\begin{aligned}
E &\rightarrow TR \\
R &\rightarrow +T\ \{\ print('+')\}\ R_1 \\
&\quad\ |\ -T\ \{\ print('-')\}\ R_1 \\
&\quad\ |\ \varepsilon \\
T &\rightarrow \text{num}\ \{\ print(\text{num}.val)\ \}
\end{aligned}
\qquad\text{(翻译方案 5.1)}
$$

图 5-6 所示是表达式 8＋5－7 的分析树。图中，在符号 num 处给出了实际的数，每

个语义规则都作为相应产生式左部符号对应结点的子结点。实际上，语义规则被看成是终结符号，例如{$print('5')$}表示规则执行时打印出数字5。

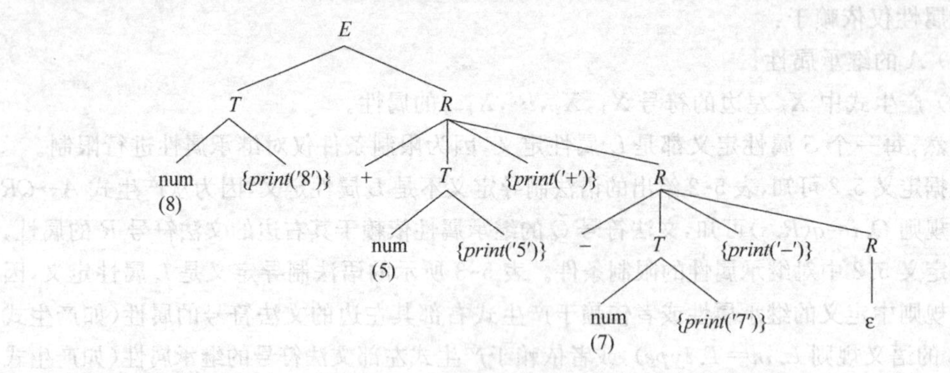

图5-6　8＋5－7的带有动作的分析树

当按深度优先的顺序遍历图5-6中分析树的结点时，执行其中的动作，打印出85＋7－，这是表达式8＋5－7的后缀表示形式。

在设计翻译方案时必须遵守定义5.2中关于继承属性的依赖限制，以保证每个动作所引用的属性都是可用的，即它的值已经在前面的动作中计算出来了。

由于S属性定义只涉及综合属性，情况比较简单，只需把每一个语义规则放在相应产生式的右端末尾即可。例如：

产生式	语义规则
$E \to E_1 + T$	$E.val = E_1.val + T.val$

可以这样安排产生式和语义规则：$E \to E_1 + T\{E.val = E_1.val + T.val\}$

对于L属性定义，由于既有综合属性又有继承属性，在设计翻译方案时，要遵循以下3条原则：

(1) 产生式右部某文法符号的继承属性必须在这个符号以前的语义规则中计算出来。

(2) 一个语义规则不能引用它右边的文法符号的综合属性。

(3) 产生式左部符号的综合属性只有在它所依赖的所有属性都计算出来之后才能计算，计算左部符号的综合属性的语义规则通常可以放在产生式的右端末尾。

例5.3　检查翻译方案5.2是否满足上述要求，其中in是A的继承属性。

$$S \to A_1 A_2 \{A_1.in = 1; A_2.in = 2\}$$
$$A \to a\ \{print(A.in)\} \qquad \text{(翻译方案 5.2)}$$

对照上述3个限制条件，逐一检查翻译方案的每一个产生式，发现第一个产生式不满足第(1)个限制条件。

根据翻译方案构造出符号串aa的带动作的分析树如图5-7(a)所示。按照深度优先的顺序遍历该分析树，当要执行第2个产生式中的动作$print(A.in)$时，继承属性$A.in$还没有定义，因为对A的继承属性赋值的动作在A子树的右边。如果为属性$A_1.in$和$A_2.in$赋值的动作嵌入在产生式$S \to A_1 A_2$右部A_1之前而不是放在A_2之后，那么每次调用$print(A.in)$时，$A.in$已有值，是可用的，如图5-7(b)所示。

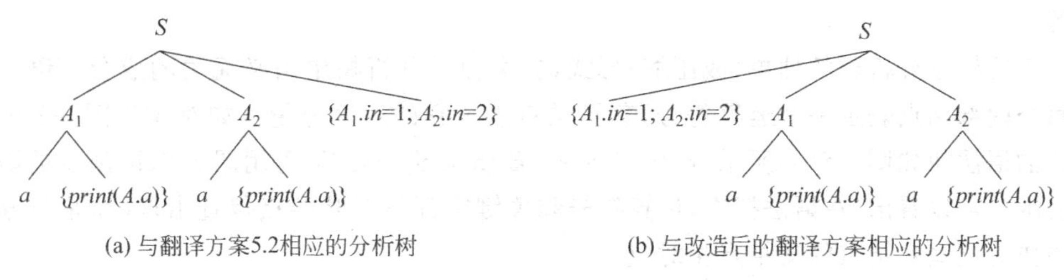

(a) 与翻译方案5.2相应的分析树　　(b) 与改造后的翻译方案相应的分析树

图 5-7　输入符号串 *aa* 的分析树

对任何一个 *L* 属性定义都可以构造出满足上述 3 个限制条件的翻译方案，见例 5.4。

例 5.4　为表 5-3 中的语法制导定义设计翻译方案。

按照上述 3 条原则把语义规则嵌入到产生式中适当的位置，如把计算继承属性的语义规则放在相应文法符号的前面，把计算综合属性的语义规则放在产生式的右端末尾，即可得到该语法制导定义的翻译方案如下。

$$D \rightarrow T\ \{L.in = T.type\}L$$
$$T \rightarrow \text{int}\{T.type = \text{integer}\}$$
$$T \rightarrow \text{real}\{T.type = \text{real}\}$$
$$L \rightarrow \{L_1.in = L.in\}\ L_1, \text{id}\ \{addtype(\text{id}.entry, L.in)\}$$
$$L \rightarrow \text{id}\ \{addtype(\text{id}.entry, L.in)\}$$

（翻译方案 5.3）

5.2　S 属性定义的自底向上翻译

建立一个对任何语法制导定义都适用的翻译程序是很困难的，但对于很大一类常用的语法制导定义而言，其翻译程序很容易构造。本节通过一个为表达式构造语法树的例子来介绍如何设计 *S* 属性定义及其翻译程序。

5.2.1　为表达式构造语法树的语法制导定义

1. 语法树

为适应翻译的需要，把语法规则中对语义无关紧要的具体规定去掉，剩下的本质性东西称为抽象语法。例如，不同的程序设计语言中赋值语句的本质是一样的，但具有不同的形式，如 x=y、x:=y 或 y→x 等，因此可用如下的抽象形式把它们统一起来。

```
assignment(variable,expression)
```

这里，assignment 是赋值运算符号，variable 和 expression 是它的两个分量。

语法树(syntax tree)，也称抽象语法树(abstract syntax tree，AST)，是源代码的抽象语法结构的树状表现形式，在程序分析等领域有着广泛的应用。利用语法树作为程序的一种中间表示形式，可以方便地实现多种源程序处理工具，比如智能编辑器、语言翻译器等。

语法树是分析树的抽象（或压缩）形式，它去掉了分析树中语义无关的成分。语法树中每个内部结点表示一个运算符号，其子结点表示它的运算分量。如对应于图5-2中分析树的语法树如图5-8(a)所示，产生式 $S \to \text{if } E \text{ then } S_1 \text{ else } S_2$ 可用图5-8(b)所示的语法树表示。可以看出，在语法树中，运算符号和关键字都不在叶结点位置出现，而是与分析树中作为这些叶结点的父结点相对应。

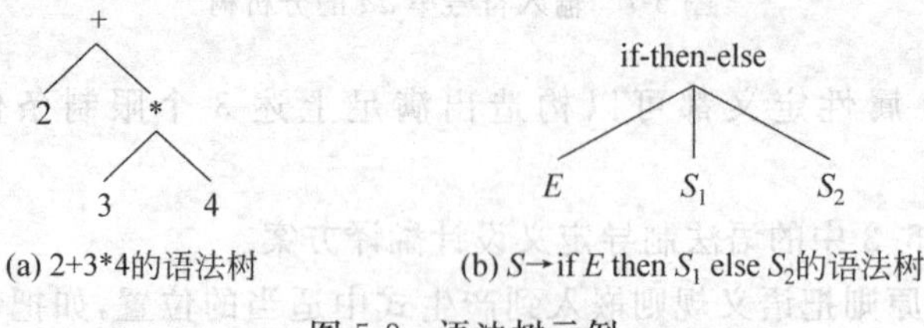

(a) 2+3*4的语法树　　(b) $S \to \text{if } E \text{ then } S_1 \text{ else } S_2$的语法树

图 5-8　语法树示例

语法制导翻译可基于分析树，也可基于语法树，两种情况下使用的方法是一样的，即可以把属性附加到语法树的结点上。

2. 为表达式构造语法树的过程

为表达式构造语法树的过程与计算表达式的值类似。通过为每一个运算符号或运算分量建立相应的结点来为子表达式构造子树，运算符结点的子结点分别是与其各运算分量相应的子树的根。

语法树的每个结点均可由包含若干个域的记录来表示。例如，运算符结点有一个存放运算符号的域、有若干个用于存放指向与其各运算分量相应的结点的指针域，通常把运算符号作为该结点的标记。如果翻译需要，语法树结点中还可以有存放结点属性值（或指向属性值的指针）的域。

为了构造表达式的语法树，可以利用如下3个函数来建立语法树结点，每个函数都返回一个指向新建结点的指针。

(1) *makenode*(*op*, *left*, *right*)：建立一个标记为 *op* 的运算符结点，其域 *left* 和 *right* 分别保存指向其左右运算分量结点的指针。

(2) *makeleaf*(id, *entry*)：建立一个标记为 id 的标识符结点，其域 *entry* 保存指向该标识符在符号表中的相应表项的指针。

(3) *makeleaf*(num, *val*)：建立一个标记为 num 的数字结点，其域 *val* 用于保存该数字的值。

例 5.5　利用上述函数构建表达式 $a+b*4$ 的语法树。

下面的函数调用序列为表达式 $a+b*4$ 建立了如图5-9所示的语法树。

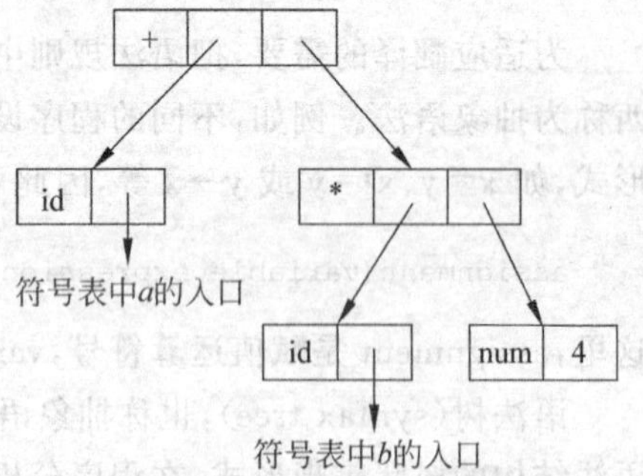

图 5-9　表达式 $a+b*4$ 的语法树

(1) $p_1 = makeleaf(\text{id}, entrya)$;

(2) $p_2 = makeleaf(\text{id}, entryb)$;

(3) p_3=*makeleaf*(num,4);

(4) p_4=*makenode*('*',p_2,p_3);

(5) p_5=*makenode*('+',p_1,p_4);

这里 p_1、p_2、p_3、p_4 和 p_5 分别是指向语法树中相应结点的指针,*entrya* 和 *entryb* 分别指向标识符 *a* 和 *b* 在符号表中的表项。

从函数调用序列可知,这棵语法树是自底向上构造的。函数 *makeleaf*(id,*entrya*)、*makeleaf*(id,*entryb*)和 *makeleaf*(num,4)分别建立了代表 *a*、*b* 和 4 的叶结点,指向这3个结点的指针分别存放在 p_1、p_2 和 p_3 中。函数 *makenode*('*',p_2,p_3)建立了标记为'*'的内部结点,它以叶结点 *b* 和 4 为子结点,指向该结点的指针保存在 p_4 中。*makenode*('+',p_1,p_4)建立了标记为'+'的根结点,并返回指向根结点的指针 p_5。

3. 为表达式构造语法树的语法制导定义

翻译目标是为表达式构造语法树,所以,每个产生式的含义就是构建相应子表达式的语法树,每个文法符号的含义就是要记住与之相应的子表达式的语法树,为此需要为每个非终结符号设计一个综合属性(假设命名为 *nptr*),它是一个指向语法树中与该非终结符号相应的子表达式的子树根结点的指针。

表5-4就是为含有运算符号'+'和'*'的表达式构造语法树的 S 属性定义。它利用基础文法的产生式来安排函数 *makenode* 和 *makeleaf* 的调用以建立语法树,非终结符号 *E*、*T* 和 *F* 的综合属性 *nptr* 是函数调用返回的结点指针。

表5-4 为表达式构造语法树的语法制导定义

产 生 式	语 义 规 则
$E \to E_1 + T$	*E.nptr*=*makenode*('+',E_1.*nptr*,*T.nptr*)
$E \to T$	*E.nptr*=*T.nptr*
$T \to T_1 * F$	*T.nptr*=*makenode*('*',T_1.*nptr*,*F.nptr*)
$T \to F$	*T.nptr*=*F.nptr*
$F \to (E)$	*F.nptr*=*E.nptr*
$F \to$ id	*F.nptr*=*makeleaf*(id,id.*entry*)
$F \to$ num	*F.nptr*=*makeleaf*(num,num.*val*)

例5.6 为表达式 $a+b*4$ 的分析树加注释。

表达式 $a+b*4$ 的注释分析树如图5-10所示。图中上面用虚线表示的是表达式 $a+b*4$ 的分析树,分析树中 *E*、*T* 和 *F* 标识的结点的综合属性 *nptr* 之间的有向边表示属性之间的依赖关系。综合属性 *nptr* 保存指向语法树中与 *E*、*T* 和 *F* 相应的子表达式的子树根结点的指针。

产生式 $F \to$ id 和 $F \to$ num 的语义规则决定了属性 *F.nptr* 是指向语法树中标识符结点或数字结点的指针。属性 id.*entry* 和 num.*val* 是由词法分析程序提供的记号属性值。

在图5-10中,若结点 *T* 处用的产生式是 $T \to F$,则属性 *T.nptr* 复制 *F.nptr* 的值;若

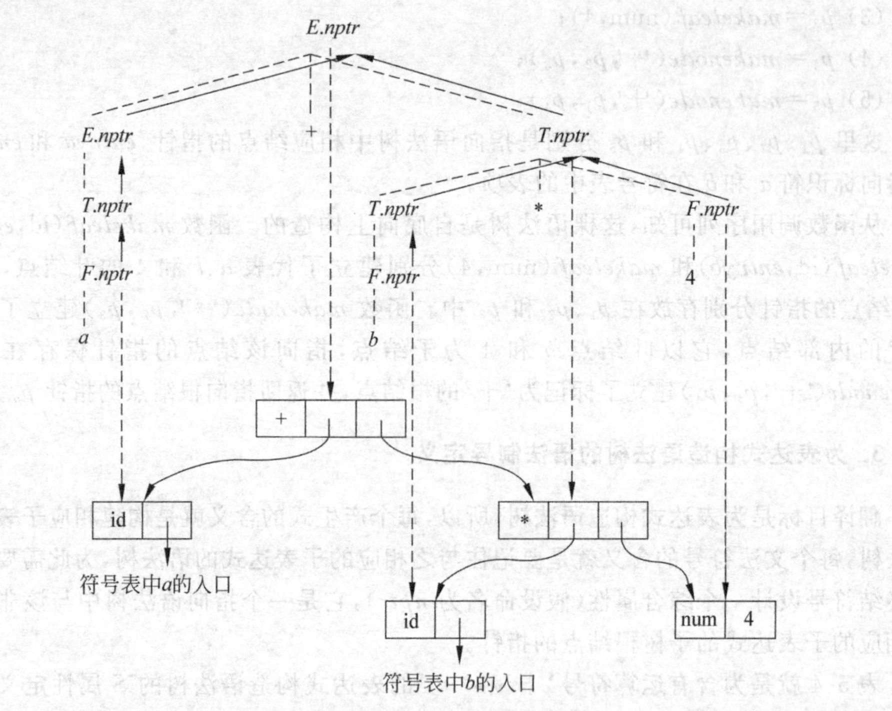

图 5-10 表达式 $a+b*4$ 的语法树的构造

用的产生式是 $T\rightarrow T*F$，则通过调用相应的语义规则 $T.nptr=makenode('*', T_1.nptr, F.nptr)$ 计算属性 $T.nptr$ 的值，前面的规则已经把 $T_1.nptr$ 和 $F.nptr$ 分别置成指向代表 b 和 4 的叶结点的指针。同样，若结点 E 处用的产生式是 $E\rightarrow T$，则属性 $E.nptr$ 复制 $T.nptr$ 的值；若用的产生式是 $E\rightarrow E+T$，则调用相应的语义规则 $E.nptr=makenode('+', E_1.nptr, T.nptr)$ 计算属性 $E.nptr$ 的值，这就是为表达式 $a+b*4$ 构造语法树的过程。

图 5-10 下半部分由记录组成的树是在属性计算过程中建立的"真正的"语法树，而上面虚线表示的分析树可以只是象征性地存在。

4. 构造表达式的有向非循环图

有向非循环图(directed acyclic graph，dag)是类似于语法树的一种表示结构的图形。dag 与语法树相同的是：表达式中的每个子表达式都有一个结点，内部结点表示运算符号，其子结点表示它的运算分量。二者不同的是：公共子表达式在语法树中被表示为重复的子树，而在 dag 中，公共子表达式的结点只出现一次，但它可以有多个父结点。

只需对前面已经介绍过的用于构造语法树结点的函数 *makenode* 和 *makeleaf* 稍加修改，就可用表 5-4 中的语法制导定义来构造表达式的 dag。函数被调用时，只需在建立新结点之前先检查一下是否已经存在一个相同的结点。若存在，该函数就返回一个指向先前已构造好的结点的指针；否则，创建一个新结点，返回指向新结点的指针。

例 5.7 构造表达式 $a*(b-c)+(b-c)*d+a$ 的 dag。

如果函数 *makenode* 和 *makeleaf* 仅在必要时才建立新结点，则下面的函数调用序列将构造出如图 5-11 所示的 dag。

(1) $p_1 = makeleaf(\text{id}, entrya)$;

(2) $p_2 = makeleaf(\text{id}, entryb)$;

(3) $p_3 = makeleaf(\text{id}, entryc)$;

(4) $p_4 = makenode('-', p_2, p_3)$;

(5) $p_5 = makenode('*', p_1, p_4)$;

(6) $p_6 = makeleaf(\text{id}, entryb)$;

(7) $p_7 = makeleaf(\text{id}, entryc)$;

(8) $p_8 = makenode('-', p_6, p_7)$;

(9) $p_9 = makeleaf(\text{id}, entryd)$;

(10) $p_{10} = makenode('*', p_8, p_9)$;

(11) $p_{11} = makenode('+', p_5, p_{10})$;

(12) $p_{12} = makeleaf(\text{id}, entrya)$;

(13) $p_{13} = makenode('+', p_{11}, p_{12})$。

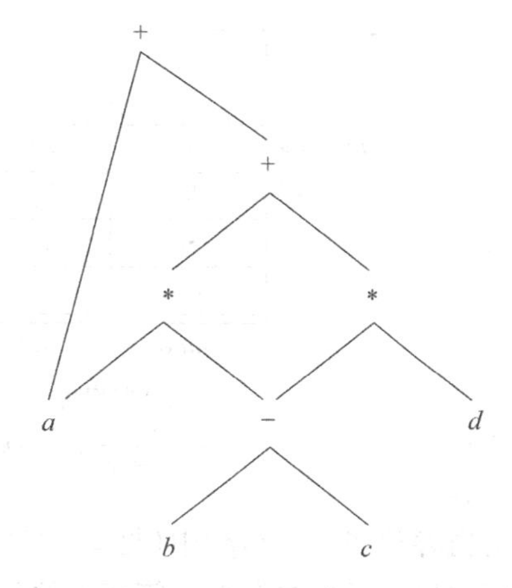

图 5-11 表达式 $a*(b-c)+(b-c)*d+a$ 的 dag

5.2.2 *S* 属性定义的自底向上翻译

前面介绍了如何用语法制导定义来说明翻译，现在讨论通过改造 LR 分析程序来实现翻译。第 4 章介绍过，在 LR 分析方法中，分析程序使用一个栈来存放已经分析过的子树的信息。根据定义 5.1 可知，分析树中某结点的综合属性是由其子结点的属性值计算得到的，所以可以在分析输入符号串的同时自底向上地计算综合属性。为此，需要对 LR 分析程序进行两方面的改造，即改造分析栈和分析程序。

1. 改造分析栈

为了完成翻译，分析程序需要保存文法符号的综合属性值，并且，每当进行归约时，就可以很方便地读取可归约串中相应符号的属性值，进而计算产生式左部符号的综合属性值。为此，需要对 4.4 节中介绍的分析栈进行改造：状态栈保持不变，只需将符号栈定义为属性栈，使之能够保存综合属性值即可。图 5-12 所示是一个带有属性值空间的分析栈的例子，该分析栈由两个同步增减的状态栈 *state* 和属性栈 *val* 组成，每一个 *state* 元素都是一个指向 LR 分析表中状态的指针，*top* 指示当前栈顶。当 *state*[*i*]为对应符号 X 的状态时，*val*[*i*]中存放的是分析树中对应结点 X 的属性值。

2. 改造分析程序

假设与产生式 $A \to XYZ$ 对应的语义规则是 $A.a = f(X.x, Y.y, Z.z)$。当 XYZ 呈现于栈顶、在把 XYZ 归约为 A 之前，属性 $X.x$、$Y.y$ 和 $Z.z$ 的值分别存放在 *val*[*top*−2]、*val*[*top*−1]和 *val*[*top*]中（见图 5-12(a)所示）。如果某个文法符号没有综合属性，那么栈 *val* 中相应单元就不定义。归约之后，栈顶指针 *top* 指向原 *top*−2 的位置，与归约符号 A 相应的状态 S_A 存放在新的栈顶单元 *state*[*top*]中（即归约前 S_X 的位置），综合属性

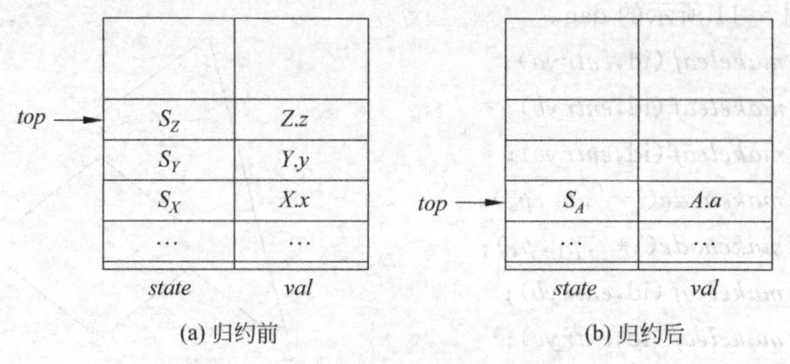

(a) 归约前 (b) 归约后

图 5-12 带有综合属性域的分析栈

A.a 的值存放在 *val*[*top*]中(见图 5-12(b)所示)。对分析程序的改造,就是要在 LR 语法分析程序中增加与属性计算相关的代码段,比如,当执行移进动作时,如需要保存当前输入符号的属性值,则将它压入 *val* 栈的栈顶;当执行归约动作时,在栈变化之前,需要从 *val* 栈中取得所需的属性值,计算出归约符号的综合属性值并写入新的 *val* 栈顶单元,确保综合属性刚好在每次归约前完成计算。之所以把属性值的计算与归约动作联系起来,是因为每一次归约决定着所用的是哪一个产生式。

例 5.8 为 5.1.1 小节中的表 5-1 所给的语法制导定义设计 LR 翻译程序,要求该翻译程序在分析输入符号串的同时,可以完成属性值的计算,并输出表达式的计算结果。

利用上面介绍的方法,通过改造 4.4.1 小节中算法 4.3 描述的 LR 分析程序来获得该语法制导定义的 LR 翻译程序。

首先改造分析栈,使之有状态栈 *state* 和属性栈 *val*,其中,*val* 栈中保存分析过程中读进的数字的值或者计算出来的各属性值(即各子表达式的值)。假设记号 digit 的属性 *lexval* 的值由词法分析程序产生,它代表一个数字的值。

其次修改分析程序,①当分析程序执行"移进"动作时,若当前输入符号是 digit(即一个数字),则把相应于该记号的状态压入 *state*[*top*]中,同时,将记号 digit 的属性 *lexval* 的值压入 *val*[*top*]中。②当分析程序执行"归约"动作时,在状态栈变化之前,先执行表 5-5 中给出的与归约产生式相应的代码段,完成归约符号的属性值的计算。代码段是根据表 5-1 中的语义规则、通过用 *val* 栈中的一个位置来代替规则中的相应属性而得到的。

表 5-5 用 LR 分析程序实现简单算术表达式求值的代码

产 生 式	代 码 段	说 明
$L \to E$	print(val[top])	
$E \to E_1 + T$	val[newtop]=val[top−2]+val[top]	此时 *val*[*top*−1]为"+"
$E \to T$		
$T \to T_1 * F$	val[newtop]=val[top−2] * val[top]	此时 *val*[*top*−1]为"*"
$T \to F$		
$F \to (E)$	val[newtop]=val[top−1]	此时 *val*[*top*]为")",*val*[*top*−2]为"("
$F \to$ digit		

在表 5-5 所示的代码段中，*top* 指向归约前的栈顶，*newtop* 是归约后的栈顶，当可归约串中含有 *r* 个文法符号时，*newtop*=*top*−*r*+1，代码段执行之后，执行归约动作，即对 *state* 栈进行变化，将新的状态写入 *state*[*newtop*]中，然后重置栈指针的值，即 *top*=*newtop*。

下面以表达式 2+3*4 为例，说明该 LR 翻译程序在分析表达式的同时可以计算并输出表达式的值。表 5-6 所示是该 LR 翻译程序对 2+3*4 进行分析和翻译的过程，可以结合图 5-2 所示的注释分析树，观察树中各结点的综合属性值是在何时计算、保存在何处的。该 LR 翻译程序所用分析表见 4.4.1 小节的表 4-8 所示(将其中的 id 改为 digit 即可)。

表 5-6 LR 翻译程序对输入符号串 2+3*4 进行分析和翻译的过程

步骤	分析栈	输入	分析及翻译动作
(1)	state: 0 val: –	2+3*4$	移进 5 state[newtop]=5,val[newtop]=2
(2)	state: 0 5 val: – 2	+3*4$	归约,用 *F*→digit goto[0,*F*]=3
(3)	state: 0 3 val: – 2	+3*4$	归约,用 *T*→*F* goto[0,*T*]=2
(4)	state: 0 2 val: – 2	+3*4$	归约,用 *E*→*T* goto[0,*E*]=1
(5)	state: 0 1 val: – 2	+3*4$	移进 6
(6)	state: 0 1 6 val: – 2	3*4$	移进 5 state[newtop]=5,val[newtop]=3
(7)	state: 0 1 6 5 val: – 2 3	*4$	归约,用 *F*→digit goto[6,*F*]=3
(8)	state: 0 1 6 3 val: – 2 3	*4$	归约,用 *T*→*F* goto[6,*T*]=9
(9)	state: 0 1 6 9 val: – 2 3	*4$	移进 7
(10)	state: 0 1 6 9 7 val: – 2 3	4$	移进 5 state[newtop]=5,val[newtop]=4
(11)	state: 0 1 6 9 7 5 val: – 2 3 4	$	归约,用 *F*→digit goto[7,*F*]=10

续表

步骤	分析栈	输入	分析及翻译动作
(12)	state: 0 | 1 | 6 | 9 | 7 | 10 val: – | 2 | | 3 | | 4	$	归约,用 $T \to T * F$　goto[6,T]=9 val[newtop]=val[top−2] * val[top]
(13)	state: 0 | 1 | 6 | 9 val: – | 2 | | 12	$	归约,用 $E \to E + T$　goto[0,E]=1 val[newtop]=val[top−2]+val[top]
(14)	state: 0 | 1 val: – | 14	$	ACC print(val[top])

从上述翻译过程可以看出,若从分析表中查到的动作指示是“移进”,则在把新的状态压入 *state* 栈顶的同时,若需要保存当前输入符号的属性值,则把该属性值压入 *val* 栈的栈顶单元,如表 5-6 中步骤 1、5、6、9、10 所示状态,均需要执行移进动作,其中步骤 1、6、10 所示状态还需要保存当前输入符号的属性值,步骤 2、6、7、10、11 均是每次移进动作完成后的状态。若从分析表中查到的动作指示是“归约”,则在归约之前,完成语义规则的计算,即先执行与归约产生式相应的代码,完成属性值的计算,并保存在 *val* 栈中,然后再对 *state* 进行更新,如表 5-6 中步骤 2、3、4、7、8、11、12、13 所示状态,均需要执行归约动作,其中步骤 12 和 13 所用产生式 $T \to T * F$ 和 $E \to E + T$ 有相应的代码要执行,在步骤 12 所示状态,则先执行如下的代码,然后再将归约状态写入 state[top]中。

```
newtop=top-3+1;
val[newtop]=val[top-2] * val[top];
top=newtop;
```

同样,在步骤 13 所示状态,需要用 $E \to E + T$ 进行归约,在归约前先执行相应代码段,计算出左部符号 E 的属性值 14,并存入 *val* 栈顶单元中,然后将归约后栈顶状态更新为 1。在步骤 14 所示状态,查分析表 M[1,$]得到动作指示“ACC”,则先执行语义规则,打印出 *val* 栈顶单元的值 14,然后结束程序,分析完成。

在上述翻译过程中,归约提供了一个“翻译时机”,即为语义规则的执行创造了时机,允许计算属性值的代码段刚好在归约之前被执行。

5.3 *L* 属性定义的自顶向下翻译

对于 *L* 属性定义,可以在对输入符号串进行预测分析的同时完成所需的翻译。为了明确说明翻译过程中分析动作和属性计算的发生顺序,这里采用翻译方案进行描述。

5.3.1 消除翻译方案中的左递归

由于自顶向下分析方法无法处理左递归文法,所以,对于基础文法含有左递归的 *L* 属性定义,首先需要消除其翻译方案中的左递归。现在对第 2 章介绍的消除文法中左递归的算法加以扩充，以便改写一个翻译方案的基本文法时考虑属性，使之适用于带有综合属性的翻译方案。下面以表 5-1 所示的简单算术表达式求值的语法制导定义为例说明如何消除翻译方案中的左递归。

首先，表 5-1 所示的简单算术表达式求值的语法制导定义是一个 S 属性定义，通过把语义规则放在相应产生式的右端末尾，得到它的翻译方案如下。

(0) $L \to E$ $\{print(E.val)\}$

(1) $E \to E_1 + T$ $\{E.val = E_1.val + T.val\}$

(2) $E \to T$ $\{E.val = T.val\}$

(3) $T \to T_1 * F$ $\{T.val = T_1.val * F.val\}$

(4) $T \to F$ $\{T.val = F.val\}$

(5) $F \to (E)$ $\{F.val = E.val\}$

(6) $F \to \text{digit}$ $\{F.val = \text{digit}.lexval\}$ （翻译方案 5.4）

由于该翻译方案中含有左递归，所以不能直接采用自顶向下的方法进行分析和翻译，为此需按照消除左递归的方法进行等价变换。

根据消除直接左递归的方法，含有左递归的产生式 $A \to A\alpha | \beta$ 可以等价变换为：

$$A \to \beta M$$

$$M \to \alpha M \mid \varepsilon$$

对于翻译方案 5.4 中的(1)和(2)进行变换，有：

(1′) $E \to T$ $\{E.val = T.val\}$ M

(2′) $M \to + T$ $\{E.val = E_1.val + T.val\}$ M_1

(2″) $M \to \varepsilon$

可以看出，得到的产生式(1′)和(2′)已不再满足 L 属性定义的限制，尤其是(2′)中已经没有符号 E 了，但其语义规则中还有 $E.val$。

为使变换前后的产生式在语法和语义两方面都是等价的，考虑新引入的非终结符号 M，对 M 也应赋予一定的属性。令 M 具有继承属性 $M.i$ 和综合属性 $M.s$，其中 $M.i$ 表示在对 M 展开之前已经推导出的子表达式的值，$M.s$ 表示在 M 完全展开之后得到的表达式的值。

若用 $M \to \varepsilon$ 展开非终结符号 M，则在此之前已经推导出的子表达式和把 M 完全展开之后得到的表达式是完全一样的，所以，对产生式(2″)设置把 $M.i$ 传递给 $M.s$ 的语义规则，得到：

(2″) $M \to \varepsilon$ $\{M.s = M.i\}$

对于(1′)，在 M 之前推导出的子表达式是由 T 推导出的，其值由 $T.val$ 保存，根据 $M.i$ 的定义，应该有 $M.i = T.val$，并且，根据 $M.s$ 的定义可知，$E.val = M.s$，于是有：

(1′) $E \to T$ $\{M.i = T.val\}$ M $\{E.val = M.s\}$

现在，改造后的产生式(1′)和(2″)一起应用，实际上只完成了原翻译方案中产生式(2)的功能，即通过 M 的属性 $M.i$ 和 $M.s$ 完成了 E 和 T 的综合属性的传递 $E.val = T.val$（如图 5-13(a)所示），而原翻译方案中产生式(1)中求和的操作 $E.val = E_1.val + T.val$ 需要在(2′)中完成。

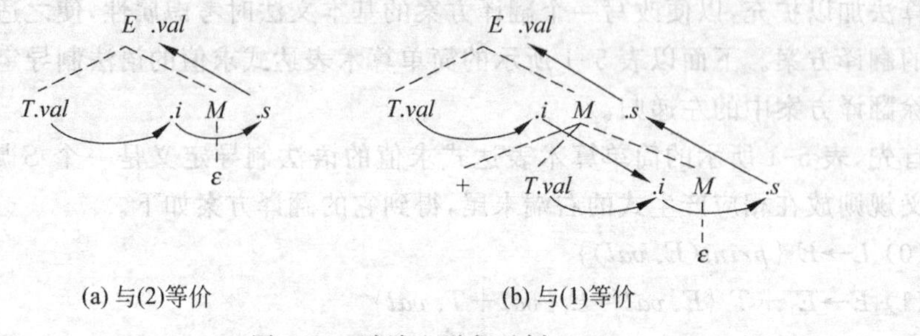

图 5-13　消除左递归示例

考虑产生式(2′)，根据 $M.i$ 的定义可知，左部符号 M 的属性 $M.i$ 中保存有在之前推导出的子表达式(假定为 $expr$)的值，右部符号 M 的属性 $M_1.i$ 中保存有子表达式 $expr+T$ 的值，即 $M_1.i=M.i+T.val$，根据 $M.s$ 的定义可知 $M.s=M_1.s$，因为右部符号 M 完全展开之后得到的表达式也就是左部符号 M 完全展开之后的表达式。根据 L 属性定义的限制，把这两个语义规则放在产生式中适当的位置，得到：

(2′) $M \to +T\ \{M_1.i=M.i+T.val\}\ M_1\{M.s=M_1.s\}$

这样，改造后的产生式(1′)、(2′)和(2″)一起应用，就实现了原翻译方案中产生式(1)的功能，如图 5-13(b)所示。

同样的方法，通过引入非终结符号 N，可得到对原翻译方案中(3)和(4)的变换结果。

经过上述变换，翻译方案 5.4 中含有的左递归被消除了，得到与之等价的翻译方案 5.5，这是一个 L 属性定义的翻译方案。在书写翻译方案时，通常把语义规则放在一行的末尾。

(0) $L\to E$　　$\{print(E.val)\}$

(1) $E\to T$　　$\{M.i=T.val\}$

　　M　　$\{E.val=M.s\}$

(2) $M\to +T$　$\{M_1.i=M.i+T.val\}$

　　M_1　　$\{M.s=M_1.s\}$

(3) $M\to \varepsilon$　　$\{M.s=M.i\}$

(4) $T\to F$　　$\{N.i=F.val\}$

　　N　　$\{T.val=N.s\}$

(5) $N\to *F$　$\{N_1.i=N.i*F.val\}$

　　N_1　　$\{N.s=N_1.s\}$

(6) $N\to \varepsilon$　　$\{N.s=N.i\}$

(7) $F\to (E)$　$\{F.val=E.val\}$

(8) $F\to \text{digit}$　$\{F.val=\text{digit}.lexval\}$　　　　(翻译方案 5.5)

例 5.9　根据翻译方案 5.5 对表达式 2+3*4 进行分析和翻译。

根据翻译方案 5.5 对表达式 2+3*4 进行分析和翻译，其注释分析树如图 5-14 所示，图中的实线箭头表明了属性之间的依赖关系，也就是表达式求值的顺序。

在翻译方案 5.5 中，每个数都由 F 产生，并且 $F.val$ 的值就是数的词法值，它通过属

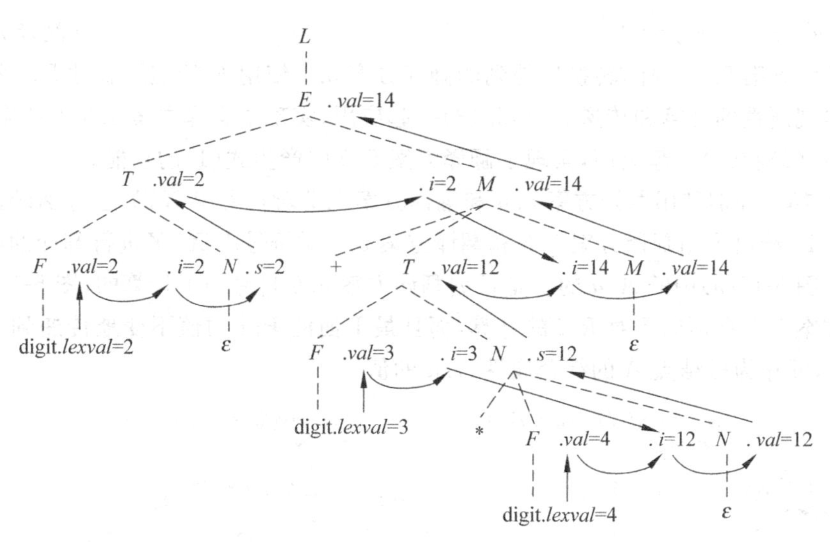

图 5-14 表达式 2+3∗4 的注释分析树

性 digit. *lexval* 给出。表达式 2+3∗4 中的数 2 是由最左边的 F 生成的，由 $N.i$ 继承并经 $N.s$ 传递给 $T.val$，E 的右子结点 M 的继承属性 $M.i$ 从 $T.val$ 得到值 2。对于中间的 T 结点，其左子结点 F 产生数字 3，此值由 T 的右子结点 N 的属性 $N.i$ 继承，该 N 结点又推导出"∗"和 4，语义规则$\{N_1.i=N.i*F.val\}$计算 3∗4 并把结果 12 传递到它的右子结点 N，进一步向上传递给 $T.val$。类似地，语义规则$\{M_1.i=M.i+T.val\}$计算 2+12=14，并把 14 传递给最右边的 M 结点，得到 $M.i=14$，这个结果经由 M 的综合属性 $M.s$ 复制并向上传递给结点 E 的属性 $E.val$。

同样，可以为表 5-4 中构造表达式语法树的语法制导定义构造相应的翻译方案，并消除其中的左递归，见习题 5.14。

下面，把上述消除左递归的方法一般化，使其适用于其他含有左递归的 S 属性定义的翻译方案。假设有如下的翻译方案：

(1) $A \to A_1 Y\ \{A.a=g(A_1.a, Y.y)\}$

(2) $A \to X\ \{A.a=f(X.x)\}$ （翻译方案 5.6）

其中每个文法符号都有综合属性，用相应的小写字母表示，f 和 g 是任意函数。

首先，消除基础文法中的左递归，引入一个新的非终结符号 R，得到如下产生式：

$$A \to XR$$

$$R \to YR \mid \varepsilon$$

其次，考虑语义规则，为 R 设置继承属性 $R.i$ 和综合属性 $R.s$，其中，$R.i$ 保存在 R 之前已经推导出的符号串的属性值，$R.s$ 保存在 R 完全展开为终结符号之后得到的符号串的属性值。这样，翻译方案 5.6 就可以转换为翻译方案 5.7：

(1) $A \to X$ $\{R.i=f(X.x)\}$

$\quad\quad R$ $\{A.a=R.s\}$

(2) $R \to Y$ $\{R_1.i=g(R.i, Y.y)\}$

$\quad\quad R_1$ $\{R.s=R_1.s\}$

(3) $R \to \varepsilon$　　$\{R.s = R.i\}$　　（翻译方案 5.7）

与翻译方案 5.5 一样，转换后得到的翻译方案 5.7 使用 R 的继承属性 $R.i$ 和综合属性 $R.s$ 实现属性的计算和传递。(1)和(3)一起应用，实现了翻译方案 5.5 中产生式(2)的功能，(1)、(2)和(3)一起应用，实现了翻译方案 5.5 中产生式(1)的功能。

例 5.10　分别利用翻译方案 5.6 和翻译方案 5.7 对符号串 XYY 进行翻译。

图 5-15 给出了用翻译方案 5.6 和翻译方案 5.7 对符号串 XYY 进行翻译的两棵注释分析树。图 5-15(a)中的 $A.a$ 的值是根据翻译方案 5.6 自底向上计算的，图 5-15(b)包含了翻译方案 5.7 自顶向下对 $R.i$ 的计算，而且最下面的 $R.i$ 的值不变地传递到上面作为 $R.s$ 的值，并作为根结点 A 的综合属性 $A.a$ 的值。

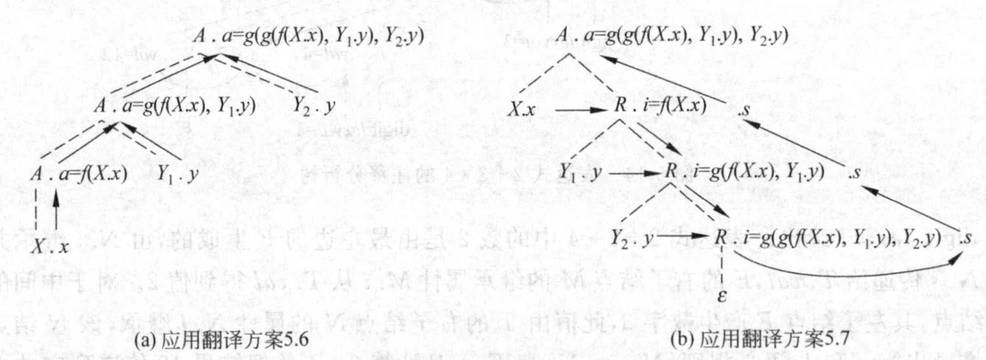

图 5-15　计算属性的两种方法

5.3.2　预测翻译程序的设计

根据 L 属性定义可知，一个符号的继承属性一定由出现在该符号之前的语义规则计算，而产生式左部非终结符号的综合属性要在它依赖的所有属性都已经计算之后再计算。所以，在对输入符号串进行自顶向下分析和翻译的过程中，语义规则执行的时机取决于和它处于相同位置的符号什么时候被完全展开。例如产生式：

$$M \to + T\ \{M_1.i = M.i + T.val\}$$

$$M_1\{M.s = M_1.s\}$$

其中第一个语义规则 $M_1.i = M.i + T.val$ 是在 T 已经完全展开成终结符号之后执行的，第二个语义规则 $M.s = M_1.s$ 是在 M_1 完全展开之后执行的。

4.2 节介绍了自顶向下的语法分析方法，并给出了相应的预测分析程序的设计方法。下面将对 4.2.2 小节介绍的递归调用预测分析程序的构造方法进行扩充，使之可以基于 L 属性定义的翻译方案来构造递归调用的语法制导翻译程序。算法 5.2 是对预测分析程序构造方法的推广，用于设计 L 属性定义翻译方案的递归调用翻译程序。

算法 5.2　构造语法制导的预测翻译程序。

输入：基础文法适合于预测分析的语法制导翻译方案。

输出：语法制导翻译程序。

方法：(扩展预测分析程序的构造技术)

为每一个非终结符号 A 建立一个函数，该函数可以是递归的。

(1) 设计函数头：A 的每一个继承属性对应函数的一个形参，A 的综合属性作为函数的返回值，同时，为 A 产生式中的每个文法符号的每一个属性都声明一个相应的局部变量。为简单起见，假设每个非终结符号只有一个综合属性。具体实现时，可以把一个非终结符号的属性集用一个记录表示，每种属性作为记录中的一个域，而记录的地址作为函数的参数和返回值。

(2) 函数体结构：如果非终结符号 A 有多个候选式，则 A 的函数体首先要根据当前的输入符号来决定采用哪个产生式，即 A 的函数代码可由多个分支组成。

(3) 设计分支代码：依据翻译方案中 A 的每个候选产生式来设计相应的分支程序代码，按照从左到右的顺序对产生式右部出现的记号、非终结符号和语义规则设计代码。

① 对于记号 X，若有综合属性 x，则把它的值保存于为属性 $X.x$ 声明的变量中，然后产生一个匹配记号 X 的调用，并推进向前扫描指针。

② 对于非终结符号 B，产生一个函数调用语句 $c=B(b_1,b_2,\cdots,b_k)$，其中 $b_i(i=1,2,\cdots,k)$是对应于 B 的继承属性的变量，c 是对应于 B 的综合属性的变量。

③ 对于语义规则，将语义规则中出现的属性替换为相应的变量，生成计算属性值的代码，并把代码复制到分析程序中。

例 5.11 根据算法 5.2 为翻译方案 5.5 构造预测翻译程序。

翻译方案 5.5 的基础文法是 LL(1)文法，因此可用自顶向下的方法进行分析。根据算法 5.2，为每个非终结符号构造一个函数，根据非终结符号的属性定义及含义，可以得到函数 fxL、fxE、fxM、fxT、fxN 和 fxF 的头部定义如下。

```
void  fxL(void)
int  fxE(void)
int  fxM(int in)
int  fxT(void)
int  fxN(int in)
int  fxF(void)
```

由于符号 E、T 和 F 没有继承属性，所以它们相应的函数 fxE、fxT 和 fxF 无参数。假设表达式中出现的数均是整数，则表达式的值为整数，即函数 fxE、fxM、fxT、fxN 和 fxF 的返回值是整型数。

对于非终结符号 M，其翻译函数 fxM 的代码基于与产生式 $M\rightarrow+TM|\varepsilon$ 相应的分析过程：

```
void proc_M(void){
    if(lookahead=='+') {
        match('+');
    proc_T();
    proc_M();
    }
};
```

如果向前看符号是'+',则应用产生式 $M\to+TM$,由过程 *match* 匹配'+',并读入之后的下一个输入符号,然后依次调用 T 和 M 对应的过程;否则应用产生式 $M\to\varepsilon$,即什么都不做,直接返回。

为了进行语法制导翻译,需要在分析过程中执行语义规则,计算出非终结符号的属性值,为此,对语法分析过程进行扩充,改造成实现翻译方案的函数。根据算法 5.2,构造出 L、E、M、T、N 和 F 对应的函数如下。

```
void fxL(void)  {            //L→E{print(E.val)}
    int eval;
    eval=fxE();
    print(eval);
}
int fxE(void)  {             //E→T {M.i=T.val}M {E.val=M.s}
    int eval,tval,mi,ms;
    tval=fxT();
    mi=tval;
    ms=fxM(mi);
    eval=ms;
    return eval;
}
int fxM(int in){             //M→+T {M1.i=M.i+T.val}M1{M.s=M1.s}  |  ε{M.s=M.i}
    int tval,i1,s1,s;
    char addoplexeme;
    if(lookahead=='+') {     //M→+T {M1.i=M.i+T.val}M1{M.s=M1.s}
        addoplexeme=lexval;
        match('+');
        tval=fxT();
        i1=in+tval;
        s1=fxM(i1);
        s=s1;
    };
    else  s=in;              //M→ε{M.s=M.i}
    return s;
}
int fxT(void)  {             //T→F {N.i=F.val}N {T.val=N.s}
    int tval,fval,ni,ns;
    fval=fxF();
    ni=fval;
    ns=fxN(ni);
    tval=ns;
    return tval;
}
int fxN(int in){             //N→*F {N1.i=N.i*F.val}N1{N.s=N1.s}  |  ε{N.s=N.i}
    int fval,i1,s1,s;
    char muloplexeme;
```

```
    if (lookahead=='*') { //N→*F {N1.i=N.i*F.val}N1{N.s=N1.s}
      muloplexeme=lexval;
      match('*');
      fval=fxF();
      i1=in*fval;
      s1=fxN(i1);
      s=s1;
    };
    else  s=in;          //N→ε{N.s=N.i}
    return s;
}
int fxF(void) {          //F→(E) {F.val=E.val}  | digit{F.val=digit.lexval}
    int fval,eval;
    int digitval;
    char lparentv,rparentv;
    if(lookahead==lparent) {    //F→(E) {F.val=E.val}
      lparentv=lexval;
      match(lparent);
      eval=fxE();
      if(lookahead==rparent) {
          rparentv=lexval;
          match(rparent);
    };
    else  error();       //括号不匹配
    fval=eval;
};
else if (lookahead==DIGIT) {    //F→digit {F.val=digit.lexval}
        digitval=lexval;
          match(DIGIT);
          fval=digitval;
          };
          else error();  //缺少运算对象
    return fval;
}
```

在 M 的翻译函数 fxM 中，若当前输入符号为‘+’，则匹配‘+’之后，调用 T 的翻译函数 fxT，其返回值存于与属性 $T.val$ 对应的变量 $tval$ 中。变量 $i1$ 和 $s1$ 对应于继承属性 $M_1.i$ 和综合属性 $M_1.s$，返回语句 return 恰好在控制离开函数 fxM 之前返回 s 的值（即 M 的综合属性 $M.s$ 的值）。

5.4 L 属性定义的自底向上翻译

用 LR 技术实现对输入符号串的自底向上翻译时，所有的语义规则都恰好在归约之前执行。如果想用 LR 技术实现对 L 属性定义的翻译，则需要对 L 属性定义进行改造，使之适合自底向上翻译的要求，重点考虑所有嵌入在产生式中间的语义规则的执行时机，根据需要可以将其移至产生式的右端末尾。本节介绍的方法可以实现任何基于LL(1)文法的L属性定义，是5.2节介绍的自底向上翻译技术的一般化。

5.4.1 移走翻译方案中嵌入的语义规则

为了能够在自底向上的分析过程中完成翻译，需要为翻译方案中所有嵌入在产生式内部的语义规则提供执行的机会，即将它们的执行和一个归约动作联系起来，这就需要对翻译方案进行改造，将产生式内部的语义规则移走，使其出现在产生式的右端末尾。为此，需要在基础文法中增加形如$M\to\varepsilon$的产生式，M称为标记非终结符号，用于标记嵌入在产生式内部的语义规则，具体做法是对出现在产生式内部的每一个语义规则引入一个不同的标记非终结符号M，用M代替语义规则，而把被M替代的语义规则放在产生式$M\to\varepsilon$的末尾。

例 5.12 将翻译方案5.8改造为适合用LR分析技术进行翻译的形式。

$E \to TR$

$R \to + T\ \{print('+')\}\ R \mid - T\ \{print('-')\}\ R \mid \varepsilon$

$T \to \text{num}\ \{print(\text{num}.val)\}$ （翻译方案5.8）

该翻译方案的功能是把中缀表达式翻译成后缀表达式。这里，需要引入两个标记非终结符号M和N，增加相应的产生式$M\to\varepsilon$和$N\to\varepsilon$，并用M和N分别替换嵌入在R产生式中的语义规则$\{print('+')\}$和$\{print('-')\}$，变换后的翻译方案如下：

$E \to TR$

$R \to + TMR \mid - TNR \mid \varepsilon$

$T \to \text{num}\ \{print(\text{num}.val)\}$

$M \to \varepsilon\ \{print('+')\}$

$N \to \varepsilon\ \{print('-')\}$ （翻译方案5.9）

不难看出，这两个翻译方案中的基础文法是等价的。通过画出带有语义规则结点的分析树，可以看到语义规则的执行顺序也是一样的，说明变换前和变换后的翻译方案是等价的。如对中缀表达式3＋4－5，用变换前和变换后的翻译方案构造的带有语义规则结点的分析树分别如图5-16(a)和(b)所示。

按深度优先的顺序遍历这两棵树，均得到如下语义规则执行序列：

print(num$_1$.val) print(num$_2$.val) print('+') print(num$_3$.val) print('-')

执行的结果也都是34＋5－。

由于变换后的翻译方案中，所有语义规则都出现在产生式的右端末尾，因此，可以在自底向上对输入符号串进行分析的过程中刚好在归约之前执行相应的语义规则。

5.4.2 直接使用分析栈中的继承属性

我们知道，在L属性定义中，产生式$A\to\alpha$右部某个文法符号的继承属性，可以依赖

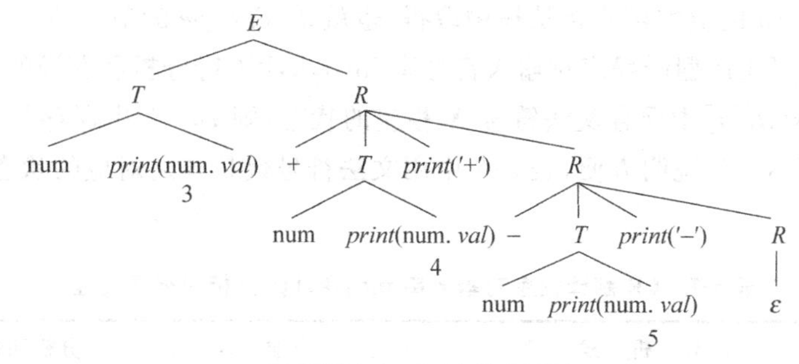

(a) 翻译方案5.8对应的分析树

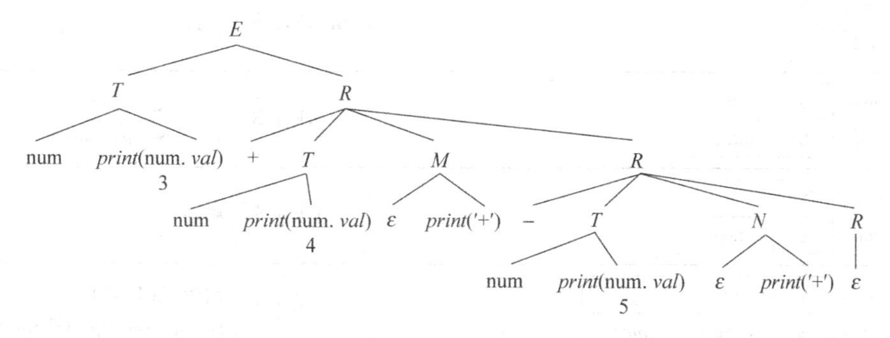

(b) 翻译方案5.9对应的分析树

图 5-16 表达式 3+4−5 的带有语义规则结点的分析树

于左部符号 A 的继承属性，或者出现在其左边的右部文法符号的综合属性。从 5.2 节介绍的 LR 翻译程序可知，终结符号的综合属性随着移进动作进入 *val* 栈，非终结符号的综合属性随着归约的执行进入 *val* 栈。例如，某翻译方案中有产生式 $A \rightarrow XY$，假设 X 有综合属性 $X.s$，在 LR 翻译过程中，它的值随着 X 一起进入栈中。由于在归约出 Y 之前，$X.s$ 的值已经在 *val* 栈中，所以 $X.s$ 的值可以被 Y 继承。如果 Y 的继承属性 $Y.i$ 通过复制规则 $Y.i=X.s$ 获得，那么在需要 $Y.i$ 值的地方便可以直接使用栈中的 $X.s$ 值。

在利用 LR 分析技术对输入符号串进行翻译时，复制规则在属性的计算过程中起着非常重要的作用。5.1.5 节中的翻译方案 5.3 就是利用继承属性使标识符的类型通过复制规则进行传递的。如，图 5-17 所示是输入符号串 int j,k,l 的属性依赖图，利用 LR 分析方法分析该输入符号串的过程中，在用 L 的产生式进行归约时，语义规则的执行所需

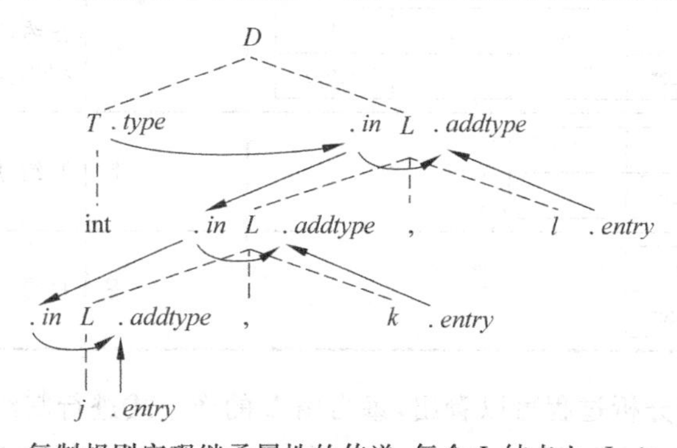

图 5-17 复制规则实现继承属性的传递，每个 L 结点上，$L.in=T.type$

要的继承属性 $L.in$ 的值均可直接从栈中取得，也就是 $T.type$ 的值。

表5-7给出了LR翻译程序对输入符号串 int j,k,l 进行分析和翻译的过程。分析过程中，若栈单元 $state[i]$ 中保存文法符号 X 相应的状态，则 $val[i]$ 中保存的就是文法符号 X 的综合属性 $X.s$。为说明方便，表5-7中用文法符号代替与之对应的状态，用实际的标识符表示 id。

表5-7　LR翻译程序对输入串 int j,k,l 的分析和翻译过程

步骤	分析栈	输入	分析和翻译动作
(0)	state：$ val：$	int j,k,l $	移进
(1)	state：$ int val：$ integer	j,k,l $	归约，用 T→int val[newtop]=integer
(2)	state：$ T val：$ integer	j,k,l $	移进
(3)	state：$ T j val：$ integer *entryj*	,k,l $	归约，用 L→id addtype(val[top],val[top−1])
(4)	state：$ T L val：$ integer	,k,l $	移进
(5)	state：$ T L , val：$ integer	k,l $	移进
(6)	state：$ T L , k val：$ integer *entryk*	,l $	归约，用 L→L,id addtype(val[top],val[top−3])
(7)	state：$ T L val：$ integer	,l $	移进
(8)	state：$ T L , val：$ integer	l $	移进
(9)	state：$ T L , l val：$ integer *entryl*	$	归约，用 L→L,id addtype(val[top],val[top−3])
(10)	state：$ T L val：$ integer	$	归约，用 D→TL
(11)	state：$ D val：$ integer	$	接受

从表5-7所示的分析过程可以看出，每当用 L 的产生式进行归约时，T 在栈中的位置刚好处于归约串的下面，即此时属性 $T.type$ 的值在 val 栈中的位置相对于栈顶是已知

的。利用这个事实来访问属性 $T.type$ 的值，即获得 $L.in$ 的值，如表 5-8 中的代码段。

表 5-8 属性 $L.in=T.type$，当需要属性 $L.in$ 的值时，直接使用栈中 $T.type$ 的值

产 生 式	代 码 段
$D\rightarrow TL$	
$T\rightarrow$int	val[newtop]=integer
$T\rightarrow$real	val[newtop]=real
$L\rightarrow L$,id	addtype(val[top],val[top-3])
$L\rightarrow$id	addtype(val[top],val[top-1])

这里 *top* 和 *newtop* 分别是归约前和归约后的栈顶指针。

翻译方案中，计算属性 $L.in$ 的语义规则都是复制规则，其值取自 $T.type$，分析栈中 $T.type$ 的值就是 $L.in$ 的值。当需要属性 $L.in$ 的值时，直接使用栈中保存的 $T.type$ 的值即可。比如，当用产生式 $L\rightarrow$id 归约时(见表 5-7 中步骤 3)，id.*entry* 在 *val* 栈顶，$T.type$ 刚好在它的下面，所以与语义规则 *addtype*(id.*entry*, $L.in$)等价的代码是 *addtype*(*val*[*top*],*val*[*top*−1])。同样，当用产生式 $L\rightarrow L$,id 进行归约时(见表 5-7 中步骤 6 和步骤 9)，由于产生式右部有 3 个文法符号，id 的属性 id.*entry* 在栈顶，即 *val*[*top*]处，$T.type$ 的值在可归约串的下面，即 *val*[*top*−3]处，此时，与语义规则 *addtype*(id.*entry*,$L.in$)等价的代码是 *addtype*(*val*[*top*],*val*[*top*−3])。

这个例子说明，要想直接从栈中取得继承属性，当且仅当计算继承属性的语义规则是复制规则，并且继承属性的值在栈中的存放位置可以预测。

5.4.3 变换继承属性的计算规则

观察表 5-9 中的语法制导定义，Z 通过复制规则继承了 X 的综合属性，即 $Z.i=X.x$，当用 $Z\rightarrow z$ 进行归约时，需要执行语义规则 $Z.s=f(Z.i)$，此时，可否知道继承属性 $Z.i$ 的值在栈中的存放位置?

表 5-9 属性值在栈中的位置不可预测的语法制导定义

	产 生 式	语 义 规 则		产 生 式	语 义 规 则
(1)	$A\rightarrow aXZ$	$Z.i=X.s$	(4)	$Y\rightarrow y$	$Y.s=7$
(2)	$A\rightarrow bXYZ$	$Z.i=X.s$	(5)	$Z\rightarrow z$	$Z.s=f(Z.i)$
(3)	$X\rightarrow x$	$X.s=5$			

分析过程中，当用 $Z\rightarrow z$ 进行归约时，$Z.i$ 的值可能在 *val*[*top*−2]处，也可能在 *val*[*top*−1]处，因为栈中 X 和 z 之间可能有 Y，也可能没有。因此，虽然 $Z.i$ 的值已经在栈中，但却无法确定它究竟在哪个位置。

为解决此问题，可通过引入新的标记非终结符号对原语法制导定义进行等价变换，使得所有继承属性均通过复制规则获得,并且它们的值在栈中的位置是已知的,即需要时可以直接从栈中取得。对表5-9中的语法制导定义进行变换,得到表5-10所示的语法制导定义。

表 5-10　继承属性的值在栈中的位置可以预测的语法制导定义

	产 生 式	语义规则		产 生 式	语义规则
(1)	$A \to aXZ$	$Z.i = X.s$	(4)	$Y \to y$	$Y.s = 7$
(2′)	$A \to bXYMZ$	$M.i = X.s$; $Z.i = M.s$	(5)	$Z \to z$	$Z.s = f(Z.i)$
(3)	$X \to x$	$X.s = 5$	(6)	$M \to \varepsilon$	$M.s = M.i$

表5-10表明,标记非终结符号M插入到原产生式(2)右端的Z之前。如果根据产生式$A \to bXYMZ$进行分析,那么$Z.i$可通过$M.i$和$M.s$间接地继承$X.s$的值。当用产生式$M \to \varepsilon$归约时,复制规则$M.s = M.i$执行的结果是将$X.s$的值复制到新的栈顶(因为$M.i = X.x$),与$M.s = M.i$相应的代码是$val[newtop] = val[top-1]$,并且正好出现在分析栈中z下面。于是,当用$Z \to z$归约时,$Z.i$的值可以在$val[top-1]$处直接获得,而与使用的是产生式(1)还是产生式(2′)无关,即与栈中X和z之间是否有Y无关。

产生式(2)和(2′)中文法符号属性间的依赖关系如图5-18所示。

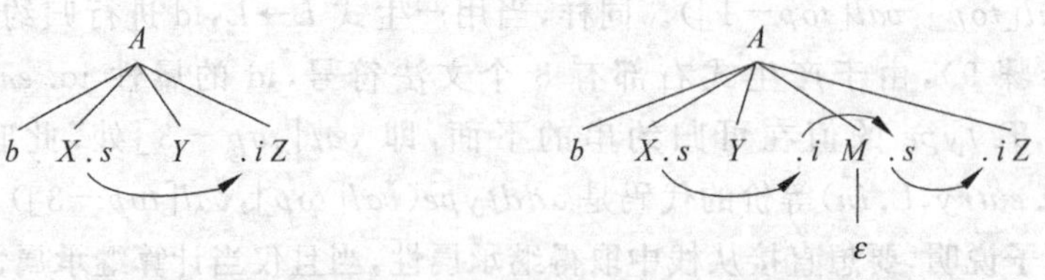

(a) 产生式(2)中属性的依赖关系　　(b) 产生式(2′)中属性的依赖关系

图 5-18　通过标记非终结符号M复制属性值

考虑如下的产生式及语义规则:

$$A \to XY \quad Y.i = f(X.x)$$

这里,计算继承属性$Y.i$的规则不是复制规则,而是某种函数变换,即$Y.i$函数依赖于属性$X.x$,因此$X.x$的值在栈中并不代表$Y.i$的值也在栈中。此问题仍可通过引入标记非终结符号得到解决。引入标记非终结符号N之后的产生式及相应的语义规则为:

$A \to XNY \quad N.i = X.x; Y.i = N.s$

$N \to \varepsilon \quad N.s = f(N.i)$

让标记非终结符号N的继承属性$N.i$通过复制规则继承$X.x$的值,综合属性$N.s$由$f(N.i)$计算出,然后由$Y.i$通过复制规则继承。当用$N \to \varepsilon$归约时,需要执行语义规则$N.s = f(N.i)$,此时,$N.i$的值可在$X.x$处直接获得,即在$val[top]$处取得$N.i$的值,经过函数变换计算出$N.s$的值,随着N的入栈,$N.s$也入栈,即$Y.i$进入栈中(因为$Y.i = N.s$)。以后,当需要引用$Y.i$的值时,随时可以从栈中取得。

总之,可以根据需要引入标记非终结符号,这样在LR分析过程中计算L属性定义将成为可能。因为每一个标记非终结符号只有一个产生式,所以加入标记非终结符号之后,文法仍然保持为LL(1)文法。任何LL(1)文法也是LR(1)文法,因此当LL(1)文法中引入标记非终结符号后,不会产生分析冲突。

算法 5.3 对上述思想进行了形式化描述。

算法 5.3 L 属性定义的自底向上分析和翻译。

输入：基础文法是 LL(1)文法的 L 属性定义。

输出：在分析过程中计算所有属性值的翻译程序。

方法：为简单起见，假设每个非终结符号 A 都有一个继承属性 $A.i$，并且每一个文法符号 X 都有一个综合属性 $X.s$，如果 X 是终结符号，则它的综合属性就是由词法分析程序识别出 X 时返回的属性值，这个值随着 X 的入栈一起进入 val 栈中。

(1) 对每个产生式 $A \rightarrow X_1X_2\cdots X_n$，引入 n 个新的标记非终结符号 $M_1, M_2, \cdots, M_n$，用产生式 $A \rightarrow M_1X_1M_2X_2\cdots M_nX_n$ 代替原来的产生式。如果 X_j 有继承属性，则让 $X_j.i = M_j.s$，即让 X_j 的继承属性与标记非终结符号 M_j 相联系。

在自底向上的语法分析过程中，当文法符号 X_j 进入分析栈时，X_j 的综合属性 $X_j.s$ 也同步地进入属性栈 val 中。如果 X_j 有继承属性 $X_j.i$，则在用 $M_j \rightarrow \varepsilon$ 归约时进行计算，且 $X_j.i$ 保存在 val 栈中与 M_j 相对应的位置(因为 $X_j.i = M_j.s$)，这发生在开始分析 X_j 的动作之前。

同样，如果非终结符号 A 有继承属性 $A.i$，则 $A.i$ 的值随着 A 的标记非终结符号 M_A 一起入栈，M_A 在 M_1 的下面一个单元。即使对文法的开始符号也一样，如果开始符号有继承属性，也可以在分析开始时把它设置在栈底。

(2) 在自底向上的分析过程中，各个属性的值都可以被计算出来。考虑以下两种情况。

第一种情况：用 $M_j \rightarrow \varepsilon$ 进行归约，即把 ε 归约为一个标记非终结符号 M_j。

由于每个标记非终结符号在文法中都是唯一的，因此知道这个标记非终结符号是属于哪个形如 $A \rightarrow M_1X_1M_2X_2\cdots M_nX_n$ 的产生式的，因此也就知道为计算属性 $X_j.i$ 所需要的那些属性在栈中的位置，如图 5-19 所示。此时 X_{j-1} 的属性 $X_{j-1}.i$ 和 $X_{j-1}.s$ 分别处于 $val[top-1]$ 和 $val[top]$ 的位置，于是 $X_1.i$ 在 $val[top-2(j-1)+1]$ 处，$X_1.s$ 在 $val[top-2(j-1)+2]$ 处，$X_2.i$ 在 $val[top-2(j-2)+1]$ 处，$X_2.s$ 在 $val[top-2(j-2)+2]$ 处，等等。

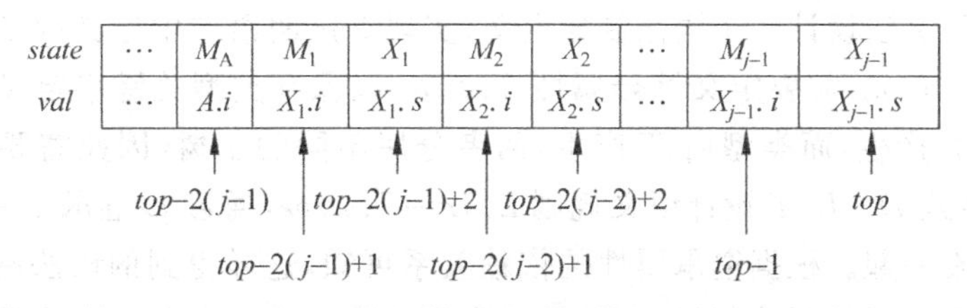

图 5-19 M_j 左边符号及其属性在栈中的位置

由于 A 的继承属性 $A.i$ 紧挨着 X_1 的继承属性来存放，不难知道，$A.i$ 在 $val[top-2(j-1)]$ 处，这样，根据 L 属性定义的限制，$X_j.i$ 所依赖的属性的值早已计算出来并存于栈中了。所以，可以计算出 $X_j.i$，并把它存放在 $val[top+1]$ 处，作为归约(将 ε 归约为 M_j)后的新栈顶。

第二种情况：用产生式 $A \rightarrow M_1X_1M_2X_2\cdots M_nX_n$ 进行归约，即把有关符号串归约为一

个非终结符号 A。这时仅需计算综合属性 $A.s$。由于 $A.i$ 早已计算出来，且正好存放在栈中可归约串的下面。显然，当归约时，计算 $A.s$ 所需要的那些属性的值均已存放在栈 val 中已知的位置，即各有关 X_j 的位置上，见图5-20(a)所示，$A.s$ 计算完成后随 A 一起入栈，归约后的状态见图5-20(b)所示。

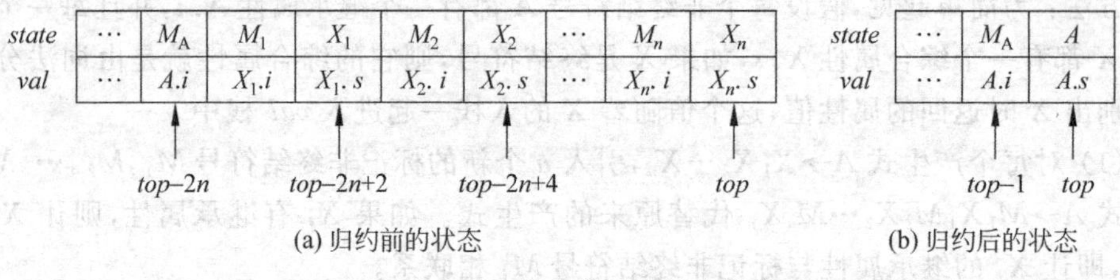

图5-20　A 及右部各符号在栈中的位置

针对如下两种情况，对某些文法符号不需要引入标记非终结符号。

(1) 如果 X_j 没有继承属性，则不需要引入标记非终结符号 M_j。如果 M_j 被省略，栈中属性的位置会发生变化，但这种变化很容易加入到分析程序中。

(2) 如果 $X_1.i$ 存在，但它是由复制规则 $X_1.i=A.i$ 计算的，那么也可以不引入 M_1，因为 $A.i$ 已经存放到栈 val 中预定的位置，即栈中紧挨 X_1 的下面一个位置，因此这个值可以作为 $X_1.i$ 的值使用。

5.4.4　改写语法制导定义为 S 属性定义

有些情况下，为了使用LR分析技术实现翻译，可以将语法制导定义改写为 S 属性定义，避免使用继承属性。例如，Pascal语言的变量声明语句的形式为标识符表后边跟一个由冒号“:”引导的类型关键字，如 x,y,z:real，这样的声明语句可由文法5.1产生。

$$D \rightarrow L : T$$
$$T \rightarrow \text{integer} \mid \text{real}$$
$$L \rightarrow L,\text{id} \mid \text{id} \qquad \text{(文法 5.1)}$$

如果基于该文法设计一个语法制导定义，实现对声明语句中定义的变量及其类型进行识别和保存。首先，需要定义综合属性 $T.type$ 以保存类型关键字定义的类型；其次，由于标识符由 L 产生，而类型由 T 产生，两者分属不同的子树，因此需要定义继承属性 $L.in$，并为产生式 $D\rightarrow L:T$ 设计语义规则 $L.in=T.type$，通过 L 继承 T 的类型，使标识符和类型联系在一起。根据继承属性的依赖关系可知，这样得到的语法制导定义不是 L 属性定义。对于这样的语法制导定义，无法利用LR分析技术在语法分析过程中完成翻译。为解决此问题，可以考虑构造一个新的等价文法，使类型作为标识符表的最后一个元素。考虑下面的文法5.2。

$$D \rightarrow \text{id}L$$
$$L \rightarrow ,\text{id}L \mid : T$$
$$T \rightarrow \text{integer} \mid \text{real} \qquad \text{(文法 5.2)}$$

基于该文法就可以设计一个 S 属性定义，实现对声明语句中定义的变量及其类型进行识别和保存。定义综合属性 $T.type$ 以保存类型关键字定义的类型，$L.type$ 记录由 L 产生的标识符的类型信息，并为产生式 $L \to :T$ 设计语义规则 $L.type = T.type$，这样，每当识别出一个标识符时，它的类型信息就可以写入符号表中。请大家自己设计相应的翻译方案。

从以上两个文法可知，在 Pascal 语言的变量声明中，类型信息是从右向左流的。以输入符号串 x,y,z:real 为例，图 5-21(a)和图 5-21(b)分别给出了基于文法 5.1 和文法 5.2 构造的分析树和依赖图。从图 5-21(a)可以看出，在 LR 分析过程中，对输入符号串的分析是从左向右归约的，因此不能在分析期间完成属性的计算。从图 5-21(b)可以看出，LR 分析程序对输入符号串的分析是从右向左归约的，类型信息的流向和归约方向一致，这就使得属性的计算可以在分析过程中完成。

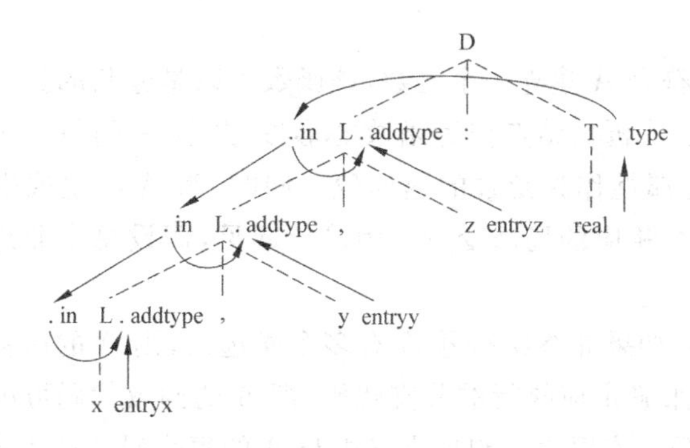

(a) 基于文法5.1的分析树和依赖图

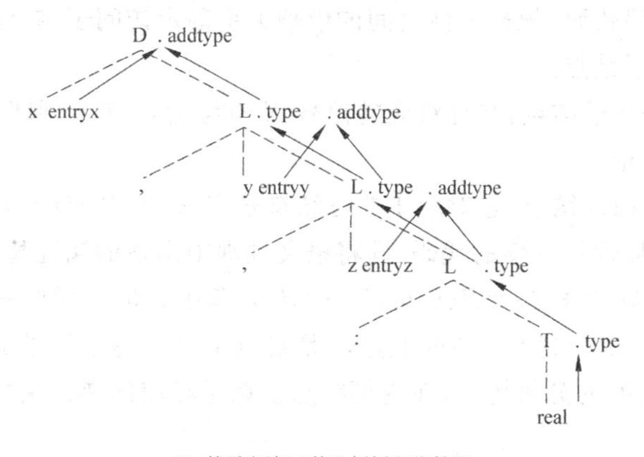

(b) 基于文法5.2的分析树和依赖图

图 5-21 输入符号串 x,y,z :real 的分析书和依赖图

5.5 通用的语法制导翻译方法

在 5.2 节、5.3 节和 5.4 小节讨论的预测翻译程序和 LR 翻译程序，都是在分析输入符号串的过程中完成属性值的计算，这些方法只能完成 L 属性定义的翻译，因为属性间的依赖关系受分析方法的限制。对于非 L 属性定义的翻译，可以把语法分析和属性计算

分开进行,即先进行语法分析,建立分析树,然后根据属性之间的依赖关系,遍历分析树结点,完成属性值的计算。

本节介绍一种通用的语法制导翻译程序的构造方法,即从语法制导定义出发,为每一个非终结符号构造一个函数,此函数根据在结点处所用产生式及其语义规则定义的属性之间的依赖关系以某种顺序访问非终结符号的诸子结点。使用这样的函数就可以在遍历分析树的过程中计算属性值,从而实现对非 L 属性定义的翻译。通过改造 5.3.2 小节中的算法 5.2,可以得到如下的构造语法制导翻译程序的算法 5.4。

算法 5.4 根据语法制导定义构造语法制导翻译程序。

输入:语法制导定义。

输出:语法制导翻译程序。

方法:

为每一个非终结符号 A 建立一个函数,该函数可以是递归的。

(1) 设计函数头:分析树结点作为函数的形参,并且 A 的每一个继承属性对应函数的一个形参,A 的综合属性作为函数的返回值。同时,为 A 产生式中的每个文法符号的每一个属性都声明一个相应的局部变量。为简单起见,假设每个非终结符号只有一个综合属性。

(2) 函数体结构:如果非终结符号 A 有多个候选式,则 A 的函数体首先要根据当前结点处使用的产生式来确定应执行的分支代码,即 A 的函数代码可由多个分支组成。

(3) 设计分支代码:依据语法制导定义中与 A 的每个候选产生式相关的语义规则来设计相应的分支程序代码,根据属性之间的依赖关系确定访问子结点的顺序,子结点可以是内部结点或者叶子结点。

① 若子结点是叶子结点,并且对应的记号 X 有综合属性 x,则把它的值保存于为属性 $X.x$ 声明的变量中。

② 若子结点是内部结点,且对应于非终结符号 B,如果 B 有继承属性 $B.i$,则先根据语义规则生成计算属性 $B.i$ 值的代码,即将语义规则中出现的属性替换为相应的变量,然后再产生一个函数调用语句 $c=B(n,b_1,b_2,\cdots,b_k)$,其中 n 是 B 对应的分析树结点,$b_i(i=1,2,\cdots,k)$是对应于 B 的继承属性的变量,c 是对应于 B 的综合属性的变量。

这样,在已构造好的分析树上,在内部结点上调用相应的递归函数可以实现任何语法制导定义的翻译。

例 5.13 应用算法 5.4 为表 5-2 中的语法制导定义构造语法制导翻译程序。

表 5-2 中的语法制导定义是一个非 L 属性定义。其每一个非终结符号都有一个继承属性 i 和一个综合属性 s,有关非终结符号 A 的两个产生式及属性之间的依赖关系如图 5-22 所示。

从图 5-22 可以看出,与产生式 $A\rightarrow LM$ 对应的语义规则建立了从左到右的依赖关系,而与产生式 $A\rightarrow QR$ 对应的语义规则建立了从右到左的依赖关系。

这样,就可以利用算法 5.4,依据语法制导定义为非终结符号构造相应的翻译函数,且函数的调用与分析树中结点的建立顺序无关。在遍历分析树时主要考虑的是:一个结点的继承属性的值必须在第一次访问该结点之前计算出来,而结点的综合属性的值必须

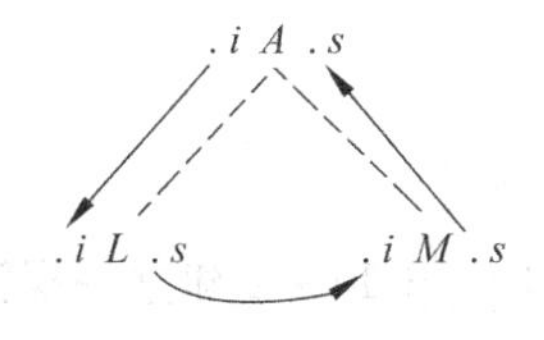

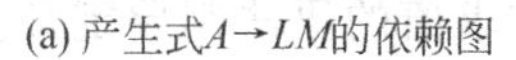
(a) 产生式A→LM的依赖图

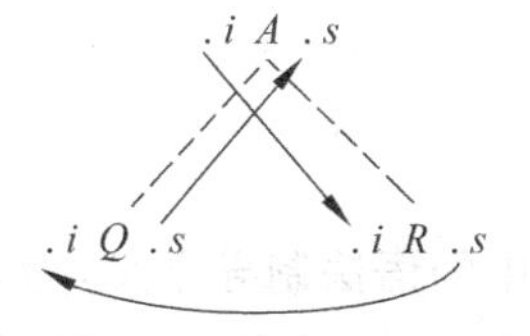

(b) 产生式A→QR的依赖图

图 5-22　非终结符号 A 的产生式及依赖图

在最后一次离开这个结点之前计算出来。下面给出的是为非终结符号 A 构造的翻译函数 fxA，假定 L、M、Q 和 R 的翻译函数已经建立，分别是 fxL、fxM、fxQ 和 fxR，为简单起见，假设所有属性值均是实数。

```
float fxA(n,ai){                          //形参 n 是当前分析树结点，ai 是 A 的继承属性
float as,li,ls,mi,ms,qi,qs,ri,rs;         //与 A、L、M、Q 和 R 的属性相应的变量
switch (在结点 n 处使用的产生式) {
    case'A→LM':
        li=l(ai);                         //对应语义规则：L.i=l(A.i)
        ls=fxL(child(n,1),li);            //child(n,1)返回 n 的第一个子结点
        mi=m(ls);                         //对应语义规则：M.i=m(L.s)
        ms=fxM(child(n,2),mi);            //child(n,2)返回 n 的第二个子结点
        as=f(ms);                         //对应语义规则：A.s=f(M.s)
        return as;
    case'A→QR':
        ri=r(ai);                         //对应语义规则：R.i=r(A.i)
        rs=fxR(child(n,2),ri);
        qi=q(rs);                         //对应语义规则：Q.i=q(R.s)
        qs=fxQ(child(n,1),qi);
        as=f(qs);                         //对应语义规则：A.s=f(Q.s)
        return  as;
    default:
        error();
    }
}
```

可以看出，若在结点 n 处使用的是产生式 $A\to LM$，则从左向右访问其子结点，体现在与产生式 $A\to LM$ 对应的代码段首先以 n 的第一个子结点和计算出的 L 的继承属性 li 为实参调用符号 L 的翻译函数，然后再以 n 的第二个子结点和计算出的 M 的继承属性 mi 为实参调用符号 M 的翻译函数。若在结点 n 处使用的是产生式 $A\to QR$，则从右向左访问其子结点，与 $A\to QR$ 相应的代码段首先以 n 的第二个子结点和计算出的 R 的继承属性 ri 为实参调用符号 R 的翻译函数，然后再以 n 的第一个子结点和计算出的 Q 的继承属性 qi 为实参调用符号 Q 的翻译函数。

习题 5

5.1　根据表 5-1 中的语法制导定义，为表达式(4 * 7+1) * 2 建立一棵注释分析树。

5.2　考虑如下文法，写出对该文法产生的表达式求值的语法制导定义。

$E \to TE'$

$E' \to +TE' \mid -TE' \mid \varepsilon$

$T \to FT'$

$T' \to *FT' \mid \varepsilon$

$F \to (E) \mid \text{num}$

5.3　根据表 5-4 中的语法制导定义为表达式$((a)+(b))$建立分析树和语法树。

5.4　考虑如下的语法制导定义。

产 生 式	语 义 规 则
$S' \to S$	$S.u=5$ $Print(S.v)$
$S \to ABC$	$B.u=S.u$ $A.u=B.v+C.v$ $S.v=A.v$
$A \to a$	$A.v=3*A.u$
$B \to b$	$B.v=B.u$
$C \to c$	$C.v=2$

(1) 画出字符串 abc 的分析树，给出其相应的依赖图。

(2) 根据依赖图，写出一个有效的语义规则执行顺序。

(3) 给出翻译完成时的输出结果。

(4) 如果将上述语法制导定义修改为：

产 生 式	语 义 规 则
$S' \to S$	$S.u=5$ $Print(S.v)$
$S \to ABC$	$B.u=S.u$ $C.u=B.v$ $A.u=B.v+C.v$ $S.v=A.v$
$A \to a$	$A.v=3*A.u$
$B \to b$	$B.v=B.u$
$C \to c$	$C.v=C.u-2$

则翻译完成时输出的结果值是什么？

5.5　下面的文法产生对整型数和实型数应用"+"算符形成的表达式。两个整型数相加，结果仍为整型；否则为实型数。

$E \to E+T \mid T$

$T \to$ num. num | num

(1) 给出一个确定每个子表达式类型的语法制导定义。

(2) 扩充(1)中的语法制导定义，使之既确定类型，又把表达式翻译为前缀形式。使用一元算符 inttoreal 把整型数转换为等价的实型数，使得前缀形式中的"+"作用于两个同类型的运算对象。

5.6 重写表 5-3 中语法制导定义的基础文法，使得类型信息仅用综合属性来传递。

5.7 试从习题 5.5(1)和(2)的语法制导定义中消除左递归。

5.8 考虑如下产生 Pascal 声明语句的文法。

$D \to L : T$

$T \to$ integer | real

$L \to L$, id | id

(1) 给出确定变量类型的语法制导定义。

(2) 该定义是 L 属性定义吗？

5.9 假定声明由下面的文法产生：

$D \to$ id$L$

$L \to$, id$L$ | : T

$T \to$ integer | real

(1) 试设计一个翻译方案，它把每一个标识符的类型信息加入到符号表中。

(2) 根据(1)的翻译方案构造一个预测翻译程序。

5.10 考虑如下的语法制导定义：

产 生 式	语 义 规 则
$S \to B$	$B.ps=10$ $S.ht=B.ht$
$B \to B_1B_2$	$B_1.ps=B.ps$ $B_2.ps=B.ps$ $B.ht=max(B_1.ht, B_2.ht)$
$B \to B_1$ sub B_2	$B_1.ps=B.ps$ $B_2.ps=shrink(B.ps)$ $B.ht=disp(B_1.ht, B_2.ht)$
$B \to$ text	$B.ht=\text{text}.h \times B.ps$

(1) 判断该语法制导定义是否为 L 属性定义。

(2) 给出该语法制导定义相应的翻译方案。

(3) 改造(2)所得翻译方案，使之可用 LR 方法进行翻译。

(4) 根据(3)所得翻译方案，设计与各产生式相应的代码段。

(5) 根据(4)所设计代码段，举例说明，每当把一个右部归约为 B 时，继承属性 $B.ps$ 的值在栈中的位置总是恰好在归约串的下面。

5.11 下面的文法是习题5.10中基础文法的无二义性形式，其中花括号的作用只是把 B 分组，并在翻译过程中被删除。

$S \to L$

$L \to LB \mid B$

$B \to B\text{sub}F \mid F$

$F \to \{L\} \mid \text{text}$

(1) 基于该文法重写语法制导定义。

(2) 把(1)中的语法制导定义转换为翻译方案。

5.12 对LR(1)文法 $L \to Lb \mid a$ 进行如下修改：

$L \to MLb \mid a$

$M \to \varepsilon$

(1) 试问在输入符号串 *abbb* 的分析树中，原文法的自底向上分析器以怎样的次序使用产生式？

(2) 说明修改后的文法不再是LR(1)文法。

5.13 考虑如下语法制导定义：

产 生 式	语义规则
$D \to T\ L$	$L.in = T.type$
$T \to$ int	$T.type =$ integer
$T \to$ float	$T.type =$ real
$L \to \text{id}, L_1$	$addtype(\text{id}.entry, L.in)$ $L_1.in = L.in$
$L \to$ id	$addtype(\text{id}.entry, L.in)$

(1) 给出对输入符号串 int a,b,c 的移进-归约分析过程。

(2) 根据该语法制导定义，描述对符号串 int a,b,c 的翻译过程。

(3) 在LR分析期间，属性 $T.type$ 的值保存在 val 栈中，当栈顶符号串归约到 L 时，L 的属性 $L.in$ 的值在栈中的位置可以确定吗？为什么？

5.14 考虑表5-4中的构造表达式语法树的语法制导定义

(1) 请给出相应的翻译方案，并消除其中的左递归。

(2) 根据(1)的翻译方案，构造表达式 $a * 4 + b$ 的语法树。

5.15 参考图5-1和算法5.4。

(1) 根据表5-2的语法制导定义，构造非终结符号 A 的翻译函数。

(2) 根据习题5.10的语法制导定义，构造非终结符号 B 的翻译函数。

5.16 有如下文法：

$S \to (L) \mid a$

$L \to L, S \mid S$

(1) 设计一个语法制导定义，它输出配对的括号个数。

(2) 构造一个翻译方案,它输出每个 a 的嵌套深度。如对句子$(a,(a,a))$的输出结果是 1,2,2。

5.17 令综合属性 val 给出在下面的文法中 S 产生的二进制数的值,如对于输入 101.101：$S.val=5.625$

$S \rightarrow L.L \mid L$

$L \rightarrow LB \mid B$

$B \rightarrow 0 \mid 1$

请写出确定 $S.val$ 值的语法制导定义。

5.18 有如下产生算术表达式的文法,设计一个语法制导翻译方案,它可删除表达式中多余的括号。例如,对于表达式$((a)*(((b)+(c))))*(((d)+(e)))$,输出 $a*(b+c)*(d+e)$;对于表达式$(((((a)+(b)))*(((b)+(c))))*(d))$,输出$(a+b)*(b+c)*d$。

$E \rightarrow (E)+(T) \mid T$

$T \rightarrow (T)*(F) \mid F$

$F \rightarrow (E) \mid \mathrm{id}$

第6章　语义分析

语义分析是编译程序的一个重要任务，由语义分析程序完成，通过检查名字的定义和引用是否合法来检查程序中各语法成分的含义是否正确，目的是保证程序各部分能够有机地结合在一起。本章将讨论利用语法制导翻译技术进行语义分析的过程。

6.1　语义分析概述

程序的结构可由上下文无关文法来描述，通过语法分析可以检查程序中是否含有语法错误。语法正确的程序并不一定都具有正确的含义，因为结构的含义与其上下文有关。考虑如下具有嵌套结构的程序段：

```
main()
{
    int i,j;
    i=0;  j=1;
    {
        int k;
        k=10;
    };
    i=j * k;
}
```

由于变量 k 仅在内层块中声明，根据标识符的静态作用域规则可知，语句 $i=j*k$ 对 k 的引用是不合法的。因此，虽然该程序段的语法结构正确，但其含义却是不正确的。这是一个典型的关于变量作用域的问题。

语义分析程序应该能够诊断出源程序中存在的与上下文有关的错误。解决此类问题的直接想法就是为程序设计语言构造一个上下文有关文法，这在理论上是可行的，但实际上并没有这么做（至少目前没有），原因是为语言构造一个能够反映其上下文有关特性的文法并不是一件容易的事情，另外，上下文有关文法的分析程序不但很复杂，而且执行速度慢。目前常用的方法是利用语法制导翻译技术实现对源程序的语义分析，即根据源语言的语义设计专门的语义规则，扩充上下文无关文法的分析程序，在语法制导下完成语义分析。

6.1.1　语义分析的任务

语义分析程序通过将变量的定义与变量的引用联系起来，对源程序的含义进行检查，即检查每一个语法成分是否具有正确的语义,如检查每一个表达式是否具有正确的类型、检查每一个名字的引用是否正确等。

通常为编译程序设计一个称作符号表的数据结构来保存上下文有关的信息。当分析声明语句时,收集所声明标识符的有关信息(如类型、存储位置、作用域等)并记录在符号表中,只要在编译期间控制处于声明该标识符的程序块中,就可以从符号表中查到它的记录,根据符号表中记录的信息检查对它的引用是否符合语言的上下文有关的特性,所以符号表的建立和管理是语义分析的一个主要任务。

语义分析的另一个重要任务是类型检查,如对表达式/赋值语句中出现的操作数进行类型一致性检查、检查 if-then-else 语句中出现在 if 和 then 之间的表达式是否为布尔表达式等。强类型语言(如 Ada 语言)要求表达式中的各个操作数、赋值语句左部变量和右部表达式的类型应该相同,所以,其编译程序必须对源程序进行类型检查,若发现类型不相同,则要求程序员进行显式转换。对于无此严格要求的语言(如 C 语言),编译程序也要进行类型检查,当发现类型不一致但可相互转换时,就要作相应的类型转换,如当表达式中同时存在整型和实型操作数时,一般要将整型转换为实型。

6.1.2 语义分析程序的位置

语义分析以语法分析输出的语法树为基础,根据源语言的语义,检查每个语法成分在语义上是否满足上下文对它的要求。图 6-1 说明了语义分析程序的位置,这种安排对于具有复杂结构(如 Ada 中的某些结构)的语言是比较方便的。如果可以设计出满足语义分析要求的 *L* 属性定义,则可以利用第 5 章介绍的语法制导翻译技术设计翻译程序,在对源程序进行语法分析的同时,完成语义分析。许多 Pascal 编译程序把语义分析和中间代码生成组织在一起。

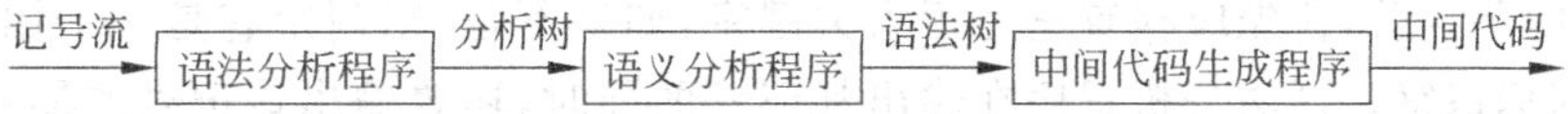

记号流 → 语法分析程序 → 分析树 → 语义分析程序 → 语法树 → 中间代码生成程序 → 中间代码

图 6-1 语义分析程序的位置

语义分析的结果将有助于目标代码的生成,例如,算术运算符“+”通常作用于整型或实型运算对象,但还可能作用于其他类型的数据(如 Pascal 的集合类型)。一个运算符在不同的上下文中可表示不同的运算,这种现象称作“重载”,这种运算符称为“重载运算符”。语义分析程序必须检查重载运算符的上下文以决定它的含义,这可能会要求强制类型转换,以便把操作数转换成上下文期望的类型,并正确地生成目标语句。

6.1.3 错误处理

编译程序必须检查源程序是否满足源语言在语法和语义两方面的约定,分别由词法分析程序、语法分析程序和语义分析程序完成。这种检查称作静态检查(以区别在目标程序运行时进行的动态检查),它诊断并报告源程序中的错误。

类型检查过程中，如果发现类型错误或者引用的标识符没有声明，则需要显示出错信息，报告错误出现的位置和错误性质。为了能够对后面的结构继续进行检查，需要进行适当的恢复。例如，对于如下的代码段：

```
{    float x;
     int i=0;
     int j=i+x;
     …
}
```

当进行类型检查时，发现表达式 $i+x$ 中 i 和 x 的类型不一致，需要进行类型转换，将 i 的类型转换为 float 类型，表达式 $i+x$ 的类型是 float，这又与赋值语句 $j=i+x$ 中左边的变量 j 的类型不一致，语义分析程序就需要报告错误信息，同时，仍然将 j 作为整型变量存入符号表中，这样就可以对程序的后续部分进行类型检查。

如果在类型检查阶段发现错误，则编译程序不会输出目标程序，这意味着综合阶段的几个编译步骤没有进行。因此，在整个编译过程结束之前，所输入的源程序中的错误(包括语法错误、语义错误等)都将被检查出来。

6.2 符号表

符号表是编译程序使用的一个非常重要的数据结构。基于符号表中记录的信息，可以检查源程序上下文语义的正确性，可以辅助正确地生成代码。这些信息是语义分析程序在处理声明语句时获得，或根据标识符在源程序中出现的上下文间接地获得，并保存在符号表中的。如变量的名字和类型、函数的名字、形参类型和返回值类型等。

第3章介绍词法分析时提到，当词法分析程序从源程序字符串中分离出一个符合标识符规则的单词后，首先应检查它是否为关键字，如果不是，则判定它是一个用户自定义的名字，即标识符。词法分析程序在输出其记号的同时，还要输出该记号的属性值，即标识符在符号表中的入口指针。本节的讨论在一定意义上是“词法分析”的继续，即如何使用符号表建立标识符与其属性值之间的联系。

符号表是一种动态数据结构。编译过程中，随着识别出的标识符的增加，符号表的表项数量也增加，但在某些情况下又在不断地删除。另外，编译程序对符号表的访问是非常频繁的，因为对于每一个标识符在源程序中的每一次出现都要访问符号表，这种频繁的交互使符号表的存取操作占用了编译期间的大部分时间，所以符号表的效率直接影响编译的效率。因此，高效的符号表组织和管理方法对编译程序是非常重要的。

本节介绍符号表的组织和管理，重点讨论一种对嵌套结构语言和非嵌套结构语言都适用的栈式符号表组织形式。

6.2.1 符号表的建立和访问时机

编译过程中，符号表的建立和访问时机主要取决于编译程序的结构。这里介绍两种典型的情况。

1. 多遍编译

如图 6-2 所示是多遍编译情况下符号表的建立和访问时机示意。

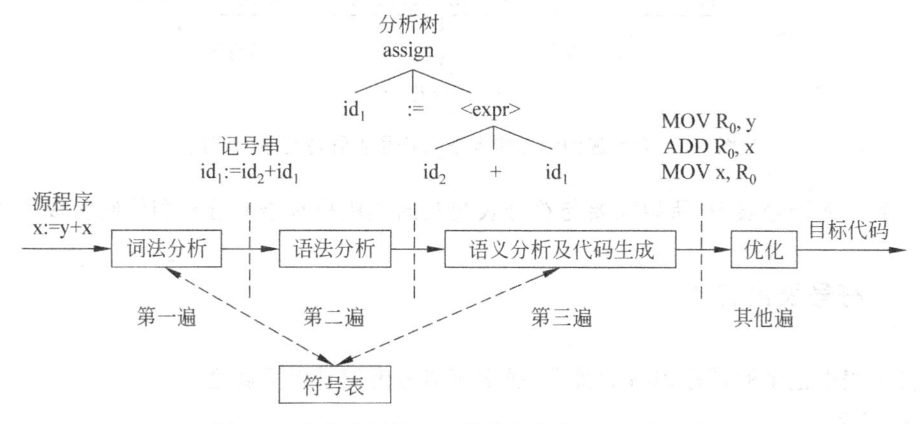

图 6-2 多遍编译情况下符号表的建立和访问时机

在图 6-2 所示的情况下，符号表在词法分析阶段创建，标识符在符号表中的位置作为相应记号的属性。例如，若 x 和 y 在符号表中的位置分别为 1 和 2，那么将产生 $id_1:=id_2+id_1$ 这样的记号串。语法分析程序读入此串，检查语法的正确性，并产生相应的分析树或分析树的一种编码形式，然后由语义分析程序收集标识符有关的信息并保存在符号表中，并根据符号表中记录的信息对语法分析产生的编码形式进行语义正确性分析，代码生成程序也将根据符号表记录的信息产生目标代码。

图 6-2 显示，语法分析阶段不访问符号表，因为语法结构的检查仅依赖于单词的类别，而与单词的属性没有关系。标识符的属性是在语义分析阶段相继填入符号表中的，例如在显式声明的语言中，仅当语义分析程序识别出正在被编译的是声明语句时，才根据其中的类型关键字将有关标识符的类型信息记录在符号表中。

在词法分析阶段建立符号表的做法适用于非块结构语言的编译，因为源程序中声明的名字的作用域是整个编译模块。这种做法不适用于像 Pascal 或 C 这样的块结构语言的编译。

2. 合并遍编译

图 6-3 所示是合并遍的编译情况。

这种情况下，词法分析、语法分析、语义分析和代码生成等工作合并在一遍中完成，通常以语法分析程序作为主控程序，在进行语法检查的过程中，需要记号时就调用词法分析程序从源程序符号串中分离一个单词并返回其记号，当识别出一个语法结构时，就调用语义分析和代码生成程序分析该结构的语义并生成相应的代码。这样，在词法分析程序扫描源程序的同时，语义分析和代码生成程序就有可能识别出正在处理的是一个声明语句，并且，当声明语句中声明的标识符在语义分析期间被识别出来时，它们的属性就能够和其

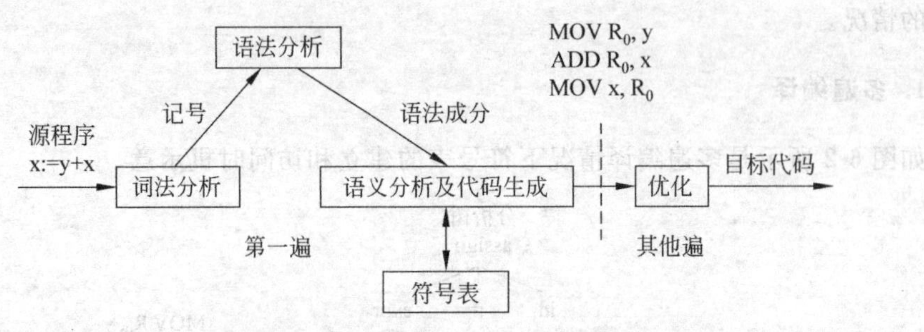

图 6-3 合并遍的编译情况下对符号表管理程序的调用

名字一起写入符号表中，所以需要与符号表交互的模块只有语义分析和代码生成程序。

6.2.2 符号表内容

符号表中记录的是标识符的属性，通常应该考虑记录以下属性：

- 名字
- 类型
- 存储地址
- 维数或参数个数
- 声明行
- 引用行
- 链域

具体应该记录哪些属性，在一定程度上取决于程序设计语言的性质和编译的需要。比如，对于无类型的语言，类型属性就不必出现在符号表中。一个最简单的符号表是一张二维表，表中每一行包含一个特定标识符的属性，如表 6-1 所示。

表 6-1 简单符号表的典型形式

序号	名 字	类型	存储地址	维数	声明行	引 用 行	指针
1	counter	2	0	1	2	9,14,15	7
2	num_total	1	4	0	3	12,14	0
3	func_form	3	8	2	4	36,37,38	6
4	b_loop	1	48	0	5	10,11,13	1
5	able_state	1	52	0	5	11,23,25	4
6	mklist	6	56	0	6	17,21	2
7	flag	1	64	0	7	28,29	3

下面讨论以上属性在什么时候写入符号表，以及在保存这些属性时应考虑的问题。

1. 名字

名字是编译程序识别一个具体标识符的依据，是符号表必须记录的一个属性。在符号表的组织中要解决的一个重要问题是标识符长度可变的问题。如有些编译程序规定只区分标识符的前若干个字符，但为了提高程序的可读性，有的编译程序对标识符的长度没有限制。

若对标识符的长度有限制，可根据限制长度在符号表中设置一个长度固定的域，标识符以左对齐的方式存入该域。这种方式存取速度快，但存储空间的利用率较低。

若对标识符的长度没有限制，可另外设置一个字符串存储空间来保存所有的标识符，而在符号表中设置一个长度固定的名字域，其中包含位置和长度两个子域，分别记录该标识符在字符串存储区域内的开始位置及标识符的长度，如图 6-4 所示。这种方式存取速度较慢，但却能够大大地节省存储空间。

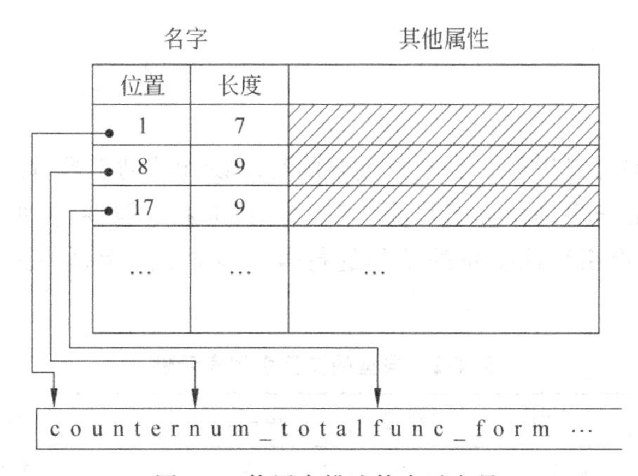

图 6-4　使用串描述符表示变量

2. 类型

当程序设计语言有类型时，不管变量类型是隐式声明的还是显式声明的，符号表中必须记录名字的类型属性，这是进行类型检查所必需的。如果声明 *ptr* 是指针类型的变量，那么表达式 *ptr* * 3.14 中就含有类型错误。另外，编译程序还要根据变量的类型来确定运行时必须分配给它的存储空间的大小，比如为整型变量分配一个字的空间。通常，标识符的类型以一种编码形式存放在符号表中。

像 Scheme、Lisp、Smalltalk 以及大多数脚本语言如 perl 等，是没有静态类型系统的语言，称作无类型语言或动态类型语言。一个无类型语言并不意味着其允许程序破坏数据，它只意味着所有安全检查都是在程序执行时动态进行的。

3. 存储地址

任何数据对象都需要运行时的存储空间，符号表中的存储地址域记录运行时变量值存放空间的相对位置。当分析变量的声明语句时，将其存储地址写入符号表中。当分析对变量的引用语句时,从符号表中取出该地址、并写入相应的目标指令中,即生成对该存储地址进行访问的指令。对于不需要进行动态存储分配的语言(如 FORTRAN),目标地址从 0 开始按顺序连续分配,直到程序数据区的最大值。对于块结构语言(如 Pascal、C 语言等),通常采用形如<*blkn*,*offset*>的二元地址,其中 *blkn* 是变量声明所在块的嵌套深度,*offset* 是变量的存储空间在块数据区中的偏移量。运行时,*blkn* 用于确定分配给该块的数据区的基址,*offset* 指明该变量的存储单元相对于该基址的偏移位置。

4. 维数及参数个数

对于数组类型的变量而言,在数组引用时,其维数应当与数组声明中所定义的一致,类型检查阶段必须对这种一致性进行检查,另外维数也用于数组元素地址的计算。对于用户定义的函数或过程而言,在过程调用时,实参个数也必须与形参的个数一致。在符号表中,可将这两个属性保存在一个属性域中,因为对这两种属性所做的类型检查是类似的。

5. 交叉引用表

多数编译程序都可以提供一个十分重要的程序设计辅助工具,即一张交叉引用表,该表按照标识符名字的升序列出标识符的名字、类型、维数等属性,再加上变量的声明语句所在的行号,以及所有引用该变量的语句的行号。表 6-2 所示是一张典型的交叉引用表的例子。

表 6-2 典型的交叉引用表示例

名 字	类型	维数	声明行	引 用 行
able_state	1	0	5	11,23,25
b_loop	1	0	5	10,11,13
counter	2	1	2	9,14,15
flag	1	0	7	28,29
func_form	3	2	4	36,37,38
mklist	6	0	6	17,21
num_total	1	0	3	12,14

6. 链域

链域中保存的是符号表中表项的编号,即指针。通过链域,将符号表中所有的表项,按照名字的升序组织成一个链表,目的就是为了产生交叉引用表。如果编译程序不产生交叉引用表,则链域以及语句的行号等属性都可以从符号表中删除。

6.2.3 符号表操作

在符号表上最常执行的操作是插入和检索，这些操作根据所编译的源语言是否要求显式声明而稍有不同，现在常用的程序设计语言都要求变量显式声明，然后才能引用。

对于要求变量显式声明的语言(如 Pascal、C 等语言)，编译程序在处理声明语句时，首先，需要插入操作，因为声明语句是变量属性的初始描述，从中收集到的变量属性值应该记入符号表。其次，还需要检索操作，因为在同一个作用域内不允许有变量重名，所以在插入之前要先对符号表进行检索，完成“查重”任务。另外，如果符号表是根据变量名排了序的有序表的话，则在插入操作之前也要先进行检索操作，以找到该变量及其属性应该存放的位置。

对所有的变量引用都将执行符号表检索操作，检索出的信息(如类型、存储地址和维数等)将被用于类型检查或代码生成，在该阶段进行的检索操作可发现变量未定义的错误，并给出相应的错误或警告信息。

对于允许变量隐式声明的语言(如早期的 FORTRAN 语言)，插入和检索操作是紧密相连的，对所有的变量引用都需按首次引用处理，因为无法知道该变量的属性是否已经写入符号表，所以，变量的每一次引用都必须做一次检索操作。如果在符号表中未发现该变量名，说明这是对名字的首次引用，需要从变量出现的上下文推测出它的类型及其他属性，然后执行插入操作保存信息。如果在符号表中找到了该变量的表项，则根据记录的类型对当前的语句进行类型检查。

对于块结构的语言(像 Pascal、C 语言等)，除了插入和检索外，在符号表上还要进行两种附加的操作，即定位和重定位。当编译程序识别出块的开始时，需要执行定位操作，当遇到块的结束时，则需要执行重定位操作。下面通过分析如下程序来说明这些操作。

```
Program sort(input,output);
    var a:array[0..10] of integer;
        x:integer;
    procedure readarray;
        var i:integer;
        begin for i:=1 to 9 do read(a[i]) end;
    procedure exchange(i,j:integer);
        begin x:=a[i]; a[i]:=a[j]; a[j]:=x  end;
    procedure quicksort(m,n:integer);
        var k,v:integer;
        function partition(y,z:integer):integer;
            var i,j:integer;
            begin
                …a …;
                …v …;
                exchange(i,j);
            end; { end of partition }
```

```
            begin
                if (n>m) then
                begin
                    i:=partition(m,n);
                    quicksort(m,i-1);
                    quicksort(i+1,n)
                end
            end {end of quicksort};
    begin
        a[0]=-999;  a[10]=999;
        readarray;
        quicksort(1,9)
    end. {end of sort}
```

这是一个 Pascal 程序，从程序中可以看到，变量 i 在多个块中被声明，且都是合法的，如，在过程 *readarray* 和函数 *partition* 中被声明为局部变量，在过程 *exchange* 中被声明为形参，可以认为是名字相同的多个不同的变量。在块结构的语言中，必须确保每个变量映射到不同的存储空间，这就要求每一个变量有唯一的存放其属性值的符号表表项。为此，就需要在符号表上执行定位和重定位这两种操作。

在块的入口处，需要执行定位操作以建立一个新的子表(子表是符号表的一部分)，在该块中声明的所有标识符的属性都存放在此子表中。与上述 Pascal 程序对应的符号表的逻辑结构如图 6-5 所示。由于每个块都有自己的相对独立的子表，所以在同一个块中不允许重名变量出现，但允许在不同的块中定义的变量同名(如上述程序中的标识符 i 的声明都是合法的)。假设要对引用性出现的变量 x 进行一次查表操作，同时假设已经把当前活动的子表按它们建立的顺序编了号 $1,2,\cdots,n$，检索是从子表 n 开始向子表 1 进行，则最近一次声明的 x 的表项将被找到。例如，假定编译程序现在分析到了 *partition* 中对变量 v 的一次引用，则检索操作从 *partition* 的符号表开始、沿着 *quicksort*、*sort* 的符号表顺序检索，*partition* 表中没有 v 的表项，说明该变量不是它的局部变量；在 *quicksort* 表中找到了 v 的表项，这就是所需要的被引用变量 v 的属性记录。同样，对 *partition* 中引用的变量 a，将会在 *sort* 的符号表中找到其属性记录。

在块的出口处，需要执行重定位操作，即“删除”该块的符号表，这说明已经处理完的块中声明的局部变量已经不能再被引用。例如，如果编译程序分析到了 *partition* 函数的结束标志 end，则需要进行重定位操作，把 *partition* 的符号表“删除”，使 *quicksort* 的符号表成为当前符号表，这样 *partition* 表中记录的信息就不能用了，如果在 *quicksort* 过程中出现了对名字 i、j 的引用将报告错误，因为从 *quicksort* 和 *sort* 的符号表中均找不到名字 i 和 j 的表项。这里所说的“删除”符号表，指的是逻辑上的删除，使被“删除”的符号表成为不活动的，即它的表项还是要保留的，只是无法访问了。因为在代码生成时还需要使用符号表中的信息(如变量的存储地址等)来生成目标指令。当然，如果编译程序是一遍完成所有的工作，直接输出目标程序，则重定位操作可以物理删除符号表，不再保留其表项。

由此可见，在符号表上的定位和重定位操作实现了名字的静态作用域规则。

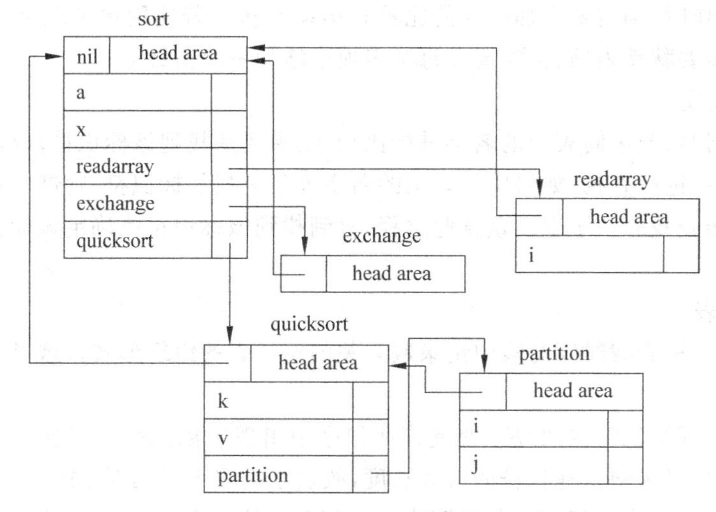

图 6-5 Pascal 程序的符号表的逻辑结构

如何正确地建立符号表，与符号表的具体组织方式有关，下文将讨论符号表组织相关的问题。

6.2.4 符号表组织

程序设计语言分为块结构语言和非块结构语言两种，不同结构的语言其符号表的组织方式也不同。

1. 非块结构语言的符号表组织

用非块结构语言编写的每一个可独立编译的程序都是一个不包含子块的单一模块，该模块中声明的所有变量的作用域是整个程序。

非块结构语言的符号表可组织成如下 3 种形式。

(1) 无序线性符号表

这是最简单的符号表组织形式，即把标识符的属性按标识符声明的先后顺序填入表中，如果标识符是隐式声明的，则按标识符出现的先后顺序填入。每次执行插入操作前都要先进行检索，查看符号表中是否已经存在同名的标识符。对于要求变量显式声明的语言，如果发现同名标识符已经存在，则报告“变量重定义”错误；对于允许变量隐式声明的语言，如果发现同名的标识符，则认为此次非首次出现，而是引用性出现，故不再插入。

(2) 有序线性符号表

有序线性符号表中的标识符表项通常按照名字的字典顺序排序，常用的查找技术有线性查找和二分查找。

① 线性查找

使用有序线性符号表避免了对整张表的查找，执行查找操作时，当遇到第一个比要查找的标识符的值大的表项时，就可以判定该标识符不在表中了。为保证符号表的有序性，在执行插入操作时，则需要增加额外的比较和移动操作。若使用单链表结构实现有序符号表的话，不需要移动表项，但需要在每个表项中增加一个指针域。

② 二分查找

首先把标识符与中间表项的名字进行比较，结果或是找到该标识符，或是指出下一次要在哪个子表中进行查找，如果中间表项的名字大于查找的标识符，则进一步查找前一子表，否则进一步查找后一子表。重复此过程，直到找到该标识符或确定该标识符不在表中为止。

(3) 散列表

散列表是一种查找时间与表中记录数无关的符号表的组织形式。这里用到以下几个概念。

名字空间（即标识符空间）K：是允许在程序中出现的标识符的集合。由于在编译程序的具体实现中必须限定标识符的最大长度，故名字空间 K 总是有限的。

地址空间（也称表空间）A：是散列表中存储单元的集合$\{1,2,\cdots,m\}$。

散列函数（标识符-地址转换函数）H，是一个映射 H：$K\rightarrow A$，即散列函数将一个标识符映射到存放其属性的表单元地址。通过散列函数，可以快速定位到一个标识符在散列表中的位置。通常，H 通过在标识符的全部字符或部分字符上执行一些简单的运算或逻辑操作来产生这个地址。并且，为了进行散列变换，需要先将标识符中的每个字符转换成ASCII或EBCDIX码，以便于运算。比如，可以把英文字母在字母表中的位置序号作为它的内部编码。如A的内部编码为01，B的内部编码为02，E的内部编码为05，K的内部编码为11，Y的内部编码为25等，由此组成标识符“KEYA”的内部代码为11052501。

常用的构造散列函数的方法如下。

① 除法：这是最常用的散列函数，定义为 $H(x)=(x \bmod m)+1$，通常 m 为一个大的素数，这样可使标识符尽可能均匀地分散在表中。

② 平方取中法：先求出标识符的平方值，然后按需要取平方值的中间几位作为散列地址。因为平方值中间的几位与标识符中每一符号都相关，故不同标识符会以较高的概率产生不同的散列地址。比如，标识符“KEYA”的内部代码 11052501 的平方为122157778355001，可以取“778”作为其散列地址；“AKEY”的内部代码 01110525 的平方为 001233265775625，可以取“265”作为散列地址。

③ 折叠法：将标识符按所需地址长度分割成位数相同的几段，最后一段的位数可以不同，然后取这几段的叠加和（忽略进位）作为散列地址。

④ 长度相关法：标识符的长度和标识符的某个部分一起用来直接产生一个散列地址，或更普遍的方法是产生一个有用的中间字，然后再用除法产生一个最终的散列地址。

由于名字空间 K 比地址空间 A 大得多，所以 H 是一个多对1的映射，必须运用某些方法来解决所发生的冲突。常用的解决冲突的方法有开放地址法和分离链表法。

① 开放地址法

如果标识符被映射到一个散列单元 d 中，而这个单元已被占用，那么就按照顺序 $d+1,\cdots,m,1,2,\cdots,d-1$ 扫描表中其他的单元，如果其中至少有一个是空闲的，那么就返回找到的第一个有效的散列单元；否则，在扫描完 m 个单元之后搜索停止。在查找一个记录时，按同样的顺序扫描表单元，直到找到要找的表项或找到一个空闲单元（从未使用过）为止，后一种情况表明所要找的记录不在表中。这种方法也称为线性探测法。只有当程序中声明的标识符的个数小于或等于散列表单元数目时，这种方法才可行。

② 分离链表法

这种方法将发生冲突的记录链到一个专门的溢出区，该溢出区是与主区相分离的。为每一组冲突的记录设置一个链表，所以主区和溢出区的每一个记录都必须有一个指针域。为了节省存储空间，可定义散列表中只保存冲突链的头指针，具有相同散列值的标识符的属性记录组织成一个链表。

2. 块结构语言的符号表组织

用块结构语言所写的程序中可包含嵌套的子块，同时每个块都可以声明属于它自己的一组局部变量，如 Pascal 语言、C 语言等都是块结构语言。

(1) 栈式符号表

对块结构语言来说，最简单的符号表组织形式是栈式符号表。每当识别出标识符声明时就将包含其属性的记录入栈，当到达块结尾时就将该块中声明的所有标识符的记录出栈，因为这些名字是局部于该块的，在块外是不可用的。

图 6-6 所示是上述 Pascal 程序在分析块 *partition* 的过程体时的栈式符号表的状态，其中栈中保存标识符的信息，另设一个块索引表，标识每个活着的块的子表在栈中的开始位置。

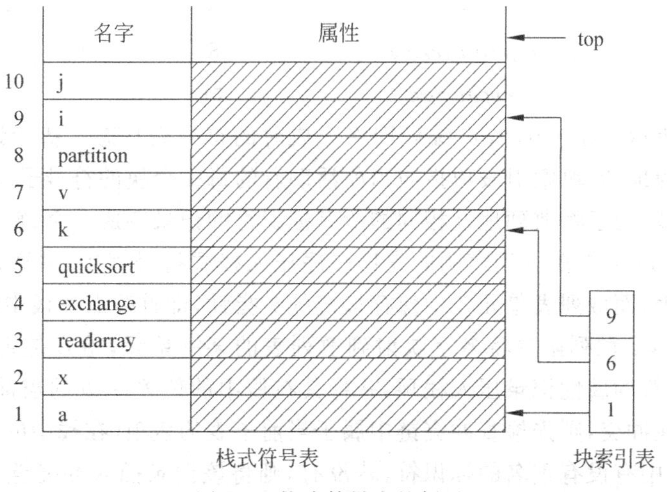

图 6-6 栈式符号表的例子

图 6-6 显示，当前有 3 个块的符号表处于活动状态，其中，主程序 *sort* 的符号表从第 1 个栈单元开始，栈单元 1～5 中记录的是 *sort* 中声明的标识符的属性，过程 *quicksort* 的符号表从第 6 个栈单元开始，栈单元 6～8 中保存的是在 *quicksort* 中声明的标识符的属性信息，而函数 *partition* 的符号表从第 9 个栈单元开始。所以块索引表从栈顶到栈底保存

的9、6、1分别是这3个符号表在栈中的开始位置。栈指针 *top* 指示符号表栈顶第一个空闲的记录存储单元。

在栈式符号表上的操作也很容易实现。①插入操作，当从声明语句中识别出标识符时，只需将新标识符的属性记录压入栈顶单元即可。块结构语言允许程序中存在重名变量的声明，只要它们不出现在同一块中就是合法的。因此，标识符入栈前的“查重”操作只需根据块索引表栈顶单元的指示在当前正在编译的块的符号表中进行检查即可。②检索操作，当遇到标识符引用时，只需从栈顶到栈底进行线性搜索即可，这样确保找到的是满足最近嵌套作用域规则的、正确的标识符。③定位操作，当识别出一个块的开始时，只需将栈指针 *top* 的值压入块索引表的顶端即可，即在块索引表的顶端产生一个新的块索引指针项，指向当前进入的块的符号子表中第一个表项。④重定位操作，遇到块结束时，只需弹出块索引表顶端单元的值，并用它设置栈顶指针 *top* 即可完成重定位操作。重定位操作将有效地清除刚刚被编译完的块在栈式符号表中的所有表项。

在所编译的程序中声明的标识符较少时，使用栈式符号表较合适。

(2) 栈式散列符号表

为了提高检索速度，可为栈式符号表增加一个散列表，形成栈式散列符号表。假设散列表的大小为11，散列函数执行如下变换：

名字	映射到散列地址
a、*quicksort*	1
x、*v*、*j*	3
partition	4
i	5
k、*readarray*	8
exchange	11

如图6-7所示是在 *partition* 编译即将完成时的符号表状态。新标识符记录被压入到栈式符号表的顶端，块索引表项指向当前活动着的每一个块的符号子表的第一个表项。栈中有一个链域，用于将散列地址相同的所有标识符的记录链成一个链表。如名字 *x*、*v*、*j* 的散列地址都是3，按照它们声明的先后顺序压入栈式符号表中，并通过链域链接在一起形成一个链表，而散列表单元3中保存该链的头指针，即首节点在栈中的位置。

① 插入操作：散列函数将名字映射到散列表的某一单元，检查是否存在冲突，若无冲突，则将标识符的属性记录压入栈顶，并将其在栈中的位置（*top* 的当前值）写入散列表单元中。若存在冲突，则先检查冲突链中属于当前子表的表项（在栈中的位置≥块索引表顶端单元的值）中有没有重名的标识符，若没有，则将该记录插入冲突链的链头；若有，则报告错误（标识符重复定义）。

② 检索操作：散列函数将名字映射到散列表单元，首先检查该散列单元是否为空，若为空，则说明要查找的标识符未定义；若不为空，则进一步沿冲突链进行查找。若未找到，也说明该标识符未定义；若找到，则可从栈单元中获取所需要的标识符属性，另外，根据该标识符在栈中的位置和块索引表顶端单元的值来判断该标识符是否局部于当前块。

③ 定位操作：当编译程序识别到一个块的开始时，把栈顶指针 *top* 的当前值赋给块

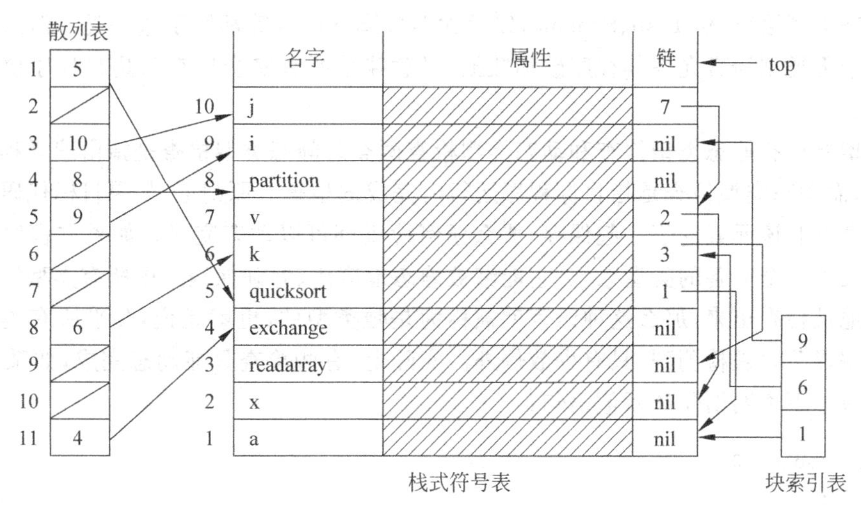

图 6-7 栈式散列符号表的例子

索引表的顶部单元，使该索引值指向新块符号子表的开始位置。

④ 重定位操作：当一个块编译完成时，其符号表中所有表项必须逻辑上或物理上从栈式符号表中移除，即把这些标识符的记录从相应的链中摘除，之后，再用块索引表顶端单元的值恢复栈顶指针 *top* 即可。

6.3 类型检查

就程序设计语言而言，类型信息在何种程度上是显式的、哪一种类型信息在程序执行前可用来验证程序的正确性，对此，语言设计者具有不同的观点。有些观点强调最大程度的限制，要求执行严格的类型检查，如 Ada 语言要求显式声明类型，并且其编译程序严格执行类型检查，因此又被称为"强类型语言"。相反，有些观点则强调数据类型应用的灵活性，建议采用隐式类型，翻译时无须进行类型检查，如 Scheme 语言是隐式类型语言，它的编译程序不进行类型检查，但这并不是说 Scheme 没有类型，事实上，Scheme 中的每一个数据值都有一个类型，在程序运行期间，系统将对每一个值的类型进行扩展检查。

由于强类型语言的类型规则的严格性，确保了大多数不安全的（即存在数据被破坏错误的）程序在编译阶段被检出，而那些在编译阶段没有被检出的不安全的程序将在数据被损害之前给出一个执行错误，因此，其编译程序不可能产生包含导致类型错误的不安全程序。但这也给程序员带来了额外的负担，因为有些安全的程序也可能被检出类型错误。比如，Ada 是一种强类型语言，具有十分严格的类型系统，所有的类型转换要求程序员显示编写代码完成，给程序设计人员带来了相当大的负担。ML 也是强类型语言，事实上，ML 具有完全形式化的类型系统，合法程序的所有性质都可用数学方法证明。Pascal 语言不像 Ada 那样要求严格，存在一些漏洞，但通常也被认为是强类型的语言。C 语言有较多的漏洞，有时被称为弱类型语言。C++ 企图去除 C 的一些最严重的类型漏洞，但由于兼容性原因仍然不是完全强类型的语言。没有类型系统的语言通常被称为是无类型语言或动态类型语言,像 Lisp、Scheme,以及大多数脚本语言等都属于这一类。但这并不意味着一个无类型语言允许其程序破坏数据,只意味着所有安全检查都是在程序执行期间进行的。

类型检查有静态类型检查和动态类型检查两类。静态类型检查是指由编译程序完成的检查,而动态类型检查是指目标程序运行时完成的检查。原则上,如果目标代码把每个元素的类型和该元素的值一起保存,那么任何检查都可以动态完成。如果在程序设计语言中定义了一个完备的类型系统,它能够被静态地应用、并确保程序中所有类型错误都尽可能早地被检查出来,那么这种语言就被称为是强类型的,也就是说,几乎所有类型错误都可在编译阶段被检测到,只有少数例外。实际上,有些检查只能动态完成,如某 C 语言程序中有如下声明语句和赋值语句:

```
char table[10];
int i;
……
table[i]:=9;
……
```

赋值语句中引用的 *table*[*i*]的合法性可能就需要在程序运行期间进行检查,因为编译程序一般不能保证在程序运行期间 i 的值总是在 0～9 的范围内。

程序设计语言要求使用显式类型可提高程序的可读性,帮助程序员理解程序中每一个数据结构的作用,并知道对这些数据项可以做什么和不可以做什么。例如,显式类型可以用来去除程序中的二义性,如可以用类型信息去除运算符的重载;使用静态接口类型,可以通过证明接口一致性和正确性来提高大型程序的开发效率。在翻译期间进行类型检查可使许多标准程序错误被早点检查出来、减少可能出现的执行错误数量,由此可提高程序的安全性和可靠性。另外,静态类型信息能使编译程序更有效地进行存储分配、产生有效管理数据的机器语言代码,提高程序的执行效率,并且静态类型的使用可提高编译效率,因为可以减少需要编译的代码的数量(特别是在重新进行编译时)。因此,将显式类型和静态类型检查相结合的类型检查程序,可使不正确的程序设计在编译阶段被发现。目前,大多数现代程序设计语言(除了像脚本语言和查询语言等有特殊目的的语言外)都使用了某些形式的静态类型和许多灵活的技术。

6.3.1 类型表达式

设计类型检查程序时,首先需要考虑的是语言的语法结构、数据类型,以及类型体制。语言的语法结构可由上下文无关文法来描述,数据类型是一个数据集合以及其上带有某些性质的操作集合,类型体制就是把数据类型指派到语法结构的一组规则。类型体制由类型检查程序实现,程序内的类型信息是否一致须由编译程序通过类型检查来确定。

每一种有类型的语言都有一套类型声明规则,都定义了一些基本类型(即对程序员来说没有内部结构的类型),如 integer、char 等,同时又都提供了一些类型构造器(即类型运算符),程序员利用类型构造器可以由基本类型构造有结构的类型(称为构造类型),也可以由具有简单结构的构造类型构造新的具有更复杂结构的构造类型。在程序设计语言中,所有构造类型都是使用类型构造器从预定义的基本类型构造出来的。数组是最常见的类型构造器,如 Pascal 语言的声明语句:

```
a: array[1..10] of integer;
```

声明了一个变量 a,其类型为"整型数组",其大小为 10。与该语句作用相同的 C 语言声明语句的形式为:

```
int a[10];
```

可以看出,类型构造器 array 根据一个基本类型 integer(或 int)和一个整数范围构造出一个新的数据类型,即数组。

由类型构造器创建的新的类型不是自动获得名字的,新类型的名字由类型声明创建(某些语言中称为类型定义),名字不仅是对新数据类型的使用进行记录,它对于类型检查、递归类型的构造都具有重要作用。如上面声明的变量 a 有类型,但该类型是无名类型,因为它没有名字。使用类型声明语句可以为构造类型命名。如在 Pascal 语言中,可以使用如下的类型声明语句将上述整型数组命名为 Array_integer_ten,然后再用该名字来声明变量。

```
type Array_integer_ten=array[1..10] of integer;
a:Array_integer_ten;
```

在 C 语言中,具有同样作用的类型声明语句的形式如下:

```
typedef int Array_integer_ten[10];
Array_integer_ten a;
```

为了描述语言结构的类型,引入类型表达式的概念。简单地讲,类型表达式或者是基本类型,或者是由类型构造器作用于其他类型表达式而形成的。基本类型和类型构造器的种类及形式都取决于具体的程序设计语言。为便于讨论,下面给出类型表达式的具体定义。

定义 6.1 类型表达式的递归定义。

(1) 基本类型是类型表达式。

这里假设基本类型有 boolean、char、integer 和 real,另外还有 type_error 和 void。其中 type_error 表示"错误类型",类型检查程序对含有类型错误的语言结构指派该类型。void 是"回避类型",类型检查程序对不含类型错误的语句、语句序列和程序块等没有数据类型的语言结构指派该类型。

(2) 类型名是类型表达式。

如上面说明的类型名 Array_integer_ten,是类型表达式。

(3) 类型构造器作用于类型表达式的结果仍是类型表达式。

类型构造器有以下 5 种。

① 数组：如果 T 是类型表达式，那么 array(I,T)是元素类型为 T 和下标集合为 I 的数组的类型表达式，I 通常是一个整数域。例如有如下的 Pascal 语言声明语句：

```
a:array[1..10] of char;
```

则名字 a 的类型表达式为：array(1..10,char)。

② 笛卡儿乘积：如果 T_1 和 T_2 是类型表达式，那么它们的笛卡儿乘积 $T_1 \times T_2$ 也是类型表达式，假定'×'是左结合的。

③ 记录：把类型构造器 record 作用于记录中各域类型的笛卡儿乘积上就形成了记录的类型表达式，其中，域类型是由域名和域的类型表达式组成的二元组。用同样的表达式可以完成记录的类型检查。例如，如下的 Pascal 语言声明语句声明了一个记录型变量 B，B 的类型表达式为：record((i×integer)×(c×char)×(r×real))。

```
B: record
    i: integer;
    c: char;
    r: real
end;
```

与此功能相同的 C 语言的声明语句是：

```
struct {
    int i;
    char c;
    float r;
} B;
```

再如，对于如下的 Pascal 语言声明语句：

```
type row=record
             addr:integer;
             name:array[1..10] of char
         end;
table:array[1..10] of row;
```

类型名 *row* 的类型表达式为：record(($addr$×integer)×($name$×array(1..10, char)))，变量 *table* 的类型表达式为：array(1..10,*row*)。

从某种意义上讲，记录类型是它的各域类型的笛卡儿乘积。记录和笛卡儿乘积的区别是记录中的域有名字。

④ 指针：如果 T 是类型表达式，那么 pointer(T)也是类型表达式，表示类型"指向类型 T 的对象的指针"。如有如下的 Pascal 语言声明语句：

```
p:↑row;
```

说明变量 p 是指向 *row* 类型对象的指针，所以 p 的类型表达式为 pointer(*row*)。

如下的 C 语言声明语句同样将变量 p 声明为指针类型，其类型表达式为 pointer(integer)。

```
int *p;
```

⑤ 函数：从数学角度来讲，函数把定义域上的对象映射到值域上的对象。可以把程序中的函数看成是从定义域类型 D 到值域类型 R 的映射，函数类型由类型表达式 $D \to R$ 表示。例如，Pascal 语言的内部函数 mod 有定义域类型 integer×integer(表示 mod 的参数是一对整数)，有值域类型 integer(mod 的返回值类型)，所以 mod 的类型表达式为：

$$\text{integer} \times \text{integer} \to \text{integer}$$

这里，'×'的优先级高于'→'的优先级，并且'→'是右结合的。

假如在某 Pascal 语言程序中，有如下的函数(头)声明：

```
function fun(a: char,b: integer):↑integer;
```

函数 *fun* 的定义域类型是 char×integer，值域类型是 pointer(integer)，因此函数 *fun* 的类型表达式是 char×integer→pointer(integer)。

再如，对于某 C 语言程序中有函数声明 int square(int x) { return x * x }，函数 *square* 的类型表达式为 integer→integer。

通常，对于函数返回值的类型有一定的限制，即不能是数组或函数类型，但有些语言(如 LISP)允许函数返回任意类型的对象。假如函数 g 的参数是把字符映射成整数的函数，g 的返回结果是和参数类型相同的另一函数，于是 g 的类型表达式为：

$$(\text{char} \to \text{integer}) \to (\text{char} \to \text{integer})$$

(4) 类型表达式中可以包含变量(称为类型变量)，变量的值是类型表达式。

以上是类型表达式的形式定义。类型表达式也可以用有向图表示。用第 5 章介绍的语法制导翻译技术可以为类型表达式构造树或 dag，其内部结点表示类型构造器，叶结点代表基本类型、类型名或类型变量。例如，与类型表达式 integer×integer→pointer(char) 相应的树和 dag 分别如图 6-8(a)和(b)所示。

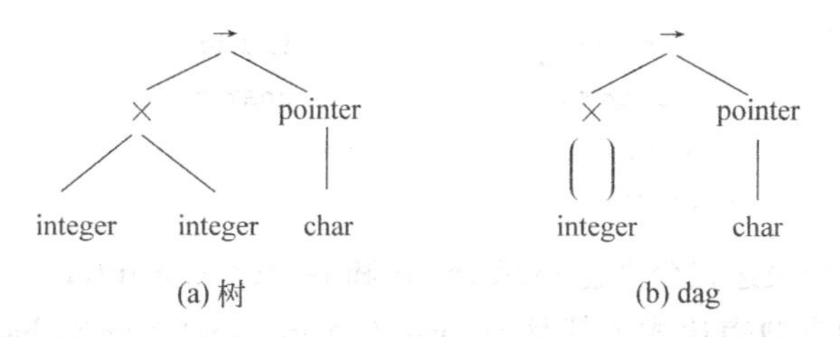

图 6-8 类型表达式 integer×integer→pointer(char)的树和 dag 表示

6.3.2 类型等价

类型检查涉及的一个主要问题就是类型等价，即两个类型如何才算等价？简单的回答就是：比较值的集合，如果两个集合包含相同的值，那么这两个类型就是相同的。

几乎所有的语言都允许用户定义新的类型、并为新类型命名，并且这个名字可以用于随后其他的类型声明或变量声明。在这种情况下，又该如何判断两个类型是否等价呢？进一步讲，类型名是类型表达式，那么类型名与它所代表的类型表达式等价吗？显然，这是关于类型的等价性与类型的表示方法之间的关系问题。因此，精确地定义什么情况下两个类型表达式等价是很重要的。

编译程序实现的类型等价概念常常解释为结构等价和名字等价两类。

1. 结构等价

如果两个数据类型具有相同的结构，即都是从相同的基本类型出发、用相同的类型构造器由完全相同的方法构造出来的，那么它们就是等价的。这种形式的类型等价称为结构等价，这是程序设计语言中类型等价的一种主要形式。

例 6.1 如下的 Pascal 语言声明语句，分别声明了 4 个记录类型的变量 A、B、C 和 D。

```
A: record           B: record           C: record           D: record
      i: integer;         i: integer;         f: real;            x: real;
      f: real             f: real             i: integer          y: integer
   end;                end;                end;                end;
```

根据定义 6.1 可知，A 和 B 的类型表达式都是 $\text{record}((i\times \text{integer})\times(f\times \text{real}))$，而 C 的类型表达式是 $\text{record}((f\times \text{real})\times(i\times \text{integer}))$，$D$ 的类型表达式是 $\text{record}((x\times \text{real})\times(y\times \text{integer}))$。它们的类型表达式反映出它们的类型是否结构等价，$A$ 和 B 具有完全相同的类型表达式，所以二者的类型是结构等价的，但它们与 C 和 D 不是结构等价的，C 与 D 也不是结构等价的。

再如，下面的 C 语言声明语句中声明了 2 个类型名 $recA$ 和 $recB$，3 个变量名 a、b 和 c。

```
struct recA          typedef struct        struct
{                    {                     {
   int i;               int i;                int i;
   char c;              char c;               char c;
} a;                 } recB;               } c;
                     recB b;
```

变量 a、b 和 c 的类型表达式分别是 $recA$、$recB$ 和 $\text{record}((i\times \text{integer})\times(c\times \text{char}))$，而名字 $recA$ 和 $recB$ 的类型表达式也都是 $\text{record}((i\times \text{integer})\times(c\times \text{char}))$，所以，变量 a、b 和 c 的类型结构等价。

从上面的讨论可知，如果类型表达式仅由类型构造器和基本类型组成，则两个类型表达式等价的自然概念是结构等价，即两个类型表达式要么是同样的基本类型，要么是将同样的类型构造器作用于结构等价的类型表达式而构成的。也就是说，两个类型表达式结构等价当且仅当它们完全相同。如果用第 5 章介绍的方法来构造类型表达式的 dag，那么相同的类型表达式将由同样的结点表示。

算法 6.1 给出的是测试类型表达式结构等价的算法，这里假定仅有的类型构造器是数组、笛卡儿乘积、指针和函数，这个算法递归地比较类型表达式的结构而不检查环，所以它能用于树或 dag 表示。

算法 6.1 测试两个类型表达式结构等价的算法。

输入：两个类型表达式 s 和 t。

输出：如果 s 和 t 结构等价，则返回 1(true)，否则返回 0(false)。

方法：

```
(1)  bool seqtest(texpr s,texpr t)
(2)  {
(3)      if (s 和 t 是同样的基本类型) return 1;
(4)      else if (s==array(s1,s2))&& (t==array(t1,t2))
(5)              return seqtest(s1,t1) && seqtest(s2,t2);
(6)      else if (s==s1×s2)&&(t==t1×t2)
(7)              return seqtest(s1,t1) && seqtest(s2,t2);
(8)      else if (s==pointer(s1))&&(t==pointer(t1))
(9)              return seqtest(s1,t1);
(10)     else if (s==s1→s2)&&(t==t1→t2)
(11)             return seqtest(s1,t1) && seqtest(s2,t2)
(12)     else return 0;
(13) }
```

对于如下的 C 语言声明语句中声明的变量 a 和 b 的类型等价吗？

```
int  a[10];
int  b[20];
```

根据定义 6.1，它们不等价，因为 a 的类型表达式是 array(0..9,integer)，而 b 的类型表达式是 array(0..19,integer)。但是，在实际应用中，结构等价的概念常常需要修改，以反映源语言实际的类型检查规则。例如，当数组作为参数传递时，可能不希望数组的下标取值范围作为类型的一部分。如果数组的类型表达式只由类型构造器 array 作用于数组元素的类型表达式构成，而不考虑下标的取值范围，则 a 和 b 类型等价。如果将算法 6.1 中第(4)、(5)两行改为如下形式，则可实现这样的类型检查规则。

```
else if(s==array(s1))&& (t==array(t1))
    return seqtest (s1,t1);
```

为了提高测试效率，编译程序常采用可以快速决定类型等价的方法，如可以对类型表达式进行编码。具体做法是对语言中的基本类型规定确定位数、确定位置的二进制编码，对类型构造器规定确定位数的二进制编码，这样，根据类型表达式中的基本类型、类型构造器及其位置，可以将类型表达式表示为一个二进制序列，这样就可以根据两个类型表达式的编码测试它们的结构等价性。

例如，在 D. M. Ritchie 所编写的 C 语言编译程序中采用如下编码方式，这种编码方式也应用于 Johnson[1979]描述的 C 语言编译程序中。基本类型采用 4 位二进制编码，类型构造器采用 2 位编码，定义如下：

基本类型	编码	类型构造器	编码
boolean	0000	pointer	01
char	0001	array	10
integer	0010	freturns	11
real	0011		

基于这样的编码,可以将类型表达式编码成二进制序列,末4位是基本类型的编码,从右向左移,每2位表示一种类型构造器,比如:

类型表达式	编码
integer	0000000010
pointer(integer)	0000010010
array(pointer(integer))	0010010010
freturns(array(pointer(integer)))	1110010010

很显然,两个不同的二进制序列表示不同的类型,因为它们所表示的类型或者是基本类型不同,或者是类型构造器不同。当两个类型表达式具有相同的二进制编码序列时,如果其中含有数组或函数构造器,由于编码方法忽略了数组的下标取值范围和函数的参数类型,则还需要进一步用算法6.1判断它们的类型表达式是否相同。

用编码方式表示类型表达式,除了可以节省空间、提高测试速度外,还能跟踪出现在类型表达式中的类型构造器。

2. 名字等价

当类型表达式中允许出现用户定义的类型名时,就产生了关于类型表达式名字等价的概念。名字等价把每个类型名看成是一个可区别的类型,所以两个类型表达式名字等价,当且仅当它们名字完全相同。如果含有类型名的两个类型表达式中所有的名字被它们所定义的类型表达式替换后是结构等价的,则这两个类型表达式结构等价。因此,名字等价的两个类型表达式也是结构等价的。

例 6.2 下面的C语言声明语句声明的变量 a、b、c、d 和 e 是否都具有相同的类型?

```
typedef  struct {
            int age;
            char name[20];
         } recA;
typedef  recA *recP;
recP a;
recP b;
recA *c, *d;
recA *e;                                                    (声明 6.1)
```

表6-3列出了声明6.1中各变量的类型表达式。

表 6-3 声明 6.1 中的变量及其类型表达式

变量	类型表达式	变量	类型表达式	变量	类型表达式
a	*recP*	*c*	pointer(*recA*)	*e*	pointer(*recA*)
b	*recP*	*d*	pointer(*recA*)		

从表 6-3 可以看出，变量 *a* 和 *b* 的类型表达式均为 *recP*，是完全相同的，所以它们的类型是名字等价的。同样，变量 *c*、*d* 和 *e* 的类型表达式均为 pointer(*recA*)，所以它们也具有名字等价的类型。但 *a* 和 *b* 与 *c*、*d* 和 *e* 具有不同的类型表达式，故在名字等价的情况下，它们不等价。由于名字 *recP* 的类型表达式是 pointer(*recA*)，故将名字替换后，它们的类型表达式是完全一样的，所以，在结构等价的情况下，它们是等价的。

这个问题的关键在于类型表达式 *recP* 和 pointer(*recA*)是否等价。对这个问题的回答依赖于具体的系统实现。

不同语言中，标识符和类型通过声明语句相联系的规则不同，可以用结构等价和名字等价的概念来解释这些规则。例如，C 语言使用介于名字等价和结构等价之间的一种类型等价形式，即对于 struct 和 union 采用名字等价，其他则采用结构等价。也就是说，struct 和 union 类型构造器的应用将创建一个新的类型。

例 6.3 考虑如下 C 语言声明语句：

```
struct {
    short j;
    char c;
} x,y;
struct {
    short j;
    char c;
}b;
```

这里，名字 *x* 和 *y* 是等价的，但它们与 *b* 不等价，因为 C 的编译程序将为每一个结构声明产生一个新的不同的内部名字。假设为声明 *x* 和 *y* 的结构产生一个内部名 *structA*，为声明 *b* 的结构产生一个内部名 *structB*，则 *x* 和 *y* 的类型表达式是 *structA*，而 *b* 的类型表达式是 *structB*，所以，在名字等价的情况下，它们不等价。

Pascal 语言采用了与 C 语言类似的规则，几乎所有类型构造器(如记录、数组和指针等)的应用都将建立一个新的不等价类型。

声明 6.1 的效果与使用下面的类型定义和变量声明的效果一样。

```
typedef  struct {
            int age;
            char name[20];
         }recA;
typedef recA  *recP;
recP a;
recP b;
```

```
typedef  recA  *recD;
recD c,d;
typedef  recA  *recE;
recE e;
```

(声明 6.2)

按照名字等价的概念,*a* 和 *b* 具有等价的类型(因为它们的类型表达式都是 *recP*),*c* 和 *d* 具有等价的类型(因为它们的类型表达式都是 *recD*),*e* 的类型表达式是 *recE*,由于 *a*、*c* 和 *e* 使用不同的类型名说明类型,所以它们的类型不等价。

编译程序可以通过构造类型图来检查名字的类型是否等价。图 6-9 给出了声明 6.1 对应的类型图,图中虚线表示变量和类型图中结点的联系。每当出现一个类型构造器或基本类型,就建立一个新的结点(如图 6-9 中的 record、integer、char、pointer 等);每当出现一个新的类型名时,就建立一个叶结点(如图 6-9 中的 *recA*、*recP* 等),但要跟踪该名字所代表的类型表达式,即在名字对应的叶结点和类型构造器对应的结点之间建立联系(如图 6-9 中的等号"=")。在类型图中,如果两个类型表达式用相同的结点表示,则它们是名字等价的。

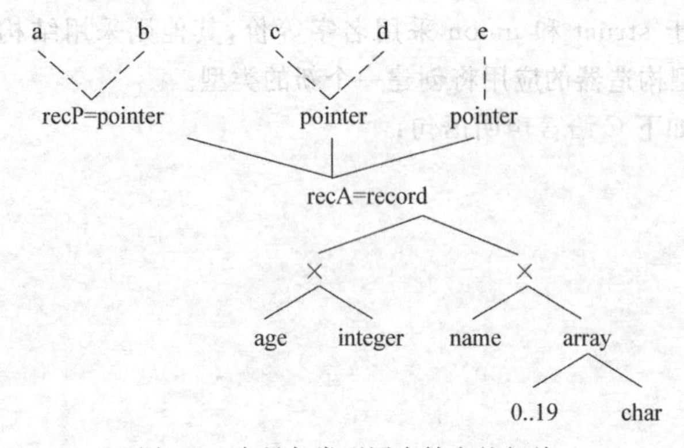

图 6-9 变量与类型图中结点的相关

3. 类型表示中的环

像链表和树这样的动态数据结构都是递归定义的。通常这类数据结构中的每个结点都用记录表示,记录中含有指向另一结点的指针。在定义这类记录类型时,类型名起到了关键性作用。假设链表的结点包含一个整型数和一个指向下一个结点的指针,关于指针和结点的类型定义可用 Pascal 语言描述如下:

```
type ptr=↑row;
row=record
     i:integer;
     next:ptr
   end;
```

(声明 6.3)

类型名 *ptr* 根据 *row* 定义,而 *row* 又根据 *ptr* 定义,所以它们是递归定义的。*row* 的类型表达式对应的类型图如图 6-10(a)所示,如果用 pointer(*row*)替换 *ptr*,得到如图 6-10(b)

所示的类型图。如果愿意在类型图中引入环,则递归定义的类型名可以替换掉,其类型图如图 6-10(c)所示。

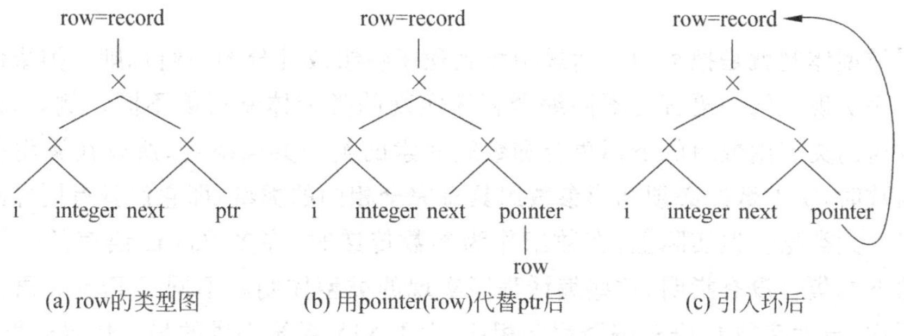

图 6-10 声明 6.3 中 row 的类型表达式的图形表示

C 语言通过对记录以外的其他类型使用结构等价来避免在类型图中出现环。在 C 语言中 row 的声明为:

```
struct  row {
          int i;
          struct row * next;
        };
```

实际上,C 使用的是如图 6-10(b)所示的无环表示。

C 语言要求类型名在使用之前定义,但允许指针指向尚未定义的结构类型,所以,所有潜在的环均是由指向结构的指针引起的。由于结构名是其类型的一部分,于是,在测试结构等价时,当遇到结构类型构造器 struct 时,测试停止,结果被比较的类型或者由于它们有同样的命名结构类型而等价,或者不等价,这样就避免了类型等价性验证出现无限循环。

例 6.4 考虑如下的 C 语言声明语句:

```
struct cell_1 {
    int info;
    struct  cell_1 * next;
      };
struct cell_2 {
    int info;
    struct  cell_2 * next;
      };
```

显然,*cell*_1 和 *cell*_2 是结构等价的。但是一个类型系统如果简单地将类型名替换为它所定义的类型表达式,则类型等价性验证将导致一个无限期的循环。如果开始的时候就假定 *cell*_1 和 *cell*_2 是结构等价的,那么采用无环表示,就很容易地得出 *cell*_1 和 *cell*_2 是结构等价的结果。

6.4 一个简单的类型检查程序

所谓类型体制就是把类型表达式指派到程序各组成部分的一组规则。类型体制由类型检查程序实现。同一语言的不同编译程序实现的类型体制可能不同。例如,Pascal语言规定数组的类型由数组的下标集合和数组元素的类型共同决定,所以在调用有数组作参数的函数时,实参数组必须和形参数组具有完全相同的类型,即它们具有同样的下标集合和数组元素类型。但实际上,在数组作为参数传递时,许多Pascal语言的编译程序允许数组的下标集合没有指明,这些编译程序实现的类型体制就不同于Pascal语言定义的体制。同样,与大多数C语言编译程序相比,由UNIX系统提供的静态代码分析程序lint是一种更加严密的编译工具,可以对程序进行更加广泛的错误分析,它可以检查出一般的C语言编译程序查不出来的一些类型错误,因为它所实现的类型体制更详细。

本节通过设计一个简单语言的类型检查翻译方案来讨论类型检查程序的任务。利用第5章介绍的LR翻译技术可以实现类型检查。

6.4.1 语言说明

假设该语言具有如下文法:

$P \rightarrow D;S$

$D \rightarrow D;D \mid$ id : $T \mid$ proc id(A); D; $S \mid$ func id(A) : T; D; S

$T \rightarrow$ char | integer | real | boolean | array[num] of $T \mid \uparrow T \mid$ record D end

$A \rightarrow \varepsilon \mid$ *paramlist*

paramlist $\rightarrow$ id : $T \mid$ *paramlist*, id : T

$S \rightarrow$ id := $E \mid$ if E then $S \mid$ while E do $S \mid$ id(*rparam*) $\mid S;S$

$E \rightarrow$ literal | num | num.num | id | $E+E \mid E*E \mid -E \mid (E)$

| id < id | $E$and$E$ | Emod$E$ | id[E] | $E\uparrow$ | id(*rparam*)

rparam $\rightarrow \varepsilon \mid$ *rplist*

rplist $\rightarrow$ *rplist*, $E \mid E$ (文法6.1)

此文法的开始符号是P,它产生的每一个句子都是一个程序。该文法所产生的程序由两部分组成,前面是声明部分(由D推导出),后面是语句部分(由S推导出)。声明部分可以包括简单变量的声明,也可以有过程和函数声明,即该语言允许过程和函数的嵌套定义,并且允许过程/函数带有形参,每个过程/函数都可以定义自己的局部变量。语句部分可以是一个语句,也可以是多条语句组成的语句序列,且语句中包含有表达式。如下面的程序段是该文法产生的一个简单的程序:

```
i: integer;
k: integer;
i:= 7;
k:= k mod i
```

6.4.2 符号表的建立

符号表是语义分析程序在处理声明语句的过程中逐步建立的。从语义分析和代码生成的需要出发，当处理声明语句时，编译程序的主要任务有两个：一是分离出每一个被声明的实体；二是尽可能多地将该实体的有关信息写入符号表，如名字、类型和存储地址等。本节通过给出声明语句的翻译方案来说明其语义和所要做的语义动作，以及这些语义动作在分析过程中的执行时机。

绝大多数程序设计语言都要求所有的名字在使用前必须先声明，因而都设有声明语句。但不同语言的声明语句的形式可能不同，主要体现在两个方面：一是类型关键字在声明语句中的位置可能不同，像Java、C和FORTRAN等语言要求类型关键字在被声明实体的前面，而Pascal、Ada等语言则要求类型关键字在被声明实体的后面；二是对一个声明语句中定义的实体要求不同，如Ada语言要求一个声明语句中只能声明一个实体，Pascal、C、Java等语言允许在一个声明语句中同时定义多个同类型的实体，而PL/1、FORTRAN等语言则允许将不同种类的实体在一个声明语句中定义。

声明语句的形式不同，相应的处理复杂程度也不一样。如果一个声明语句只允许声明一个变量(如Ada语言)，或者允许同时声明多个变量，但类型关键字出现在声明语句的前部(如C语言)，则被声明实体的名字、类型和存储地址等信息就可一起写入符号表中。如果一个声明语句允许同时声明多个变量，并且类型关键字出现在声明语句尾部(如Pascal语言)，则在获得标识符的类型信息之前，必须为这些标识符分配其符号表空间、并记住它们在符号表中的位置，以便在确定类型信息之后，再将它们的类型、存储地址等相关信息填入符号表中。

绝大多数语言允许把一个过程中的所有声明语句集中安排在过程体的前面。语义分析程序在对过程体中的语句进行类型检查之前，首先要通过对声明语句的处理，收集标识符的相关信息，并保存于符号表中。本节讨论的重点是如何实现对声明语句的处理，讨论符号表的建立过程。

1. 过程中声明语句的处理

首先考虑最内层过程/函数中的声明语句，即声明语句仅涉及变量的声明而不涉及过程、函数等的定义，也不涉及记录结构的定义，这里声明的所有名字均是局部于该过程的。程序运行时，一个过程中声明的所有名字的空间分配在一个连续的局部数据区中。为了记录各名字的存储地址及存储分配情况，需要定义一个变量(如 *offset*)。下面是关于最内层过程中声明语句的翻译方案。

(1) $P \rightarrow \{\ offset = 0\ \}\ D;\ S$

(2) $D \rightarrow D;D$

(3) $D \rightarrow \text{id}:T\{enter(\text{id}.name, T.type, offset);$

$offset = offset + T.width;\}$

(4) $T \rightarrow \text{char}\quad \{\ T.type = \text{char};\ T.width = 1;\ \}$

(5) $T \to$ integer{ $T.type$ = integer; $T.width$ = 4;}

(6) $T \to$ real { $T.type$ = real; $T.width$ = 8; }

(7) $T \to$ boolean { $T.type$ = boolean; $T.width$ = 1; }

(8) $T \to$ array [num] of T_1{ $T.type$ = array(num.val, $T_1.type$);

$T.width$ = num.$val \times T_1.width$; }

(9) $T \to \uparrow T_1${ $T.type$ = pointer($T_1.type$); $T.width$ = 4; } （翻译方案6.1）

从翻译方案6.1可以看出，非终结符号D产生一系列形如id:T的声明语句。第(1)个产生式表明，在处理第一条声明语句之前先设置$offset$为0，即该过程声明的第一个局部变量在过程的数据区中的相对地址。第(3)个产生式表明，以后每识别出一个新的变量声明，便进行符号表插入操作，即通过调用过程$enter(name, type, offset)$将变量的名字、类型及其存储地址等属性写入符号表中，变量的存储地址是变量在该过程的局部数据区中的相对位置，即$offset$的当前值，然后，更新$offset$的值，即将$offset$加上该变量所表示的数据对象的域宽(即占用的存储单元的字节数目)，更新后的$offset$的值是到目前为止已经分析出的存储需求，同时也指出下一个变量的相对地址。

为非终结符号T定义了两个综合属性：$T.type$和$T.width$。其中，属性$T.type$表示变量的类型，$T.type$的值是一个类型表达式，它可以是像char、integer、real和boolean这样的基本类型，也可以是带有类型构造器如array或pointer的构造类型。如翻译方案6.1中有字符、整型、实型、布尔型、数组类型(指定了数组元素的个数和类型)以及指针类型(指定了所指向对象的基类型)；属性$T.width$表示变量的域宽，即该类型的变量所需要的存储单元的个数，如翻译方案6.1中假定字符型和布尔型变量的域宽为1个字节、整型数的域宽为4个字节、实型数的域宽为8个字节、数组的域宽由数组元素的域宽乘以数组元素的个数得到、指针类型的域宽为4个字节。在Pascal和C语言里，所有指针都用相同的宽度表示，所以对所有类型指针的存储分配都是相同的，考虑到指针类型的循环定义，可以在确定其所指对象的类型之前进行存储分配。

考虑翻译方案6.1中第(1)个产生式，由于语义动作{$offset$=0}嵌在产生式中间，这不便于自底向上进行翻译，因此可以引入标记非终结符号M，将该语义动作移到产生式$M \to \varepsilon$的末尾，这样就得到一个S属性定义的翻译方案，可以利用LR分析技术实现对声明语句的分析和翻译，改写后的产生式如下：

$$P \to MD; S$$
$$M \to \varepsilon \{ offset = 0 \}$$

2. 过程定义的处理

通常将无返回值的命名程序块称为过程，有返回值的命名程序块称为函数，过程名可以出现在语句序列中，函数名可以出现在表达式中。为说明方便，下面将主程序、过程和函数统称为过程。像Pascal这样的语言允许过程嵌套定义，局部于每个过程的名字声明可以用翻译方案6.1进行处理。当遇到一个嵌入的过程定义时，应当暂停当前过程中后续声明语句的处理，转而进入对过程定义的处理。为此，需要对如下产生式设计语义规则：

$P \rightarrow D;S$

$D \rightarrow D;D$ | id : T | proc id(A); D; S | func id(A) : T; D; S

$A \rightarrow \varepsilon$ | *paramlist*

paramlist → id : T | *paramlist*, id : T

为集中精力讨论声明语句的翻译，这里先忽略语句部分的非终结符号 S 的产生式和记录类型的非终结符号 T 的产生式，关于非终结符号 T 的翻译如翻译方案 6.1 所示。

假定每个过程都有一张独立的符号表，符号表的结构如图 6-5 所示。每当处理一个过程定义：

$D \rightarrow$ proc id(A); D; S

$D \rightarrow$ func id(A) : T; D; S

时，便创建一张新的符号表，并把在过程中声明的各名字及其属性值填入该符号表中。在新的符号表中设置一个指针域，指向包围该嵌入过程的直接外围过程的符号表，过程名 id 本身是其外围过程中声明的一个局部名字，这样，需要修改翻译方案 6.1 中所用的符号表插入过程 *enter*，使之知道在哪个符号表中添加表项。下面是处理过程定义语句的翻译方案。

(1) $P \rightarrow MD;S$\{ *addwidth*(top(*tableptr*), top(*offset*));
　　pop(*tableptr*); pop(*offset*) ; \}

(2) $M \rightarrow \varepsilon$\{ t = *maketable*(nil);
　　push(t, *tableptr*);　push(0, *offset*); \}

(3) $D \rightarrow D_1;D_2$

(4) $D \rightarrow$ proc id N (A); D_1; S　\{ t = top(*tableptr*);
　　addtheader(t, A.*num*, A.*pwth*,
　　void, top(*offset*));
　　pop(*tableptr*); pop(*offset*);
　　enterproc(top(*tableptr*), id.*name*, proc, t); \}

(5) $D \rightarrow$ fun id N (A):T; D_1; S　\{ t = top(*tableptr*);
　　addtheader(t, A.*num*, A.*pwth*, T.*type*,
　　top(*offset*));
　　pop(*tableptr*); pop(*offset*);
　　enterproc(top(*tableptr*), id.*name*, fun, t) ;\}

(6) $N \rightarrow \varepsilon$\{ t = *maketable*(top(*tableptr*));
　　push(t, *tableptr*); push(0, *offset*);\}

(7) $A \rightarrow \varepsilon$\{$A$.*num* = 0; A.*pwth* = 0;\}

(8) $A \rightarrow$ *paramlist*　\{ A.*num* = *paramlist*.*num*; A.*pwth* = *paramlist*.*pwth*; \}

(9) *paramlist* → id:T　\{ *enter*(top(*tableptr*), id.*name*, T.*type*, 0);
　　paramlist.*num* = 1; *paramlist*.*pwth* = T.*width*;\}

(10) *paramlist* → *paramlist*$_1$, id:T　\{*enter*(top(*tableptr*), id.*name*, T.*type*,
　　paramlist$_1$.*pwth*);
　　paramlist.*num* = *paramlist*$_1$.*num* + 1;

$paramlist.pwth = paramlist_1.pwth + T.width$;}

(11) $D \rightarrow$ id: T\{ *enter*(top(*tableptr*), id. *name*, *T*. *type*, top(*offset*));

top(*offset*) = top(*offset*) + *T*. *width*;}　　（翻译方案 6.2)

在翻译方案 6.2 中使用了两个同步变化的栈结构 *tableptr* 和 *offset*，其中栈 *tableptr* 中存放指向当前活着的各层过程的符号表的指针，从而可以形成一个存取数据的通路。参见图 6-11 所示的符号表，当处理过程 *partition* 中的声明语句时，栈 *tableptr* 中从栈底到栈顶将包括指向过程 *sort*、*quicksort* 和 *partition* 的符号表的指针。栈 *offset* 存放各嵌套过程的局部数据存储分配的当前状态，含义同翻译方案 6.1 中 *offset* 的一样，*offset* 的栈顶元素为当前被处理过程的下一个局部名字的相对地址。

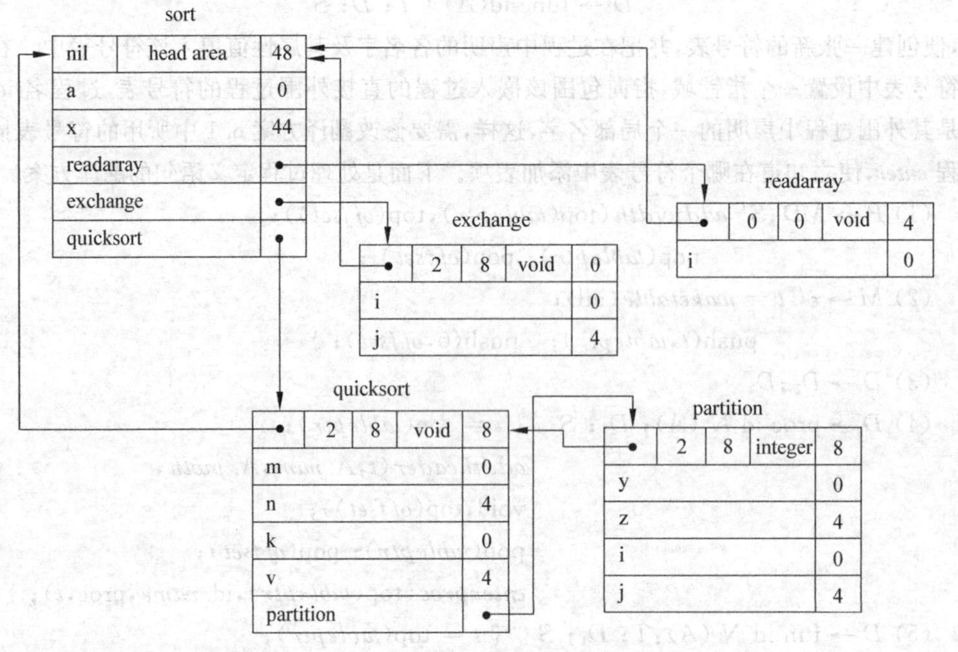

图 6-11　利用翻译方案 6.2 建立的符号表

在翻译方案 6.2 中用到如下过程。

(1) *maketable*(*previous*)：创建一张新的符号表，返回指向新建符号表的指针。参数 *previous* 是指向先前创建的(直接外围过程的)符号表的指针，该函数将指针 *previous* 的值放在新建符号表的表头，同时在表头中记录相应过程的嵌套深度等信息，还可以根据过程声明的顺序对过程编号，并把这一编号记入相应符号表的表头。

(2) *enter*(*table*, *name*, *type*, *offset*)：在参数 *table* 所指向的符号表中为名字 *name* 建立新的条目，并把该名字的类型 *type* 和相对地址 *offset* 填入该条目相应的域中。

(3) *addtheader*(*table*, *num*, *pwth*, *type*, *width*)：在参数 *table* 所指向的符号表的表头中记录相应过程的参数个数 *num*、参数空间大小 *pwth*、返回值类型 *type*，以及局部数据区的总宽度 *width*。

(4) *enterproc*(*table*, *name*, *type*, *newtable*)：在参数 *table* 指向的符号表中建立一新的条目，此条目中存放过程名字 *name*、过程的类型(即过程或函数)及指向其符号表的指

针 *newtable*。

(5) *addwidth*(*table*,*width*)：在参数 *table* 所指向的符号表的表头中记录相应过程中声明的变量所需要的数据区的总宽度 *width*。

根据第 5 章介绍的 LR 语法制导翻译技术知道，在用翻译方案 6.2 进行翻译时，将首先执行与产生式 $M \to \varepsilon$ 相联系的语义动作。即：通过调用 *maketable*(nil)创建主程序的符号表，其指针为 *t*；然后通过执行 push(*t*,*tableptr*)和 push(0,*offset*)完成对栈 *tableptr* 和 *offset* 的初始化，即将指针 *t* 压入栈 *tableptr* 中，把相对地址 0 压入栈 *offset* 中。

与 $N \to \varepsilon$ 相联系的语义动作与 *M* 的类似，当遇到一个过程声明(即识别出一个块的开始)时，执行符号表定位操作，即：通过调用 *maketable*(top(*tableptr*))创建一个新的符号表，返回其指针 *t*，其中参数 top(*tableptr*)是指向当前过程(即该嵌入过程的直接外围过程)的符号表的指针，将它写入新建符号表的表头，使新建符号表指向其直接外围过程的符号表；然后把指针 *t* 压入栈 *tableptr*，把相对地址 0 压入栈 *offset* 中。

产生式(7)～(10)是关于过程参数的产生式，为 *A* 和 *paramllst* 设计了综合属性 *num* 来记录参数的个数，综合属性 *pwth* 用来记录已识别参数需要的空间大小。每当识别出一个形参时(相应于 *paramllst* 的产生式)，就在当前符号表中插入关于形参的表项，并对形参的个数、所需空间大小进行累计。

产生式(11)用于识别变量的声明，每当识别出一个变量时，就在 top(*tableptr*)指向的符号表中插入关于 id 的表项，保存标识符的名字 id.*name*、类型 *T*.*type* 及其存储地址 top(*offset*)，之后，栈 *tableptr* 保持不变，而栈 *offset* 的栈顶元素的值增加 *T*.*width*。

产生式(4)$D \to$proc id(A)；D_1；S 和(5) $D \to$fun id (A)：T；D_1；S 用于过程定义和函数定义，其右部的文法符号串表示一个过程/函数的完整结构，用该产生式进行归约时，说明已经处理完一个过程，遇到了块结束标识，所以后面的语义动作是对符号表进行重定位操作。这时，*A*.*num* 记录有过程所声明形参的个数，*A*.*pwth* 记录有形参需要的存储空间大小，top(*offset*)中保存的是由 D_1 产生的所有局部名字占用的总域宽，通过调用 *addtheader*(*t*,*A*.*num*,*A*.*pwth*,void,top(*offset*)) 或 *addtheader*(*t*,*A*.*num*,*A*.*pwth*,*T*.*type*,top(*offset*))将过程形参个数、参数空间大小、返回值类型、局部变量所需要的存储空间记录在与该过程相对应的符号表的表头中，以便为本过程分配运行时存储空间时使用。然后，分别弹出栈 *tableptr* 和栈 *offset* 的栈顶值。此时，直接外围过程的符号表指针和相对地址出现在栈顶，然后，通过调用过程 *enterproc* 把该过程的名字 id.*name*、过程类型、过程的符号表指针 *t* 插入由 top(*tableptr*)指向的符号表中，这样就完成了符号表的重定位操作。现在，处理又返回到了上一层过程，可以继续后续声明语句或过程体的处理。从翻译方案 6.2 中可以看出，过程定义并不影响域宽的计算。

例如，利用翻译方案 6.2，在对 Pascal 程序(快速排序程序)进行分析的过程中建立了如图 6-11 所示的符号表。由于在主程序 *sort* 中定义了过程 *readarray*、*exchange* 和 *quicksort*，所以在 *sort* 的符号表中包含这 3 个过程的名字，并且每个过程名字对应一个指针，指向各自的符号表。同时，在过程 *readarray*、*exchange* 和 *quicksort* 的符号表中均有指针指向它们的直接外围过程 *sort* 的符号表。由于过程 *partition* 是在过程 *quicksort* 中定义的，所以名字 *partition* 出现在 *quicksort* 的符号表中，并且相应的指针指向 *partition*

的符号表，而在 *partition* 的符号表中有指针回指其直接外围过程 *quicksort* 的符号表。

注意，如果是一遍扫描的编译程序，当每个过程分析完之后，其目标代码已经生成，若无其他需要，该过程的符号表可以删除，不必再保留。

3. 记录声明的处理

如果程序设计语言（如 Pascal、C 语言）支持记录类型，则需在翻译方案 6.1 中加入产生式 $T\rightarrow$record D end。由于每个过程的局部数据区是相互独立的，过程定义并不影响当前过程局部变量所需域宽的计算，因此，如果在记录声明中出现过程定义（实际上，不会写出这样的程序）也不会影响分析结果。这样，关于 D 的产生式就完全与翻译方案 6.2 中的一样。在这里，由于 D 中声明的名字是局部于记录结构的，故它的处理与过程中声明语句的处理类似。下面的翻译方案给出了为记录中的域名建立符号表的方法。

$T\rightarrow$record LD end　{ $T.type$=record(top(*tableptr*));

　　　　　　　　　　$T.width$=top(*offset*);

　　　　　　　　　pop(*tableptr*); pop(*offset*); }

$L\rightarrow\varepsilon$　{ t=*mktable*(nil);

　　　　push(t,*tableptr*); push(0,*offset*);　}　　　　　　　　（翻译方案 6.3）

翻译方案 6.3 表明，每当遇到关键字 record 时，即识别出记录结构的开始，便执行与 $L\rightarrow\varepsilon$ 相对应的语义动作，完成符号表的定位操作：为记录结构创建一张新的符号表，并把指向该表的指针压入栈 *tableptr* 中，把相对地址 0 压入栈 *offset* 中。由翻译方案 6.2 可知，产生式 $D\rightarrow$id:T 的语义动作是将识别出域名 id.*name*、域的类型 $T.type$ 以及该域在记录结构的存储空间中的相对位置 top(*offset*)等写入此记录的符号表中。当记录中的所有域的声明都被处理之后，在 *offset* 的栈顶存放的是记录内所有数据对象的总域宽，即记录结构所需要的存储空间的大小。翻译方案 6.3 中 end 之后的语义动作完成符号表的重定位操作，即将 *offset* 的栈顶单元的值赋给综合属性 $T.width$，类型 $T.type$ 由 record(top(*tableptr*))得到，其中 top(*tableptr*)是指向该记录结构的符号表的指针。利用该指针即可实现对记录中域名的引用。

从翻译方案 6.3 可以看出，处理记录结构和处理过程定义实质上是一样的。

将翻译方案 6.1、6.2 和 6.3 合并在一起，就构成了一个完整的处理块结构语言声明语句的翻译方案，利用该翻译方案分析声明语句的同时，完成了符号表的建立和名字信息的收集和保存，为以后的类型检查和代码生成奠定了基础。

6.4.3　表达式的类型检查

对表达式进行类型检查的翻译方案如下。

(1)　$E\rightarrow$literal { $E.type$=char; }

(2)　$E\rightarrow$num{ $E.type$=integer; }

(3)　$E\rightarrow$num.num{ $E.type$=real; }

(4)　$E\rightarrow id$ { p=*lookup*(*id.name*);

```
            if(p! =nil) E.type=gettype(p);    else    E.type=type_error; }
(5)  E→id1<id2{p1=lookup(id1.name);p2=lookup(id2.name);
                if((p1==nil) || (p2==nil)) E.type=type_error;
                else if (((gettype(p1)==char)&&(gettype(p2)==char)) ||
                    ((gettype(p1)==integer)&&(gettype(p2)==integer)) ||
                    ((gettype(p1)==real)&&(gettype(p2)==real)))
                      E.type=boolean;
                else E.type=type_error; }
(6)  E→E1+ E2 { if ((E1.type==integer)&&(E2.type==integer))
                         E.type=integer;
                else if ((E1.type==real)&&(E2.type==real))
                         E.type=real;
                else if ((E1.type==real)&&(E2.type==integer))
                         E.type=real;
                else if ((E1.type==integer)&&(E2.type==real))
                         E.type=real;
                else E.type=type_error;}
(7)  E→E1 * E2{ if ((E1.type==integer)&&(E2.type==integer))
                         E.type=integer;
                else if ((E1.type==real)&&(E2.type==real))
                         E.type=real;
                else if ((E1.type==real)&&(E2.type==integer))
                         E.type=real;
                else if ((E1.type==integer)&&(E2.type==real))
                         E.type=real;
                else E.type=type_error; }
(8)  E→-E1{ E.type=E1.type; }
(9)  E→(E1){ E.type=E1.type; }
(10) E→E1andE2{ if ((E1.type==Boolean)&&(E2.type==Boolean))
                         E.type=Boolean;
                   else E.type=type_error; }
(11) E→E1modE2{ if ((E1.type==integer)&&(E2.type==integer))
                         E.type=integer;
                 else E.type=type_error; }
(12) E→id [E1]{ p=lookup(id.name);
                if (p==nil) E.type=type_error;
                else if ((gettype(p)==array(s, t))&&(E1.type==integer))
                      E.type=t;
```

else *E.type*=type_error; }

(13) *E*→E_1↑{ if (E_1.*type*==pointer(*t*)) *E.type*=*t*;

else *E.type*=type_error; }

(14) *E*→id (*rparam*){ *p*=*lookup*(id.*name*);

if (*p*==nil) *E.type*=type_error;

else if ((*gettype*(*p*)==fun) && (*rparam.num*==

getpnum(*p*)) && (*checkptype* (*p*, *rparam.type*)))

E.type=*getrettype* (*p*);

else *E.type*=type_error; }

(15) *rparam*→ε{ *rparam.num*=0; *rparam.type*=void; }

(16) *rparam*→*rplist*{ *rparam.type*=*rplist.type*;

rparam.num=*rplist.num*;}

(17) *rplist*→*E* { *rplist.num*=1; *rplist.type*=*E.type*; }

(18) *rplist*→$rplist_1$,*E* { *rplist.num*=$rplist_1$.*num*+1;

rplist.type=$rplist_1$.*type*×*E.type*; }　（翻译方案6.4）

为非终结符号*E*设计一个综合属性*E.type*,用于保存表达式的类型,它的值是类型表达式。为非终结符号*rparam*设计综合属性*rparam.num*记录函数引用时实参的个数,属性*rparam.type*记录函数引用时实参的类型表达式。

为了从符号表中取得给定名字的类型,设计了符号表查找函数*lookup*(*name*),根据标识符名字*name*查找符号表,若找到则返回该标识符在符号表中的入口位置,否则返回空(*nil*)。

函数*gettype*(*p*)根据指针*p*访问符号表中相应表项,读取其中的类型信息并返回。

函数*getrettype*(*p*)根据指针*p*访问符号表中相应表项,从中获得指向该函数的符号子表的指针,访问子表,从子表头中提取出函数的返回值类型并返回。

函数*getpnum*(*p*)根据指针*p*访问符号表中相应表项,进而访问该函数的符号子表,从表头中提取出函数声明的形参个数并返回。

函数*checkptype*(*p*,*type*)根据指针*p*访问符号表中相应表项,进而访问该函数的符号子表,根据子表头中记录的参数个数,从子表中依次提取出形参的类型,并与类型表达式*type*进行比对,如果匹配则返回"true",否则,返回"false"。

产生式(1)～(3):指出记号literal、num和num.num表示的常数分别有类型char、integer和real。

产生式(4):当标识符出现在表达式中时,调用函数*gettype*(*e*)从符号表中取出该标识符的类型,赋给属性*E.type*。

产生式(5):关系运算符要求它的两个运算对象均是char、integer或real;否则,视为类型错误。

产生式(6)～(7):如果算术运算符'+'和'*'的两个运算对象都是integer类型的,则结果也是integer类型的,如果一个是integer类型,另一个是real类型,或者两个都是real类型,则结果是real类型,否则视为类型错误。

产生式(8)～(9)：一元运算符'－'和括号不改变表达式的类型。

产生式(10)：如果布尔运算符的两个运算对象都是 boolean 型的，则结果仍是 boolean 类型；否则，视为类型错误。

产生式(11)：如果运算符 mod 的两个运算对象均是 integer 型的，则结果也是 integer 型的，否则，视为类型错误。

产生式(12)：数组引用 id[E_1]，如果标示符 id 是数组类型，表达式 E_1 的类型是 integer，则返回数组元素的类型。否则视为类型错误。

产生式(13)：指针引用 $E_1\uparrow$，如果 E_1 是指针类型，则返回该指针所指向对象的类型 t，否则视为类型错误。

产生式(14)：函数调用 id(*rparam*)，若通过 *gettype*(*e*)查符号表知道 id 是函数名，并且没有参数，则调用函数 *geretttype*(*e*)，从函数的符号子表中提取出函数的返回值类型返回；若经查表确定 id 是函数名，且带有参数，如实参个数和通过函数 *getpnum*(id. *entry*)从函数的符号子表中提取的形参个数一致，并且实参的类型表达式和符号子表中记录的形参的一致，则函数 *geretttype*(*e*)从函数的符号子表中提取出函数的返回值类型并返回；否则，视为类型错误。

产生式(15)～(18)：分析实参，记录实参的个数和类型。每当识别出一个参数，就通过笛卡儿乘积运算构造实参的类型表达式，并对参数的个数进行累计。当所有实参表达式分析完成，属性 *rparam. num* 中记录参数的个数，*rparam. type* 中记录的是实参的类型表达式。

6.4.4 语句的类型检查

在程序设计语言中，像语句、语句序列、程序等这样的语法成分是没有数据类型的，因而，如果这些结构中不含有类型错误，就把回避类型 void 指派给它；如果在语句中发现了类型错误，则将类型 type_error 指派给它。

下面考虑关于赋值语句、条件语句和 while 语句，以及语句序列的类型检查，语句序列由若干用分号分隔的语句组成。对语句进行类型检查的翻译方案如下。

(1) $S\rightarrow$id:=E { *p*=*lookup*(id. *name*);
　　　　if (*p*==nil) *S. type*=type_error;
　　　　else if (*gettype*(*p*) ==*E. type*) *S. type*=void;
　　　　else *S. type*=type_error; }

(2) $S\rightarrow$if E then S_1 { if (*E. type*==boolean) *S. type*=S_1. *type*;
　　　　else *S. type*=type_error; }

(3) $S\rightarrow$while E do S_1 { if (*E. type*==boolean) *S. type*=S_1. *type*;
　　　　else *S. type*=type_error; }

(4) $S\rightarrow$id(*rparam*) { *p*=*lookup*(id. *name*);
　　　　if (*p*==nil)　*S. type*=type_error;
　　　　else if ((*gettype*(*p*)==*proc*) && (*rparam. num*==

$getpnum(p)$) &&
($checkptype(p, rparam.type)$)) $S.type$=void;
else $S.type$=type_error; }

(5) $S \to S_1;S_2$ { if ($S_1.type$= =void)&&($S_2.type$= =void) $S.type$=void;
else $S.type$=type_error; } (翻译方案6.5)

为非终结符号 S 设计一个综合属性 $type$,记录 S 相应的结构是否含有类型错误,若没有类型错误,则 $S.type$=void,若有类型错误,则 $S.type$=type_error。

产生式(1):如果赋值语句中赋值号左边的名字和右边的表达式具有相同的类型,则没有类型错误,置 $S.type$=void。

产生式(2)和(3):如果语句中表达式 E 的类型是 boolean,则语句是否有类型错误取决于 S_1 中是否含有类型错误,即 $S.type=S_1.type$。

产生式(4):过程调用语句的类型检查,若调用的是一个无参数过程或者过程有参数,且实参和形参的个数和类型均一致,则没有类型错误,置 $S.type$=void。有关实参的产生式和语义动作与翻译方案6.4中的相同。

产生式(5):语句序列的类型检查,仅当其中的每个语句都具有类型 void 时,语句序列的类型才是 void。

在这些规则中,如果不满足以上相应的条件,则发现类型错误,置 $S.type$=type_error。

若为文法的起始符号 P 定义综合属性 $type$ 来记录程序的类型检查结果,则增加如下的产生式,就可以检查程序是否含有类型错误。

(0) $P \to D;S$ { if ($S.type$= =void) $P.type$=void;
else $P.type$=type_error; }

把翻译方案6.1~6.5合并在一起,构成一个完整的语法制导翻译翻案,在对源程序进行分析的过程中,可以实现对所声明标识符的类型、存储地址等信息的收集和保存、实现对表达式、语句、以及语句序列的类型检查。作为一个类型检查程序,在整个类型检查过程中,除了确定错误类型 type_error 之外,还要报告错误出现的位置和原因。

6.4.5 类型转换

在编写程序时,常常用到形如 $x+i$ 的表达式,其中 x 是实型的,i 是整型的。由于整型数和实型数在计算机中的表示形式不同,并且用于整型运算和实型运算的机器指令也不同,所以编译程序必须首先对其中的一个操作数的类型进行转换,以保证在运算时两个操作数的类型是相同的。每一种程序设计语言在使用时都可能遇到需要将一种类型转换成另一种类型的情况。这种类型转换可以构建在类型体制中,由编译程序完成,这种类型转换是隐式的,称作强制转换。多数语言(如C语言)允许不丢失信息的隐式转换,如可以将字符转换成整数、将整数转换为实数,反之则不行。实际应用中,当一个实型数必须用和整型数相同的二进制位表示时,丢失信息是不可避免的。

语言的定义要规定出必要的转换，例如，对于赋值语句，要求把赋值号右边表达式的类型转换为赋值号左边变量的类型；在表达式中，通常要求把整型对象转换为实型，然后再对两个实型对象进行运算。例如，在下面的C语言代码中，赋值语句执行的结果是x的值为4。

```
int x=5;
x=2.1+x/2;
```

执行过程是：先计算整数除法$x/2$，结果是2，接着，将它转换成double型2.0后再加上2.1，得到结果4.1，再将4.1转换成整型数4，然后赋值给x。

隐式转换带给程序员的好处是不需要编写额外的代码来进行类型转换，但同时也带来了不理想的效果，如可能削弱类型检查，这样错误就有可能不能被检出，甚至可能导致不可预料的结果，如程序员也许希望做某种转换，但编译程序实际上执行的却是另外一种不同的转换。

与隐式类型转换相对应的是显式转换，即必须由程序员直接编写代码、显式地写在源程序中的类型转换。显式类型转换主要有两种语法形式：一种是在C和Java中使用的形式，即把希望的结果类型用括号括起来放在表达式之前，如下面的C语言的语句：

```
x=(int)(2.1+(double)(x/2));
```

另一种形式是在Pascal、Ada、C++中使用的函数调用形式，即将表达式作为类型转换函数的参数。例如，在Pascal语言中，内部函数ord字符转换为整数(如ord('A'))，函数chr整数转换为字符(如chr(45))。

使用显式类型转换的好处是被执行的转换是精确地记录在程序代码中的，因此很少产生不可预料的行为，也不会引起代码阅读者的误解。正是由于这个原因，一些语言(如Ada)要求程序员在任何情况下都编写出显式类型转换的代码，完全禁止使用隐式类型转换。

介于去除所有隐式类型转换和允许可能存在潜在错误的转换这两个极端之间的折中方法是，只允许那些保证不破坏数据的强制类型转换，例如，Java语言遵循这种规则，它只允许数学运算类型的宽隐式转换。

常数的隐式转换可以在编译时完成，并且常常可以使目标程序的运行时间大大改进。例如，若x是实型变量，则执行语句x:=1要比x:=1.0花费更多的时间，因为，编译程序为语句x:=1产生的目标代码含有函数调用，该函数把1的整型表示转换为实型表示。由于编译时可以知道x是实型变量，所以大多数编译程序都在编译时把1转换为1.0，这样，为语句x:=1.0生成的目标代码不再包括进行类型转换的指令，这样可以提高目标程序的执行速度。

6.5 类型检查有关的其他主题

6.5.1 函数和运算符的重载

函数重载指的是赋给同一个函数名多个含义,即允许在相同的作用域内以相同的名字定义几个不同实现的函数,重载函数的参数或者个数不同或者至少有一个类型不同,返回值的类型可以相同、也可以不同。通常,参数的个数和类型都相同但返回值类型不同的重载函数声明是非法的,因为编译程序在选择重载函数时仅考虑函数的参数表,即根据参数表中记录的参数个数和参数类型的差异进行选择。

运算符重载指的是对已有的运算符重新进行定义,赋予其另一种功能,以适应不同的数据类型。所以,运算符的重载实际上是函数的重载。编译程序对重载运算符的选择,遵循函数重载的选择原则。例如,在所有的程序设计语言中,加法运算符'+'是重载的,因为它至少表示整数的加法和浮点数的加法这两种完全不同的操作,但这种符号的重用并没有造成混乱,因为通过查询操作数的数据类型可以消除这种重载。相反,对于通过数据类型允许运算符和函数名重载的语言来说,这是个极大的优势。如C++和Ada允许函数名和运算符广泛地重载;Java语言也允许重载,但仅限于函数名称的重载;函数式语言Haskell也允许函数和运算符的重载,甚至允许定义新的运算符(这在Ada和C++语言中是不允许的)。

允许重载函数的基本方法是扩展符号表的检索操作,使查找不仅基于函数的名称,还基于函数的参数个数及其数据类型来进行。在许多同名的函数中选择一个唯一的函数,被称为重载消除(或重载解析),它表现出对符号表能力的扩充。有些情况下,仅通过检查函数的参数类型并不一定能消除重载,因为一个表达式可能有不止一个类型,而是有一个可能的类型集合,这就要求上下文必须提供足够的信息来缩小这个集合到唯一的类型。

例6.5 考虑如下用C++语言描述的3个重载函数min的定义:

```
int min(int x,int y) { return x<y ? x : y; }                           //min_1
double min(double x,double y) { return x<y ? x : y; }                  //min_2
int min(int x,int y,int z) { return x<y ?(x<z? x:z) : (y<z ? y:z); }   //min_3
```

现在考虑如下的函数调用:

```
(1) min(3,7);          //call min_1
(2) min(3.3,7.7);      //call min_2
(3) min(3,7,5);        //call min_3
(4) min(3.3,7);        //call min_?
(5) min(3,7,5.2);      //call min_?
```

对于第(1)、第(2)和第(3)个调用,根据包含在每一个调用语句中的实参的个数和类型,通过查符号表能够很容易地为每一个调用确定适当的min函数。

对于第(4)个调用,似乎转换为下面两种都可以:

```
min(3,7);                  //call min_1
min(3.3,7.0);              //call min_2
```

到底调用哪一个函数，取决于语言规定的类型转换规则。在 Ada 语言中，第(4)个调用是非法的，因为 Ada 不允许隐式类型转换。在 Java 语言中，选择后一种转换调用，因为 Java 允许那些不损失信息的类型转换。在 C++ 中，这两种转换都是合法的，且没有指明优先级，所以无法确定应该调用哪个函数。如果再增加如下两个函数定义，则第(4)个调用在 Ada 和 C++ 中都是合法的了。

```
double min(int x,double y) { return  (double)x<y ? (double)x : y; }       //min_4
double min(double x,int y) { return x<(double)y ? x : (double) y; }       //min_5
```

对于第(5)个调用，在 Ada 和 Java 语言中不合法，在 C++ 语言中合法(参数 5.2 被强制裁减为 5)。

另外，Ada 和 C++ 都允许通过重载来扩展语言自带的运算符，但必须接受此运算符的语法特性，即不能改变其优先级和结合性质。Ada 语言甚至允许使用重载来重新定义语言自带的运算符。其实，运算符和函数之间并没有语义的区别，有的仅仅是语法上的不同，通常，运算符被写成中缀形式，而函数调用总是被写成前缀形式。

对于重载的函数或运算符，由它们构成的表达式的类型可能不再是唯一的，而是一个可能的类型集合。

例 6.6 运算符'+'，它既可用于两个整型数，结果仍为整型；也可用于两个实型数，结果仍为实型；它还可用于连接两个字符串等。因此，'+'的类型表达式有：

$$\text{integer} \times \text{integer} \rightarrow \text{integer}$$
$$\text{float} \times \text{float} \rightarrow \text{float}$$
$$\text{string} \times \text{string} \rightarrow \text{string}$$

实际上，在 C++ 语言中，大多数运算符都是重载的，如+、-、*、/、%、^、&、|、~、!、=、<、>、+=、-=、/=、%=、^=、&=、|=、<<、>>、>>=、<<=、==、!=、<=、>=、&&、‖、++、--、->*、,、->、[]、()、new、delete 等。通过关键字 operator 可以重载运算符，如 operator+、operator<等。

6.5.2 多态函数

多态性是面向对象程序设计的重要特征之一，术语“多态”既可用于函数，也可用于运算符。普通函数要求参数有固定类型，即函数体中的语句只能在该类型的参数下执行；而多态函数允许参数有不同的类型，即函数体中的语句可以在不同类型的参数下执行。

事实上，对于“多态性”有几种不同的解释，在程序设计语言中，它指可以同时有很多类型的名字。函数重载是多态性的一种类型，就像 6.5.1 小节中描述的那样，重载函数只有有限的类型集合，每一个函数由不同的声明定义。多态性的另一种类型称为参数多态性，例如，程序设计语言中内部定义的算符，如数组索引、函数引用和指针操作等通常是多态的，因为它们并没有限于特定类型的数组、函数或指针。如 C 语言参考手册中关于指针“&”的论述是:“如果运算对象的类型是‘…’,那么结果类型是指向‘…’的指针”。因为任何类型都可以代替“…”,所以C语言的算符“&”是多态的。还有出现在面向对象语言中的多态性,即子类型多态性,使得对象可以共享一个公共的祖先,也可以共享或重定义存在于祖先中的操作,有人称为纯多态性。

本小节重点讨论参数多态性。参数多态性又有隐式和显式之分。对于隐式参数多态,其参数类型不是由程序员显式编写的,而是由编译程序在对源程序进行类型检查时,通过引入类型变量、根据上下文进行类型推导而引入的。隐式参数多态性对于定义多态函数是非常有用的,但是,对于定义多态数据结构就没有太大帮助了。例如,要定义一个能够保持任何类型数据的栈,就不可能使多态类型是隐式的,而必须使用合适的语法显式地编写类型变量,这称为显式的参数多态性,C++ 等是有显式参数多态性语言的例子。C++ 提供了用于设计可重用软件的函数和类机制,其模板功能提供了在函数和类中将类型作为参数的能力,利用模板功能就可以设计出具有通用类型的函数或类,以对不同类型的数据进行相同的处理。

1. 多态函数应用举例

C++ 允许定义具有通用类型的函数模版。例如,计算一个数的平方的函数模板 *power* 可定义如下:

```
template <class T>
T power(T x)
{ return  x*x;}
```

这样,在程序中就可以以不同类型的参数调用函数 *power*,如 *power*(2)、*power*(2.5)和 *power*(x)等都是合法的。

函数模板只是对函数的描述,编译程序并不为其产生任何可执行代码,只有当遇到函数调用时,编译程序才将通用类型确定为一种具体的类型,即用实参的类型来替换模板中的类型参数 T,生成一个重载函数,该重载函数称为模板函数。如当遇到函数调用 *power*(2.5)时,将函数模板中出现 T 的地方用 double 替换,生成如下的一个模板函数:

```
double power(double x)
{ return  x*x; }
```

例 6.7 下面是用 C++ 语言描述的对 n 个数按递增顺序排序的多态函数。

```
#include "iostream.h"
template <class T>                          //定义函数模板
void sort(T a[],int n)  {
    int i,j,k;
    T x;
    for(i=0; i<n-1; i++) {
        k=i;
        for(j=i+1; j<n; j++)
            if (a[k]>a[j]) k=j;             //找出最小数的位置
```

```
        if (i!=k) { x=a[i];  a[i]=a[k];  a[k]=x; }      //将最小数交换到正确的位置
        }
    }
void main()
{
    int i,a[10]={10,4,6,1,9,3,8,2,7,5};
    double d[8]={5.3,1.2,8.4,2.5,9.8,7.6,4.7,3.3};
    sort(a,10);                                    //对 int 型数组 a[10]排序
    for (i=0; i<10; i++)  cout <<a[i] <<endl;
    sort(d,8);                                     //对 double 型数组 d[8]排序
    for (i=0; i<8; i++)  cout <<d[i] <<endl;
}
```

2. 类型变量与类型推导

类型变量指的是其值是一个类型表达式的变量。通常,引入类型变量来检查某标识符在程序中的使用是否前后一致,并根据其使用环境确定其类型。类型变量通常用希腊字母 α、β 等表示。在不要求标识符使用之前必须先声明的语言中,就可以使用类型变量来代表未声明而使用的标识符的类型,类型检查程序通过跟踪程序变量的使用情况来检查它的使用一致性、确定其类型。例如,假设某个变量 x 在某个语句中作为 integer 类型使用,而在另一语句中作为 pointer(integer)类型使用,那么就检出了使用不一致的类型错误;如果变量 x 总是作为 integer 类型使用,那么不仅能确定它使用的一致性,还能够推导出 x 的类型必定是 integer。

类型推导指的是从语言结构的使用方式推导出其类型的过程。常用于从函数体推导函数的类型。

例 6.8 推导表达式 $a[i]+i$ 中各名字的类型。

对于常用的程序设计语言而言,名字 a 和 i 都必须先声明然后才可被引用,类型检查程序只需根据符号表中记录的类型信息进行检查即可,如果 a 的类型是 array(I, integer),i 的类型是 integer,则表达式的结果是 integer。

在不要求名字使用前先声明的语言中,就需要根据名字出现的上下文推导出其类型。首先,为没有类型的所有名字分配类型变量,例如分别为 a 和 i 分配类型变量 α 和 β。类型检查程序在扫描到"[ ]"时,分析出这是对一个数组元素的引用,故可以知道 a 是数组类型,由于 i 出现在数组下标的位置,可以推断出 i 是整数,所以 β=integer。再根据表达式是一个加法表达式,算符'+'要求两个运算分量必须有相同的类型,因此可知数组元素也是整数类型。所以,α=array(I,integer)。

例 6.9 在 C 和 Pascal 这样的语言中,编译程序可以应用类型推导技术,补充完善程序中欠缺的类型信息。考虑如下的程序代码:

```
(1)  type link=↑cell;
(2)       cell=record
(3)             info:integer;
```

```
(4)        next:link
(5)          end;
(6)  procedure example(nptr: link; proc: procedure);
(7)    begin
(8)      while nptr<>nil do
(9)        begin
(10)         proc(nptr);
(11)         nptr:=nptr↑.next
(12)       end
(13)  end;
```

过程 *example* 有一个过程参数 *proc*，从第(6)行可以知道 *proc* 是一个过程，但不能确定它的参数的个数及类型。C 和 Pascal 的参考手册允许这种类型不完整的过程声明。引入类型变量 α 和 β，假定 *proc* 的类型是 $\alpha \to \beta$。

在第(10)行，以 *link* 类型的实参 *nprt* 调用参数过程 *proc*，根据第(1)行的声明知道类型名 *link* 定义为 pointer(*cell*)，所以可以推导出 α = pointer(*cell*)。根据第(8)～第(12)行的代码可以分析出过程 *proc* 作用于链表的每个元素，例如，*proc* 的功能可以是为链表元中每个结点的整型域置初值或打印其值等。尽管 *proc* 参数的类型没有指明，由于过程调用 *proc*(*nptr*)作为一条语句出现在语句序列中，可以推导出 *proc* 没有返回值，故而可推导出 β=void。所以参数 *proc* 的类型是 pointer(*cell*)→void。对于 *example* 的任何调用，如果实参过程不是这个类型的，则报告类型错误。

类型推导技术和类型检查技术有很多共同的地方，因为它们都要处理包含变量的类型表达式，类型检查程序可以利用类似于例 6.10 的推导来推导类型变量的值。

例 6.10 推导下面程序中的多态函数 *infer* 的类型。函数 *infer* 和 Pascal 的指针算符"↑"有同样的作用。

```
(1) function infer(ptr);
(2) begin
(3)   return ptr↑;
(4) end;
```

从第(1)行的关键字 function 可以知道名字 *infer* 是函数类型，引入类型变量 α 和 β，假定 *ptr* 的类型是 α，*infer* 的类型是 $\alpha \to \beta$。但仅从该行，不能确定参数 *ptr* 的类型。

从第(3)行的表达式 *ptr*↑可以分析出算符'↑'作用于名字 *ptr*，因此可以推导出 *ptr* 必定是指向某未知类型 γ 的指针，因此有 α = pointer(γ)。由于函数的返回值是 *ptr*↑，即指针所指向的对象的值，故返回值的类型就是指针所指向的对象的类型，因而有 $\beta=\gamma$，因此可以推导出函数 *infer* 的类型，其类型表达式可以写成：对任何类型 γ，pointer(γ)→γ。

习题 6

6.1 语义分析的主要任务是什么？

6.2 在符号表上有哪些操作？它们都在什么情况下被调用执行。

6.3 试修改翻译方案 6.1,以允许在一个声明语句中可以同时声明多个变量名,即在形如 $D \to \text{id}:T$ 的声明中,可以出现名字表,而不仅是单个名字。

6.4 请修改翻译方案 6.4,当发现类型错误时打印错误信息,进行适当的恢复,就像所期望的类型已经出现一样,并继续检查。

6.5 翻译方案 6.1 使用了变量 *offset*。请重写该翻译方案,它完成同样的功能,但只使用文法符号的属性,而不使用变量。

6.6 写出下列类型的类型表达式。

(1) 指向实数的指针数组,数组的下标从 1 到 100。

(2) 二维整型数组,它的行下标从 0 到 9,列下标从 −10 到 10。

(3) 一个函数,它的定义域是从整数到整数指针的函数,它的值域是由一个整数和一个字符组成的记录,假定域名分别是 a 和 b。

6.7 有如下的 C 语言声明:

```
typedef struct {
          int a,b;
          } CELL, * PCELL;
CELL foo[100];
PCELL bar(int x,CELL y) {…}
```

写出变量 *foo* 和 *bar* 的类型表达式。

6.8 有如下 C 语言声明:

```
typedef char* table1;
typedef char* table2;
table1 x,y;
table2 z;
table2 w;
```

试指出在以下情况下,哪些变量的类型是等价的。

(1) 名字等价。

(2) 结构等价。

(3) 实际的 C 语言等价规则。

6.9 使用类型变量表示下列函数的类型。

(1) 函数 *ref*,它取任意类型的对象作为变元,返回这个对象的指针。

(2) 函数 *arrayderef*,它以一个数组作为变元,数组的下标是整型,数组的元素是某类型的指针;返回一个数组,它的元素是变元数组的元素所指向的对象。

6.10 有如下 C 语言声明:

```
struct {
  int i;
  double j;
} x,y;
struct {
```

```
  int i;
  double j;
} z;
```

下面的赋值语句会出现类型错误吗？为什么？

(1) x=y

(2) x=z

6.11 结合C语言考虑如下问题：

(1) 对一个t类型的数组 $a[i_1][i_2]\cdots[i_n]$ 来说，表达式a和&a的类型分别是什么？

(2) 如有声明语句：int A[10][20]；

写出A、&A的类型表达式，并运行以下程序验证你的结果。

程序1：

```
typedef int A[10][20];
A a;
A * fun(){
  return(a);
}
main(){
  fun();
}
```

程序2：

```
typedef int A[10][20];
A a;
A * fun(){
  return(&a);
}
main(){
fun();
}
```

程序3：

```
typedef  int  A[10][20];
typedef  int  B[20];
A a;
B * fun(){
  return(a);
}
main(){
  fun();
}
```

程序4：

```
typedef int A[10][20];
A a;
fun(){
  printf("%d,%d,%d\n",a,a+1,&a+1);
}
main(){
  fun();
}
```

6.12 考虑下列C表达式的二义文法。假定有表达式 $(T)-x$。如果 x 是一个整型变量，T 在typedef中声明等价于double，那么该表达式的结果类型为double；另一方面，如果 T 是一个整型变量，则该表达式的结果类型为整型。

(1) 简述语义分析程序如何利用符号表区分这两种情况。

(2) 简述词法分析程序如何利用符号表区分这两种情况。

6.13 假设某语言允许给出名字表的一个属性表，也允许声明嵌套在另一个声明里面，下面文法抽象这个问题。

$$D \rightarrow attrlistnamelist \mid attrlist\ (D)$$

$$attrlist \rightarrow Aattrlist \mid A$$

$$namelist \rightarrow \text{id}, namelist \mid \text{id}$$

$A\rightarrow$ decimal | fixed | float | real

产生式 $D\rightarrow attrlist\ namelist$ 的含义是：在 *namelist* 中的任何名字有 *attrlist* 中给出的所有属性。$D\rightarrow attrlist(D)$ 的含义是：在括号中的声明提到的所有名字有 *attrlist* 中给出的所有属性，而不管声明嵌套多少层。

请写一个翻译方案，它将每个名字的属性个数填入符号表。为简单起见，若属性重复出现，则重复计数。

6.14 考虑一个类 Pascal 语言，其中所有的变量都是整型(不需要显式声明)，并且仅包含赋值语句、读语句、写语句、条件语句和循环语句。下面的产生式定义了该语言的语法，其中 *vint* 表示整型常量；OP 的产生式没有给出，因为它和下面讨论的问题无关。定义 *stmt* 的两个属性：*MayDefVar* 表示它可能定值的变量集合，*MayUseVar* 表示它可能引用的变量集合。

(1) 写一个语法制导定义或翻译方案，它计算 *stmt* 的 *MayDefVar* 和 *MayUseVar* 属性。

(2) 基于 *MayDefVar* 和 *MayUseVar* 属性，说明 $stmt_1;stmt_2$ 和 $stmt_2;stmt_1$ 在什么情况下有同样的语义。

program→*stmt*

stmt→id:= *exp* | read (id) | write (*exp*)| *stmt* ; *stmt*

　　| if (*exp*) then begin *stmt* end else begin *stmt* end

　　| while (*exp*) do begin *stmt* end

exp→id | *vint* | *exp* OP *exp*

6.15 考虑如下文法：

program→*declarations* ; *statements*

declarations→*declarations* ; *declaration* | *declaration*

declaration→id:*type*

type→integer | boolean | array [num] of *type*

statements→*statements* ; *statement* | *statement*

statement→if expr then *statement* |id:=expr

试根据该文法编写相应的 LEX 和 YACC 规格说明文件，用于对该语言的程序进行的类型检查。

程序设计 3

题目：语义分析程序的设计与实现。

实验内容：编写语义分析和翻译程序，实现对算术表达式的类型检查和求值。要求所分析算数表达式由如下的文法产生。

```
E→ E+T | E-T | T
T→ T*F | T/F | F
F→ num | num.num | (E)
```

实验要求：用自底向上的语法制导翻译技术实现对表达式的分析和翻译。

(1) 写出满足要求的语法制导定义或翻译方案。

(2) 编写语义分析和翻译程序，实现对表达式的类型进行检查和求值，并输出：

① 分析过程中所用产生式。

② 识别出的子表达式的类型。

③ 识别出的子表达式的值。

(3) 实验方法：可以选用以下两种方法之一。

① 手工编写分析程序。

② 利用 YACC 自动生成工具。

第7章 运行环境

前几章的讨论主要集中在编译程序的前端，即分析部分，以后将重点讨论编译程序的后端，即综合部分。在开始讨论为源程序中各语法成分生成目标代码之前，先弄清楚程序在运行过程中所需要的信息是怎样存储和访问的，这就需要把静态源程序正文与程序运行时刻的动作联系起来。

程序执行过程中对数据的操作是通过对相应存储单元的存取完成的。早期计算机的存储管理工作由程序员自己完成，高级语言出现之后，程序员编写程序时不再直接使用内存地址，而是用变量来表示程序运行时需要的数据空间，即通过声明语句来说明需要哪些数据对象、每个数据对象所需存储空间的大小、这些数据空间如何组织等，而相应的存储地址或在编译期间由编译程序静态确定或在目标程序执行过程中动态分配，并且在程序执行过程中，源程序中声明的同名变量可以指示目标机器中不同的数据对象，数据对象的空间分配和释放由运行时的支撑程序包(即库函数)管理，这些库函数和所产生的目标代码一起连接装配成可执行文件。不论数据对象的存储空间是静态分配还是动态分配，编译程序都需要完成与存储组织和管理有关的工作，这是一个复杂而又十分重要的任务。这一章主要讨论目标程序运行时的存储组织及管理技术。

7.1 程序运行时的存储组织

程序运行时需要内存空间来存放它的指令序列、所处理的数据对象、以及它的运行环境信息等。假定编译程序从操作系统那里得到一个存储区域，以便被编译的程序在其中运行，那么这个存储空间如何使用、其中的各种信息如何组织等与程序设计语言的性质密切相关。本节介绍典型的存储组织方式，这种组织方式适用于像Pascal、C和FORTRAN这样的语言。

与程序执行密切相关的一个概念是过程。过程的使用始于编译方法，早期是由于可用内存有限而将一个程序分裂成多个小的可独立编译的块，在FORTRAN、Pascal和C等语言中，每个过程都可单独编译，对现代程序设计语言而言，独立编译是与模块紧密联系的。

不同语言间过程的特性差别较大，这个特性对程序执行所需的结构和运行环境的复杂程度有很大的影响。如FORTRAN 77中，过程是没有递归的静态实体，直接导致了静态环境的概念，在静态环境中所有的内存分配是在编译时进行的。Algol 60则是递归和动态过程思想的始祖，直接导致了基于栈的动态环境，该思想被当今绝大多数结构语言和面向对象语言普遍使用。而LISP和其他函数式语言则提出了函数的概念，函数可以动态创建并像其他数据结构一样当作值使用，这导致了比栈结构更加灵活的动态环境，因此需要动态内存管理。有关存储空间分配策略将在7.2节介绍。

在程序设计时，通常会将一段多次使用的代码定义为一个过程，使用过程声明语句把一个标识符(称为过程名)和这段代码(称为过程体)联系起来，需要时直接使用过程名即可调用过程体。另外，可以根据是否有返回值进一步区分它为过程(无返回值)或是函数(有返回值)，如 Pascal 语言明确地区分函数和过程，使用保留字 procedure 引导过程的定义，而使用 function 引导函数的定义。C 语言对过程和函数的定义在形式上没有明显的区别。例如，如下的 Pascal 语言声明语句：

```
procedure proc1;begin …end;
```

声明了一个无参过程 *proc*1，该语句的作用相当于 C 语言的函数声明：

```
void proc1(){…};
```

再如，Pascal 语言的声明语句：

```
procedure proc2(a:integer,var b: integer); begin …end;
```

声明了一个带有 2 个形参的过程 *proc*2，其第一个是值参数，第二个是变量参数，相当于 C 语言的函数声明语句：

```
void proc2(int a,int * b){…};
```

再如，Pascal 语言的函数声明语句：

```
function fun1(a:integer,c: char):integer; begin …end;
```

声明了一个带有 2 个值参数、返回值类型是整型的函数 *fun*1，相当于 C 语言的函数声明语句：

```
int fun1(int a,char c){…};
```

因此，即使对于明确区分过程和函数的语言(如 Pascal)，把函数看作过程也是完全可以的，同样，也可以把一个完整的程序看成是一个过程。

当一个过程名出现在一个可执行语句中时，称此过程在该点被调用。过程调用即执行被调用过程的过程体。如果过程调用发生在表达式中，则称作函数调用或函数引用。过程调用时将实参传递给被调用过程，参数传递机制将在 7.4 节讨论。

与描述过程定义的静态文本相对应的一个动态概念是活动，即一个过程的每一次执行称为它的一次活动。每个活动都有生存期，即从其过程体的第一步开始执行到最后一步执行结束期间的一系列步骤的执行时间，其中包括被该过程调用的过程的执行时间，以及又被这些被调用过程调用的过程的执行时间等。一个过程是递归的，如果它的新的活动可以在上一次活动结束之前开始，也就是说，对于递归过程，同一时刻可能有几个不同的活动同时存在(也称“活着”，即执行中)，并且新活动的生存期嵌套在老活动的生存期内。

每一次过程调用都将激活一个活动，该活动可以存取分配给它使用的数据对象。

7.1.1 程序运行空间的划分

程序的运行空间指的是程序的逻辑或者虚拟地址空间，是编译程序为目标程序的运行向操作系统申请的一块存储区。根据不同的使用目的，该空间又被划分成不同的区域，用于保存生成的目标代码（即指令序列）、数据对象以及程序的运行环境等，图 7-1 所示是一种典型的空间划分。

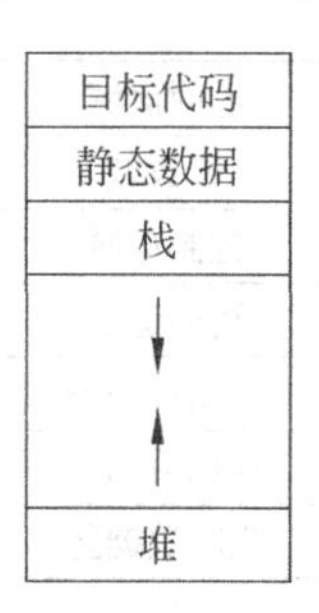

图 7-1 程序运行空间的划分

不同区域采用的存储分配策略是不同的，如目标代码的长度及某些数据对象的大小在编译时可以确定，因此采用静态存储分配策略，由编译程序把它们放在一个静态确定的区域内。对于静态分配的数据对象，编译程序甚至可以把它们的存储地址直接生成在指令中。如 FORTRAN 语言的所有数据对象都可以静态分配，这就意味着 FORTRAN 语言程序的运行空间只需划分为目标代码区和静态数据区两部分即可。

对于像 Pascal 和 C 这样允许过程递归调用的语言，仅采用静态存储分配是不够的，还需要使用栈来管理过程的活动。当发生过程调用时，当前活动的执行被中断，有关断点的现场信息（如返回地址、各寄存器的值、以及调用参数等）就需要保存于栈中；当控制从被调用过程返回时，则需要将计算结果返回给调用过程（若有返回值的话），并根据所保存的断点信息恢复调用过程的运行环境（如恢复有关寄存器的值、根据返回地址设置程序计数器等），这样，被中断的活动就可以从过程调用点之后继续执行。生存期包含在同一个活动中的那些数据对象，可以与该活动有关的其他信息一起存放在栈中，对它们所需栈空间的分配采用动态的栈式存储分配策略，即在目标程序运行过程中，通过执行调用序列来完成，所谓调用序列指的是编译程序为过程调用语句生成的将控制从调用过程转移到被调用过程的一段代码（详见 7.2.2 小节介绍）。

另外，像 Pascal 和 C 这样的语言，允许在程序控制之下对数据进行动态存储分配，如程序运行过程中可以创建和管理动态数据结构（如链表、树等）。像 LISP、Scheme 这样的函数式语言允许动态地建立过程，如允许过程通过返回值或者引用参数返回一个过程。在有些面向对象的语言（如 Smalltalk）中，允许动态地创建方法。对于这样的动态结构或数据对象所需要的空间，需要采用动态的堆式存储分配策略。

栈和堆空间的大小都随程序的运行而变化，所以使它们的增长方向相对，如图 7-1 所示。

7.1.2 活动记录与控制栈

对于像 Pascal 和 C 这样允许过程递归调用的语言，过程块的活动空间不能静态地分配，因为在程序执行过程中的某段时间内，有可能一个过程的多次活动同时活着，即该过程的前一次活动结束之前又开始了一次新的活动，为保证程序的正确执行，需要为过程的每次活动分配不同的存储空间，通常采用栈式存储分配策略来实现。

1. 活动记录的内容与组织

在程序执行过程中，每个过程的每次活动都需要一个连续的存储空间，该存储空间被划分为若干个区域来保存活动相关的各种信息，并且该存储空间的组织形式对所有活动都是一样的，所以又称为活动记录。一个典型的活动记录包含如图7-2所示的各个域，但在实践中并不是所有的语言、也不是所有的编译程序都需要使用所有这些域，并且有些域可以用寄存器实现。

返回值域
参数域
控制链域
访问链域
机器状态域
局部数据区
临时数据区

图7-2 一个典型的活动记录

活动记录中每个域的作用如下。

(1) 返回值域：存放返回给调用过程的值。实践中常用寄存器保存返回值以提高效率。

(2) 参数域：存放由调用过程提供给该活动的实参。实践中常用寄存器传递参数以提高效率。

(3) 控制链域(可选项)：这是为跟踪活动踪迹而设计的一个指针域，也称为动态链域，用于本次活动结束时实现控制返回到调用过程。它总是指向本次活动的调用者的活动记录，即调用过程的最新活动的活动记录。像FORTRAN语言不需要控制链，因为它的所有空间都是静态分配的。

(4) 访问链域(可选项)：这是为实现过程对非局部名字的访问而设计的一个指针域，也称为静态链域，该域的使用实现了名字的静态作用域规则。它总是指向该过程的直接外层过程的最新活动的活动记录。像FORTRAN和C语言不需要访问链，因为FORTRAN程序的所有空间都是静态分配的，C语言程序的所有非局部数据实际上都是全局的，也是静态分配的，它们的存储地址可以直接生成在指令中；而像Pascal、Ada等支持嵌套过程的语言，就需要访问链。

(5) 机器状态域：存放本活动开始之前的活动现场信息，即调用过程在调用点的断点环境，其中包括返回地址和控制返回时必须恢复的寄存器的值。

(6) 局部数据区：为本次活动的局部数据分配的空间，该数据区的布局在下面讨论。

(7) 临时数据区：为本次活动中产生的一些临时数据(如表达式计算的中间结果等)分配的空间。

通常，活动记录中各个域的位置是根据其所需空间大小的确定时间来安排的。原则是将大小能够较早确定的域放在活动记录的中间、较晚才能确定并且变化较多的域放在两端。如图7-2所示，控制链域、访问链域、和机器状态域在活动记录的中间，因为是否需要使用控制链、访问链以及保存哪些寄存器的值等是在编译程序设计时就要考虑的，这些域所需空间大小在编译程序构造时就确定了，并且如果对每一个活动都有同样多的寄存器状态需要保存，那么所需的机器状态域是定长的，而且，当目标程序运行过程中出现错误时，调试程序可以很容易地获得各相关寄存器的值。返回值域和参数域在活动记录的最前面，这样安排便于实现调用过程和被调用过程之间的信息传递。将局部数据区安排在活动记录的后边，因为过程中声明的局部数据仅限在本活动生存期内使用，对于临时数据的空间，安排在活动记录的最后面。

2. 控制栈与活动记录

程序运行空间中用于保存活动记录的存储区域采用栈式存储管理，称为控制栈。

像Pascal和C语言程序，在执行过程中，它的每个活动都有自己独立的活动记录，并且活动记录的空间分配在控制栈中，做法是：当一个过程被调用时，被调用过程的一次新的活动就被激活了，此时要在栈顶为该活动创建一个新的活动记录来存放其环境信息，如调用过程传递给它的参数，控制链和访问链的值，返回地址，以及局部变量的状态等；当活动结束时，控制要从被调用过程退出，返回到调用过程中从过程调用点之后继续执行，这就需要恢复调用过程的执行环境，因此，栈顶的被调用过程的活动记录要出栈，使调用过程的活动记录成为栈顶活动记录。

程序运行过程中，控制栈中保存着当前所有活着的活动的活动记录，主程序的活动记录在栈底，被调用过程的活动记录压在调用过程的活动记录之上；当前正在执行的过程的活动记录在栈顶。由此可知，控制栈记录了程序执行的活动踪迹。7.2.2小节介绍的栈式存储分配就是基于控制栈和活动记录实现的。

3. 局部数据的安排

假定程序运行空间是连续字节区，其中字节是内存可编址的最小单位。在多数机器上，一个字节有8位，若干个字节组成一个机器字，需要用多个字节存储的数据对象存放在连续字节区中，并用第一个字节的地址作为该数据对象的地址。

局部数据区是在编译程序处理过程中的声明语句时安排的，长度可变的数据对象通常存放在这个域之外。

由6.4.2小节的翻译方案6.1和翻译方案6.3可知：(1)名字所需存储空间的大小由其类型确定，对于基本类型的数据(如字符、整数或实数等)，可以用一个字节或几个连续字节存储；对于构造类型的数据(像数组或记录等)，其存储区必须足够大，以存储它的所有元素或成员，为便于元素或成员访问，一般都为数组或记录这样的数据集合体分配一个连续的字节区。(2)在编译期间，需要随时累计已经为前面声明的变量分配的存储空间的大小(如翻译方案中的*offset*的作用)，并据此确定下一个名字的相对地址，如可以是相对于活动记录的局部数据区的开始位置的偏移量。

实际上，数据对象的存储安排还受目标机器寻址约束的影响，如多数机器都有地址对齐的要求，比如，整数加法指令可能要求整数的地址能够被4整除，对于10个字符构成的数组，尽管有10个字节就可以了，但由于地址对齐的限制，编译程序可能分配给它12个字节，以求分配上的全局统一，剩下两个字节不用，这样多余出来的无用空间叫做填塞(padding)。如果存储空间十分紧张，编译程序可以紧凑数据，不留填塞，但代码中要附加指令来定位数据，使得对紧凑数据的操作和对带有填塞的非紧凑数据的操作效果相同。

例如，有机器M，它的每个字节都有一个地址，一个字节有8位，为字符型数据对象分配一个字节，整型数据对象分配4个字节，实型数据对象分配8个字节，整型和实型数据对象的存储地址须能够被4整除。如某过程中有如下的声明：

```
struct {
    char  c1;
    int  i;
    char  c2;
```

```
    float  x;
}a;
```

理论上讲,存储变量 a 有 14 个字节就够了,但在机器 M 上,要为它分配 20 个字节。若结构内的成员声明顺序做如下调整,则为它分配 16 个字节即可。

```
struct {
    char  c1;
    char  c2;
    int  i;
    float  x;
}a;
```

7.1.3 名字的作用域及名字绑定

声明是一个把信息与名字联系起来的语法结构,可以是显式的,也可以是隐式的。例如,传统 FORTRAN 语言支持简单变量的隐式声明,即以 $I\sim N$ 之间的字母开头的名字都默认为整型,否则为实型。现代程序设计语言通常要求名字显式声明,并且要求先声明后引用。在一个程序的不同部分,可能有对相同名字的相互独立的声明,语言的作用域规则决定了当这样的名字在程序中被引用时应该使用哪一个声明。一个声明起作用的程序部分称为该声明的作用域。作用域是名字声明的一个性质,可以用"名字 X 的作用域"来描述。作用域规则有静态和动态之分,目前绝大多数语言采用静态作用域规则,即遵循最近嵌套原则,如 Pascal、C 等。拼写相同但作用域不同的名字被认为是不同的名字。

名字绑定(binding)是指把名字映射到存储单元的过程,根据名字的类型不同,其存储单元可能是一个字节、一个字或者是若干连续字节的集合。在静态作用域规则下,由于名字局部于其声明所在的过程,它的存储空间被安排在该过程的活动记录中。所以,不同的名字将被绑定到不同的存储单元,即使在一个程序中每个名字只被声明一次,程序运行过程中,同一个名字也可能映射到不同的存储空间(如递归过程中声明的名字)。

程序运行过程中,名字的值有左右之分,左值指的是它的存储空间的地址,右值指的是其存储空间的内容。赋值语句的执行仅改变名字的右值,而不改变其左值。假如变量 x 的存储地址(即左值)是 800,其值(即右值)为 0。在语句 $x:=5$执行以后,x 的存储地址仍是 800,但该存储空间内保存的值(即状态)已是 5。

过程定义是静态的,过程的活动是其静态定义的动态副本。与此类似,名字的声明是静态的,而名字的绑定是其动态副本。同样,声明的作用域是静态的,而绑定的生存期则是其动态副本。由于一个递归过程在同一时刻可以有多个活动活着,所以,一个过程的局部名字在过程的每次活动中可能被绑定到不同的存储单元。局部名字的绑定技术将在 7.2 节讨论。

需要指出的是,编译程序如何组织名字的存储空间,以及采用什么样的名字绑定方法等,主要取决于语言本身的性质。例如,是否支持递归过程?过程是否可以引用非局部名字?过程调用时参数如何传递?当控制从被调用过程返回时,对局部名字的值如何处理?过程是否可以作为参数传递或者作为结果返回?存储空间能否在程序控制下进行动态分配？是否必须显式地归还？

不同的语言具有不同的性质，体现在对上述这些问题的回答不同，所以，其编译程序的组织和实现方式将不同，为其提供的运行支持环境也将不同，这将在本章后续几节中讨论。

7.2 存储分配策略

在图 7-1 所示的程序运行空间中，除目标代码区域外，其余 3 种数据空间采用的存储分配策略是不同的，分别是静态存储分配、栈式存储分配和堆式存储分配。本节对这 3 种存储分配策略进行讨论，重点讨论栈式存储分配策略。

7.2.1 静态存储分配

对于源程序中声明的各种数据对象，如果在编译时能够确定它们所需存储空间的大小（如简单变量、常界数组和非变体记录等），则编译程序就可以在程序运行空间中给它们分配固定的存储位置，在把程序装入内存时完成所有名字的地址绑定，而且在程序运行过程中名字的左值保持固定不变，即总是使用这些存储单元作为它们的数据空间，这种存储分配方式称为静态存储分配。

由于程序运行时不改变名字的存储空间，一个过程每次被激活时，其同一个名字都映射到固定的存储空间，也就是说，同一个过程的所有活动的活动记录使用相同的内存空间，这种性质允许局部名字的值在过程活动结束后保留下来，当控制再次进入该过程时，局部名字的值与上次离开时是一样的。

静态存储分配策略的使用对源语言的限制较多，主要有：所有数据对象的大小和它们在程序运行空间中的位置必须能够在编译时确定，不能建立动态数据结构；不允许过程递归调用。对符合上述限制的源语言程序，编译时就可以确定每个过程的活动记录大小及其在程序运行空间中的位置，这也就确定了每一个名字的存储空间的大小及其在程序运行空间中的位置，这样就可以把它们的地址直接生成到目标指令中，从而生成可重定位（甚至可以是绝对地址）的目标代码。

静态存储分配策略的实现比较简单。编译程序在处理源程序正文时，首先对每个变量均建立一个符号表表项，包括其名字、类型及存储地址等属性，当然也包括名字的作用域信息。由于每个变量所需存储空间的大小由其类型确定，并且在编译时是已知的，因此可以使用 6.4.2 小节中的翻译方案处理声明语句，为变量分配存储地址。如可以把活动记录中局部数据区的起始位置 A 分配给第 1 个变量，假定第 1 个变量需要 n_1 个存储单元，则将地址 $A+n_1$ 分配给第 2 个变量；假定第 2 个变量需占用 n_2 个存储单元，则可将地址 $A+n_1+n_2$ 分配给第 3 个变量，等等。

例 7.1 下面的 FORTRAN 77 程序由主程序 *cmain* 和函数 *prc* 组成。主程序 *cmain* 通过调用 *prc* 不断地获得字符，直到遇到一个空格为止。*prc* 每次读一行字符到它的缓冲区中，每被调用一次就向调用者返回一个字符。*SAVE* 语句用来说明在一个活动开始时，局部名字的值和上次活动结束时的值相同，*DATA* 语句用来设置局部名字的初值。

```
(1)    PROGRAM  cmain
(2)      CHARACTER * 50 buff
(3)      INTEGER next
(4)      CHARACTER c,prc
(5)      DATA next/1/,  buff /''/
(6)    6   c=prc()
(7)       buff (next:next)=c
(8)      next=next+1
(9)       IF (c .NE. '') GOTO 6
(10)      WRITE (*,'(A)') buff
(11)     END
(12)   CHARACTER FUNCTION prc()
(13)     CHARACTER * 80 buffer
(14)     INTEGER next
(15)     SAVE  buffer,  next
(16)     DATA  next  /81/
(17)       IF (next .GT. 80) THEN
(18)         READ(*,'(A)') buffer
(19)         next=1
(20)       END IF
(21)       prc=buffer(next:next)
(22)       next=next+1
(23)     END
```

FORTRAN 语言对所有的空间都采用静态存储分配。按照图 7-1 所示的程序运行空间划分方法,这个程序的代码和活动记录的存储分配如图 7-3 所示。

在 *cmain* 的活动记录中有局部变量 *buff*、*next* 和 *c* 的空间,*buff* 的存储空间可存放一个包含 50 个字符的串,其后跟有存放 *next* 的整数值的空间和存放 *c* 的字符值的空间。函数 *prc* 也声明了整型变量 *next*,但它和主程序中的 *next* 不冲突,因为它们的作用域不同,分别在各自的活动记录中得到存储空间。

对于输入字符串 welcome to Beijing,该程序的运行结果是输出 welcome,相应的控制流可用图 7-4 表示。

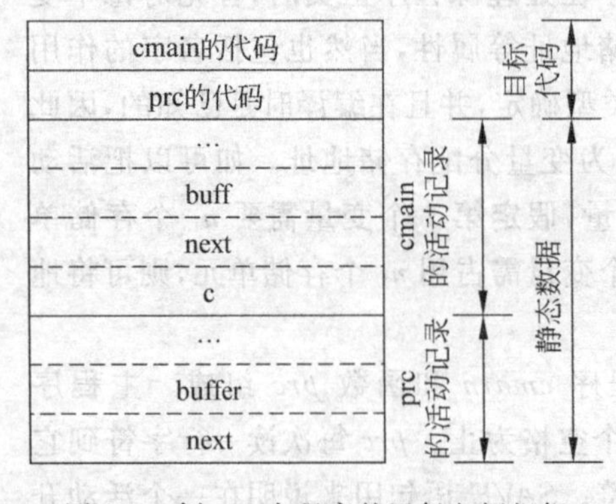

图 7-3 例 7.1 中程序的运行空间组织

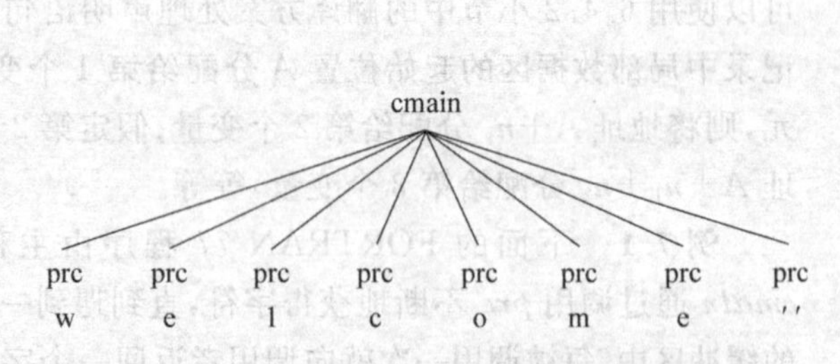

图 7-4 反映例 7.1 中程序执行控制流的树

由于目标代码和活动记录都可以在编译时确定，所以程序运行空间也可以不按图 7-3 那样划分。FORTRAN 编译程序可能把每个过程的活动记录和该过程的目标代码放在一起。在有些计算机系统中，编译程序并不指定活动记录和目标代码的相对位置，而由连接装配程序确定它们的位置。

7.2.2 栈式存储分配

栈式存储分配是基于控制栈的思想，把存储空间组织成栈的形式。活动记录在活动开始时入栈、在活动结束时出栈，过程中声明的局部变量的存储空间分配在相应的活动记录中。由于每次过程调用都激活一个新的活动，随着其活动记录的入栈，局部变量被绑定到新的存储单元；当活动结束时，随着活动记录的出栈，局部变量的存储空间被释放，局部变量的生存期也随之结束。

1. 编译时可确定活动记录大小的栈式存储分配

假定 top_sp 是栈顶指针寄存器，程序运行时，一个活动记录的入栈与出栈均会引起 top_sp 的变化。假设栈是向下增长的，如果过程 q 的活动记录长度为 a，则在 q 的活动开始时，q 的活动记录入栈，top_sp 的值增加 a 后指向新的栈顶；当活动结束，控制从过程 q 返回时，q 的活动记录出栈，top_sp 的值减少 a 后恢复到进入 q 之前的状态。

例 7.2 以下面的程序为例说明栈式存储分配。这是一个对输入数据进行排序的 Pascal 程序。

```
(1)  program sort(input,output);
(2)    var a:array[0..10] of integer;
(3)        x:integer;
(4)    procedure readarray;
(5)      var i:integer;
(6)      begin  for i:=1 to 9 do read(a[i])  end;
(7)    procedure exchange(i,j:integer);
(8)      begin
(9)        x:=a[i]; a[i]:=a[j]; a[j]:=x
(10)     end;
(11)   procedure quicksort(m,n:integer);
(12)     var k,v:integer;
(13)     function partition(y,z:integer):integer;
(14)         var i,j:integer;
(15)         begin
(16)             …a …;                   //引用名字 a
(17)             …v …;                   //引用名字 v
(18)             exchange(i,j);
(19)         end; { end of partition}
(20)     begin
```

```
(21)      if (n>m) then begin
(22)          i:=partition(m,n);
(23)          quicksort(m,i-1);
(24)            quicksort(i+1,n)
(25)      end
(26)    end; { end of quicksort}
(27)  begin
(28)    a[0]:=-999; a[10]=999;
(29)    readarray;
(30)    quicksort(1,9)
(31)  end. { end of sort}
```

在该程序执行过程中，随着过程的调用和返回，相应的活动记录入栈和出栈，控制栈的变化情况图 7-5 所示。

(a) 控制在sort中	(b) 控制在readarray中	(c) 控制在quicksort(1, 9)中	(d) 控制在quicksort(1, 3)中	(e) 控制在partition(1, 3)中	(f) 控制在exchange(vi, vj)中
sort	**sort**	**sort**	**sort**	**sort**	sort
a	*a*	*a*	*a*	*a*	*a*
x	*x*	*x*	*x*	*x*	*x*
	readarray	**quicksort(1, 9)**	**quicksort(1, 9)**	**quicksort(1, 9)**	**quicksort(1, 9)**
	i	*k*	*k*	*k*	*k*
		v	*v*	*v*	*v*
			quicksort(1, 3)	**quicksort(1, 3)**	**quicksort(1, 3)**
			k	*k*	*k*
			v	*v*	*v*
				partition(1, 3)	**partition(1, 3)**
				i	*i*
				j	*j*
					exchange(vi, vj)

说明：
1. 活动记录中仅给出了局部数据区，其他域省略。
2. 以变量名示意局部数据区的空间安排。
3. exchange(vi, vj)中的vi和vj代表实参i和j的值。

图 7-5　运行时刻的栈式存储分配示例

该程序的执行从主程序 *sort* 开始，所以 *sort* 的活动记录最先入栈，如图 7-5(a)所示。当执行到(29)行的过程调用语句 *readarray* 时，过程 *readarray* 的活动被激活，将 *readarray* 的活动记录入栈，如图 7-5(b)所示。当输入数据接收完成，控制从 *readarray* 退出、返回到 *sort* 时，*readarray* 的活动记录出栈，控制栈又恢复到图 7-5(a)所示的状态。接着，*sort* 执行(30)行的过程调用语句 *quicksort*(1,9)，即以实参 1 和 9 激活 *quicksort* 的这个活动，并将其活动记录压入栈顶，如图 7-5(c)所示。在图 7-5(c)和图 7-5(d)两幅图之间有过几次活动发生，如活动 *quicksort*(1,9)执行(22)行的过程调用 *partition*(1,9)，活动 *partition*(1,9)又执行(18)行的过程调用 *exchange*(vi,vj)，然后，又先后结束并退出活动 *exchange*(vi,vj)和 *partition*(1,9)，所以它们的活动记录曾经入栈，之后又从栈中弹出了，假设 *partition*(1,9)=4。接下来，活动 *quicksort*(1,9)将依次执行(23)行和(24)行的过程调用语句 *quicksort*(1,3)和 *quicksort*(5,9)。当 *quicksort*(1,3)被调用时，它的活动记录入栈，如图 7-5(d)所示。活动 *quicksort*(1,3)又调用过程 *partition*(1,3)，所以 *partition*(1,3)的活动记录入栈，如图 7-5(e)所示。活动 *partition*(1,3)又调用过程 *exchange*(vi,vj)，相应地，*exchange*(vi,vj)的活动记录入栈，如图 7-5(f)所示。

从图 7-5 可以看出，当控制处在某一个活动中时，该活动的活动记录就在栈顶，调用过程的活动记录总是在被调用过程活动记录的下面，主程序的活动记录在栈底。过程中声明的局部变量的存储空间在相应活动的活动记录中。图 7-5 的(d)～(f)均显示出，过程 *quicksort* 有两个活动同时活着，即 *quicksort*(1,9)和 *quicksort*(1,3)，说明过程 *quicksort* 是一个递归过程，其中声明的局部变量 k 和 v 的存储空间分配在相应活动的活动记录中，即使同一个名字(如 k)也随着活动记录的入栈而被绑定到不同的控制栈单元。

假设在程序运行时，寄存器 *top_ep* 中保存的是当前栈顶活动记录中局部数据区的起始地址，由于编译时能够确定每个名字的存储空间相对于其局部数据区起点的偏移量 dx(即符号表中保存的名字的存储地址)，那么在目标指令中的一个局部名字 x 的地址则可以写成 dx(*top_ep*)，即 x 的实际地址是寄存器 *top_ep* 的值加上 x 的相对地址 dx。同样，活动记录中其他的所有数据(如返回值、参数、控制链、访问链等)的地址也都可以表示为相对于 *top_ep* 的偏移量。当然，以活动记录中其他某个确定位置为基准偏移也可以。

2. 调用序列和返回序列

调用序列指的是目标程序中实现控制从调用过程进入被调用过程的一段代码，相应地，返回序列指的是目标程序中实现控制从被调用过程返回到调用过程的一段代码。调用序列和返回序列的功能分别是完成活动记录的入栈和出栈操作，实现控制的转移。

为完成活动记录的入栈，在调用序列中有调用过程和被调用过程各自需要完成的任务，例如，如果被调用过程有参数的话，则需要由调用过程准备实参、并把实参的值(右值或者左值)传递给被调用过程，即写入被调用过程的活动记录中(关于参数传递机制将在 7.4 节介绍)；然后为被调用过程访问非局部名字建立环境、还要为控制返回做准备；而被调用过程则需要保存调用点的机器状态、初始化局部数据等。

同样，为实现活动记录的出栈，在返回序列中也有调用过程和被调用过程各自需要完成的任务，例如，如果被调用过程有返回值的话，返回值由被调用过程提供，写入自己的活动记录中，然后恢复调用点的运行环境，完成控制返回；而调用过程则需要自行取回返回值。

在运行时刻的控制栈中，调用过程 P 的活动记录刚好在被调用过程 q 的活动记录的前边，如图 7-6 所示。

按照图 7-2 所示的结构安排每个活动记录，并设置两个指针寄存器 *top_ep* 和 *top_sp*，其中 *top_ep* 保存环境指针，指向当前栈顶活动记录中局部数据区的开始位置，这样，活动可以根据该指针访问其活动记录中的所有信息；*top_sp* 保存栈顶指针。

由图 7-6 可以看出，把被调用过程的返回值域和参数域安排在紧靠调用过程活动记录的后面，这样，调用过程就能够以它的活动记录的结尾(即 *top_sp* 指向的位置)为基准，

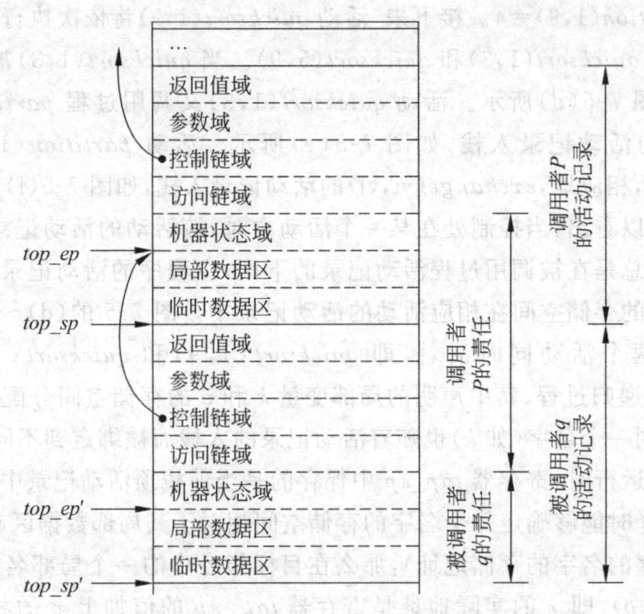

图 7-6　调用序列中调用过程和被调用过程的责任划分

进行适当的偏移来访问这些域,而不需要知道被调用过程活动记录的全部构造。

由于控制链域、访问链域和机器状态域的大小在编译程序设计时就已经确定,这 3 个域占用的总空间大小对编译程序而言是个固定值,假设用常数 C_1 表示。编译程序在分析源程序时,根据过程定义可以知道其参数域和返回值域的大小,并且对每个过程而言,其参数域和返回值域需要的总空间大小也是固定的,假设用常数 C_2 表示。调用过程可以根据这两个常数来计算并设置 *top_ep* 的新值(即 $top\_ep'=top\_sp+C_2+C_1$,使之指向图 7-6 中的 *top_ep′*所指示的位置)。当控制从被调用过程返回时,同样需要利用这两个常数来计算并重置 *top_sp* 的值(即 $top\_sp=top\_ep'-C_2-C_1$,使之重新指向调用过程的活动记录结束的位置)。

根据上面的讨论,可以得到如下的调用序列和返回序列。

调用序列:

(1) 调用过程 *p* 准备实参,并把实参的值传递到被调用过程 *q* 的活动记录的参数域。

(2) 调用过程 *p* 把返回地址存入被调用过程 *q* 的活动记录的机器状态域;把寄存器 *top_ep* 的当前值存入 *q* 的活动记录的控制链域中;建立 *q* 的访问链(在 7.3 节介绍);计算并重新设置 *top_ep* 的值,使之指向图 7-6 中 *top_ep′*所示的位置;然后通过一条无条件转移指令(*goto*)将控制转移到被调用过程 *q* 的代码。

(3) 被调用过程 *q* 保存寄存器的值和其他状态信息。

(4) 被调用过程 *q* 增加 *top_sp* 的值,初始化其局部数据,并开始执行。

返回序列:

(1) 被调用过程 *q* 将返回值写入自己活动记录的返回值域中。

(2) 被调用过程 *q* 利用保存在其活动记录中的状态信息恢复 *top_ep* 以及其他寄存器的值,计算并重置 *top_sp* 的值,并按返回地址实现控制转移。

(3) 调用过程 p 取回返回值,继续执行。

可以看出,调用序列和活动记录不同。活动记录是一块连续的存储区域,用来保存一个活动所需要的全部信息,与活动一一对应;调用序列是一段代码,完成活动记录的入栈,实现控制从调用过程到被调用过程的转移,并且调用序列中的代码划分为两部分,一部分属于调用过程,另一部分属于被调用过程。例如,上面介绍的调用序列中共有 4 项任务,其中前 2 项由调用过程完成,后 2 项由被调用过程完成。这里只介绍了调用过程和被调用过程在调用序列中粗略的责任范围,至于其精确划分,需要根据源语言、目标机器和操作系统等具体情况而定。

调用序列和活动记录的安排又有着密切的关系。设计活动记录的基本原则是将大小能够较早确定的域放在活动记录的中间、较晚才能确定并且变化较多的域放在两头。如图 7-2 和图 7-6 所示,控制链域、访问链域和机器状态域出现在活动记录的中间,因为这些域的大小是在编译程序构造时确定的。参数域和返回值域放在活动记录的最前面,这样不但调用过程可以方便地以自己的活动记录末端为基准来访问被调用过程的这些区域,同样可使被调用过程方便地在自己的活动记录中找到它。而且,如此安排还允许被调用过程参数的个数依赖于过程调用。在编译时,根据调用过程向被调用过程提供的实参的类型和个数,可以知道参数域的大小,从而可以计算出被调用过程活动记录的 top_ep 的值,自然可以完成调用序列中第 2 项任务。而被调用过程的目标代码必须准备处理不同的调用,所以它在被调用之前一直等待,被调用后则检查自己的参数域,从而完成调用序列中属于它的任务。例如,C 语言中的标准库函数 printf 的参数个数依赖于过程调用。把临时数据域放在局部数据域之后,使得编译时临时数据域的大小变化不会影响到活动记录中其他域中有关数据的偏移地址。

3. 可变数组的存储分配

除 Pascal 语言外,多数程序设计语言都允许在过程调用时由参数的值确定局部数组的大小,这种数组称为“可变数组”。对于可变数组所需存储空间的大小,通常编译程序无法确定,只有在目标程序执行过程中,被调用过程才能根据接收到的实参的值确定其需要空间的大小。但在编译时,通过分析声明语句能够确定可变数组的数量,所以在活动记录中可以为每个可变数组设置一个指针,而把其数据空间放在活动记录之外,它们的空间分配可以在调用序列中由被调用过程完成。处理可变数组的策略可由图 7-7 表示。图中显示,过程 p 有 3 个局部可变数组 A、B 和 C,这些可变数组的存储空间分配在 p 的活动记录之外,在 p 的活动记录的局部数据区中,有指向每个数组的存储空间开始位置的指针,这些指针的存储地址由编译程序在处理声明语句时确定,目标代码可以通过这些指针访问相应的数组元素。过程 P 执行期间需要保存的临时数据的空间仍然在栈顶。

7.2.3 堆式存储分配

如果程序设计语言支持在活动结束后,其局部名字的空间可以保留,或者被调用过程的活动生存期可以超过调用过程的生存期,则栈式存储分配策略将无法处理,因为在这些

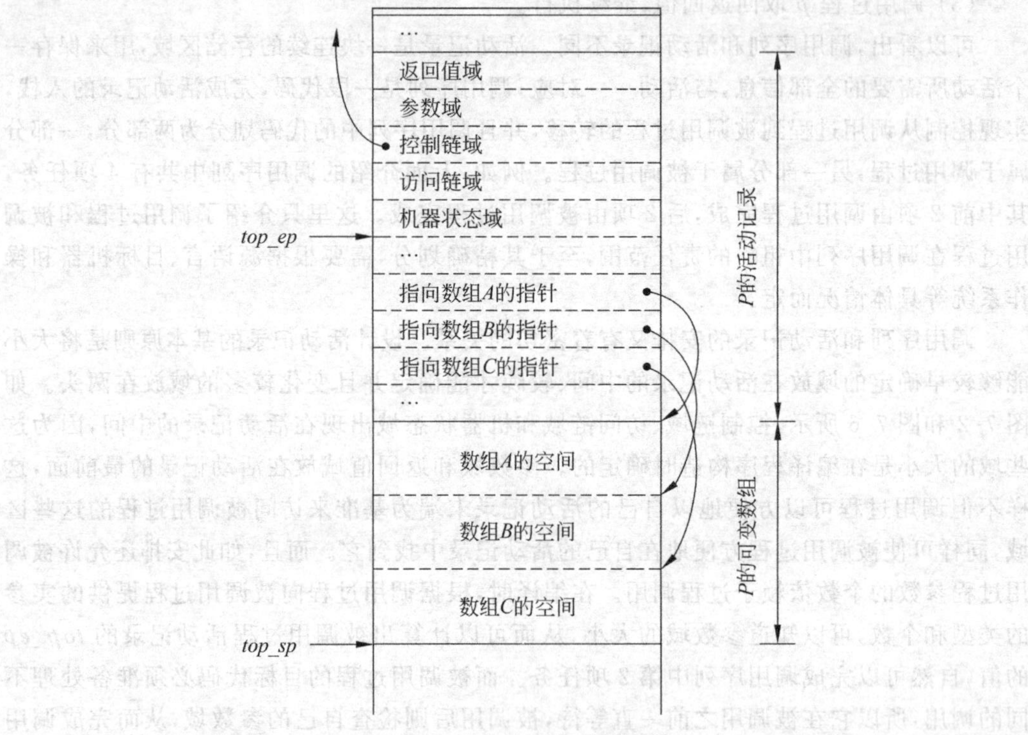

图 7-7　动态分配的可变数组

情况下，活动记录的释放不遵循后进先出的原则，因此其存储空间不能组织成栈。由于堆式存储管理模式下，空间的释放可以按任意顺序进行，所以，针对这种情况可以采用堆式存储分配策略，如图 7-8 所示。

图 7-8 显示，虽然过程 *readarray* 的活动已经结束，但其活动记录却被保留下来。当活动 *quicksort*(1,9) 被激活时，从堆中申请一个新的块保存其活动记录。现在，如果 *readarray* 的活动记录被释放，则在 *sort* 和 *quicksort*(1,9) 的活动记录之间将会有空闲的存储空间，这部分空间就留待堆管理程序重新分配使用。比较图 7-8 和图 7-5 可以看出活动记录的堆式存储分配和栈式存储分配的区别。

sort
…
控制链
…
a
x
readarray
…
控制链
…
i
quicksort(1, 9)
…
控制链
…
k
v

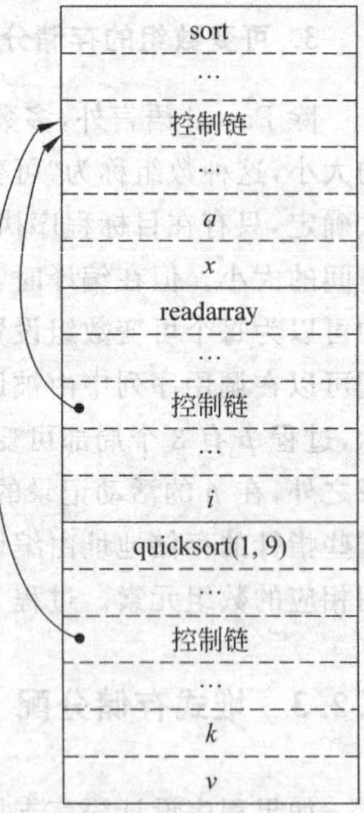

图 7-8　堆式存储分配策略示意图

另外，像 Pascal、C 这样的语言允许程序员建立链表、树和图这样的动态数据结构，并且可以根据需要增加或删除某些结点。为适应这种需要，语言提供了指针类型。通过指针变量和标准过程 new 就能够产生各种各样的动态变量，并为其申请一块存储空间，通过指针变量和标准过程 dispose 能够撤销该动态变量，并释放其所占用的存储空间。例如，有如下的 Pascal 声明：

```
type  ptr=↑T;
      T=record
            ch:char;
            next:ptr
          end;
```

该声明定义了记录类型 *T* 和指向该类型的指针类型 *ptr*。*T* 有两个域，其中 *next* 也是指针类型，通过指针可以方便地建立和撤销动态链表。下面是在链表的表头插入一个新结点的过程：

```
procedure insert(var base:ptr;c:char);
  var q:ptr;
  begin
    new(q);
    q↑.ch:=c;
    q↑.next:=base;
    base:=q
  end;
```

该过程通过调用 new(*q*)获得一个新结点，即显式地申请一块新的记录空间，并把 *c* 的值填入该结点的 *ch* 域，然后把它插入到 *base* 引导的链表中，作为链表的第一个结点。

当链表中某个结点不再需要时，可以通过调用标准过程 dispose(*p*)显式地释放 *p* 所指向的动态变量所占用的空间。

对于过程中声明的固定大小的静态数据结构，其空间由编译程序分配在活动记录中；对于由参数值决定大小的可变数组，在处理过程调用时，由调用序列将其空间分配在栈里，在过程执行期间，其空间大小和位置保持不变。由于链表是一个动态数据结构，链表长度在程序运行期间是可变的，所需空间的申请和分配依赖于程序的执行(比如，过程调用语句 new(*q*)的执行)，所以，这样的空间需求必须采取堆式存储分配策略来解决。

7.3 非局部名字的访问

本节以栈式存储分配为例来讨论如何实现对非局部名字的访问。

程序设计语言所规定的作用域规则决定了如何处理对非局部名字的引用，通常考虑两种作用域规则，即静态作用域规则和动态作用域规则。目前绝大多数语言(如 Pascal、C、Ada 和 Java 等)采用静态作用域规则。静态作用域规则也称为词法作用域规则，遵循“最近嵌套”原则，仅通过考察源程序的静态文本就可以确定应用到一个名字上的声明。动态作用域规则是在程序运行过程中，通过最近的活动来确定应用到一个名字上的声明，像 Lisp 和 Apl 等语言采用的是动态作用域规则。静态作用域规则和静态存储分配策略是两个完全不同的概念，请注意区分。

7.3.1 程序块

程序块的概念起源于 Algol 60 语言，指的是一个本身可含有局部数据声明的复合语句。一个块的开始和结束需用分界符标记。如C语言使用一对花括号'{'和'}'作为分界符,而Algol 60、Pascal等语言使用保留字BEGIN和END标记一个块的开始和结束。如C语言中块的语法是:

```
{ 声明语句序列;语句序列; }
```

块与块之间要么是相互独立的,要么是一个块完全嵌套在另一个块中,不可能出现交叉重叠情况。如对于块 B_1 和 B_2,绝不会出现 B_1 先于 B_2 开始,又先于 B_2 结束的情况。允许嵌套是块的一个重要特征。

在块结构语言中,声明的作用域遵循最近嵌套原则,即:

(1) 块 B 中的一个声明的作用域包括该块 B。

(2) 对于块 B 中出现的一个合法的名字 X,如果名字 X 在块 B 中没有声明,那么 X 必是在 B 的某个外围块 B' 中声明的,这里 B' 满足:

① B' 中有 X 的声明。

② 在 B 的所有具有名字 X 的声明的包围块中,B' 是离 B 最近的。

例如,下面的C语言程序中有4个块,分别标记为 B_0、B_1、B_2 和 B_3,每个块中均有自己的声明语句,且把被声明的名字的值初始化为该声明语句所在块的序号。每个声明的作用域如表7-1所示。如在 B_0 中声明的名字 b 的作用域不包括 B_1(因为在块 B_1 中重新声明了名字 b),在表7-1中用 B_0-B_1 来表示。像 B_1 这样的间隙称作作用域中的一个洞。

```
main()
{
    int a=0;
    int b=0;
    {
        int b=1;
        {
            int a=2;
            printf("%d,%d\n",a,b);        B2
        }
        {
            int b=3;
            printf("%d,%d\n",a,b);        B3
        }
        printf("%d,%d\n",a,b);            B1
    }
    printf("%d,%d\n",a,b);                B0
}
```

表7-1 声明的作用域

块	声明	作用域
B_0	int $a=0$	B_0-B_2
B_0	int $b=0$	B_0-B_1
B_1	int $b=1$	B_1-B_3
B_2	int $a=2$	B_2
B_3	int $b=3$	B_3

最近嵌套作用域规则反映在该C语言程序的输出中。在程序执行过程中，控制恰好从源程序正文中程序块的开始处进入 B_0 块，在控制流通过这个块的过程中，又依次进入 B_1、B_2 和 B_3 块，在每个块结束前调用函数 printf 输出名字 a 和 b 的值，之后离开此块。打印语句的执行顺序即控制离开块的顺序，依次是 B_2、B_3、B_1、B_0。该程序执行的结果是打印出 a 和 b 的值，分别是 2,1； 0,3； 0,1； 0,0。

由于声明的作用域不会超出它所在的块，所以，块结构程序可以用栈式存储分配来实现，即在控制进入块时为块中声明的名字分配存储空间，当控制离开该块时释放其空间。这种做法，实际上是把程序块处理成"无参过程"，调用发生在紧靠程序块之前的点，返回到紧跟程序块之后的点。但处理程序块要比处理过程简单得多，因为程序块没有参数，也没有返回值，并且控制流进入程序块和离开程序块的顺序与源程序的静态文本一致。

另一种实现方法是对一个完整的过程一次分配存储空间，如果在过程中有程序块，则要留出程序块中的声明所需要的存储空间。如对于上述C语言程序中的程序块 B_0，可按图7-9所示为其声明分配存储空间。局部名 a 和 b 的下标用来标识它是在哪个块中声明的。注意，a_2 和 b_3 可以分配在同一空间中，因为它们所在的块不会同时存活。

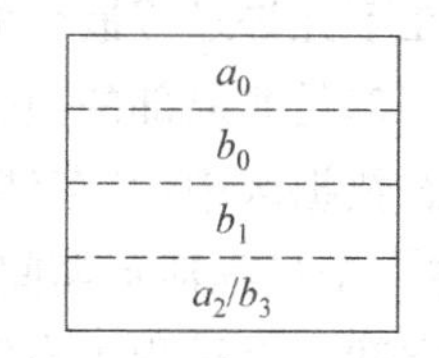

图7-9 为C语言程序中名字分配的存储单元

7.3.2 静态作用域规则下非局部名字的访问

根据程序设计语言是否支持过程的嵌套定义，可以把语言分为非嵌套过程语言和嵌套过程语言。所谓非嵌套过程是指过程定义不允许嵌套，即一个过程定义不能出现在另一个过程定义之中，像C语言就属于非嵌套过程语言。所谓嵌套过程是指过程定义允许嵌套，像Pascal语言即是嵌套过程语言。针对不同的语言，其程序运行时刻数据空间的分配有些差别，并且对非局部名字访问的实现方式也不同。下面就这两种情况分别进行说明。

1. 非嵌套过程

这里以C语言为例说明非嵌套过程语言的静态作用域规则及对非局部名字访问的实现。下面是一个简化的C语言程序，其中包括变量声明和函数声明。

```
(1)   int a[11];
(2)   int  x;
(3)   void  readarray()                  //读入数据,存储数组 a 中
(4)         {  int i;  …a … }
(5)   void  exchange(int i,int j)        //交换 a[i]和 a[j]的值
(6)         {  …a …;…x…    }
(7)   int partition(int y,int z)         //将 a[y]~a[z]划分为两组,并返回分界点位置
(8)         { int i,j;…a …;exchange(i,j); … }
(9)   void  quicksort(int m,int n)       //对 a[m]~a[n]中的数据进行排序
(10)        {  int i;
```

```
(11)         …
(12)         i=partition(m,n);
(13)         quicksort(m,i-1);
(14)         quicksort(i+1,n);}
(15)    main()
(16)         { readarray(); quicksort(0,10); }
```

如果在某一函数中引用的名字 *a* 是非局部的,那么 *a* 必须在该函数的外面声明。在函数外部的一个声明的作用域包括此声明之后出现的那些函数体,如果名字在某个函数中被重新声明,那么此外部声明的作用域是带有洞的。如在上面的程序中,在 *readarray*、*partition* 中引用的名字 *a* 是非局部的,是在第(1)行中声明的数组。

在不允许过程嵌套的情况下,在过程之外声明的名字是全局的、对之后声明的所有过程而言都是非局部的,它们的存储空间可以采用静态存储分配策略,分配在程序运行空间的静态数据区中,其存储地址可以在编译时刻确定并生成在对其访问的目标指令中,因此,在一个过程活动期间,可以使用此静态确定的地址访问非局部名字在静态数据区中的存储空间。对过程中声明的局部名字,则可以采用栈式存储分配策略,将其空间分配在过程的活动记录中,编译时,可以确定该名字的存储空间相对于局部数据区起点的偏移量,过程活动期间,通过对栈指针 top_ep 进行相应的偏移访问其空间。

对非局部名字采用静态存储分配还有一个重要的优点,就是过程可以作为参数传递,也可以作为结果返回。因为在非嵌套过程的静态作用域规则下,对一个过程是非局部的名字对所有过程都是非局部的,故它在静态数据区中的存储地址对所有过程都是可用的(可以直接生成在相应的指令中),与过程被激活的方式无关。同样,如果过程作为函数的结果返回,返回过程中的非局部名字引用的也是静态分配给它们的存储单元。

例 7.3 考虑下面的C语言程序,其中所有对 *m* 的引用都在第(1)行声明的作用域中。由于 *m* 对所有过程都是非局部的,所以它的存储空间分配在静态数据区中。每当过程 *plusv* 和 *mulv* 执行时,它们都可以用这个静态地址来访问 *m* 的空间,函数 *plusv* 和 *mulv* 作为参数传递,仅影响它们在什么时候被激活,而不影响它们访问 *m* 的方式。

```
(1)  int  m;
(2)  int  plusv(int n)
(3)     {  return m+n;  }
(4)  int  mulv(int n)
(5)     {return m* n;}
(6)  void  cproc(int pform(int n))
(7)     {  printf("%d\n",  pform(2);  }
(8)  void  main()  {
(9)     m=100;
(10)    cproc(plusv);
(11)    cproc(mulv);
(12) }
```

第(10)行的过程调用 *cproc*(*plusv*)把函数 *plusv* 和过程 *cproc* 的形参 *pform* 联系在一起，所以当第(7)行的形式过程 *pform*(2)被调用时，函数 *plusv*(2)被激活，它执行第(3)行的语句，返回值 102(因为非局部名字 *m* 的值是 100，形参 *n* 的值是 2)，由第(7)行的函数 printf 打印输出。当执行第(11)行的过程调用 *cproc*(*mulv*)时，函数 *mulv* 和形参 *pform* 联系在一起，这次 *pform*(2)的调用激活 *mulv*(2)，执行第(5)行的语句得到返回值 200，然后打印输出。所以这个程序的输出是 102，200。

2. 嵌套过程

嵌套过程语言(如 Pascal)支持源程序中过程的嵌套定义。根据嵌套过程的静态作用域规则可知：如果在嵌套语言程序的某个过程 *proc* 中引用了非局部名字 *a*，那么 *a* 的声明应该在过程 *proc* 的外围过程中，并且是含有 *a* 的声明且离过程 *proc* 最近的一个外围过程中。

对于 7.2.2 小节中对读入的数据进行排序的 Pascal 源程序，图 7-10 给出了程序中各过程的嵌套关系、各名字的声明以及对非局部名字的引用。

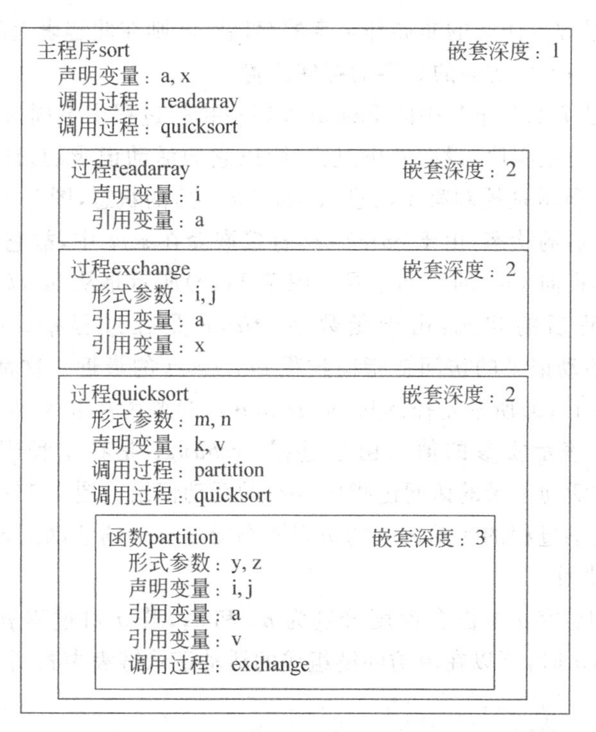

图 7-10　7.2.2 小节中对读入的数据进行排序的 Pascal 程序中各过程之间的嵌套关系

图 7-10 显示出，过程 *readarray*、*exchange* 和 *partition* 都引用了最外层过程 *sort* 声明的变量 *a*，函数 *partition* 引用了在其直接外围过程 *quicksort* 中声明的变量 *v*。值得注意的是，最近嵌套原则同样适用于过程名字，如在过程 *partition* 中调用的过程 *exchange*，对于 *partition* 而言是非局部的，*exchange* 是在主程序 *sort* 中定义的一个全局过程。根据最近嵌套原则，该引用是合法的。

(1) 嵌套深度

嵌套深度指的是声明所在的层次。假设主程序的嵌套深度为1,从一个过程进入一个嵌套过程时,嵌套深度加1。名字也有嵌套深度,一个名字的嵌套深度与其声明所在过程的嵌套深度一致。图7-10中指出了Pascal源程序中的各过程及名字的嵌套深度,如主程序*sort*及其声明的所有名字的嵌套深度是1,过程*quicksort*及其声明的所有名字的嵌套深度是2。如源程序中第(16)～(18)行(即函数*partition*)引用的名字*a*、*v*和*i*的嵌套深度分别为1、2和3,调用的过程名*exchange*的嵌套深度为1。

(2) 访问链

为了实现嵌套过程的静态作用域规则,需在活动记录中设置“访问链域”,其值是一个指针,指向当前过程的直接外围过程的最近一次活动的活动记录(具体讲,指向该活动记录中局部数据区的起始位置)。如果在源程序正文中,过程*q*直接嵌套在过程*p*中,那么*q*的活动记录的访问链指向*p*的最近一次活动的活动记录。从栈顶活动记录开始,通过访问链将当前活动的过程及其从内向外直到主程序的每一层外围过程的最新活动的活动记录组成了一个链表,*top_ep*指向链首结点。当前过程中的局部名字的存储空间在栈顶活动记录中,当前过程可访问的非局部名字的存储空间则在此链表上的其他活动记录中,沿此链表可找到每一个可访问的名字的存储位置。

图7-11所示是7.2.2小节中的Pascal程序在执行过程中不同时刻的控制栈及访问链状态。由于*sort*是主程序,没有外围过程,所以它的活动记录的访问链域为空(用null表示)。图7-11(a)所示是控制第1次进入*quicksort*后的状态,图7-11(b)所示是控制第2次进入*quicksort*后的状态,由于*quicksort*直接嵌套在*sort*中,故它的每一次活动的活动记录的访问链都指向*sort*的活动记录。图7-11(c)所示是从*quicksort*(1,3)中调用并进入*partition*过程后的状态,由于函数*partition*是在过程*quicksort*中定义的,故*partition*(1,3)的活动记录的访问链指向过程*quicksort*的最近一次活动*quicksort*(1,3)的活动记录。图7-11(d)所示是控制从*partition*(1,3)调用并进入*exchange*过程后的状态(这里用vi和vj表示实参的值),由于过程*exchange*是在主程序*sort*中定义的,故*exchange*(vi,vj)的活动记录的访问链指向*sort*的活动记录。图7-11(d)显示出所有直接嵌套在*sort*中定义的过程的活动记录的访问链都指向*sort*的活动记录。

① 访问链的使用

假设过程*p*和名字*a*的嵌套深度分别为n_p和n_a,若*a*对过程*p*是可访问的,则有$n_a \leqslant n_p$。当*p*引用*a*时,可以在由访问链组成的活动记录链表中找到*a*的存储空间,具体步骤如下。

当控制在*p*中时,*p*的当前活动的活动记录在栈顶。首先,若$n_p - n_a = 0$,说明*a*是*p*声明的局部名字,则可在*p*的当前活动记录中找到*a*的存储空间,若$n_p - n_a > 0$,说明*a*是非局部名字,则从栈顶活动记录出发,沿访问链前进$n_p - n_a$步,到达声明*a*的过程的活动记录。*a*的存储空间就在该活动记录的局部数据区中。然后,根据*a*的存储地址(即*a*的存储位置相对于局部数据区起始位置的偏移量)即可访问*a*的存储空间。这里,n_p和n_a的值,以及*a*的存储地址在编译时均可确定并保存在符号表中,在翻译过程*p*中访问名字*a*的语句时,编译程序通过查符号表可以计算出$n_p - n_a$的值,生成沿访问链查找活

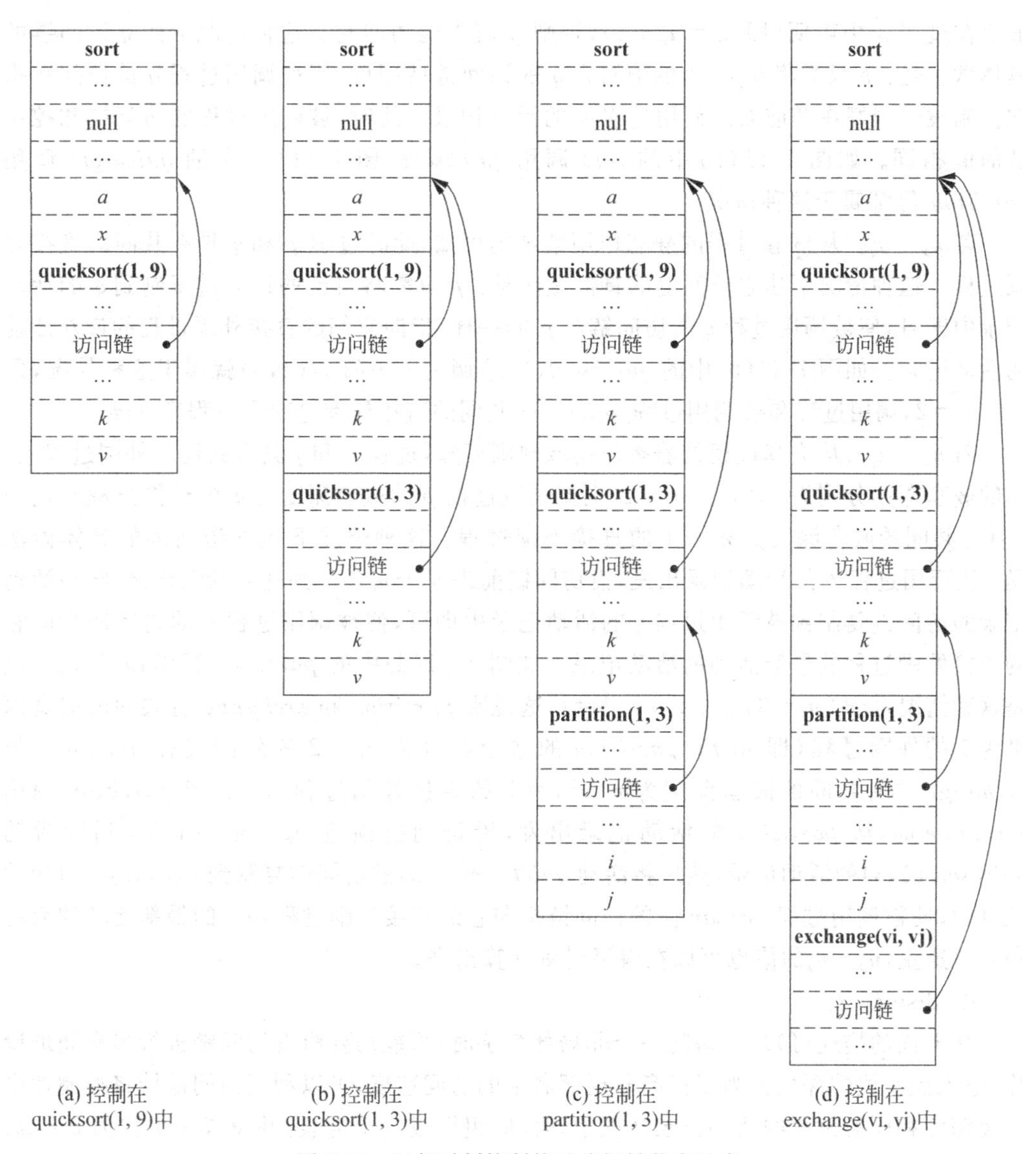

图 7-11 运行时刻控制栈及访问链状态示意

动记录、再根据 a 的存储地址生成访问 a 的存储空间的目标代码。

例如，过程 *partition* 的嵌套深度为 3，它分别引用嵌套深度为 1 的非局部名字 a 和嵌套深度为 2 的非局部名字 v，包含这些非局部名字存储空间的活动记录可以从 *partition* 的活动记录出发，沿着访问链分别前进 3－1＝2 和 3－2＝1 步后到达。

② 访问链的建立

在 7.2.2 小节中提到过，由调用过程为被调用过程建立访问链是调用序列的一项任务。假定调用过程是 p，被调用过程是 q，它们的嵌套深度分别为 n_p 和 n_q。q 的活动记录中访问链的建立过程依赖于 q 是否嵌套在 p 中。

若 $n_p < n_q$。由于被调用过程 q 的嵌套深度比调用过程 p 的大，因而过程 q 必须直接

嵌套在过程 p 中声明(即 $n_q=n_p+1$),否则 p 就不能访问它。这种情况下建立访问链的具体做法是:p 只需将 *top_ep* 的值写入 q 的访问链域即可,使被调用过程 q 的访问链指向控制栈中刚好在其前面的调用过程 p 的活动记录。此时,被调用过程的访问链和控制链的值相同。如图 7-11(a)中的 *sort* 调用 *quicksort*、图 7-11(c)中的 *quicksort* 调用 *partition* 等都属于这种情况。

若 $n_p=n_q$。从嵌套过程的静态作用域规则可知,此时过程 p 和 q 具有共同的直接外围过程。这种情况下建立访问链的具体做法是:p 只需将自己的访问链复制到 q 的活动记录中即可,使被调用过程 q 的访问链与 p 的一样,指向它们的直接外围过程的最新活动的活动记录。如图 7-11(b)中的 *quicksort*(1,9)调用 *quicksort*(1,3)就属于这种情况,即 $n_p=n_q=2$,调用过程和被调用过程 *quicksort* 共同的直接外围过程是主程序 *sort*。

若 $n_p>n_q$。从嵌套过程的静态作用域规则可知,过程 p 和 q 具有共同的外围过程,它们的嵌套深度分别为 $1,2,\cdots,n_q-1$,也就是说过程 p 的嵌套深度为 n_q 的外围过程与过程 q 具有共同的嵌套深度为 n_q-1 的直接外围过程。这种情况下建立访问链的具体做法是:从调用过程 p 的活动记录出发,沿访问链前进 n_p-n_q 步后到达某活动记录,将该活动记录的访问链复制到被调用过程 q 的活动记录中即可,使被调用过程 q 的访问链指向它的直接外围过程的最新活动的活动记录。如图 7-11(d)中的 *partition* 调用 *exchange* 就是这种情况,此时 $n_p=3$,$n_q=2$,$n_q-1=1$,这说明 *partition* 和 *exchange* 有共同的嵌套深度为 1 的外围过程(即 *sort*),*partition* 的嵌套深度为 $n_q=2$ 的外围过程 *quicksort* 与 *exchange* 具有共同的嵌套深度为 $n_q-1=1$ 的直接外围过程 *sort*。当 *partition* 调用 *exchange* 时,从 *partition* 的活动记录出发,沿访问链前进 $n_p-n_q=1$ 步,到达活动 *quicksort*(1,3)的活动记录,然后将活动 *quicksort*(1,3)的访问链复制到 *exchange* 的活动记录中,使被调用过程 *exchange* 的访问链指向它的直接外围过程 *sort* 的最新活动的活动记录。这里,n_p-n_q 的值也可以在编译时刻计算出来。

③ display 表

从上面的描述可知,当访问一个非局部名字时,可能需要沿着访问链进行多次间址操作,进入控制栈的深处。为了提高非局部名字的访问速度,可以利用访问链域将控制栈中嵌套深度相同的过程的活动记录从栈顶到栈底组织成一个链表,并设置一个称为 display 表的指针数组(简称 d 表)保存各链表的头指针,即 d 表的每一个元素 d[i]均指向嵌套深度为 i 的过程的最新活动的活动记录。d 表是一个全程数组,其元素个数可以根据过程的最大嵌套深度确定,其存储空间可以静态地分配。通过维护 d 表,使得当程序运行时需要访问嵌套深度为 i 的非局部名字 a 时,可以直接从 d[i]所指向的活动记录中找到 a 的存储空间。

例如,当控制处于嵌套深度为 j 的过程 p 的活动中时,过程 p 的当前最新活动记录在栈顶,d[1],d[2],…,d[$j-1$]分别指向过程 p 的各外围过程的最新活动的活动记录,d[j]指向栈顶的过程 p 的当前活动记录。当 p 访问某个名字 a 时(假设 a 的嵌套深度为 i,$i\leqslant j$),可以在 d[i]所指向的活动记录的局部数据区中找到 a 的存储空间,即根据 a 的存储地址对 d[i]进行变址操作即可。由此可见,使用 d 表访问非局部名字的速度要快,因为不再需要沿访问链深入到控制栈中进行查找。

对应于图 7-11 所示控制栈的变化情况，图 7-12 给出了引入 d 表之后控制栈和 d 表的结构。

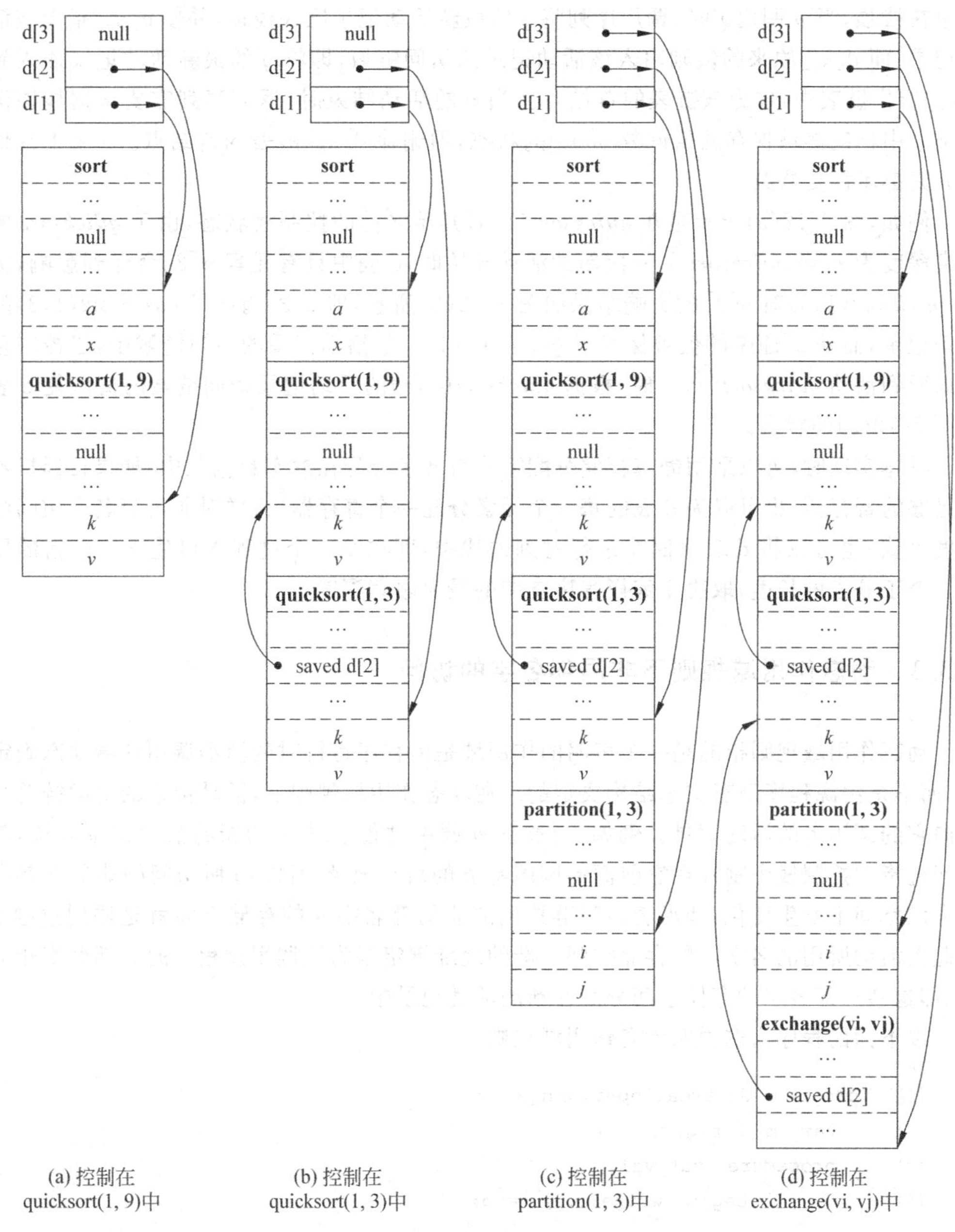

图 7-12　运行时刻控制栈和 d 表的状态

display 表的维护

在采用 d 表的情况下，不仅当一个新的活动开始时 d 表要发生变化，当控制从某活动返回时，还必须恢复 d 表为进入该活动之前的状态。d 表的维护是调用序列和返回序列的一部分，通过追踪访问链可以完成对 d 表的更新。通常(即过程不作为参数传递)情况下,d表的维护比较简单。

假设过程 p 和 q 的嵌套深度分别为 n_p 和 n_q,若控制处于过程 p 中,则 p 的最新活动记录在栈顶,当 p 调用 q 时,调用序列将 q 的最新活动记录压入栈顶,并使 d[n_q]指向该活动记录,而 d[n_q]原来的值则写入该活动记录的访问链域,即将 q 的最新活动记录插入到 d[n_q]所指链表中,成为该链表的首结点。当 q 的活动结束时,返回序列需要根据栈顶活动记录中访问链域保存的值恢复 d[n_q]的状态,即删除 d[n_q]链表的首结点。d表中其他的元素都不需要修改。

例如,图7-12(a)所示是在 *quicksort*(1,3)开始之前的控制栈状态,由于 *quicksort* 的嵌套深度为2,当 *quicksort* 的一次新的活动开始时,d表中只有元素 d[2]会受到影响,活动 *quicksort*(1,3)对 d[2]的影响结果如图7-12(b)所示,即 d[2]指向了 *quicksort*(1,3)的活动记录,而 d[2]原来的值被保存于 *quicksort*(1,3)的活动记录的访问链域中,当控制重新返回到活动 *quicksort*(1,9)时,根据 *quicksort*(1,3)的活动记录访问链域的值恢复d表为图7-12(a)的状态。

具体实现时,可以采用静态存储分配策略将d表分配在静态数据区中;如果目标机器有足够的寄存器,也可以为d表的每一个元素分配一个寄存器,这样对非局部名字访问的速度更快;也可以将d表存储在运行时刻的栈中,即在每一个过程入口建立一个新的副本。至于d表的长度,取决于编译程序支持的最大嵌套深度。

7.3.3 动态作用域规则下非局部名字的访问

动态作用域规则指的是一个声明的作用域是由程序运行时的活动调用环境动态确定的,而不是由源程序静态文本结构决定的。在动态作用域规则下,活动记录的访问链总是指向它的调用者的活动记录。例如,当过程 p 调用过程 q 时,q 的新的活动记录入栈,其访问链指向控制栈中刚好在它前面的调用者 p 的活动记录,所以,q 所访问的非局部名字的存储空间不发生变化,即沿着访问链找到的非局部名字 a 的存储空间就是调用过程 p 的此次活动所用的名字 a 的存储空间。新的地址绑定是为被调用过程 q 的局部名字建立的,即这些局部名字的存储空间分配在新的活动记录中。

以下面的程序为例说明动态作用域规则。

```
(1)   program  dy_area(input, output);
(2)     var  m: integer;
(3)     procedure  out_val;
(4)         begin  write(m:5)  end;
(5)     procedure  new_val;
(6)       var  m: integer;
(7)       begin  m:=200;  out_val  end;
(8)     begin
(9)       m:=10;
(10)      out_val;  new_val;  writeln;
(11)      new_val;  out_val;  writeln
```

```
(12)    end.
```

其中第(3)～(4)行上的过程 *out_val* 的功能是输出非局部名字 *m* 的值。如果按照 Pascal 语言的静态作用域规则，无论过程 *out_val* 被谁调用执行，它输出的都是在第(2)行声明的名字 *m* 的值，所以该程序的输出应该是：

```
10    10
10    10
```

然而，如果遵循动态作用域规则，则该程序的输出是：

```
10      200
200     10
```

在第(10)～(11)行上，当主程序调用 *out_val* 时，输出 10，因为 *out_val* 的非局部名字 *m* 引用的是主程序 *dy_area* 在第(2)行声明的变量 *m*。但是当 *new_val* 执行中调用 *out_val*（即 *out_val* 在第(7)行上被调用）时，输出 200，因为此时 *out_val* 所访问的非局部名字 *m* 引用的是过程 *new_val* 中声明的局部变量 *m*。从这个例子可以看出，在动态作用域规则下，活动所访问的非局部名字的存储空间取决于调用环境，即调用过程所访问的该名字的空间。

以下两种方法均可实现动态作用域规则，这两种方法分别与实现静态作用域规则的访问链和 display 表的使用有些类似。

1. 深访问方法

根据上面的介绍可知，如果访问链指向的活动记录和控制链指向的活动记录相同，则所实现的就是动态作用域规则。这种情况下，活动记录中不需要设置访问链，直接使用控制链从栈顶向栈底进行搜索，以查找含有所需非局部名字的存储空间的第一个活动记录。由于搜索可能要进行到栈的深处，所以这种方法又称为“深访问”方法，搜索进行的深度取决于程序的输入，编译时是无法确定的。

2. 浅访问方法

这种方法的基本思想是在静态数据区中存放每个名字的当前值。当过程 p 开始一次新的活动时，p 中的局部名字 x 接管静态数据区中分配给名字 x 的存储空间，x 的先前值可以保存在 p 的活动记录中，当 p 的活动结束时再恢复。这样，任何活动执行时需要访问名字 a（包括局部的和非局部的），只需对静态数据区中对应名字 a 的存储空间进行访问即可。在这种情况下，编译程序需要对源程序中声明的每一个变量名在静态数据区中分配存储空间。

比较这两种方法可以看出，深访问方法访问一个非局部名字需要较长的时间，但在活动开始和结束时没有附加的开销；浅访问方法可以直接快速地找到非局部名字的存储空间，但在活动开始和结束时需要花费时间来维护这些空间的状态。

7.4 参数传递机制

当一个过程调用另一个过程时，它们之间传递数据的常用方法有两种，一种是通过非局部名字，另一种是通过参数。如下面的过程使用非局部名字 a 和过程的参数 i 和 j 来交换 $a[i]$和 $a[j]$的值。

```
(1) procedure exchange(i,j:integer);
(2)   var x:integer;
(3)   begin
(4)       x:=a[i]; a[i]:=a[j];  a[j]:=x
(5)   end;
```

关于过程执行时对非局部名字访问的实现方法已经在 7.3 节讨论了，本节讨论过程之间的参数传递机制。参数传递机制对过程调用的语义有重大影响。不同语言之间的差别大体上与参数传递机制的种类及其影响范围有关，有些语言只提供一种基本的参数传递机制，有些语言提供两种或更多。本节讨论 4 种主要的参数传递机制，即传值调用、引用调用、复制恢复和传名调用。

之所以有这么多种参数传递方法，是由于对表达式代表的含义的解释不同所产生的。考虑赋值语句：

```
a[i]:=a[j]
```

其中表达式 a[j]表示的是一个值，而 a[i]表示的是一个存储单元的地址，该语句的含义是将 a[j]的值存入 a[i]确定的存储单元中。对 a[i]和 a[j]这样的表达式来说，究竟是使用它的值还是使用它的地址，要看它是出现在赋值号的右边还是左边，为此引入了右值和左值的概念。“左值”指的是存储单元的地址，“右值”指的是存储单元中的内容。参数传递方法之间的主要区别在于实参代表的是右值、左值还是实参的名字本身，因而也就出现了多种不同的参数传递方法。

7.4.1 传值调用

传值调用(call-by-value)是最一般、也是最简单的参数传递方法。调用过程先计算出实参的值，然后将其右值传递给被调用过程。这意味着，在被调用过程执行时，参数值如同常数，于是可以将传值调用解释为：用相应的实参的值替代过程体中出现的所有形参。例如，有如下的函数声明：

```
int max(int x,int y)  { return  x>y?x : y ; }
```

则调用语句 max(5,3+4) 执行时，将形参 x 替换为 5、y 替换为 7，得到 5>7? 5:7。这种最简单的传值调用机制是函数式语言中参数传递的唯一机制。

传值调用也是 C++ 和 Pascal 语言的内置机制，本质上，也是 C 语言和 Java 语言唯一的参数传递机制。在这些语言中，参数被看作是过程的局部变量，其初值由调用过程提供的实参给出。被调用过程执行时，对形参的操作在其活动记录的参数域上进行，其结果不影响过程体之外变量的值。实现这种传值调用的基本思想如下。

(1) 把形参当作过程的局部名字看待，形参的存储单元分配在被调用过程的活动记录中(即参数域)。

(2) 调用过程先对实参求值，发生过程调用时，由调用序列把实参的右值写入被调用过程活动记录的参数域中。

例 7.4 对于下面的 Pascal 程序，Pascal 编译程序将以传值调用的方式进行参数传递。

```
(1)  program  val_ref(input,output);
(2)    var  a,b: integer;
(3)    procedure  exchange(x,y: integer);
(4)      var  temp: integer;
(5)      begin
(6)          temp:=x;
(7)          x:=y;
(8)          y:=temp
(9)      end;
(10)   begin
(11)     a:=1;  b:=2;
(12)     exchange(a,b);
(13)     writeln('a=',a);  writeln('b=',b)
(14)     end.
```

使用传值调用方法，第(12)行的过程调用语句 *exchange*(*a*,*b*)的执行等价于：

```
x:=a
y:=b
temp:=x
x:=y
y:=temp
```

这里，*x*、*y* 和 *temp* 是过程 *exchange* 中声明的局部变量。尽管这些赋值语句的执行改变了它们的值，但当控制从被调用过程返回时，*exchange* 的活动记录被释放，因而这些改变也将丢失。由此可以看出，使用传值调用方法，被调用过程对形参的操作对调用过程的活动记录没有任何影响。该程序的输出结果为 $a=1$、$b=2$。

注意：传值调用并不意味着参数的使用一定不会影响过程体外变量的值。例如，若参数的类型为指针，则参数的值就是一个存储地址，通过它可以改变过程体外部的存储空间的值。考虑如下的 C 语言函数，它的执行将改变由参数 *p* 指向的整数空间的值。

```
void init_ptr(int *p)  { *p=3;}
```

但对参数 *p* 的直接赋值不会改变过程体外的实参的值，如：

```
void init_ptr(int *p)  { p=(int *) malloc(sizeof(int)); }
```

另外，在一些语言中某些值是隐式指针，如C语言中的数组是隐式指针（指向数组空间的起始位置），于是可以使用数组参数来改变存储在数组中的值。如：

```
void init_array_0(int p[])  { p[0]=0;}
```

7.4.2 引用调用

引用调用(call-by-reference)也称为传地址调用，原则上要求实参必须是已经分配了存储空间的变量，调用过程把实参的存储单元地址传递给被调用过程的形参，或者说调用过程把一个指向实参存储单元的指针传递给被调用过程的相应形参。被调用过程执行时，通过形参间接地引用实参，因此，可以把形参看成是实参的别名，对形参的任何引用都是对相应实参的引用。引用调用是FORTRAN语言唯一的参数传递机制。在Pascal语言中，通过在形参前加关键字var来指定采用引用调用机制，见如下的Pascal过程声明：

```
procedure inc_1(var x: integer);  begin  x:=x+1  end;
```

类似地，在C++中，通过在形参的类型关键字后加符号“&”来指明采用引用调用机制。如C++函数声明：

```
void inc_1(int &x)  { x++; }
```

虽然C语言只有传值调用一种机制，但是可以通过传递引用或显式指针来实现引用调用的效果（C语言使用“&”指示变量的地址，使用操作“*”撤销引用指针），如下面的C语言代码段实现与上述C++函数同样的功能。

```
int a;
void inc_1(int *x)  { (*x)++; }        //函数声明，C模拟引用调用
…
inc_1(&a);                             //函数调用，显式地提取变量a的地址，并将它传递给形参x
```

实现引用调用的基本思想如下。

(1) 调用过程对实参求值。

(2) 如果实参是具有左值的名字或表达式，那么传递这个左值本身。

(3) 如果实参是一个没有左值的表达式（如a+b或2等），则为它申请一临时数据空间，将计算出的表达式的值存入该单元，然后传递这个存储单元的地址。

例7.5 对于下面的Pascal程序，Pascal编译程序将以引用调用的方式进行参数传递。过程调用语句 *exchange*(*a*,*b*)执行时，任何对形参 *x* 和 *y* 的引用实际上都是对实参 *a*、*b* 的引用。该程序的输出结果为 *a*=2、*b*=1。

```
(1)  program  addr_ref(input, output);
(2)    var  a, b: integer;
(3)    procedure  exchange(var x, y: integer);
```

```
(4)        var  temp: integer;
(5)        begin
(6)            temp:=x;
(7)            x:=y;
(8)            y:=temp
(9)        end;
(10)   begin
(11)       a:=1;  b:=2;
(12)       exchange(a,b);
(13)       writeln('a=',a);  writeln('b=',b)
(14)   end.
```

例 7.6 若以实参 i 和 $a[i]$调用过程 *exchange*，即执行 $exchange(i,a[i])$，其效果等价于下列步骤。

(1) 把 i 和 $a[i]$的地址(即左值)复制到被调用过程 *exchange* 的活动记录的参数域中，即复制到分别与 x 和 y 相应的存储单元 arg_1 和 arg_2 中。

(2) 语句 $temp:=x$ 的执行，把 arg_1 所指向的存储单元中存放的内容写入 $temp$ 的存储空间(即将 i 的初值 I_0 赋给 $temp$)。

(3) 语句 $x:=y$ 的执行，把 arg_2 所指向的存储单元中存放的内容写入 arg_1 所指向的存储单元(即 $i:=a[i]$)。

(4) 语句 $y:=temp$ 的执行，将 $temp$ 的右值写入 arg_2 所指向的存储单元(即 $a[i_0]:=i$)。

$exchange(i,a[i])$的执行结果是 i 和 $a[i]$互换了右值，即 $a[i_0]=i_0$、$i=a[i_0]$。

7.4.3 复制恢复

复制恢复(copy-restore)参数传递机制是传值调用和引用调用的一种混合形式，它综合了传值调用和引用调用两种方式的特点，也称为 copy-in/copy-out 传递方式。实现思想如下。

(1) 过程调用时，调用过程对实参求值，将实参的右值传递给被调用过程，写入其活动记录的参数域中(如同传值调用一样)，并记录与形参相应的实参的左值。

(2) 当控制返回时，被调用过程根据实参的左值把形参的当前右值复制到相应实参的存储空间中。当然，只有具有左值的那些实参的值被复制出来。

第(1)步是将实参的右值“复制入”被调用过程活动记录的参数域中相应形参的空间中，第(2)步是将形参的右值“复制出”，写入相应实参的存储单元中。所以，这种方法有时也称为“复制入-复制出”传递方法。

例 7.7 对于例 7.5 中的 Pascal 程序，如果采用复制恢复的参数传递方式，其执行结果同样输出：$a=2$、$b=1$。过程调用 $exchange(i,a[i])$的执行结果与例 7.6 的也是一样的。

因为 $a[i]$的存储位置在调用之前已经由调用过程计算出来并保存，于是 i 和 $a[i]$的左值都已经确定。这样，调用时，把 i 的右值复制到形参 x 的存储单元，把 $a[i]$ 的右值复制到形参 y 的存储单元，*exchange* 过程体的执行完成 x 和 y 右值的交换；返回时，把形参 x 和 y 的右值分别复制到与各自相应的实参的存储单元中。调用结果是完成了两个实参的数据交换。可以看出，当过程返回时，形参 y 的最后值被复制到正确的位置中，即使 $a[i]$ 的位置由于调用而发生了变化（因为 i 的值改变了）。

但这并不能说明任何情况下引用调用和复制恢复调用的执行结果都一样，下面的两个例子可以说明引用调用和复制恢复机制是不同的。

例 7.8 对于下面的程序，第(7)行上发出调用 *app_based*(a)，该过程执行时，既通过形参 x 来访问实参 a（语句 x:=2），也把 a 作为非局部名字来访问（语句 a:=0）。在引用调用方式下，对 x 和 a 的操作都在 a 的存储空间上进行，因此 a 的最后值为 0，即程序输出 a=0。在复制恢复方式下，首先把实参 a 的值复制到形参 x 的存储单元中，被调用过程对 x 的操作在形参空间上进行，对 a 的操作在非局部名字 a 的存储空间上进行，控制返回时，将 x 的当前值 2 复制到实参 a 的左值中，因此程序输出 a=2。

```
(1)  program  example_ref(input, output);
(2)     var  a: integer;
(3)     procedure  app_based(var x: integer);
(4)         begin  x:=2;  a:=0  end;
(5)     begin
(6)         a:=1;
(7)         app_based(a);
(8)         writeln('a=',a)
(9)     end.
```

可见，如果被调用过程以多种方式访问实参存储单元的话，那么复制恢复和引用调用两种方式之间的区别就可以表现出来。

例 7.9 对如下的程序，如果采用引用调用机制，则 *inc*_1(a,a)执行结束后，a 的值为 3；如果采用复制恢复机制，则 *inc*_1(a,a)执行结束后，a 的值是 2。

```
program cmp_example(input,output);
   var a: integer;
   procedure inc_1(x,y: integer);
      begin  x:=x+1;  y:=y+1  end;
   begin
      a:=1;
      inc_1(a,a)
   end.
```

复制恢复机制没有规定的问题在不同的语言和实现上是有区别的。例如，按什么顺序把形参的当前值复制回实参？实参的地址是不是仅在过程的入口处计算？实参的地址需不需要存储？实参的地址在过程的出口处需不需要重新计算？

7.4.4 传名调用

传名调用(call-by-name)是Algol 60中定义的一种特殊的参数传递方式,计划用作一种高级语言过程的内嵌(inline)机制。这种机制使得过程的语义可以简单地由文本替换形式描述,而不是作为对环境的一种请求。Algol 60中用复制规则对其进行了如下定义。

(1) 把过程当作宏处理,即在调用出现的地方,用被调用过程的过程体替换调用语句,并用实参的名字替换相应的形参。这种文字替换称为宏扩展。

(2) 被调用过程中的局部名字不能与调用过程中的名字重名,因此可以考虑在做宏扩展之前,对被调用过程中的每一个名字都系统地重新命名,即给以一个不同的新名字。

(3) 为保持实参的完整性,可以用括号把实参的名字括起来。

例7.10 如果对例7.5中的程序采用传名调用的方式传递参数,调用语句 *exchange*(*i*,*a*[*i*])将被如下语句序列替换:

```
temp:=i;
i:=a[i];                              /* i的值被改变 */
a[i]:=temp;                           /* 此 a[i]已不再是原来的 a[i] */
```

显然,在传名调用方式下,*exchange*(*i*,*a*[*i*])不能实现预期的交换 *i* 和 *a*[*i*]的右值的功能。

历史上对传名调用的解释是:实参作为函数在被调用过程执行时计算。也就是说,进入被调用过程之前不对实参求值,调用点上的实参名字本身可以看作是一个函数定义,在被调用过程中,每次遇到形参时就对相应实参函数进行求值。因此,在结果程序中,对应每一个这样的参数都需要编制单独的一个程序或过程,这种参数子程序称为trunk。每当过程体中用到相应的形参时,就调用这个程序。当调用时,若实参不是变量,则形参替换程序就计算实参,并送回此值所在的地址,过程体中每当引用形参时,就调用trunk,接着就利用所送回的地址去引用该值。因此,在传名调用机制下,实参总是在调用者的环境内求值。

由于传名调用与其他的语言结构(特别是数组和赋值)有复杂的交互,因此被认为是很难实现的,实际上也很少被实现,并且在所有Algol 60的后继语言(如Algol 68、Pascal和C语言等)中都被去除。随着函数式语言中延迟计算技术的发展,特别是纯函数式语言(如Haskell)的出现,该机制又引起了广泛的兴趣,传名调用机制是其他延迟计算机制的基础。

习题7

7.1 根据嵌套过程的静态作用域规则,说明下面的程序中名字a和b的每一次出现所应用的声明。

```
(1) program a(input,output);
(2)   procedure b(u,v,x,y: integer);
(3)       var a: record
```

```
(4)           a, b: integer end;
(5)         b: record
(6)           b, a: integer end;
(7)       begin
(8)         with a do
(9)           begin  a:=u;  b:=v  end;
(10)        with b do
(11)          begin  a:=x;  b:=y  end;
(12)        writeln(a.a, a.b, b.a, b.b)
(13)      end;
(14)    begin
(15)      b(1,2,3,4)
(16)    end.
```

7.2 有如下的C语言程序，采用下列参数传递方式时的输出分别是什么？

(1) 传值调用

(2) 引用调用

(3) 复制恢复(假定按从左到右的顺序把结果复制回实参)

(4) 传名调用

```
#include<stdio.h>
int k;
int a[3];
void swap(int x,int y)
{  x=x+y;
   y=x-y;
   x=x-y;
}
void main()
{  k=1;
   a[0]=2;
   a[1]=1;
   a[2]=0;
   swap(k,a[k]);
   printf("k=%d,a[0]=%d,a[1]=%d,a[2]%d\n",k,a[0],a[1],a[2]);
   swap(a[k],a[k]);
   printf("k=%d,a[0]=%d,a[1]=%d,a[2]%d\n",k,a[0],a[1],a[2]);
}
```

7.3 假如编译程序采用不同的参数传递方式处理下面的程序，所生成的目标程序在运行时的输出分别是什么？

(1) 传值调用

(2) 引用调用

(3) 复制恢复(假定按从左到右的顺序把结果复制回实参)

(4) 传名调用

```
program main(input,output);
VAR a, b: integer;
    procedure p(x,y,z:integer);
        begin
            y:=y+1;
            z:=z+x
        end;
        begin
            a:=2;
            b:=3;
            p(a+b,a,a);
            writeln ('a=',a)
        end.
```

7.4 考虑如下 Pascal 程序。

```
(1) program main(input,output);
(2)     procedure b(function h(n:integer):integer);
(3)         begin  writeln(h(2))  end;
(4)     procedure c;
(5)         var m:integer;
(6)         function f(n:integer):integer;
(7)             begin  f:=m+n  end;
(8)         begin  m:=0;  b(f)  end;
(9)     begin  c  end.
```

假定在一个嵌套过程被作为参数传递时,同样可以使用静态作用域规则。在该程序中,第(6)~(7)行上定义的函数 f 引用了一个非局部名字 m;在第(8)行上,过程 c 为 m 赋值为 0,然后把 f 作为实参传递给 b。试问:

(1) 第(5)行的声明语句的作用域是否包括第(2)~(3)行上定义的过程 b?

(2) 第(8)行的过程调用语句 b(f)执行时,由于形参过程 h 被实参过程 f 所替代,第(3)行的语句 writeln(h(2))将激活过程 f,该打印语句输出的结果是什么?

(3) 如何为 f 的活动记录建立访问链?

7.5 考虑下面的 Pascal 程序:

```
(1)  program main(input, output);
(2)    procedure b(function h(n: integer): integer);
(3)        var m: integer;
(4)        begin  m:=3;writeln(h(2))  end;   { end of b }
(5)    procedure c;
(6)        var m: integer;
(7)        function f(n: integer): integer;
(8)            begin  f:=m+n  end;        { end of f }
(9)        procedure r;
(10)           var m: integer;
(11)           begin  m:=7; b(f)  end;   { end of r }
```

```
(12)        begin  m:=0;  r  end;           { end of c }
(13)    begin  c  end.{ end of main }
```

(1) 该程序的输出结果是什么？

(2) 试画出该程序的活动树。

(3) 试画出当控制处于函数 f 中时的控制栈状态，要求标出其中的控制链和访问链。

7.6 在 7.3 节中曾经提到，具体实现 display 表时，可以将 d 表存储在运行时刻的栈中，即在每一个过程入口建立一个新的副本，考虑在这种情况下，如何维护 display 表，并举例说明。

7.7 假定一个过程作为参数被传递时有 3 种环境可以考虑，第 1 种是静态环境，由在该过程定义之处的各名字的绑定构成；第 2 种是传递环境，由该过程作为参数被传递之处的各名字的绑定构成；第 3 种是活动环境，由该过程活动之处的各名字的绑定构成。以习题 7.5 中的程序为例，考虑第(11)行上作为参数被传递的函数 f，对于 f 的静态环境、传递环境和活动环境，第(8)行上的非局部名字 m 分别处于第(6)行、第(10)行和第(3)行上的声明语句的作用域之内。

(1) 画出该程序执行的活动树。

(2) 在采用 f 的静态环境、传递环境和活动环境时，该程序的输出分别是什么？

(3) 分别画出 3 种情况下，程序执行过程中控制栈的状态，要求标出各活动记录中的参数域、控制链和访问链。

7.8 考虑下面的程序。

```
(1)   program ret (input,output);
(2)     var f: function(n: integer): integer;
(3)     function a: function(n: integer): integer;
(4)         var m: integer;
(5)         function addm(n: integer): integer;
(6)             begin  return m+n  end;      { end of addm }
(7)         begin  m:=0;  return addm(n)  end;   { end of a }
(8)     procedure b(g: function(n: integer): integer);
(9)         begin  writeln(g(2))  end;     { end of b }
(10)    begin
(11)        f:=a;  b(f)
(12)    end.  { end of ret }
```

其中第(11)行的语句调用函数 a，而 a 以函数 addm 作为返回值。

(1) 画出该程序执行的活动树。

(2) 假定采用静态作用域规则，说明为什么该程序在栈式存储分配情况下不能正确工作？

(3) 假定采用静态作用域规则，在堆式存储分配情况下，该程序的输出是什么？

第 8 章　中间代码生成

虽然编译程序可以将一个源程序直接翻译为目标代码，但在多数编译程序的设计中仍采用机器无关的中间代码作为过渡，从而把编译的前端和后端安排在不同的遍中，这样做有利于编译程序的建立和移植，可以在中间代码上进行代码优化。由于对中间代码还要再次进行翻译，相对于直接产生目标代码的编译程序而言，产生中间代码的编译程序的效率要低一些，但在中间代码上可以做更多更充分的优化处理，从而可以生成高效率的目标代码。

中间代码生成程序的任务就是把经过分析阶段所获得的源程序的中间表示翻译成中间代码。它在编译程序中的位置如图 8-1 所示。

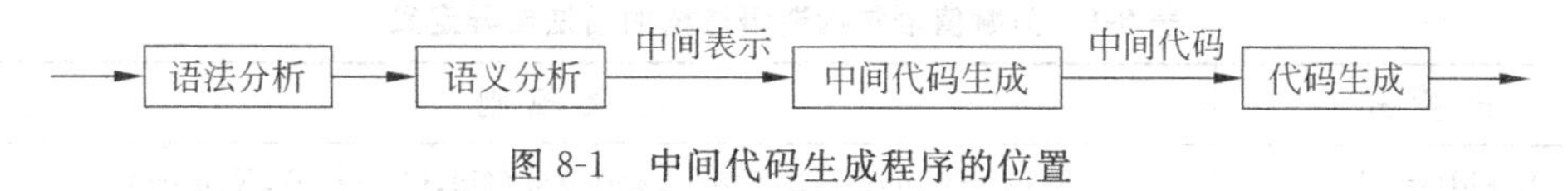

图 8-1　中间代码生成程序的位置

这一章讨论如何利用语法制导翻译技术把程序设计语言的结构翻译成中间代码。本章给出的多数语法制导翻译方案都可以用语法制导翻译技术在自底向上或自顶向下的分析过程中实现，所以，也可以将中间代码生成任务并入到分析阶段进行。

8.1　中间代码形式

编译程序使用的中间代码常见的有后缀表示、语法树、dag 和三地址代码等多种形式，本章使用三地址代码作为中间代码表示。为程序设计语言结构生成三地址代码的语义规则与为之构造语法树或后缀表示形式的语义规则类似。

8.1.1　图形表示

中间代码的图形表示有语法树和有向非循环图(directed acyclic graph，dag)两种形式。语法树描绘了源程序的自然层次结构，dag 以更紧凑的方式给出了同样的信息，因为在 dag 中公共子表达式被标识出来了。图 8-2 所示是赋值语句 x:=(－y) * z+(－y) * z 的语法树和 dag 表示。

后缀式是语法树的线性表示形式。若对语法树进行深度优先遍历、访问子结点先于父结点且从左向右访问子结点，则得到一个包含所有树结点的序列，在此序列中，每个树结点出现且仅出现一次，并且，按照自左向右的顺序，每个结点都是在它的所有子结点出现之后立即出现的，这就是与语法树对应的后缀表示形式。例如，与图 8-2(a)中的语法树对应的后缀式是 xy uminus z * y uminus z * + assign。

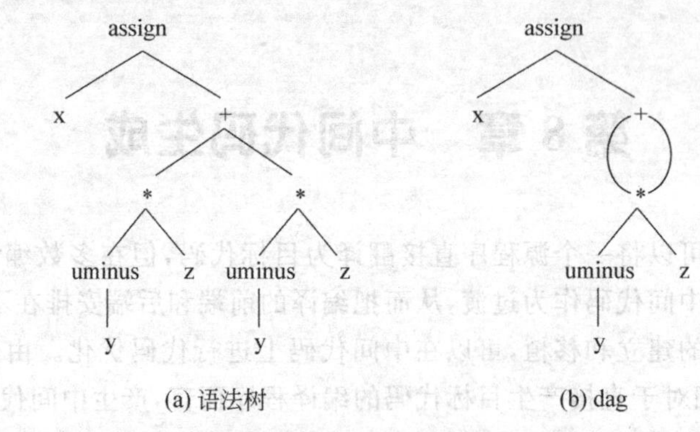

(a) 语法树 (b) dag

图 8-2 赋值语句 x:=−y*z+−y*z 的图形表示

扩充5.2节中表5-4的语法制导定义,可以得到表8-1所示的为赋值语句构造语法树的语法制导定义。

表 8-1 为赋值语句构造语法树的语法制导定义

产 生 式	语 义 规 则
S→id:=E	*S.nptr*=*makenode*(':=',*makeleaf*(id,id.*entry*),*E.nptr*)
$E\to E_1+T$	*E.nptr*=*makenode*('+',E_1.*nptr*,*T.nptr*)
E→T	*E.nptr*=*T.nptr*
$T\to T_1*F$	*T.nptr*=*makenode*('*',T_1.*nptr*,*F.nptr*)
T→F	*T.nptr*=*F.nptr*
F→(E)	*F.nptr*=*E.nptr*
F→*uminus* E	*F.nptr*=*makeunode*('uminus',*E.nptr*)
F→id	*F.nptr*=*makeleaf*(id,id.*entry*)
F→num	*F.nptr*=*makeleaf*(num,num.*val*)

其中开始符号S产生一个赋值语句,二元运算符'+'和'*'是从运算符集合中选出的两个代表,uminus表示一元减运算符,属性id.*entry*是指向记号id在符号表中条目的指针。这里增加了一个函数*makeunode*(*op*,*child*),其功能是建立一个标记为*op*的运算符结点,其域*child*保存指向其唯一运算分量结点的指针。根据表8-1中的定义,可以为赋值语句x:=(−y)*z+(−y)*z构造出图8-2(a)所示的语法树。

如果对表8-1的语法制导定义中用到的函数*makenode*、*makeunode*和*makeleaf*加以修改,使之在建立新结点之前先检查要建立的结点是否已经存在,若已存在,则直接返回指向该结点的指针,这样就可以用该语法制导定义为输入的赋值语句构造dag。

8.1.2 三地址代码

三地址代码是由三地址语句组成的序列。把复杂的表达式以及具有嵌套结构的控制语句拆开，用三地址代码表示，便于代码优化和目标代码的生成。为了表示程序计算出来的中间结果，编译时引入临时变量名，以便生成三地址代码。

三地址语句的一般形式为：

```
x:=y op z
```

其中，x 是名字或编译时产生的临时变量，y 和 z 可以是名字、常数或编译时产生的临时变量，op 代表运算符号，如算术运算符或逻辑运算符等。之所以称之为三地址语句，是因为在这种语句中最多可含有三个地址 x、y 和 z。在实际实现时，三地址代码中出现的用户定义的名字或编译时产生的临时变量名，将由指向该名字在符号表中表项的指针所代替。

例如，源程序中的表达式 a * b+c 可翻译为如下的三地址语句序列：

t_1:=a * b

t_2:=t_1+c

其中，t_1 和 t_2 都是在编译时产生的临时变量名。

三地址代码也可以看成是语法树或 dag 的一种线性表示。图 8-3 给出的是对应于图 8-2 中的语法树和 dag 的三地址代码。

(a) 语法树对应的三地址代码	(b) dag对应的三地址代码
t_1:=−y	t_1:=−y
t_2:=t_1*z	t_2:=t_1*z
t_3:=−y	t_5:=t_2+t_2
t_4:=t_3*z	x:=t_5
t_5:=t_2+t_4	
x:=t_5	

图 8-3　对应图 8-2 中语法树和 dag 的三地址代码

1. 三地址语句的种类及形式

三地址代码类似于汇编语言代码。代码中可以有赋值语句和控制语句，语句可以有标号，语句标号用于标识语句在存放中间代码的结构中的位置。下面是常用的三地址语句种类及其形式。

(1) 简单赋值语句

简单赋值语句有如下 3 种形式。

- x:=y op z　其中 op 是二元算术运算符或逻辑运算符。
- x:=op y　其中 op 是一元运算符，如一元减 uminus、逻辑非 not、移位运算符或类型转换运算符等。
- x:=y　把 y 的值赋给 x。

(2) 含有变址的赋值语句

这类赋值语句有如下 2 种形式。

- x:=y[i]　把相对于地址 y 偏移 i 的单元中的值赋给 x。
- x[i]:=y　把 y 的值赋给从地址 x 偏移 i 的单元。

(3) 含有地址和指针的赋值语句

这类赋值语句有如下3种形式。

- x:=&y　　把y的存储单元地址赋给x。这里x是一个指针类型的变量或临时变量,y是一个变量或临时变量,该临时变量名代表一个具有左值的表达式,例如A[i,j]。
- x:=*y　　假定y是一个指针类型的变量或临时变量,其右值是一个存储单元地址。该语句执行的结果是把y所指向的存储单元中存放的内容赋给x。
- *x:=y　　将y的值赋给x所指向的存储单元。

(4) 转移语句

转移语句分为有条件转移和无条件转移2种形式。

- goto L　　无条件转移语句,控制转移到语句标号L所标识的语句。
- if x relop y goto L　　条件转移语句,如果关系x relop y成立,则控制转移到语句标号L所标识的语句,否则,控制转移到本if语句的下一条语句。其中relop表示关系运算符,如<、≤、=、≠、≥、>等。

(5) 过程调用语句

过程调用语句有如下2种形式。

- param x　　参数语句,其中x是实参。
- call p,n　　过程调用语句,其中,p为过程名,n是实参的数量。

通常,对于源程序中的过程调用语句$p(x_1,x_2,\cdots,x_n)$产生的三地址代码形式如下:

```
param x1
param x2
…
param xn
call p,n
```

如果过程有返回值y,则返回语句为return y。

为实现源语言中的操作,中间语言必须有足够的运算符。虽然小的运算符集合易于在目标机器上实现,但用有限的指令集合表示源语言中的各种操作,可能会使所产生的中间代码冗长低效,为了获得高效的目标代码,就需要在目标代码生成和代码优化阶段做较多的工作,所以,在设计中间代码形式时,选择适当的运算符集合是很重要的。

2. 三地址语句的实现

通常将三地址语句表示成记录的形式,记录中有表示运算符和操作数的域。常用的三地址语句的表示形式有四元式、三元式和间接三元式。

(1) 四元式

四元式的记录结构中含有4个域,分别为op、arg1、arg2及result,其形式为:

```
(op,arg1,arg2,result)
```

这里,op 是运算符域,用于保存相应运算符的内部编码,arg1 和 arg2 是运算对象域,result 是运算结果域,在 arg1、arg2 和 result 域中保存的通常是指向相应名字的符号表条目的指针,这就要求临时变量名也必须存入符号表中。

对于形如 x:=y op z 的三地址语句,可以表示为四元式(op,y,z,x)。

对于形如 x:=y 或 x:=-y 的语句,不使用 arg2 域,可分别表示为四元式(:=,y,,x)和(uminus,y,,x)。

对于参数语句 param x,使用 arg1 域,其对应的四元式为(param,x,,)。

对于转移语句,将目标语句的标号放在 result 域中。无条件转移语句 goto L 的四元式形式为(goto,,,L),条件转移语句 if x relop ygotoL 的四元式为(relop,x,y,L)。

赋值语句 x:=(-y)*z+(-y)*z 的三地址代码(见图 8-3(a)所示)的四元式表示如表 8-2 所示。可以看出,四元式之间的联系是通过临时变量实现的,因此,三地址语句的四元式表示形式需要利用较多的临时变量。

表 8-2 三地址语句的四元式表示

语句序号	op	arg1	arg2	result
(0)	uminus	y		t_1
(1)	*	t_1	z	t_2
(2)	uminus	y		t_3
(3)	*	t_3	z	t_4
(4)	+	t_2	t_4	t_5
(5)	:=	t_5		x

(2) 三元式

采用四元式表示形式要求所有的名字都存入符号表中,为了避免把临时变量名也存入符号表,可以不引入临时变量,而是用计算中间结果的语句的序号代替存放中间结果的临时变量,从而把由一个语句计算出来的中间结果直接提供给引用它的语句。这样,表示三地址语句的记录结构只需要 op、arg1 和 arg2 三个域,这里,arg1 和 arg2 既可以是指向有关名字的符号表条目的指针,也可以是三元式序列中某语句的序号。这种中间代码表示形式称作三元式。

赋值语句 x:=(-y)*z+(-y)*z 的三地址代码(如图 8-3(a)所示)的三元式表示如表 8-3 所示。在三元式的运算对象域中,带有括号的数字表示指向三元式结构本身的指针,即语句序号,而指向符号表条目的指针用变量名本身来表示。例如,在表 8-3 中的三元式(0)的计算结果为-y;(1)表示三元式(0)的计算结果与 z 相乘,即得到(-y)*z;三元式(4)表示三元式(1)的计算结果与(3)的计算结果相加,最后三元式(5)表示将三元式(4)的计算结果赋给 x。

在三元式结构中,关于变址的赋值语句需要用两个三元式表示。例如语句 x[i]:=y 和 x:=y[i]所对应的三元式序列分别如表 8-4(a)和表 8-4(b)所示,其中运算符"[]="表示确定存储单元的左值,"=[]"表示确定存储单元的右值,arg1 表示基址,arg2 表示偏移量。

表 8-3 三地址语句的三元式表示

语句序号	op	arg1	arg2
(0)	uminus	y	
(1)	*	(0)	z
(2)	uminus	y	
(3)	*	(2)	z
(4)	+	(1)	(3)
(5)	assign	x	(4)

表 8-4 关于变址的赋值语句的三元式序列

(a) x[i]:=y

语句序号	op	arg1	arg2
(0)	[]=	x	i
(1)	assign	(0)	y

(b) x:=y[i]

语句序号	op	arg1	arg2
(0)	=[]	y	i
(1)	assign	x	(0)

(3) 间接三元式

在三元式表示的中间代码上进行优化处理是比较困难的,因为三元式序列中有许多三元式是通过指针紧密相连的,对其中任何一个三元式的删除或改动都可能会引起一系列三元式的相应改动。为此,可以为三元式序列建立一个"间接码表",这是一个指针表,其中的每个元素指向三元式序列中的一项,如表 8-5(a)所示。

表 8-5 三地址语句的间接三元式表示

(a) 间接码表

序号	三地址语句序号
(14)	(0)
(15)	(1)
(16)	(2)
(17)	(3)
(18)	(4)
(19)	(5)

(b) 三元式

语句序号	op	arg1	arg2
(0)	uminus	y	
(1)	*	(0)	z
(2)	uminus	y	
(3)	*	(2)	z
(4)	+	(1)	(3)
(5)	assign	x	(4)

在间接三元式表示的中间代码上进行优化处理时,如果需要调整三元式的顺序,无须改动三元式表,只需重新安排间接码表中的语句序列即可。如对表 8-5(b)中的代码段进行优化,只需将三元式序列中所有的引用(2)改为(0)、(3)改为(1),这样语句(4)修改为:(+,(1),(1)),同时删除表 8-5(a)间接码表中的(16)和(17)两项即可。

对于间接三元式表示,由于另设了间接码表,在中间代码生成程序中应有产生间接码表的语义动作。

上述三种形式具有同样的表达能力,但就代码优化而言,四元式比三元式方便得多,四元式和间接三元式同样方便,而且这两种实现方式需要的存储空间也大体相同,但使用间接三元式的效率会更好些,因为四元式中引用了较多的临时变量,编译程序需要把临时变量存入符号表中,使得符号表不断地膨胀,还将逐渐产生较多的以后永远不再使用的"垃圾"表项,不但占用了较多的存储空间,还影响了编译效率,因为需要通过指针间接地访问符号表,花费较长的编译时间。

8.2 赋值语句的翻译

这一节讨论赋值语句的翻译,假定赋值语句出现的环境由文法 8.1 给定:

$P \to M\,D; S$

$M \to \varepsilon$

$D \to D; D \mid \text{id} : T \mid \text{proc id}; ND; S$

$N \to \varepsilon$

$T \to \text{integer} \mid \text{real} \mid \text{array [num] of } T \mid \uparrow T \mid \text{record } LD \text{ end}$

$L \to \varepsilon$ (文法 8.1)

假定利用 6.4 节的翻译方案对声明语句进行处理,已识别出来的标识符 id 及其属性已经保存到符号表中,属性 id.*entry* 指向符号表中 id 的表项。

为了将赋值语句翻译成为三地址代码,需要频繁地进行符号表操作,例如:在符号表中查找名字 id 是否存在,根据 id.*entry* 访问符号表以获取名字的类型信息,若 id 是数组类型的,还需要根据 id.*entry* 获取数组相关的信息(如元素的类型、维数、各维的上下界等),若 id 是记录类型,还需要进一步获取记录中各域的信息等。在生成三地址代码的过程中,为了保存中间计算结果,通常要引入临时变量,这些临时变量也需要保存在符号表中。为此,需要设计如下函数:

(1) *lookup*(id.*name*):这里 id.*name* 给出了记号 id 所代表的标识符的名字,该函数根据给定的名字查找符号表中是否存在相应此名字的表项,如果存在,则返回指向该表项的指针 p;否则返回 nil,表示没有找到,即出错。

(2) *gettype*(p):这里 p 是指向符号表表项的指针,该函数根据 p 从符号表表项中获取类型信息。

(3) *newtemp*():该函数生成一个新的临时变量并将它存入符号表中,返回该临时变量的符号表表项指针。当函数 *newtemp*()连续被调用时,依次返回 $t_1, t_2, \cdots, t_n$ 等各不相同的临时变量。

(4) *outcode*(s):这里 s 是一个三地址语句,该函数将所生成的三地址语句 s 写到输出文件中。

8.2.1 仅涉及简单变量的赋值语句的翻译

仅涉及简单变量的赋值语句的语法结构可用文法 8.2 描述。

$S\to \text{id}:=E$

$E\to E+E \mid E*E \mid -E \mid (E) \mid \text{id} \mid \text{num} \mid \text{num.num}$ （文法 8.2）

这里，二元运算符'+'和'*'是从运算符集合中选出的两个代表，其运算的结合律和优先次序按照通常的规定。假定表达式中出现的名字的类型可以是整型或实型。

仅涉及简单变量的赋值语句的翻译比较简单、容易实现。例如，对产生式 $E\to E_1+E_2$ 来说，为了保存非终结符号 E 所表示的表达式的值，需要引入一个临时变量 t，生成一条三地址语句，以实现将 E_1 的值与 E_2 的值相加，并将计算结果放入 t 中。

通常，为赋值语句 id:=E 生成的三地址代码包括：对表达式 E 求值，并把结果存入临时变量 t 中，然后再赋值给 id。

下面给出的是把这类赋值语句翻译成三地址代码的翻译方案。为简单起见，如果要处理的表达式是一个标识符，如 y，这里就用 y 本身保留这个表达式的值。为非终结符号 E 设计一个综合属性 *entry*，记录与之相应的临时变量在符号表中的表项位置。

(1) S→id:=E{　*p*=*lookup*(id.*name*);
　　　　if(*p*!=nil)　*outcode*(*p*′:=′*E*.*entry*);
　　　　else　*error*( );　}

(2) $E\to E_1+E_2${*E*.*entry*=*newtemp*( );
　　　　outcode(*E*.*entry*′:=′E_1.*entry*′+′E_2.*entry*)}

(3) $E\to E_1*E_2${*E*.*entry*=*newtemp*( );
　　　　outcode(*E*.*entry*′:=′E_1.*entry*′*′E_2.*entry*)}

(4) $E\to -E_1${*E*.*entry*=*newtemp*( );
　　　　outcode(*E*.*entry*′:=″uminus′E_1.*entry*)}

(5) $E\to (E_1)${*E*.*entry*=E_1.*entry*}

(6) E→id{*p*=*lookup*(id.*name*);
　　　　if(*p*!=nil)　*E*.*entry*=*p*; else　*error*();}　（翻译方案 8.1）

如果源语言采用静态作用域规则，并且允许过程嵌套定义，则建立图 6-5 所示的符号表结构。那么赋值语句 S 中出现的名字必须已经在 S 所在的那个过程中声明，或者是在其某个外围过程中声明。函数 *lookup* 根据 id.*name* 查找符号表时，首先通过指针 top(*tableptr*)在本过程的符号表中查找名字为 id.*name* 的表项，若没有找到，则通过当前符号表表头中指向外围过程符号表的指针 *previous*，在外围过程的符号表中继续查找。若在某符号表中找到，则表示查找成功，返回该 id 在符号表中的表项位置 *p*；若直到最外层的主程序的符号表也没有找到，则查找失败，返回 nil。

通常，在一个赋值语句中可能出现不同类型的变量、常量或子表达式，所以，编译程序必须处理某些混合类型的运算，或生成强制类型转换的指令，这就需要把类型检查和代码生成的任务一起完成。

考虑翻译方案 8.1，假定其中的操作数只有整型和实型两种类型，并且当出现混合运算时，要求把整型操作数转换为实型。为此，需要引入表示类型的综合属性 *E*.*type*，其值为 real 或 integer。若要实现强制的类型转换，对产生式 $E\to E_1+E_2$ 需增加如下类型检查相关的语义规则：

$E \to E_1 + E_2$ { if ($E_1.type$==integer)&&($E_2.type$==integer)

$E.type$=integer;

else $E.type$=real; }

并且，当发现类型不一致时，强制进行类型转换，产生形如 x:=inttoreal y 的三地址语句，以便把整型的 y 转换成为实型，然后赋给 x。

加入类型检查功能后，产生式 $E \to E_1 + E_2$ 的完整的语义动作如下：

```
E.entry=newtemp();
if(E1.type==integer)&&(E2.type==integer){
    E.type=integer;
    outcode(E.entry':=' E1.entry'int+' E2.entry);
};
else if(E1.type==real)&& (E2.type==real) {
           E.type=real;
           outcode(E.entry ':=' E1.entry 'real+' E2.entry);
     };
     else if (E1.type==integer)&&(E2.type==real) {
                 E.type=real;
                 u=newtemp();
                 outcode(u ':="inttoreal' E1.entry);
                 outcode(E.entry ':=' u 'real+' E2.entry);
             };
             else if (E1.type==real)&& (E2.type==integer) {
                        E.type=real;
                        u=newtemp();
                        outcode(u ':="inttoreal' E2.entry);
                        outcode(E.entry ':=' E1.entry 'real+' u);
                     };
                     else E.type=type_error;
```

同样，产生式 $S \to$ id:=E 的完整的语义动作如下：

```
p=lookup(id.name);
  if(p!=nil) {
    t=gettype(p);
    if(t==E.type) {outcode(p':='E.entry);S.type= void; }
    else if(t==real)&&(E.type==integer) {
            u=newtemp();
            outcode(u ':="inttoreal'E.entry);
            outcode(p ':='u);
            S.type=void;
         };
    else S.type=type_error;
};
else error( );
```

假设有赋值语句:

```
x:=a*b+y
```

假定 x 和 y 的类型为 real,a 和 b 的类型为 integer,则利用上述翻译方案对该语句进行翻译,输出的三地址代码如下:

t_1:=a int* b

t_3:=inttoreal t_1

t_2:=t_3 real+y

x:=t_2

这里仅仅考虑了 real 和 integer 两种类型,而程序设计语言中实际的类型数目有很多,这样,随着需要进行类型转换的对象数目的增加,进行判断的次数以平方的次数增加,所以在类型较多的情况下,需要特别仔细地组织语义动作。

翻译方案 8.1 中没有考虑常数运算对象,如果考虑的话,则需要增加产生式 $E\to$ num,另外,常数也有整型和实型之分,请读者扩充翻译方案 8.1,以便能翻译带有常数运算对象的表达式。

8.2.2 涉及数组元素的赋值语句

在程序设计中,数组是一种应用非常普遍的数据结构,且经常出现在赋值语句中。在对数组元素进行访问之前,需要先确定其存储单元的地址。编译程序把一个数组的所有元素按顺序分配在一个连续的存储区域中,这样可以快速地查找数组的每个元素。

1. 数组元素地址的计算

这里,通过考察一维和二维数组的情况,归纳出计算多维数组元素地址的公式。假定数组分配在以 base 为起始地址的一个连续存储区域中,每个元素的域宽为 w。

(1) 一维数组

设有一维数组 A,其下标取值范围是[low,high],则元素 $A[i]$ 的存储地址可以用公式(8.1)计算:

$$\text{base}+(i-\text{low})\times w \tag{8.1}$$

公式(8.1)可以改写为:

$$i\times w+(\text{base}-\text{low}\times w)$$

编译程序在处理数组变量 A 的声明时,可以计算出表达式 low$\times w$ 的值,对 A 而言这是一个常量,记做 C,并把 C 的值存放在符号表中数组 A 的表项里,则 $A[i]$ 的相对地址就为 $i\times w+\text{base}-\text{C}$。

(2) 二维数组

对于二维数组通常有行优先和列优先两种存储形式。行优先指的是同一行中的元素依次排列在相邻的位置,前一行的最后一个元素后面紧跟后一行的第一个元素,Pascal 和 C 语言的二维数组都是行优先存储的。列优先指的是同一列中的元素依次排列在相邻的位置，前一列的最后一个元素后面紧跟后一列的第一个元素，FORTRAN 语言的二维数组是列优先存储的。

设有 m 行 n 列的二维数组 A，数组元素按行优先存储，行下标的取值范围是[low_1，high_1]，列下标的取值范围是[low_2，high_2]，即 $m=\mathrm{high}_1-\mathrm{low}_1+1$，$n=\mathrm{high}_2-\mathrm{low}_2+1$，则元素 $A[i_1,i_2]$ 的存储地址可按公式(8.2)计算：

$$\mathrm{base}+((i_1-\mathrm{low}_1)\times n+i_2-\mathrm{low}_2)\times w \tag{8.2}$$

编译程序在处理数组变量 A 的声明语句时，可以确定其存储空间的起始地址 base，可以确定其维数及每维的上下界，根据数组元素的类型可以确定其域宽 w。编译时只有数组元素的下标 i_1 和 i_2 的值是尚未确定的，于是，计算数组元素 $A[i_1,i_2]$ 的存储地址的公式(8.2)可以改写成如下形式：

$$(i_1\times n+i_2)\times w+(\mathrm{base}-(\mathrm{low}_1\times n+\mathrm{low}_2)\times w) \tag{8.3}$$

公式第 2 项中的 $(\mathrm{low}_1\times n+\mathrm{low}_2)\times w$ 是可以在编译时确定的常量 C，可以保存于 A 的符号表表项中。

(3) 多维数组

根据行优先存储方式，多维数组元素存放的顺序总是后面的下标先变化，就像自动计数器显示数据一样。对公式(8.3)进行推广，可以得到计算 k 维数组元素 $A[i_1,i_2,\cdots,i_k]$ 的存储地址的公式：

$$((\cdots((i_1\times n_2+i_2)\times n_3+i_3)\cdots)\times n_k+i_k)\times w$$
$$+\mathrm{base}-((\cdots((\mathrm{low}_1\times n_2+\mathrm{low}_2)\times n_3+\mathrm{low}_3)\cdots)\times n_k+\mathrm{low}_k)\times w \tag{8.4}$$

由于编译程序在处理数组变量 A 的声明语句时可以确定每维的长度，即 $n_j=\mathrm{high}_j-\mathrm{low}_j+1$，$(j=1,2,\cdots,k)$ 是已知的，所以可以计算出公式(8.4)第 2 项中的常量 C，并存入符号表中。

$$C=((\cdots((\mathrm{low}_1\times n_2+\mathrm{low}_2)\times n_3+\mathrm{low}_3)\cdots)\times n_k+\mathrm{low}_k)\times w$$

有些语言允许声明长度可变的动态数组，即在程序运行期间，当发生过程调用时，通过实参的值确定数组的大小。针对这种情况，编译程序无法确定其各维的上下界，只能在活动记录中为其分配一个指针空间，以便记录其存储空间的起始位置(即 base)，数组所需的存储空间是在程序运行时分配的，分配在运行时的控制栈里。即使如此，也同样可用公式(8.4)来计算数组元素的地址，只是数组每维的上下界在编译时是未知的，直到发生过程调用时才能根据实参的值确定。

因此，公式(8.4)第 2 项对特定数组而言是个常量，在编译时刻或者程序运行时的过程调用点可以确定数组的大小，计算出常数 C 并存储以备后用。

对于公式(8.4)的第 1 项，可以在识别下标表达式的过程中生成如下递归计算代码。

```
e1=i1                    //识别出第 1 维下标
e2=e1×n2+i2              //识别出第 2 维下标
e3=e2×n3+i3              //识别出第 3 维下标
...
em=em-1×nm+im            //识别出第 m 维下标
```

当 $m=k$ 时，$e_m \times w$ 即第一项的结果。

2. 涉及数组元素的赋值语句的翻译

在翻译涉及数组元素的赋值语句时，关键问题是如何把公式 8.4 第 1 项的递归计算过程与文法产生式联系起来。文法不同，所设计的翻译方案也有所不同。

对涉及数组元素的赋值语句结构的最直观的描述见文法 8.3 所示。

(1) $S \to L := E$　　(5) $Elist \to Elist, E$

(2) $L \to$ id　　(6) $E \to E + E$

(3) $L \to$ id[$Elist$]　　(7) $E \to (E)$

(4) $Elist \to E$　　(8) $E \to L$　　(文法 8.3)

从文法 8.3 可以看出，虽然允许在赋值语句中出现数组元素，但在应用产生式(3)～(5)将各下标表达式 E 组合成 $Elist$ 时，无法直接得到数组各维的上下界，在为该文法设计翻译方案时，需要利用继承属性将数组 id 在符号表中的表项位置传递给它的下标表达式，根据翻译的需要，为非终结符号设计相应的属性，以及设计语义动作中用到的函数，具体如下。

为非终结符号 L 设计两个综合属性 $L.entry$ 和 $L.offset$，均为指针。如果 L 是一个简单变量，则 $L.entry$ 指向该变量在符号表中的表项，而 $L.offset$ 为 null。如果 L 是数组元素引用，则 $L.entry$ 和 $L.offset$ 都指向临时变量在符号表中的表项，$L.entry$ 对应的临时变量保存公式(8.4)第 2 项(即 base-C)的值，$L.offset$ 对应的临时变量保存公式(8.4)第 1 项(即 $e_m \times w$)的值。

为非终结符号 $Elist$ 设计 3 个属性，分别是：继承属性 $Elist.array$，用来保存数组在符号表中的表项位置；综合属性 $Elist.ndim$，用来记录目前已经识别出的下标表达式的个数；综合属性 $Elist.entry$，用来记录临时变量在符号表中的位置，该临时变量存放由 $Elist$ 中的下标表达式计算出来的 e_m 的值。

为非终结符号 E 设计综合属性 $E.entry$，其含义同翻译方案 8.1 中的 $E.entry$。

设计如下 3 个符号表访问函数。

(1) $getaddr(array)$：这里 $array$ 是指向符号表表项的指针。该函数根据 $array$ 访问符号表，返回该表项中存放的存储地址，即数组空间的起始位置 base。

(2) $limit(array, j)$：这里 $array$ 是指向符号表表项的指针，j 是整数。该函数根据 $array$ 访问符号表，返回由 $array$ 所指示的数组的第 j 维的长度 n_j。

(3) $invariant(array)$：这里 $array$ 是指向符号表表项的指针。该函数根据 $array$ 访问符号表，返回与该数组相应的数组元素地址计算公式中的常量 C，即公式(8.4)第 2 行中除 base 以外部分的值。

函数 $newtemp()$ 和过程 $outcode(s)$ 的含义同前。

根据翻译需要，为文法 8.3 设计相应的语义动作，可以得到如下的翻译方案，这是一个 L 属性定义的翻译方案，利用第 5 章介绍的技术，根据该翻译方案可以将涉及数组元素的赋值语句翻译为三地址代码。

(1) $S \to L := E${if ($L.offset$ == null)　　/* L 是简单变量 */

```
                outcode(L.entry':='E.entry);
            else outcode(L.entry'['L.offset']":='E.entry);}
(2) L→id{   L.entry=id.entry; L.offset=null;   }
(3) L→id [{Elist.array=id.entry;}                 /*继承属性*/
    Elist]{L.entry=newtemp();
           outcode( L.entry':='getaddr(Elist.array)'-'
           invariant(Elist.array));
           L.offset=newtemp();
           outcode(L.offset':='w'×'Elist.entry);}
(4) Elist→E{Elist.entry=E.entry;Elist.ndim=1;}
(5) Elist→     {   Elist1.array=Elist.array;  }       /*继承属性*/
      Elist1,E{t=newtemp();
               m=Elist1.ndim+1;
               outcode(t':='Elist1.entry'×'limit(Elist.array,m));
               outcode(t':='t'+'E.entry);
               Elist.entry=t;
               Elist.ndim=m   }
(6) E→E1+E2{E.entry=newtemp();
             outcode(E.entry':=' E1.entry'+' E2.entry);}
(7) E→(E1){E.entry=E1.entry}
(8) E→L{if (L.offset==null)                       /*L是简单变量*/
                E.entry=L.entry;
      else{E.entry=newtemp();
      outcode(E.entry':='L.entry'['L.offset']');  }
      }
```

（翻译方案8.2）

产生式(1)的语义动作说明，如果 L 是一个简单变量，则生成一般的赋值语句；否则，若 L 为数组元素引用，则生成对 L 所确定的数组元素赋值的语句。

在产生式(2)中，id 是一个简单变量。

对于产生式(3)，用继承属性 *Elist.array* 保存数组名 id 在符号表中的表项位置，产生一个新的临时变量 *L.offset* 来存放 w 与 *Elist.entry* 的乘积，对应公式(8.4)的第一项，产生一个临时变量 *L.entry* 来保存数组存储空间的起始地址 base 与数组常量 C 之差，对应公式(8.4)的第2项。

对产生式(4)，*Elist.ndim*=1 说明到目前为止已经识别出第一维下标表达式，其值由属性 *Elist.entry* 保存。

产生式(5)的语义动作表明，继承属性 *Elist.array* 继续向下传递；每当扫描到一个下标表达式时，生成递归计算的三地址语句，其中 $Elist_1.entry$ 与递归公式中的 e_{m-1} 对应，*Elist.entry* 与 e_m 对应。若 $Elist_1$ 有 $m-1$ 个元素，则产生式左部的 *Elist* 有 m 个元素，即到目前为止，已经识别出数组的前 m 维下标表达式。

产生式(6)和(7)的语义动作与翻译方案 8.1 中相应产生式的语义动作相同。

对于产生式(8),当 L 是一个数组元素时,需要 L 的右值,因此,使用变址操作访问数组元素存储单元 $L.entry[L.offset]$。

根据该翻译方案设计的翻译程序在对赋值语句进行自底向上分析的过程中,可以同时完成翻译,产生相应的三地址代码。继承属性 *Elist.array* 随着数组变量名的入栈而入栈,并且当需要引用它时,它在栈中的位置是可以预测的,如在应用产生式(3)时,从属性栈 $val[top-3]$处可以取得其值,在应用产生式(5)时,从属性栈 $val[top-4]$处可以取得其值,所以无须计算。所用技术参见第 5 章 5.4.2 节的内容。

例 8.1 根据翻译方案 8.2,翻译赋值语句 x:=A[y,z]。

设 A 为一个 10×20 的整型数组,即 $n_1=10$,$n_2=20$,并设 $w=4$。数组的第一个元素为 $A[1,1]$,即 $low_1=1$,$low_2=1$,所以,数组元素地址计算公式中的常量为:

$$C=(low_1\times n_2+low_2)\times w=(1\times 20+1)\times 4=84$$

根据翻译方案 8.2,在自底向上对该赋值语句进行分析的过程中,产生如下三地址代码:

```
t1:=y×20
t1:=t1+z
t2:=A-84
t3:=4×t1
t4:=t2[t3]
x:=t4
```

赋值语句 x:=A[y,z]的带注释的分析树如图 8-4 所示。图中对每个变量,用它的名字来代替 id.*entry*。

翻译方案 8.2 是一个 L-属性定义的翻译方案。通过对文法 8.3 中的产生式(3)～(5)进行改写,得到如下等价文法 8.4。

(1) $S\rightarrow L:=E$　　(5) $Elist\rightarrow Elist,E$

(2) $L\rightarrow$id　　(6) $E\rightarrow E+E$

(3) $L\rightarrow Elist]$　　(7) $E\rightarrow(E)$

(4) $Elist\rightarrow$id [E　　(8) $E\rightarrow L$　　(文法 8.4)

从产生式(4)可知,数组名 id 与第一个下标表达式 E 联系在一起,这就使得在整个下标表达式列表 *Elist* 的翻译过程中随时都能够知道数组名 id 的表项在符号表中的位置,从而能够很方便地从符号表中取得所需要的有关数组 id 的信息。

基于文法 8.4,可以设计一个与翻译方案 8.2 等价的只用综合属性的翻译方案,即 S-属性定义的翻译方案。需要设计的属性、函数等与翻译方案 8.2 用到的一样,只是,*Elist.array* 不再是继承属性,而是综合属性。根据翻译目标,将语义动作加到该文法上即可。请读者自行设计该翻译方案,并用所设计翻译方案对例 8.1 中的赋值语句 x:=A[y,z]进行翻译。

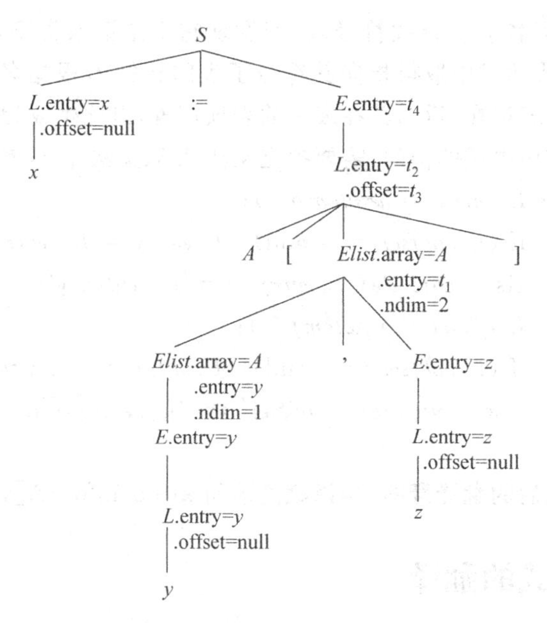

图 8-4　应用翻译方案 8.2 时赋值语句 x:=A[y,z]的注释分析树

注：(1) 继承属性 *Elist.array* 从数组名 *A* 处获得属性值，并沿左子结点向下传递。

(2) 在 LR 翻译过程中，继承属性值可直接从栈中取得，不需要计算。

8.2.3　记录结构中域的访问

记录结构中的域名也可以出现在赋值语句中，根据其出现的位置不同，或者需要其左值，或者需要其右值。为了能够访问记录结构中的域，编译程序在处理记录结构的声明时，必须将其中定义的各域的名字、类型和相对地址保持下来，通常把这些信息保存在记录结构的符号子表中，每个域有一个表项。根据 6.4.2 节中的翻译方案，编译程序为每一个记录结构建立一张单独的符号子表。

例如，在某 Pascal 源程序中有如下声明：

```
p:record
    info:integer;
    x:real
  end;
```

编译程序在处理该声明语句时，创建一个符号子表，表中有域 $info$ 和 x 的表项，记录相应域的名字、类型及其在结构中的相对地址等信息，如果 t 是指向该符号子表的指针，则名字 p 的类型用 record(t)表示。

在之后的源程序中就可以访问记录结构中的域了。如可以出现如下的赋值语句：

```
p.info:=p.info+1
```

编译程序在处理该赋值语句时，对于 p. info，根据运算符'.'确定变量 p 应该是一个记录结构的变量,根据名字 p 查找符号表,若发现它不是记录类型,则报告错误,若是记录类型,则从其类型表达式中取得指向其符号子表的指针 t,根据名字 info 查找该表,若不存在,则报告错误,若存在,返回其在表中的表项位置,以此生成相应的三地址语句。

为支持对记录结构中域的访问,需要扩充文法 8.3、文法 8.4,增加如下产生式:

```
L → L1.L2 { L.entry = newtemp( );
            if (L1.offset == null)   L.entry = L1.entry;
            else   outcode( L.entry' := 'L1.entry'['L1.offset ']');
            L.offset = newtemp( );
            if (L2.offset == null)   L.offset = L2.entry;
            else   outcode( L.offset' := 'L2.entry'['L2.offset ']');
          }
```

(翻译方案 8.3)

请读者根据扩充后的翻译翻案,翻译赋值语句 x:=p.info+A[y,z]。

8.3 布尔表达式的翻译

布尔表达式是由布尔运算符 and、or 和/或 not 作用于布尔量或关系表达式所组成,在程序中,布尔表达式有两个最基本的作用:一是计算逻辑值,二是用作控制语句中的条件表达式。关系表达式的形式是 E_1 relop E_2,其中 E_1 和 E_2 是算术表达式,relop 为关系运算符。为间单起见,本节考虑由文法 8.5 产生的布尔表达式。

$$E \rightarrow E \text{ or } E \mid E \text{ and } E \mid \text{not } E \mid (E) \mid \text{id relop id} \mid \text{true} \mid \text{false}$$

(文法 8.5)

按通常习惯,运算符 not 是右结合的,or 和 and 是左结合的,运算符的优先级从高到低依次为 not、and 和 or。利用属性 relop.op 来确定 relop 代表的是哪一个关系运算符。

8.3.1 翻译布尔表达式的方法

布尔表达式的真值有两种基本表示方法,即数值表示法和控制流表示法。

数值表示法采用数值编码表示逻辑真和逻辑假,通常用 1 表示真、0 表示假,当然,还有其他的编码方法,如 C 语言中用任何非 0 的整数表示逻辑真、0 表示逻辑假。对布尔表达式求值的方法类似于算术表达式的求值方法。

控制流表示法利用控制到达程序中的位置来表示布尔表达式的真值,这种方法更适用于控制语句中的条件表达式的翻译。不同语言支持的布尔运算符种类有所不同,如 C/C++、Java、ML 等语言支持短路运算符,Pascal 不支持短路运算符,而 Ada 语言同时提供了两种类型的布尔运算符:and 和 or 不做短路求值,双关键字运算符 and then 和 or else 是短路求值运算符。如果语言定义允许部分布尔表达式不计算("短路"),则编译程序可利用短路求值规则优化表达式的计算。例如,给定布尔表达式 E_1 or E_2,如果能确定 E_1 为真,就可以得出"整个表达式的值为真"的结论,不需要计算 E_2 的值。控制流表示法提供了简化布尔表达式计算的可能性。

下面分别讨论如何用这两种方法将布尔表达式翻译为三地址代码。

8.3.2 数值表示法

假定用1表示逻辑真、0表示逻辑假，布尔表达式被翻译为自左向右计算布尔表达式逻辑值的一系列三地址语句。例如，布尔表达式：

```
a or not b and c
```

将被翻译成如下三地址语句序列：

```
t1:=not b
t2:=t1 and c
t3:=a or t2
```

一个形如 $x>y$ 的关系表达式可等价地写成条件语句：

```
if x>y then 1 else 0
```

并可将它翻译成如下三地址语句序列(假定语句序号从100开始)：

```
100:   if x>y goto 103
101:   t:=0
102:   goto 104
103:   t:=1
```

下面是利用数值表示法为布尔表达式生成三地址代码的翻译方案。其中，全程变量 *nextstat* 给出输出序列中下一个三地址语句的地址，函数 *outcode*(*s*)根据 *nextstat* 的指示将三地址语句写到输出文件中，每当 *outcode*(*s*)输出一条三地址语句之后，*nextstat* 的值自动增1。

(1) $E \rightarrow E_1$ or E_2 {*E.entry*=*newtemp*();
outcode(*E.entry*′:=′E_1.*entry*′ or ′E_2.*entry*) }

(2) $E \rightarrow E_1$ and E_2 { *E.entry*=*newtemp*();
outcode(*E.entry*′:=′E_1.*entry*′ and ′E_2.*entry*) }

(3) $E \rightarrow$not E_1 { *E.entry*=*newtemp*();
outcode(*E.entry*′:=″ not ′E_1.*entry*) }

(4) $E \rightarrow (E_1)$ { *E.entry*=E_1.*entry* }

(5) $E \rightarrow$ id_1 relop id_2 { *E.entry*=*newtemp*();
outcode(′if′ id_1.*entry* relop.op id_2.*entry*′goto′
nextstat+3);
outcode(*E.entry*′:=″0′);
outcode(′goto′*nextstat*+2);
outcode(*E.entry*′:=″1′) }

(6) $E \rightarrow$true { *E.entry*=*newtemp*();

$outcode(E.entry'{:=}''1')$ }

(7) $E \rightarrow$ false　{ $E.entry = newtemp()$；

$outcode(E.entry'{:=}''0')$ }　　（翻译方案 8.4）

利用翻译方案 8.4，可以将布尔表达式 $a>b$ and $c>d$ or $e<f$ 翻译为如下的三地址代码（假定语句序号从 100 开始）。

```
100:  if a>b goto 103          107:  t2:=1
101:  t1:=0                    108:  t3:=t1 and t2
102:  goto 104                 109:  if e<f goto 112
103:  t1:=1                    110:  t4:=0
104:  if c>d goto 107          111:  goto 113
105:  t2:=0                    112:  t4:=1
106:  goto 108                 113:  t5:=t3 or t4
```

8.3.3　控制流表示法及回填技术

布尔表达式可用作控制语句中的条件表达式，表达式取值不同，控制到达的位置也不同，所以，可以利用控制所到达的位置来表示布尔表达式的值是真或是假。本小节以出现在控制语句 if-then、if-then-else 和 while-do 中的布尔表达式的翻译为例来讨论布尔表达式的控制流翻译法。

1. 控制语句的代码结构

文法 8.6 可以产生 if-then、if-then-else 和 while-do 3 种控制语句。

$$S \rightarrow \text{if } E \text{ then } S_1$$

$$\mid \text{if } E \text{ then } S_1 \text{ else } S_2$$

$$\mid \text{while } E \text{ do } S_1$$

（文法 8.6）

其中，E 是需要翻译的布尔表达式，可以由文法 8.5 产生。假定在翻译过程中可以用语句标号来标识一条三地址语句，函数 $newlable()$的功能是产生并返回一个新的语句标号。

为代表布尔表达式的非终结符号 E 设计两个属性 $E.true$ 和 $E.false$，这是两个语句标号，分别表示 E 的值为真和为假时控制流转至的语句标号。为代表控制语句的非终结符号 S 设计一个属性 $S.next$，这也是一个语句标号，标识紧跟在 S 之后的下一条三地址语句。这 3 种控制语句的代码结构如图 8-5 所示。

2. 布尔表达式的控制流翻译

控制流翻译方法把布尔表达式 E 翻译为一系列条件转移和无条件转移三地址语句，这些转移语句转移到的位置是 $E.true$ 或者 $E.false$，即 E 的值为真或为假时控制转移到的位置。

控制流翻译方法的基本思想是，假设 E 是形如 $x>y$ 的表达式，则所生成的三地址代码具有形式：

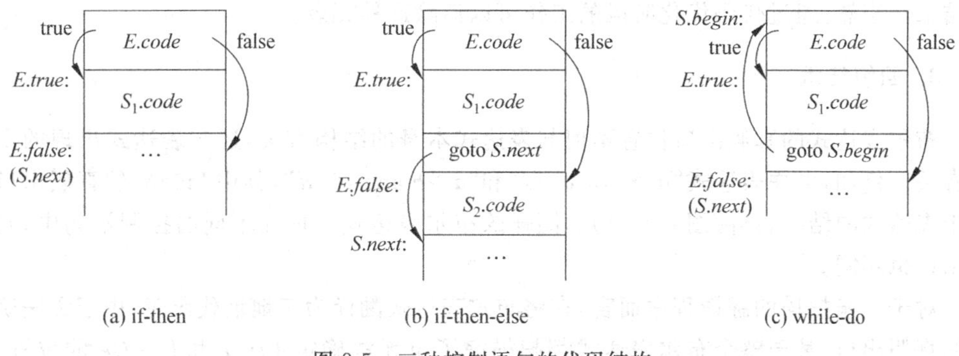

图 8-5　三种控制语句的代码结构

```
if x>y goto E.true
goto E.false
```

假设 E 为形如 E_1 and E_2 的布尔表达式，根据短路求值规则可知，若 E_1 的值为假，则立即可知 E 的值为假，于是 $E.false$ 与 $E_1.false$ 是相同的；若 E_1 的值为真，则必须对 E_2 求值，因此设置 $E_1.true$ 来标识 E_2 的第一条三地址语句，而 E_2 的真假出口分别与 E 的真假出口相同。对形如 E_1 or E_2 的布尔表达式的翻译与此类似；至于形如 not E_1 的布尔表达式 E，不必生成新的代码，只要把 E_1 的真/假出口分别作为 E 的假/真出口即可。

例 8.2　对于布尔表达式 $a>b$ and $c>d$ or $e<f$，假设整个表达式的真假出口分别为 $Ltrue$ 和 $Lfalse$。该表达式的注释分析树如图 8-6 所示。其中，L_1 标识 $c>d$ 的第一条三地址语句，L_2 标识 $e<f$ 的第一条三地址语句。

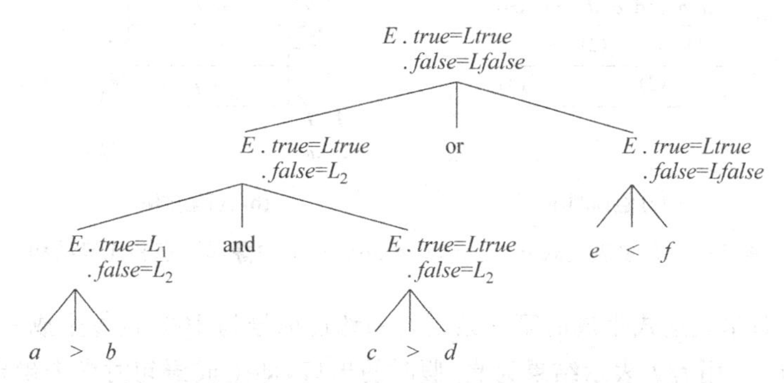

图 8-6　表达式 $a>b$ and $c>d$ or $e<f$ 的注释分析树

该布尔表达式的三地址代码如下。

```
    if a>b goto L1
    goto L2
L1: if c>d goto Ltrue
    goto L2
L2: if e<f goto Ltrue
    goto Lfalse
```

显然，这段代码是有冗余的，因为第四行的 goto L_2 语句存在与否不会改变代码的执行结果。当然,通过代码优化阶段的工作可以消除这种冗余。

3. 回填技术

布尔表达式的真假出口位置不但与表达式本身的结构有关,还与表达式出现的上下文有关。例如,考虑表达式“$a>b$ or $c>d$”和“$a>b$ and $c>d$”,其中“$a>b$”的真假出口依赖于表达式的结构;再由图8-5可知,同样的布尔表达式出现在不同的控制语句中,其真假出口也不同。

对于一遍扫描的翻译程序而言,在将布尔表达式翻译为三地址代码时,由于无法确定它的真假出口,甚至整个布尔表达式都扫描完了也无法确定 $Ltrue$ 和 $Lfalse$ 的位置,因此,在为布尔表达式生成三地址代码的转移语句时,可能出现由于不知道目标地址而无法直接生成完整的转移语句的情况。这是一遍扫描翻译程序在处理布尔表达式和控制语句时所遇到的主要问题,利用“回填”技术可以解决此问题。

回填技术允许先产生暂时没有填写目标位置的转移语句,但需要建立一个链表来记录所有转向同一位置的不完整的转移语句,随着分析的进行,一旦目标位置确定后,就将这个位置回填到相应链表中记录的所有转移语句中。为了说明回填技术,下面先看一个例子。

例 8.3 利用回填技术翻译布尔表达式 $a>b$ and $c>d$ or $e<f$。

一遍扫描翻译程序在对布尔表达式进行语法分析的同时完成翻译,为该布尔表达式生成代码的顺序及其代码结构如图8-7所示。

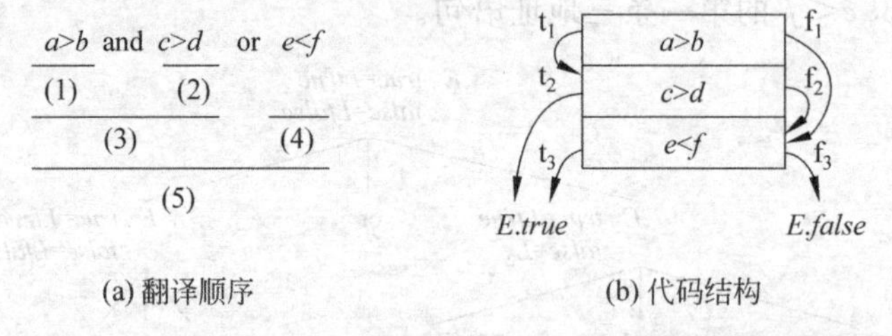

图8-7 布尔表达式 $a<b$ or $c<d$ and $e<f$ 的翻译顺序和代码结构

假定为该布尔表达式生成的第一条语句的地址标号为100,且每生成一条语句,其地址标号自动加1。用 t/f 表示结果为真/假时的出口,即生成语句时尚未确定的转移目标的标号,且用脚标数字区分不同的标号。

参考图8-7(b)所示的代码结构,根据图8-7(a)所示的翻译顺序,经过前面2个步骤可把布尔表达式翻译成如下的语句序列。

```
100:  if a>b goto t1
101:  goto f1
102:  if c>d goto t2
103:  goto f2
```

此时,所有的转移语句都是不完整的,即还不能确定 t_i 和 $f_i(i=1,2)$ 的值,这些语句的编号分别记录在相应的链表中。当进行第3步,将 E and E 归约为 E 时,$a>b$ 的真出

口 t_1 的位置确定了(即 102),此时就可以将语句标号 102 作为目标地址回填标号为 100 的语句,并且知道 $a>b$ 和 $c>d$ 的假出口相同,所以可以把相应的两个语句链表合并,合并后的链表中有语句 101 和 103。

第 4 步的分析,又产生如下两条三地址语句。

```
104:  if e<f goto t3
105:  goto f3
```

当进行第 5 步,将 E or E 归约为 E 时,$a>b$ and $c>d$ 的假出口的位置确定(即 104),此时可以将语句标号 104 作为目标地址回填相应链表中记录的标号为 101 和 103 的语句,并且知道,$a>b$ and $c>d$ 和 $e<f$ 的真出口位置相同,可以将相应的链表合并,合并后的链表中有语句 102 和 104。

至此,整个布尔表达式扫描完了,但还有 102、104 和 105 三条转移语句的目标位置没有确定。布尔表达式最终真/假出口的位置标号仅凭表达式本身无法确定,需要等到表达式所在的语句结构分析完之后才能确定,到那时才能回填这两组语句。

为便于说明,采用四元式表示所生成的三地址语句。假设翻译过程中所产生的四元式依次存入一个数组中,并用数组的下标作为语句的标号。考虑如下布尔表达式文法:

(1) $E \to E_1$ or ME_2

(2) $E \to E_1$ and ME_2

(3) $E \to$ not E_1

(4) $E \to (E_1)$

(5) $E \to \mathrm{id}_1$ relop id_2

(6) $E \to$ true

(7) $E \to$ false

(8) $M \to \varepsilon$ (文法 8.7)

文法 8.7 是在文法 8.5 中插入标记非终结符号 M 之后得到的。M 插入的位置在第(1)个产生式的 or 之后 E_2 之前、第(2)个产生式的 and 之后 E_2 之前。插入 M 是为了引入一个语义动作,以便在适当的时候获得即将产生的下一个四元式在数组中的位置,这是表达式 E_2 的第一条三地址语句在四元式数组中的下标,即语句标号。

为设计布尔表达式的翻译方案,需要设计一个全局变量 *nextquad*,用来记录下一个四元式应写到数组中的位置;为 M 设计一个综合属性 $M.quad$,用来记录 M 要标识的位置;为非终结符号 E 设计两个综合属性 $E.truelist$ 和 $E.falselist$,这是两个链表头指针,链表中分别含有转移到 E 的真、假出口的待回填转移语句的标号。

为了回填,需要把转移到某一目标的所有待回填语句的标号存入一个链表中。为实现对链表的管理,设计以下 3 个函数。

(1) $makelist(i)$:建立一个新的链表,其中只包括数组下标 i,返回所建链表的头指针。

(2) $merge(p_1, p_2)$:合并由指针 p_1 和 p_2 所指向的两个链表,返回结果链表的头指针。

(3) $backpatch(p,i)$：将目标地址 i 回填到 p 所指向的链表中记录的每一条转移语句中。

布尔表达式的一遍扫描翻译方案如下。

(1) $E \to E_1$ or ME_2 {$backpatch(E_1.falselist, M.quad)$；
$E.truelist = merge(E_1.truelist, E_2.truelist)$；
$E.falselist = E_2.falselist$}

(2) $E \to E_1$ and ME_2 {$backpatch(E_1.truelist, M.quad)$；
$E.truelist = E_2.truelist$；
$E.falselist = merge(E_1.falselist, E_2.falselist)$}

(3) $E \to$ not E_1 {$E.truelist = E_1.falselist$；
$E.falselist = E_1.truelist$}

(4) $E \to (E_1)$ {$E.truelist = E_1.truelist$；
$E.falselist = E_1.falselist$}

(5) $E \to id_1$ relop id_2 {$E.truelist = makelist(nextquad)$；
$E.falselist = makelist(nextquad+1)$；
$outcode$('if' $id_1.entry$ relop.op $id_2.entry$ 'goto —')；
$outcode$('goto —')}

(6) $E \to$ true {$E.truelist = makelist(nextquad)$；
$outcode$('goto —')}

(7) $E \to$ false {$E.falselist = makelist(nextquad)$；
$outcode$('goto —')}

(8) $M \to \varepsilon$ {$M.quad = nextquad$ } （翻译方案8.5）

该翻译方式是 S-属性定义的翻译方案，每当进行归约时，执行相应产生式的语义动作。

产生式(8) $M \to \varepsilon$ 的语义动作 $M.quad = nextquad$ 的功能是用属性 $M.quad$ 记录 E_2 的第一条三地址语句的地址标号。

对于产生式(1)，如果 E_1 的值为真，则 E 的值也为真；如果 E_1 的值为假，则需要进一步计算 E_2 的值。若 E_2 的值为真，则 E 的值也为真，否则，E 的值为假。因而在 $E_1.falselist$ 指向的链表中记录那些以 E_2 的第一条语句为目标地址的转移语句的标号，这个目标标号是通过标记非终结符号 M 得到的。语义动作 $backpatch(E_1.falselist, M.quad)$ 的含义是用 $M.quad$ 的值回填 $E_1.falselist$ 所指向的链表中记录的转移语句。语义动作 $E.truelist = merge(E_1.truelist, E_2.truelist)$ 的功能是将 $E_1.truelist$ 和 $E_2.truelist$ 所指向的两个链表进行合并，因为表中记录的转移语句的目标地址是一样的，即 E 的真出口位置。反映的事实是：E_1 的值为真，则 E 的值为真；E_2 的值为真，则 E 的值也为真。语义动作 $E.falselist = E_2.falselist$ 表示在 E_1 为假的情况下控制才能到达 E_2，这时 E_2 的假出口就是 E 的假出口。

产生式(2)的语义动作与产生式(1)的类似。

产生式(5)的语义动作产生两条未填写目标地址的转移语句，第一条语句的标号记入

新建立的由 *E. truelist* 指向的链表中，第二条语句的标号记入新建立的由 *E. falselist* 所指向的链表中。

其他产生式的语义动作含义明显，不再赘述。下面通过一个例子较完整地说明该翻译方案。

例 8.4 根据翻译方案 8.5 翻译布尔表达式 $a>b$ and $c>d$ or $e<f$。

从翻译方案 8.5 可以看出，所有的语义动作均出现在产生式的右端末尾，因而它们可以在自底向上的语法分析过程中随着对产生式的归约来完成。假定全程变量 *nextquad* 的当前值为 100。图 8-8 所示是该布尔表达式的注释分析树。

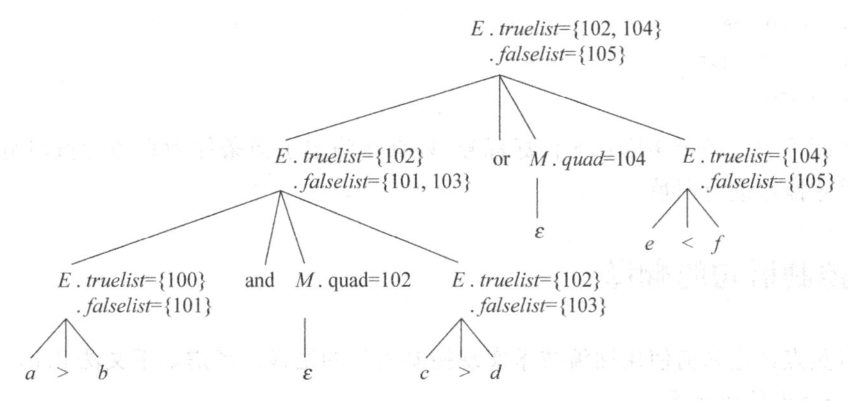

图 8-8 布尔表达式 $a>b$ and $c>d$ or $e<f$ 的注释分析树

首先，在利用产生式(5)将 $a>b$ 归约为 E 时，生成如下 2 个四元式。

```
100: if a>b goto—
101: goto—
```

如图 8-8 所示，相应 E 结点的属性 *E. truelist* 所指链表中记录语句标号 100，*E. falselist* 所指链表中记录语句标号 101。

之后，用产生式 $M\rightarrow\varepsilon$ 进行归规约，执行动作 *M. quad*＝*nextquad*，得到 *M. quad*＝102。

再用产生式(5)将 $c>d$ 归约为 E，此时生成如下 2 个四元式。

```
102: if c>d goto—
103: goto—
```

相应的 E 结点的属性 *E. truelist*＝{102}，*E. falselist*＝{103}。

现在利用产生式 $E\rightarrow E_1$ and ME_2 进行归约，执行相应的语义动作，其中过程调用语句 *backpatch*({100},102)把标号 102 回填到语句 100 中，此时标号为 100 的语句为 if $a>b$ goto 102。其他语句动作的执行使得相应的 E 结点的属性 *E. truelist*＝{102}，*E. falselist*＝{101,103}。

之后，用产生式 $M\rightarrow\varepsilon$ 进行归约，执行动作 *M. quad*＝*nextquad*，得到 *M. quad*＝104。

再用产生式(5)将 $e<f$ 归约为 E 时，产生如下 2 个四元式。

```
104: if e<f goto—
105: goto—
```

相应的 E 结点的属性 $E.truelist=\{104\}$,$E.falselist=\{105\}$。

最后,用产生式 $E\rightarrow E_1$ or ME_2 进行归约,过程调用 *backpatch*({101,103},104)将标号 104 回填到标号为 101 和 103 的语句中,形成语句 goto 104。而相应的 E 结点的属性 $E.truelist=\{102,104\}$,$E.falselist=\{105\}$,说明还有 3 条待回填的转移语句。

至此,翻译布尔表达式 $a>b$ and $c>d$ or $e<f$ 所生成的三地址代码如下。

```
100:  if a>b goto 102
101:  goto 104
102:  if c>d goto —
103:  goto 104
104:  if e<f goto—
105:  goto—
```

至于剩下的 3 条转移语句的目标标号,只有在确定了当条件为真和为假时分别应该做什么时才能够进行回填。

8.4 控制语句的翻译

本节重点讨论如何使用回填技术实现控制语句的翻译。考虑如下文法 8.8。

(1) $S\rightarrow$if E then S

(2) $S\rightarrow$if E then S else S

(3) $S\rightarrow$while E do S

(4) $S\rightarrow$begin *Slist* end

(5) $S\rightarrow A$

(6) *Slist*$\rightarrow$*Slist*;S

(7) *Slist*$\rightarrow S$ (文法 8.8)

其中,S 表示一个语句或一个程序块,*Slist* 表示语句序列,A 表示赋值语句,E 表示布尔表达式。前面已经讨论过的赋值语句和布尔表达式的产生式在该文法中都没有列出来。

为了使用回填技术实现对控制语句的翻译,需要在文法 8.8 中引入标记非终结符号,得到文法 8.9:

(1) $S\rightarrow$if E then $M\,S$

(2) $S\rightarrow$if E then $M\,S\,N$ else $M\,S$

(3) $S\rightarrow$while $M\,E$ do $M\,S$

(4) $S\rightarrow$begin *Slist* end

(5) $S\rightarrow A$

(6) *Slist*$\rightarrow$*Slist*;$M\,S$

(7) *Slist*$\rightarrow S$

(8) $M\rightarrow\varepsilon$

(9) $N\rightarrow\varepsilon$ (文法 8.9)

根据上一节介绍的 if-then、if-then-else 和 while-do 语句的代码结构，从标记非终结符号所在的位置可以看出，M 处于一段代码开始的位置，N 处于一段代码结束的位置，引入 M 的目的是为了把相应位置的三地址语句的标号记录下来，引入 N 的目的是为了产生一条无条件转移语句，以跳过后面的 else 分支代码。

为实现对控制语句的翻译，设计了综合属性 $E.truelist$、$E.falselist$、$S.nextlist$、$Slist.nextlist$、$N.nextlist$ 和 $M.quad$，其中，$nextlist$ 也是链表指针，它所指向的链表中记录的都是要转移到紧跟相应语句或结构之后的下一条三地址语句的待回填转移语句的标号。其余属性的含义同前。设计了全局变量 $nextquad$，函数 $backpatch$、$merge$、$makelist$ 和 $outcode$，含义同前。使用回填技术翻译控制语句的翻译方案如下。

(1) $S \to$ if E then MS_1 { $backpatch(E.truelist, M.quad)$;
$S.nextlist = merge(E.falselist, S_1.nextlist)$ }

(2) $S \to$ if E then $M_1 S_1 N$ else $M_2 S_2$
{ $backpatch(E.truelist, M_1.quad)$;
$backpatch(E.falselist, M_2.quad)$;
$S.nextlist = merge(S_1.nextlist, N.nextlist, S_2.nextlist)$ }

(3) $S \to$ while $M_1 E$ do $M_2 S_1$ { $backpatch(S_1.nextlist, M_1.quad)$;
$backpatch(E.truelist, M_2.quad)$;
$S.nextlist = E.falselist$;
$outcode$('goto'$M_1.quad$) }

(4) $S \to$ begin $Slist$ end { $S.nextlist = Slist.nextlist$ }

(5) $S \to A$ { $S.nextlist = makelist()$ }

(6) $Slist \to Slist_1$;MS { $backpatch(Slist_1.nextlist, M.quad)$;
$Slist.nextlist = S.nextlist$ }

(7) $Slist \to S$ { $Slist.nextlist = S.nextlist$ }

(8) $M \to \varepsilon$ { $M.quad = nextquad$ }

(9) $N \to \varepsilon$ { $N.nextlist = makelist(nextquad)$;
$outcode$('goto —') } (翻译方案 8.6)

考虑产生式(2)及其语义动作。标记非终结符号 M 和 N 标识了两个重要位置，M 的作用同前，通过产生式(8)的使用把它所标识的语句地址记录下来。根据 if-then-else 语句的含义，需要在 S_1 的代码之后增加一条转移语句以跳过 else 分支语句 S_2 的代码，引入 N 的目的就是为了产生这条转移语句。从产生式(9)及其语义动作可以看出，N 具有属性 $N.nextlist$，在 $N.nextlist$ 所指向的链表中含有一个待回填的转移语句的标号，该转移语句就是随后的过程调用语句产生的。当分析完 if-then-else 语句的结构之后，需要用 $M_1.quad$(即 S_1 代码的开始位置)回填表 $E.truelist$ 中记录的所有转移语句，用 $M_2.quad$(即 S_2 代码的开始位置)回填表 $E.falselist$ 中记录的所有转移语句。表 $S.nextlist$ 中记录那些跳出 S_1、S_2 的转移语句和由 N 的语义动作生成的转移语句，它们的目标位置都是跟随该 if 语句的下一条三地址语句。

考虑产生式(3)及其语义动作。M 的作用和处理方法同前。根据 while-do 语句的含义，当循环体语句 S_1 的代码执行完之后，控制转向 S 语句的开始处，重新测试循环条件。因此，当把 while $M_1 E$ do $M_2 S_1$ 归约为 S 时，除了需要用 $M_1.quad$ 回填 $S_1.nextlist$ 中记录的所有转移语句，用 $M_2.quad$ 回填表 $E.truelist$ 中记录的所有转移语句外，还需要在 S_1 的代码之后再生成一条转移到 E 的代码开始位置的无条件转移语句。

考虑产生式(6)及其语义动作，按执行顺序，在 $Slist_1$ 的代码之后的语句应是 S 的第一条语句，于是每当识别出一条语句或一个语句块 S 之后，都应该用标号 $M.quad$ 回填表 $Slist_1.nextlist$ 中记录的所有转移语句。

其他产生式的语义比较简单，不再赘述。需要注意的是，翻译方案 8.6 中除了产生式(3)和(9)以外，均未生成新的三地址语句，所有其他代码将由与赋值语句和表达式相关的语义动作产生。

例 8.5 使用 LR 分析方法，根据翻译方案 8.6 翻译语句序列：

```
if a>b and c>d or e<f then A1 else A2;
while a<b do A3
```

假设所产生的三地址语句用四元式表示，并且语句标号从 100 开始。从语句序列可以看出，用到的产生式主要有翻译方案 8.6 中的(2)和(3)，即

$S \to$ if E then $M_1 S_1 N$ else $M_2 S_2$

$S \to$ while $M_1 E$ do $M_2 S_1$

以及与这两个产生式相关的其他产生式。根据翻译方案 8.6，结合翻译方案 8.2 和 8.5，可以按照以下各步完成对该语句序列的翻译，得到相应的四元式代码。该语句序列的注释分析树如图 8-9 所示。为简单起见，所有属性名在图中均用其首字母表示。

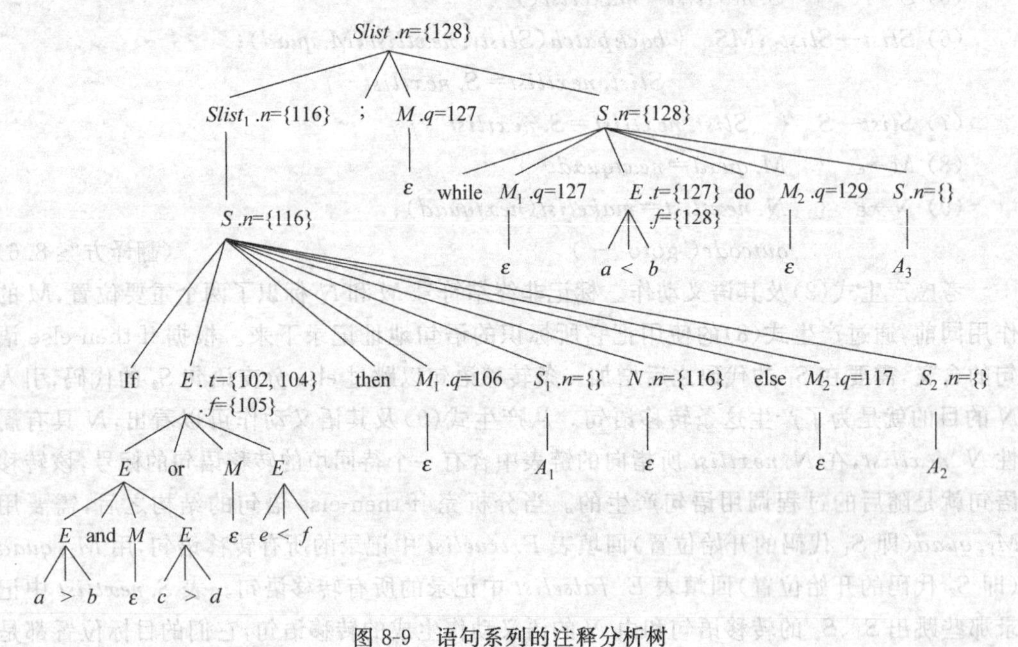

图 8-9 语句系列的注释分析树

第 1 步：首先根据翻译方案 8.5 完成对布尔表达式 $a>b$ and $c>d$ or $e<f$ 的翻译

(详见例8.4),生成如下四元式序列。

```
100:  if a>b goto 102
101:  goto 104
102:  if c>d goto —
103:  goto 104
104:  if e<f goto—
105:  goto—
```

此时,$E.truelist=\{102,104\}$,$E.falselist=\{105\}$,$nextquad=106$。

第2步:在移进then之后,用$M\to\varepsilon$进行归约,此时执行语义动作$M.quad=nextquad$的结果是得到$M.quad=106$。

第3步:根据翻译方案8.2完成赋值语句A_1的翻译。为简单起见,假设分析A_1时产生了10条四元式语句,即从106到115,此时,$nextquad=116$。

第4步:用产生式$S\to A$进行归约,执行相应的语义动作$S.nextlist=makelist()$,得到$S.nextlist=\{\}$,即空表。

第5步:在S入栈之后、移进else之前,用$N\to\varepsilon$进行归约,此时执行语义动作:

$N.nextlist=makelist(nextquad)$;

outcode('goto—')

结果是,产生了一条待回填的转移语句:

```
116:  goto—
```

并且,该语句的标号116已被记入$N.nextlist$所指向的表中。此时,$nextquad=117$,$N.nextlist=\{116\}$。

第6步:在移进else之后,用$M\to\varepsilon$进行归约,执行相应的语义动作得到$M.quad=117$。

第7步:根据翻译方案8.2完成赋值语句A_2的翻译。假设分析A_2时也产生了10条四元式语句,即从117到126。此时,$nextquad=127$。

第8步:用产生式$S\to A$归约,执行相应的语义动作得到$S.nextlist=\{\}$。

第9步:当遇到分号“;”时,把if-then-else语句归约为S,此时应做的语义动作为:

$backpatch(E.truelist,M_1.quad)$;

$backpatch(E.falselist,M_2.quad)$;

$S.nextlist=merge(S_1.nextlist,N.nextlist,S_2.nextlist)$

这些语义动作执行的结果是:$M_1.quad$的值106回填到标号为102、104的语句中,即转移到表达式E真出口的语句;$M_2.quad$的值117回填到标号为105的语句中,即转移到表达式E假出口的语句;$S.nextlist=\{116\}$。

第10步:用产生式$Slist\to S$进行归约,执行相应的语义动作之后,得到$Slist.nextlist=\{116\}$。为了下面说明方便,把它记作$Slist_1.nextlist=\{116\}$。

第11步:移进分号“;”之后,用$M\to\varepsilon$进行归约,执行相应的语义动作,得到$M.quad=127$。

第12步:分析 while 语句。

在移进 while 之后,用 $M\to\varepsilon$ 归约,语义动作的执行结果是记下了即将产生的下一条四元式的标号,即 $M_1.quad=127$。

根据翻译方案 8.5 完成表达式 $a<b$ 的分析,用产生式 $E\to a<b$ 归约时得到四元式序列:

```
127:  if a<b goto—
128:  goto—
```

此时,$E.truelist=\{127\}$,$E.falselist=\{128\}$,$nextquad=129$。

再用 $M\to\varepsilon$ 归约,执行相应的语义动作,得到 $M_2.quad=129$。

根据翻译方案 8.2 完成赋值语句 A_3 的翻译,假设分析 A_3 时也产生了 10 条四元式语句,即从 129 到 138。此时,$nextquad=139$。

用 $S\to A$ 归约,执行相应的语义动作得到 $S.nextlist=\{\}$。

把 while M_1E do M_2S_1 归约为 S 时,执行如下的语义动作:

$backpatch(S_1.nextlist, M_1.quad)$;
$backpatch(E.truelist, M_2.quad)$;
$S.nextlist=E.falselist$;
$outcode('goto' M_1.quad)$

执行结果是:$M_2.quad$ 的值 129 回填到标号为 127 的转移语句中,$S.nextlist=\{128\}$,并产生了一条无条件转移语句:

```
139:  goto 127
```

此时,$nextquad=140$。

第13步:用产生式 $Slist\to Slist_1;MS$ 进行归约,执行如下的语义动作:

$backpatch(Slist_1.nextlist, M.quad)$;
$Slist.nextlist=S.nextlist$

执行结果是:$M.quad$ 的值 127 回填到标号为 116 的转移语句中,$Slist.nextlist=\{128\}$。

对上述讨论进行整理,翻译过程中产生的四元式序列如下。

```
100:  if a>b goto 102
101:  goto 104
102:  if c>d goto 106
103:  goto 117
104:  if e<f goto 106
105:  goto 117
106:  //106~115是相应于 A1 的四元式
 ⋮
115:
116:  goto 127
117:  //117~126是相应于 A2 的四元式
 ⋮
```

```
126:
127:  if a<b goto 129
128:  goto—
129:  //129~138 是相应于 A3 的四元式
 ⋮
138:
139:  goto 127
```

可以看出，语句 128 还是不完整的，需要随着分析的不断推进，根据上下文进行回填。

8.5 goto 语句的翻译

goto 语句用于改变控制流向，与条件语句配合使用可以实现条件转移、构成循环、跳出循环体等。虽然在结构化程序设计中一般不主张使用 goto 语句，但是像 Pascal、C/C++、汇编等多数程序设计语言都支持 goto 语句。goto 语句的一般格式为：

```
goto label;
```

其中，label 是一语句标号，遵从标识符的命名规则。

在程序体中，语句标号的出现有两种情况：一种是定义性出现，语句标号出现在语句之前并且和语句之间以冒号‘:’分隔，如 L:S；一种是引用性出现，作为目标位置出现在 goto 语句中，如 goto L。根据标号首次出现的位置，可以有先定义后引用和先引用后定义两种情况。

Pascal 语言要求在程序体中使用的所有语句标号都必须是在程序的说明部分用 label 语句声明过的，所以，编译程序在处理 label 声明语句时，已经将识别出来的语句标号写入符号表，“定义标志”为‘F’，“地址”域为空(可以用－1 表示)，如图 8-10 所示。在遇到该标号的定义性出现之前，“定义标志”域的值一直为‘F’。

名字	类型	定义标志	地址
L	Label	F	–1

图 8-10　语句标号符号表示意

C 语言则无此要求，也不限制语句标号在程序中的引用次数，但不允许标号重名。因此，只有当编译程序在处理程序体的过程中首次识别出语句标号时，才将其插入符号表中。

下面分别说明编译程序对标号的引用性出现和定义性出现两种情况的处理过程。

1. 标号引用性出现时的处理

编译程序在扫描程序体的过程中，当识别出语句“goto L”后，根据标识符 L 在符号表中进行查找。

对于 Pascal 语言编译程序，若未找到，则报告“标号未定义”的错误；若找到，则检查其类型是否为标号，若不是，则报告类型错误，若是，则进一步检查该标号的“定义标志”；若“定义标志”是‘T’，说明之前已识别出标号 L 的定义，其“地址”域中记录的是它所标识的语句的第一条三地址语句的位置 V，此时直接生成四元式（goto，—，—，V）即可，若"定义标志"是'F'，说明标号 L 在程序体中还未定义，则生成待回填的 goto 语句并将它插入与该目标地址相关的语句链的链首。如图 8-11 所示，所有以标号 L 所标识地址为目标的待回填的 goto 语句的四元式形成一个链表，其首节点的地址由标号 L 的"地址"域记录。

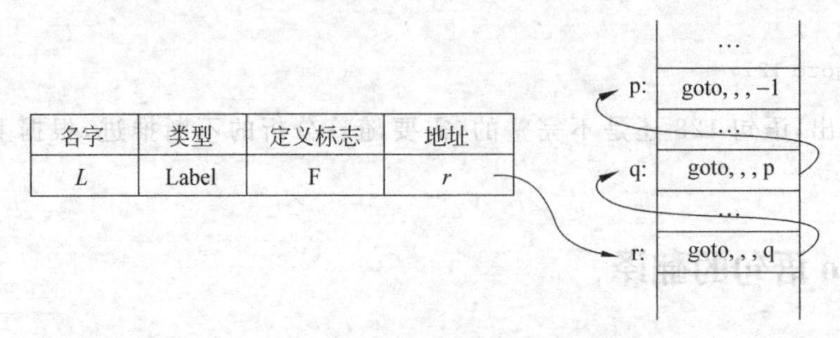

图 8-11　待回填语句链示意图

对于 C 语言编译程序，若未找到，则标号 L 为首次出现，并且是引用性出现，则先将标号 L 插入符号表中，"定义标志"设为"F"，将全程变量 *nextquad* 的值写入"地址"域中，然后再生成四元式（goto，　，　，−1），"地址"域中记录的就是该 goto 语句在四元式数组中的位置。若在符号表中找到 L 的表项，则处理过程同前面介绍的 Pascal 编译程序的一样。

2. 标号定义性出现时的处理

编译程序在扫描程序体的过程中，当识别出"L:"时，根据标识符 L 在当前符号表中进行查找。

对于 Pascal 语言编译程序，若未找到，则报告"标号未定义"的错误；若在符号表中找到 L 的表项，则检查其类型是否为标号，若不是，则报告类型错误，若是，则进一步检查其"定义标志"。若"定义标志"是"T"，则报告"标号重复定义"的错误，若"定义标志"是"F"，则将"定义标志"改为"T"，判断地址域是否为空，若为空，说明标号 L 是首次出现并且是定义性出现，则将全程变量 *nextquad* 的值 V（即语句 S 的第一条三地址语句在四元式数组中的位置）写入地址域中，标号 L 在符号表中的记录如图 8-12 所示，若地址域不空，说明之前已经有标号 L 的引用性出现，存在如图 8-11 所示的待回填语句链，此时，编译程序首先将 *nextquad* 的值 V 回填到该链表中记录的所有语句中，然后再将 V 写入 L 的"地址"域中，则符号表中 L 的表项如图 8-12 所示。

名字	类型	定义标志	地址
L	Label	T	V

图 8-12　语句标号符号表示意

对于 C 语言编译程序，若未找到，说明标号 L 是首次出现并且是定义性出现，则将 L 插入符号表中，并设置其类型为 Label、"定义标志"为"T"，并将全程变量 *nextquad* 的值 V 写入地址域中，如图 8-12 所示；若在符号表中找到 L 的表项，则处理过程与上述 Pascal 编译程序的一样。

goto 语句是在源码级上的跳转，若一个程序总是从一个地方跳到另一个地方，还有什么办法能识别程序的控制流呢？这使其招致了不好的名声。自从 Edsger Dijkstra 发表了著名论文《Goto considered harmful》，大家开始痛斥 goto 语句的缺点，甚至建议将它从保留字集合中删除。对此问题的最好的解决办法是限制 goto 语句的使用，通常只允许利用 goto 语句从结构中转出。

与 goto 功能类似的语句还有 break 和 continue。在任何循环结构的主体部分，都可以使用 break 和 continue 语句来控制循环的流程，其中 break 用于强行退出当前循环结构，不再执行循环体中剩余的语句，控制直接转移到当前结构的下一条语句的位置，而 continue 则停止执行当前的循环，控制转到循环起始处，开始下一次循环。编译程序将 break 和 continue 翻译为中间语言的 goto 语句，只是需要用回填技术实现对 break 的翻译。

8.6 CASE 语句的翻译

CASE 语句也称为开关语句，是一种多分支选择结构。多数程序设计语言都有 CASE 语句，只是在不同语言中其具体形式有所不同而已。如 Pascal 语言中 CASE 语句的格式为：

```
case E of
    V1: S1;
    V2: S2;
    …
    Vn-1: Sn-1;
    [else  Sn;]
end
```

这里 E 称为情况表达式或开关表达式，V_i 称为情况常量，它们是表达式可能取的值，S_i 是语句或语句序列，保留字 else 引导的是一个可选的分支语句，如果有的话，必须是结构中的最后一个分支，else 分支提供一个“默认值”，当前面没有与表达式匹配的值时，执行 else 分支语句。

C 语言中 switch 语句的格式为：

```
switch (E){
    case V1: S1; break;
    case V2: S2; break;
    …
    case Vn-1: Sn-1; break;
    [default Sn;]
}
```

这里 E、V_i 和 S_i 同前，保留字 case 引导一个分支语句，default 引导的是一个可选的分支语句，其作用与 Pascal 语言的 case 语句中的 else 的作用相同。

对于 Pascal 语言的 case 语句，每个分支语句执行完之后，控制转移到 case 语句的下一条语句。对于C语言的switch语句，每个分支语句执行完之后，如果有break语句，则控制转移到switch语句的下一条语句，如果没有break语句，则继续执行下一个分支的语句，直到遇到break语句或遇到switch语句结束标志为止。

为实现CASE语句的语义，需将它翻译为具有如下功能的代码。

(1) 对情况表达式E求值。

(2) 在列出的常量$V_1, V_2, \cdots, V_{n-1}$中寻找与表达式的值相等的值$V_i$。如果不存在这样的值，则让“默认值”与之匹配(如果有缺省分支的话)。

(3) 执行与(2)中找到的值V_i相联系的语句S_i。

CASE语句中有$n-1$个常数值，对应$n-1$个相关的语句。可以用$n-1$个条件转移语句来实现，每条语句测试一个常数值V_i，并生成转向语句S_i的代码。按照这种方法，可以为CASE语句生成如下的三地址代码。

```
          对E求值，并把结果置于临时变量t中
L1:       if t≠V1 goto L2
          S1 的代码
          goto next
L2:       if t≠V2 goto L3
          S2 的代码
          goto next
L3:       …
          …
Ln-1:     if t≠Vn-1 goto Ln
          Sn-1的代码
          goto next
Ln:       Sn 的代码
next:
```

可以看出，这种中间代码的控制结构比较复杂，需要进行较多的判断，如果n的值较大(比如说大于10)，且CASE语句嵌套出现时，用这种方法生成的三地址代码的结构将变得非常不清晰，不利于后期的代码生成。为便于代码生成程序识别这种多路分支结构，可以把条件测试语句全部安排在后面，这样就得到下面的中间代码结构。

```
          对E求值，并把结果置于临时变量t中
          goto test
L1:       S1 的代码
          goto next
L2:       S2 的代码
          goto next
L3:       …
          …
Ln-1:     Sn-1的代码
          goto next
Ln:       Sn 的代码
```

```
        goto next
test: if t=V1 goto L1
        if t=V2 goto L2
        …
        if t=Vn-1 goto Ln-1
        goto Ln
next:
```

可以看出，这种代码结构简洁、清晰。为了生成如上形式的中间代码，采用回填技术的翻译程序的工作过程如下：

(1) 当识别出语句关键字 case(针对 Pascal 语言 case 语句)或者 switch(针对 C 语言 switch 语句)时，首先生成两个语句标号 *test* 和 *next*，并插入符号表中。标号的状态如图 8-13 所示。

(2) 在分析情况表达式 E 的过程中，生成对 E 求值的代码，根据需要，可以产生一个临时变量 t，并生成将结果存入临时变量 t 中的赋值语句。

(3) 产生待回填的无条件转移语句，并将该语句插入到标号 *test* 的语句链中。

(4) 当识别出一个常量 V_i 及冒号时，需要将 V_i 的值及相应分支代码的第一条三地址语句的位置(即全程变量 *nextquad* 的当前值)记录下来，为便于以后生成测试语句，可以建立一个队列(称其为 case 队列)，case 队列的结构如图 8-14 所示。

名字	类型	定义标志	地址
test	Label	F	−1
next	Label	F	−1

图 8-13 符号表中 text 和 next 的初始状态

QHead →	V_1	$nextquad_1$
	V_2	$nextquad_2$
	…	…
	V_i	$nextquad_i$
	…	…
QTail →	t	$nextquad_n$

图 8-14 case 队列示意图，*QHead* 和 *QTail* 分别是队列首尾指针

(5) 在分析语句 S_i 的过程中，生成语句 S_i 的三地址代码。

(6) 针对 Pascal 语言的 case 语句，产生待回填的转移语句，并将该语句插入到标号 *next* 的语句链中。针对 C 语言的 switch 语句，只有当识别出保留字 break 时，才产生待回填的转移语句，并将该语句插入到标号 *next* 的语句链中。

(7) 重复上述步骤(4)～(6)，直到遇到关键字 else/default，或者遇到语句结束标志 end/‘}’。若遇到 else/default，转步骤(8)，否则，转步骤(9)。

(8) 当识别出关键字 else/default 后，把 t 的值和 *nextquad* 的当前值加入 case 队尾(见图 8-14 所示)，然后，分析语句 S_n，生成语句 S_n 的三地址代码。转步骤(9)。

(9) 当识别出语句结束标志 end/‘}’时，所有分支的中间代码已经生成，可以产生形成 n 个分支的测试语句了。首先，生成一条待回填的转移语句，并将该语句插入到标号 *next* 的语句链中，该语句的作用是跳过下面的测试语句。其次，用 *nextquad* 的当前值(即第一条测试语句的位置)回填标号“*test*”相应的语句链中的语句。然后，从 case 队首

向队尾方向读出每一个二元式<V_i，$nextquad_i$>，根据它生成测试语句：if t=V_i goto nextquad$_i$。如果 case 队尾是根据 else/default 分支生成的，则可以为之生成一条无条件转移语句：goto nextquad$_n$。

至此，按照上述步骤，即可把 CASE 语句翻译成三地址代码，只是其中还有待回填的语句(转移到 case 语句的下一条语句)，这些语句都记录在标号 next 的语句链中。

请读者写出产生 Pascal 语言 case 语句的文法或者产生 C 语言 switch 语句的文法，根据上述描述，设计所需要的属性和函数，并设计出可以实现上述翻译要求的翻译方案。

另外，如果源语言支持嵌套的 CASE 语句，可以通过扩充 case 队列来实现。比如，可以增加一个队列结构的层次索引表，用来记录不同层次的 CASE 语句中第一个分支的<V_1，$nextquad_1$>在 case 队列中的位置，以便当分析完一个 CASE 语句结构后，从层次索引表栈顶单元所指示的位置开始，直到队尾，依次读取二元式<V_i，$nextquad_i$>，为当前的 CASE 结构生成测试语句。扩充后的 case 队列结构示意图如图 8-15 所示。

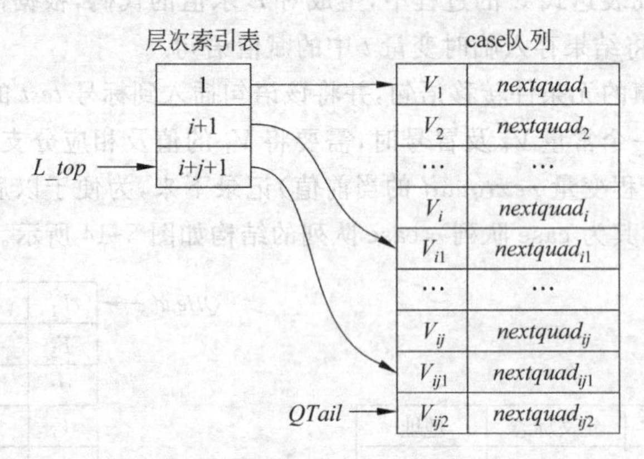

图 8-15 扩充后的 case 队列结构示意图

8.7 过程调用语句的翻译

在所有程序设计语言中，过程都是一个重要而又常用的结构，本节讨论过程调用语句的翻译方法，这里把函数看作是具有返回值的过程。

正如 6.4 节所述，一个简单的过程调用语句可用如下文法描述：

$S \rightarrow \mathrm{id}(rparam)$

$rparam \rightarrow \varepsilon \mid rplist$

$rplist \rightarrow rplist, E \mid E$

其中，id 是过程名，*rparam* 是实参，*rparam* 可以为空或是以逗号分隔的实参列表。为了利用 LR 分析技术完成对过程调用语句的分析和翻译，将上述文法改写为文法 8.10。

(1) $S \rightarrow rparam)$

(2) $rparam \rightarrow \mathrm{id}($

(3) $rparam \rightarrow \mathrm{id}(E$

(4) $rparam \rightarrow rparam, E$ （文法 8.10)

从7.2节的讨论可知，过程调用通过一个调用序列和一个返回序列来实现，调用序列的执行，为被调用过程创建执行环境，并使控制从调用过程进入被调用过程，而返回序列的执行，则使控制从被调用过程返回到调用过程。

对过程调用语句的翻译结果是生成相应的调用序列。这段代码的功能是：为被调用过程分配其活动记录所需的存储空间，并把实参的信息存储到活动记录的参数域中，建立控制连以便调用返回时恢复调用过程的运行环境，建立访问链(即环境指针)以实现被调用过程对非局部名字的访问，保留调用过程的运行状态(如寄存器状态)以便调用完毕后恢复调用过程的运行，将返回地址存入指定的单元以便被调用过程执行结束后根据它实现控制的转移，返回地址常常是调用过程中紧跟调用指令之后的下一条指令的地址。调用过程的运行状态和返回地址一般都保留在被调用过程活动记录的机器状态域中。最后，应生成一个转移指令，使控制转移到被调用过程的代码的开始位置。

对过程返回语句的翻译结果是生成返回序列。返回序列的功能是：如果被调用过程是一个函数，则把需返回的结果值存放在一个指定的位置上(如活动记录的返回值域)，根据保存的控制链和机器状态域信息恢复调用过程的执行环境，根据保存的返回地址生成一条转移指令，使控制转移到调用过程中。

由于返回序列比较简单，在翻译时没有需要特别考虑的问题。这里仅讨论调用序列的生成。在生成调用序列的过程中，关于控制链的建立、返回地址及寄存器状态的保存等很容易实现，关于访问链的建立和局部变量空间的分配等问题已经分别在7.3.3小节和7.1.2小节介绍过，不再重复。这里需要关注的是实参传递机制的实现问题。不同的语言采用的参数传递机制可能不同，即使是同一种语言，也可根据需要采用不同的参数传递机制，这里讨论引用调用方式的实现。

基于文法8.10考虑一个简单的例子，假定存储是静态分配的，参数通过引用方式传递，即如果实参是一个变量或数组元素，则直接传递它的地址，如果实参是其他表达式(如$a+b$、$m+2$等)，则先把它的值计算出来，并存放到某个临时单元t中，然后传递t的地址。所有实参的地址应存放在被调用过程可以访问的地方(称为形参单元)。在被调用过程中，相应每个形参都有一个单元用来存放相应实参的地址，被调用过程对形参的任何引用都是对实参单元的间接引用。

在翻译过程调用语句时，为每个实参生成一个param语句。例如过程调用语句

```
p(a+b,c)
```

将被翻译成如下三地址语句序列：

```
计算 a+b 的值，并存入临时单元 t 中
param t
param c
call p.entry,2
```

假设，在四元式输出序列中，call语句输出之后，全局变量*nextquart*的值为k，call语句中指明参数个数是2，所以可知实参的三地址语句在输出序列中的位置依次是$k-3$和$k-2$，被调用过程p执行完后，接着执行call后面的语句，所以，这里k也就是返回地址。

为了在处理实参的过程中记住每个实参的地址，以便最后能够把它们排列在call语

句之前，需要把这些地址存放起来，一个方便的数据结构就是队列。根据翻译目标和中间代码的结构，首先需要创建一个空队列。以后，每当识别出一个实参，就把实参的地址加入队尾。当识别出完整的过程调用语句后，根据队列中保存的实参地址，依次生成相应的param语句，所有参数语句生成之后，最后生成过程调用语句。

为将过程调用语句翻译为三地址代码，设计如下函数和属性。

(1) *makequeue*()：创建一个空队列，并返回队列首指针。

(2) *appendqueue*(*queue*,*entry*)：将地址 *entry* 追加到队列 *queue* 的队尾。

(3) *getparam*(*queue*)：返回队列 *queue* 的队首参数地址，并将它移出队列，使下一个参数成为队首参数。

属性 *rparam.queue* 用于保存队列首指针，属性 *rparam.entry* 用于保存过程名 id 在符号表中的表项位置，属性 *rparam.num* 记录当前识别出来的实参的个数，这些均是综合属性。

关于过程调用语句的翻译方案如下。

```
(1) S→rparam) {  c=rparam.num;
                 while (c>0) {
                     t=getparam(rparam.queue);
                     outcode('param't);
                     c--;
                 };
                 outcode('call'rparam.entry',' rparam.num);  }
(2) rparam→id(   { rparam.queue=makequeue();
                   rparam.entry=id.entry;
                   rparam.num=0; }
(3) rparam→id(E  { rparam.queue=makequeue();
                   rparam.entry=id.entry;
                   rparam.num=1;
                   appendqueue(rparam.queue,E.entry); }
(4) rparam→rparam1,E{ rparam.queue=rparam1.queue;
                      rparam.entry=rparam1.entry;
                      rparam.num=rparam1.num +1;
                      appendqueue(rparam.queue,E.entry); }
```

（翻译方案 8.7）

根据该翻译方案为过程调用语句生成的中间代码中，首先是对各实参求值的代码，其次是顺序为每一个参数生成的一条 param 语句，最后是一条 call 语句。

习题 8

8.1 请把算术表达式 $a*-(b+c)$ 翻译为：

(1) 语法树。

(2) 后缀表达式。

(3) 三地址代码。

8.2 请把算术表达式 $-(a+b)*(c+d)+(a+b+c)$翻译为：

(1) 后缀表达式。

(2) 四元式。

(3) 三元式。

8.3 请把语句 if (x+y) * z=0 then s:=(a+b) * c else s:=a*b * c 翻译为：

(1) 语法树。

(2) 三地址代码。

8.4 有如下的C语言程序片断，请把其中的可执行语句翻译为：

(1) 语法树。

(2) 三地址代码。

```
main(){
    int i;
    int a[10];
    i=0;
    while (i<10) {
        a[i]=0;
        i++;
    }
}
```

8.5 利用翻译方案8.2，将下面的赋值语句翻译成为三地址代码。

```
A[i,j]:=B[i,j]+C[A[k,l]]+D[i+j]
```

8.6 根据文法8.4设计赋值语句的翻译方案，使之具有与翻译方案8.2同样的效果。并用所设计翻译方案对例8.1中的赋值语句 x:=A[y,z]进行翻译。

8.7 翻译方案8.5把布尔表达式 $E \rightarrow id_1 < id_2$

翻译成为：

```
if id1<id2 goto …
goto …
```

试修改该语法制导定义中相关的部分，使之翻译为：

```
if id1>=id2 goto …
```

而当 E 为真时，执行其下面的代码。

8.8 使用LR分析方法，按照翻译方案8.6翻译下面的语句。

```
while a<b do
    if c<d  then x:= y+z
            else x:= y-z
```

8.9 C语言中的for语句具有如下形式：

```
for (E1;E2;E3) S
```

其语义等价于：

```
E1;
while (E2) {
    S;
    E3;
}
```

(1) 试构造一个语法制导定义，把C语言的for语句翻译成为三地址代码。

(2) 设计利用回填技术对C语言的for语句进行翻译的翻译方案。

8.10 Pascal语言中的for语句具有如下的形式：

```
for v:=initial to final do S
```

其语义等价于：

```
begin
    t1:=initial; t2:=final;
    if t1≤t2 then begin
        v:=t1;
        S;
        while v≠t2 do begin
            v:=succ(v);
            S;
        end
    end
end
```

(1) 设有下面的Pascal程序：

```
program forloop(input,output);
    var i,initial,final:integer;
    begin
        read(initial,final);
        for i:= initial to final do
            writeln(i)
    end.
```

当initial＝**MAXINT**－5、final＝**MAXINT**时，该程序的执行结果是什么？其中**MAXINT**是目标机器上能表示的最大整数。

(2) 试构造一个语法制导定义，把Pascal语言的for语句翻译成为三地址代码。

(3) 设计利用回填技术对Pascal语言的for语句进行翻译的翻译方案。

第9章　目标代码生成

9.1　目标代码生成概述

目标代码生成程序的任务是将前端产生的源程序的中间代码表示转换为等价的目标代码,并且目标代码应该是高质量的。所谓高质量指的是目标代码应该充分有效地利用目标机器的资源,占用空间少,并且运行效率高。理论上讲,产生最优代码的问题是不可判定的。实践中,可以利用启发式技术产生较好的(虽不是最优的)、令人满意的代码。

本章讨论目标代码生成过程中的一些共性问题,并且介绍一个简单的代码生成算法,使大家对目标代码生成有一个大致了解。

9.1.1　代码生成程序的位置

代码生成程序在编译程序中所处的位置可用图9-1表示。

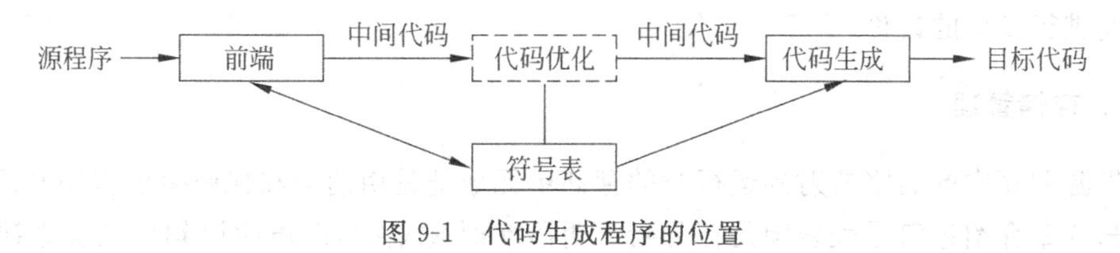

图9-1　代码生成程序的位置

不管在代码生成之前是否对中间代码进行过优化处理,本章介绍的代码生成技术都是适用的。

从图9-1可以看出,代码生成程序的输入包括前端产生的中间代码和符号表中的信息两部分。假定经过编译程序前端的分析和处理,已经把源程序转换为足够详细的中间代码,比如,中间代码中出现的名字的值表示为目标机器能够直接操作的量(如位、整数、实数和指针等),必要的类型检查已经完成,类型转换符已插入到需要的地方,并且明显的语义错误(如试图把浮点数作为数组下标等)都已被检出并改正。代码生成程序可以认为它的输入是正确的。实践中,有些编译程序将语义分析和代码生成一起完成。

代码生成程序输出的是与源程序等价的目标代码,与中间代码类似,目标代码也有不同的形式,如可以是具有绝对地址的机器语言程序、可重定位的机器语言程序、以及汇编语言程序。

编译程序直接产生具有绝对地址的机器语言程序的好处是,小的程序可以得到快速编译,并且生成的目标程序可以立即执行,缺点是目标程序只能被加载到特定的内存空间中运行。

编译程序产生可重定位的机器语言程序作为输出的好处是,允许一个程序由多个程序文件构成,对每个文件可单独编译生成目标文件,然后再由连接装配程序把它们链接在一起生成可执行程序、装入到内存中运行。这样做虽然有些繁琐,但给程序开发带来了很大的灵活性,即可以分别编译子模块、允许从目标模块中调用其他以前已经编译好的程序模块。如果目标机器不能自动处理重定位,则编译程序必须提供显式的重定位信息给链接装配程序,以链接分别编译的程序段。

编译程序产生汇编语言程序作为输出,可以简化目标代码生成程序的设计。但为了生成可执行程序,还须用汇编程序进行汇编。编译程序由于产生汇编代码而避免了重复汇编程序的工作,因此这也是一个合理的选择,尤其是在内存较小、编译程序必须分成多遍的情况下更是如此。

为了增加可读性,本章采用汇编语言作为目标语言,按照这种方法设计的代码生成程序,只要根据符号表中记录的相对地址和其他信息能够计算出地址,那么产生名字的重定位地址或绝对地址与产生它的符号地址一样方便。

9.1.2 代码生成程序设计的相关问题

代码生成程序的具体细节依赖于目标机器和操作系统,但存储管理、指令选择、寄存器分配和计算次序选择等问题,是所有代码生成程序设计时都必须考虑的问题,本节就这些问题进行简单的讨论。

1. 存储管理

把源程序中的名字映射到运行时的存储单元地址是由前端和代码生成程序共同完成的。第6章介绍过符号表表项是在分析声明语句时建立的,而声明语句中的类型决定了被声明名字的域宽,根据符号表中的信息可以确定名字在所属过程的数据区中的相对地址。第8章介绍过三地址语句中的名字是该名字在符号表中的表项位置。因而,代码生成程序可以利用符号表中的信息来决定与中间代码中的名字相应的数据对象在运行时的地址,它是可重定位地址或绝对地址。

如果生成的是机器语言代码,则必须把三地址语句中的语句标号转换成机器指令的地址,如果三地址语句用四元式数组存储,则需要将相应三地址语句在四元式数组中的位置(即数组下标)映射为内存单元的地址。为此,可以在四元式数组中增加一个域保留该四元式第一条机器指令的地址。当按顺序扫描每个四元式时,根据为当前四元式生成的指令占用的字数,就可以计算出下一个四元式第一条机器指令的地址。于是,当遇到三地址语句 j: goto i 时,其中 i、j 都是四元式的数组下标,如果 $i<j$,则可直接产生一条完整的转移指令,其目标地址是第 i 个四元式的第一条机器指令的地址;但如果 $i>j$,则先生成不完整的转移指令,并且把该指令在目标代码中的位置(即存储单元的地址)记在与四元式 i 关联的表中,然后,当处理到四元式 i 时,将其第一条机器指令的地址回填到所有转移到 i 的指令中。

2. 指令选择

所谓指令选择是指为给定的中间代码语句寻找一个合适的目标机器指令序列。目标机器指令系统的性质决定了指令选择的难易程度，其中指令系统的一致性和完整性是要考虑的重要因素，如果目标机器不能以统一的方式支持每种数据类型，则对每种不符合一般规则的例外情况都需要专门的处理。另外，指令的速度和机器的特点也是要考虑的重要因素，如果不考虑目标程序的效率，则指令的选择就简单多了。例如，可以为每一类三地址语句设计相应的目标代码框架，如，对形如 x:=y+z 的三地址语句，若 x、y 和 z 均可静态存储分配，则可以翻译为如下的代码：

```
MOV R0,y
ADD R0,z
MOV x,R0
```

按照上述代码框架，语句序列：

```
a:=b+c
d:=a+e
```

将被翻译为：

```
MOV  R0,b
ADD  R0,c
MOV  a,R0
MOV  R0,a
ADD  R0,e
MOV  d,R0
```

显然，第四条指令是冗余的，而且，如果后面不再使用 a，则第三条指令也是冗余的。可见，像这样利用代码框架逐句翻译出的代码质量比较差。

目标代码的质量通常用所含指令的条数及其执行速度来衡量。指令系统丰富的目标机器对给定的操作可以提供多种实现方法，不同的实现方法所花费的代价可能相差很大，因此，中间代码的简单翻译会产生正确的、但效率可能无法接受的目标代码。例如，若目标机器有“加 1”指令(INC)，那么三地址语句 a:=a+1的高效实现就是一条指令 INC a，而不是下面的指令序列：

```
MOV  R0,a
ADD  R0,1
MOV  a,R0
```

为了提高执行速度，需要设计合理的代码序列，为此，需要了解给定的三地址语句序列的上下文。

3. 寄存器分配

运算对象在寄存器中的指令通常比运算对象在内存中的指令短且执行速度快，因此，要想生成高质量的目标代码,就要充分利用目标机器的寄存器,尽量生成寄存器寻址的指令。因此,在设计目标代码生成程序时,需要考虑以下2个问题:

(1) 确定在程序的某一点需要使用寄存器的变量集合。

(2) 寄存器指派,将变量指派到具体的寄存器。

选择最优的寄存器指派方案是困难的,特别是有些目标机器的硬件、操作系统可能要求某些寄存器有专门的用法(如栈指针寄存器、变址寄存器、基址寄存器等),有些机器要求用寄存器对来表示操作数和执行结果等,所有这些因素,在分配寄存器时都需要加以考虑。

寄存器分配的一个重要原则是,生成某变量的目标对象值时,尽量让变量的值或计算结果保留在寄存器中,直到寄存器不够分配为止。

4. 计算次序的选择

计算执行的次序也会影响目标代码的效率。例如,RISC体系结构的一种通用的流水线限制是,从内存中取出存入寄存器的值在随后的几个周期内是不能用的。在这几个周期期间,可以调出不依赖于该寄存器值的指令来执行,如果找不到这样的指令,则这些周期就会被浪费。所以,对于具有流水线限制的体系结构,选择合适的计算次序是必需的。另外,有些计算顺序可以用较少的寄存器来保留中间结果。确定一个最佳的计算次序是相当困难的,本章介绍代码生成算法时,暂时回避这个问题。

代码生成程序工作时将面临许多特殊情况,所以,设计代码生成程序的最重要的准则无疑是生成正确的代码。在保证正确性的前提下,使代码生成程序易于实现、便于测试和维护等是设计代码生成程序的重要目标。本章将介绍一个直接、简单的代码生成算法,该算法依次处理基本块中的每条语句,利用操作数的下次引用信息来生成利用寄存器的目标代码,并尽量把操作数保存在寄存器里。

9.2 基本块和流图

流图是三地址代码的一种图形表示,图中结点是代表计算的基本块,边代表控制流。使用流图有助于理解代码生成算法,有些寄存器分配算法利用流图来发现内部循环。

基本块是具有原子性的连续的语句序列,控制流从第一条语句(称为入口)进入,从最后一条语句(称为出口)流出,中途没有停止或分支。例如下面的三地址语句序列就形成了一个基本块:

$t_1 := a * a$

$t_2 := b * b$

$t_3 := t_1 + t_2$

利用下述方法可以把三地址代码划分为基本块。

首先,使用如下规则确定每个基本块的入口语句。

(1) 代码序列的第一条语句是一个入口语句。

(2) 任何一个条件或无条件转移语句转移到的目标语句是一个入口语句。

(3) 任何紧跟在一个条件或无条件转移语句之后的那条语句是一个入口语句。

然后,根据入口语句确定基本块。每个基本块都是一个由入口语句引导的语句序列,即从一个入口语句(含该入口语句)开始,到下一个入口语句(不含此入口语句)或到一个停止语句(含该停止语句)之间的语句序列。

例 9.1 考虑如下的 Pascal 程序片断,假定变量 i 和数组 a、b 均声明为 integer 类型。

```
i:=1;
while (i<=10)do
begin
   a[i]:=a[i]+b[i];
   i:=i+1
end;
```

利用第 8 章介绍的翻译方案,可以将该程序片段翻译为如下的三地址代码。

```
(1)  i:=1
(2)  if i<=10 goto (4)
(3)  goto (17)
(4)  t1:=a-4
(5)  t2:=4*i
(6)  t3:=a-4
(7)  t4:=4*i
(8)  t5:=t3[t4]          /* t5=a[i] */
(9)  t6:=b-4
(10) t7:=4*i
(11) t8:=t6[t7]          /* t8=b[i] */
(12) t9:=t5+t8
(13) t1[t2]:=t9
(14) t10:=i+1
(15) i:=t10
(16) goto (2)
(17) …
```

应用前面介绍的基本块划分方法,这段代码中有 5 个基本块入口语句,即(1)、(2)、(3)、(4)和(17)。相应地,有如下 5 个基本块:

B_1 ={(1)}

B_2 ={(2)}

B_3 ={(3)}

B_4 ={(4),(5),(6),(7),(8),(9),(10),(11),(12),(13),(14),(15),(16)}

B_5 ={(17),…}

流图是把控制流信息加入到基本块集合中所形成的一种描述程序的有向图,流图中的结点是基本块。由程序的第一条语句开始的基本块称为流图的首结点;如果在某个执行序列中，基本块 B_2 紧跟在 B_1 之后执行，此时，或者有一个转移语句从 B_1 的最后一条语句转移到 B_2 的第一条语句，或者在程序的语句序列中，B_2 紧跟在 B_1 之后，并且 B_1 的最后一条语句不是无条件转移语句，在流图中，从 B_1 到 B_2 有一条有向边，并且称 B_1 是 B_2 的前驱，B_2 是 B_1 的后继。

例 9.2 对例 9.1 中划分得到的基本块加入控制流信息，得到图 9-2 所示的流图。

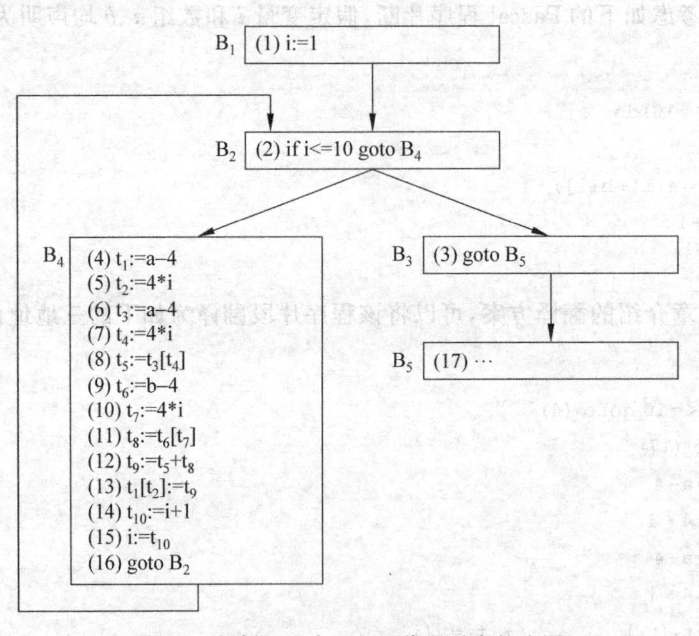

图 9-2 与例 9.1 中三地址代码对应的流图

从图 9-2 可以看到，B_2、B_3、B_4 中的转移语句的目标地址，即目标基本块的入口语句的标号，分别被替换成相应基本块的编号，这么做的目的是为了避免可能由于代码优化导致三地址语句的位置改变所引起的麻烦。

9.3 下次引用信息

寄存器分配是目标代码生成时要解决的一个重要问题。

考虑变量 x 和程序点 p，分析 x 在点 p 上的值是否会在流图中的某条从点 p 出发的路径中使用。如果是，则 x 在 p 上是活跃的，否则 x 在 p 上是死的。基于流图进行活跃变量分析，可以实现基本块的存储分配，即只需为活跃变量分配寄存器即可。

假定三地址语句 i 将一个值赋给 x，而语句 j 引用 x 的值，并且控制能够经过一个不含有其他对 x 赋值的路径从语句 i 到达语句 j，那么，语句 j 引用 x 在语句 i 确定的值，称语句 j 是三地址语句 i 中的 x 的下次引用信息。计算名字的下次引用信息的目的是为了在一个基本块范围内实现寄存器的充分利用，即把那些在基本块内还要被引用的变量的值尽可能保存在寄存器中，同时把基本块内不再被引用的变量所占用的寄存器及早释放。因此，在翻译每一条形如 x:=y op z 的三地址语句时，都需要知道 x、y 和 z 在基本块内的下次引用信息，即是否会被再引用，以及在哪些三地址语句中被引用。

这里仅考虑属于同一基本块内的引用信息，下面讨论如何收集基本块中各名字的下次引用信息。基本思想是：从基本块的出口语句开始，由后向前扫描每条三地址语句，直到基本块的入口语句为止，在扫描过程中通过为每个名字建立相应的下次引用信息链和活跃变量信息链，收集各名字在基本块内的下次引用信息和活跃信息。活跃信息用于代码优化时的全局数据流分析，为简单起见，假定所有的名字在基本块出口处都是活跃的，如果产生中间代码的算法允许某些临时变量在基本块外引用，也假定这些临时变量在出口处是活跃的。由于过程调用可能带来副作用(比如修改某个外部变量的值)，因此，假定每个过程调用都是一个新的基本块的入口。

为计算名字的下次引用信息，需要对符号表进行扩充，增加记录下次引用信息和活跃信息的域，同时对保存三地址语句的结构进行扩充，使之可以记录语句中出现的每个名字的下次引用信息和活跃信息。这样，就可以利用算法 9.1 计算一个基本块中所有变量的下次引用信息。

算法 9.1 计算变量的下次引用信息。

输入：组成基本块的三地址语句序列。

输出：基本块中各变量的下次引用信息。

方法：

(1) 初始化。把基本块中各变量的符号表表项中的下次引用信息域置为“无下次引用”、活跃信息域置为“活跃”。

(2) 计算各变量的下次引用信息。按照从基本块的出口语句到入口语句的顺序，依次处理每一条三地址语句，针对语句 (i) x:=y op z，依次执行下列步骤：

① 把当前符号表中记录的变量 x 的下次引用信息和活跃信息附加到语句 i 上；

② 把符号表中 x 的下次引用信息和活跃信息分别置为“无下次引用”和“非活跃”；

③ 把当前符号表中记录的变量 y 和 z 的下次引用信息和活跃信息附加到语句 i 上；

④ 把符号表中 y 和 z 的下次引用信息均置为 i，活跃信息均置为“活跃”。

注意，要严格按照①～④的次序执行，因为 y 和 z 也可能是 x。

对于形如 x:=y 或 x:=op y 的三地址语句，该算法完全适用，只是其中不涉及 z。

通过应用此算法，基本块中所有名字的下次引用信息都被收集到，并且保存于符号表中和三地址语句上。如果一个变量在基本块中被引用，则由该变量在符号表中的下次引用信息，以及附加在各三地址语句 i 上的信息，可从前到后依次指示出该名字在基本块中的各个引用所在的位置。

例 9.3 计算图 9-2 中基本块 B_4 中的各变量的下次引用信息。

应用算法 9.1，对图 9-2 中基本块 B_4 中的三地址语句从后向前依次扫描处理，可得 B_4 中各变量的下次引用信息。算法结束后，记录在符号表中的各变量的下次引用信息和活跃信息如表 9-1 所示，附加在三地址语句上的下次引用信息和活跃信息如表 9-2 所示。

表 9-1　符号表中记录的各变量的下次引用信息和活跃信息

名　字	下次引用信息	活跃信息
i	(5)	活跃
a	(4)	活跃
b	(9)	活跃

表 9-2　附加在各三地址语句上的变量的下次引用信息和活跃信息

	三地址语句	名　字	下次引用信息	活跃信息
(4)	$t_1:=a-4$	t_1	(13)	活跃
		a	(6)	活跃
(5)	$t_2:=4*i$	t_2	(13)	活跃
		i	(7)	活跃
(6)	$t_3:=a-4$	t_3	(8)	活跃
		a	无	活跃
(7)	$t_4:=4*i$	t_4	(8)	活跃
		i	(10)	活跃
(8)	$t_5:=t_3[t_4]$	t_5	(12)	活跃
		t_3	无	活跃
		t_4	无	活跃
(9)	$t_6:=b-4$	t_6	(11)	活跃
		b	无	活跃
(10)	$t_7:=4*i$	t_7	(11)	活跃
		i	(14)	活跃
(11)	$t_8:=t_6[t_7]$	t_8	(12)	活跃
		t_6	无	活跃
		t_7	无	活跃
(12)	$t_9:=t_5+t_8$	t_9	(13)	活跃
		t_5	无	活跃
		t_8	无	活跃
(13)	$t_1[t_2]:=t_9$	t_1	无	活跃
		t_2	无	活跃
		t_9	无	活跃

续表

	三地址语句	名　字	下次引用信息	活跃信息
(14)	$t_{10}:=i+1$	t_{10}	(15)	活跃
		i	无	非活跃
(15)	$i:=t_{10}$	i	无	活跃
		t_{10}	无	活跃
(16)	goto B_2			

算法结束后,符号表中记录的是在基本块的入口处各变量的下次引用信息和活跃信息。以名字 i 为例,符号表中指示它的值在入口语句(5)中被引用,从语句(5)开始,从前向后查看附加在各三地址语句上的信息,可知 i 的值依次在语句(7)、(10)和(14)中被引用,语句(14)上记录的 i 没有下次引用信息,因为,变量 i 在语句(15)被重新赋值。

9.4　一个简单的代码生成程序

本节介绍一个简单的代码生成程序,该程序依次处理基本块中的每条三地址语句,将三地址语句序列表示的中间代码变换成目标机器的汇编语言代码,同时考虑在基本块内充分利用寄存器的问题,一方面,当生成计算某变量值的目标代码时,尽可能让变量的值保存在寄存器中(而不产生把该变量的值存入内存单元的指令),直到该寄存器必须用来存放其他的变量值,或已到达基本块的出口为止;另一方面,后续的目标代码尽可能引用变量在寄存器中的值。在基本块之间如何充分利用寄存器的问题比较复杂,因为一个基本块可能有几个不同的前驱和后继,因而在处理各后继基本块时不易判断变量的值是否存放在寄存器中,以及存放在哪一个寄存器中。简单起见,在离开基本块时,该代码生成程序就把有关变量在寄存器中的当前值存放到内存单元中去。假定在三地址语句中的每一个算符都对应目标语言中一个相应的算符。尽管如此,代码生成时仍需考察许多情形,如下次引用信息、活跃信息、当前值的存放位置等,在不同的情况下生成的代码也不同。

9.4.1　目标机器描述

为了设计一个性能良好的代码生成程序,必须熟悉目标机器及其指令系统。假定我们的目标机器是按字节编址的,4 个字节组成一个字,并且具有 n 个通用寄存器 R_0,R_1,…,R_{n-1},它们既可以用作加法寄存器又可以用作变址寄存器。该目标机器的指令格式如下:

```
OP  DEST,SRC
```

其中,OP 是操作码,例如,MOV、ADD 和 SUB 分别表示数据传送、加法和减法运算操作码,DEST 和 SRC 分别是目的操作数和源操作数。

通常在指令的 SRC 和 DEST 字段中指明操作数的寻址方式,比如,操作数的寻址方式可以是立即寻址(立即寻址只能用于源操作数)、直接寻址、间接寻址、寄存器寻址、寄存器间接寻址、相对寻址、基址寻址、变址寻址等。不同的寻址方式具有不同的开销,寻址方式的开销指的是存放寻址方式相关信息需要占用的机器字个数,比如,若源操作数是直接寻址,则需要一个机器字保存内存单元的地址,所以,直接寻址方式的开销是1。

表9-3给出了我们的目标机器中所采用的寻址方式、它们的汇编语言形式以及相应的开销,其中contents(*a*)表示*a*中的内容,*a*是寄存器或存储器地址。

表9-3 目标机器的寻址方式

寻址方式	汇编形式	操作数地址	附加开销
立即寻址	#c	常数c	1
直接地址	M	M	1
间接寻址	@M	contents(M)	1
寄存器寻址	R	R	0
寄存器间接寻址	@R	contents(R)	0
变址寻址	c[R]	c+contents(R)	1
间接变址寻址	@c[R]	contents(c+contents(R))	1
基址寻址	[BR][R]	contents(BR)+contents(R)	0

例如:立即寻址只能用于源操作数,指明源操作数是一个常数,如指令MOV R_0,#1表示把常数1存入寄存器R_0中。

指令MOV R_0,M表示把存储单元M中的内容存入寄存器R_0中。

相对于寄存器R中的值偏移c写作c[R],c是常数。这样,指令MOV M,4[R_0]表示把值contents(4+contents(R_0))存入存储单元M中。

表9-3中的间接寻址方式用前缀符号"@"表示,指令MOV @4[R_0],M表示把存储单元M中的值存入单元contents(4+contents(R_0))中,指令MOV M,@4[R_0]表示把值contents(contents(4+contents(R_0)))存入存储单元M中。

影响指令选择的一个关键因素是指令开销。指令开销用于描述指令的长度,指的是指令所占的字数。一条指令的开销为1加上它的源操作数和目的操作数寻址方式的开销。

下面是几个说明指令开销的例子。

(1) MOV R_0,R_1:将寄存器R_1中的内容复制到R_0中。指令开销为1,因为它仅占用存储器的一个字来保存指令。

(2) MOV R_5,M:将存储单元M中的内容存放到寄存器R_5中。指令开销为2,因为存储单元M的地址需要占用一个字,即M的地址存放在第二个字中。

(3) ADD R_3,#1:将寄存器R_3中的内容增加1。指令开销为2,因常数1需要占用一个字空间。

(4) SUB @12[R_1],4[R_0]:将地址为(contents(12+contents(R_1))的单元中的值减

去 contents(4+contents(R_0)),结果仍存放到地址为(contents(12+contents(R_1))的单元中。这条指令的开销为 3,因为常数 12 和 4 需要存放在之后的两个字中。

例 9.4 考虑三地址语句 a:=b+c,这里名字 *b*、*c* 表示具有不同存储单元的简单变量。根据该语句所处的上下文,结合寄存器的使用情况,考虑代码生成问题。

语句所处的环境不同,所生成的指令序列也不同,表 9-4 列出了三种不同情况下为语句 a:=b+c 生成的指令序列。

表 9-4 环境对代码生成的影响示例

情况	指令序列	指令开销	环境描述

(1)	MOV R_0,b
	ADD R_0,c
	MOV a,R_0
		6	寄存器 R_0 可以作为结果寄存器使用

(2)	ADD R_1,R_2 MOV a,R_1	3	R_1 和 R_2 中分别包含 b 和 c 的值,并且 b 没有下次引用
(3)	MOV @R_0,@R_1 ADD @R_0,@R_2	2	假定 R_0、R_1 和 R_2 中分别存放了 a、b 和 c 的地址

可以看出,要为目标机器生成良好的代码,必须有效地利用它的地址能力,另外还需注意,如果一个名字有下次引用,那么应尽可能地将该名字的左值或右值保存在一个寄存器中。

如果目标机器的存储空间不富裕,需要选择开销小的指令,就要尽量采用寄存器寻址或寄存器间接寻址方式,这样,不仅节省空间,还能提高指令的执行速度,因为对大多数机器和大多数指令而言,从内存中取出一条指令花费的时间超过执行该指令要花费的时间,因此,通过缩短指令的长度,可以减少取指令所花费的时间。

9.4.2 代码生成算法

本小节将介绍一个简单的代码生成算法。该算法依次处理基本块中的每一条三地址语句,将其变换成目标机器的汇编语言代码,并根据名字在基本块内的下次引用信息考虑寄存器分配问题。该算法用到的数据结构主要有“寄存器描述符”和“地址描述符”,调用的函数主要是 *getreg*(*s*),其中参数 *s* 是一条三地址语句。

1. 寄存器描述符

寄存器描述符记录每个寄存器当前保存的是哪些名字的值。假定在开始时,寄存器描述符指示所有的寄存器均为空。在代码生成过程中,每个寄存器在任一给定时刻可保存 0 个或多个名字的值,因为复制指令 x:=y 可能引起一个寄存器同时保存两个或多个名字的值。

2. 地址描述符

地址描述符记录一个名字的当前值的存放位置,它可能是一个寄存器、一个栈单元、一个存储单元，或者是这些地址的集合，因为复制规则使一个值被存放到一个新的位置，但它仍保留在原来的位置。

名字的地址描述符可以存放在符号表中，在代码生成时，通过查找符号表可以确定对一个名字的寻址方式。

3. 函数 getreg(*s*)

函数 *getreg*(*s*)的返回值是一个地址。假如以三地址语句 x:=y op z 为参数调用该函数，它将返回一个存放 *x* 的值的地址 *L*，该地址可以是一个寄存器，也可以是内存单元地址。为了对 *L* 做出最佳选择，在实现这个函数时需要考虑多种情况。下面介绍一种简单的基于名字的下次引用信息实现该函数的方法。

算法 9.2 函数 getreg(*s*)。

输入：三地址语句 x:=y op z。

输出：地址 *L*(*L* 或者是一个寄存器，或者是一个存储单元地址)。

主要数据结构：寄存器描述符和名字的地址描述符。

方法：依次执行以下步骤。

```
(1)   switch 参数语句 {
(2)     case 形如 x:=y op z 的赋值语句:
(3)     case 形如 x:=op y 的赋值语句:
(4)       查看名字 y 的地址描述符;
(5)       if (y 的值存放在寄存器 R 中) {
(6)           查看 R 的寄存器描述符;
(7)           if (R 中仅有名字 y 的值) {
(8)             查看名字 y 的下次引用信息和活跃信息;
(9)             if (名字 y 无下次引用,且非活跃)   return R;
(10)            }
(11)      }
(12)      if (存在空闲寄存器 R) return R;
(13)      查看名字 x 的下次引用信息;
(14)      if (x 有下次引用 || op 需要使用寄存器){
(15)        选择一个已被占用的寄存器 R;
(16)        for (R 寄存器描述符中记录的每一个名字 n)
(17)          if (名字 n 的值仅在寄存器 R 中){
(18)            outcode('MOV'Mn, R);
(19)            更新名字 n 的地址描述符为 Mn;        //Mn 表示名字 n 的存储单元地址
(20)          }
(21)        return R;
(22)      }
(23)      else return Mx;                              //Mx 表示名字 x 的存储单元地址
```

说明：

第(4)～(10)行：如果名字 y 的值在寄存器 R 中，且 R 不含其他名字的值，并且在执行 x:=y op z 以后，y 没有下次引用，不再活跃，则返回 y 的寄存器 R 作为 L。

第(14)～(22)行：如果 x 在块中有下次引用，或算符 op 需要使用寄存器，则找一个已被占用的寄存器 R。根据寄存器描述符查看 R 中记录的是哪些名字的值，再查看这些名字的地址描述符确定哪些名字的当前值只在 R 中，对每一个这样的名字都生成一条将 R 的值存放到相应名字的存储单元 M 中的指令 MOV M,R，并更新该名字的地址描述符为 M，返回 R 作为 L。

选择适当的话，R 中的数据不再使用或是在较远的将来才使用，或者 R 中的数据已经存在存储器中，但要做到这一点并不容易。

第(23)行：把 x 的存储单元地址 Mx 作为 L 返回。

算法 9.2 描述的只是一个基本的函数，功能较强的函数 *getreg*(*s*)在确定保存 x 值的地址 L 时，还要考虑 x 的后续使用情况，以及运算符 op 的可交换性等。

4. 代码生成算法

这里介绍一个简单的利用上述数据结构及函数 *getreg*(*s*)实现将基本块翻译成目标代码的算法，它的输入是组成基本块的三地址语句序列，输出是目标机器的汇编指令序列。

算法 9.3 目标代码生成算法。

输入：基本块的三地址语句序列。

输出：基本块的目标代码。

方法：从入口语句开始，依次处理基本块中的每一条三地址语句。

```
(1)   for (基本块中的每一条三地址语句) {
(2)     switch 当前处理的三地址语句 {
(3)     case 形如 x:=y op z 的赋值语句:
(4)       L=getreg(i: x:=y op z);
(5)       查看名字 y 的地址描述符,取得 y 值的当前存放位置 y';
(6)       if(y'!=L) outcode('MOV' L,y');
(7)       else 将 L 从 y 的地址描述符中删除;
(8)       查看名字 z 的地址描述符,取得 z 值的当前存放位置 z';
(9)       outcode(op L,z');
(10)      更新 x 的地址描述符以记录 x 的值仅在 L 中;
(11)      if (L 是寄存器)更新 L 的寄存器描述符以记录 L 中只有 x 的值;
(12)      查看 y/z 的下次引用信息和活跃信息,以及 y/z 的地址描述符;
(13)      if (y/z 没有下次引用,在块出口处非活跃,且当前值在寄存器 R 中) {
(14)          从 y/z 的地址描述符中删除寄存器 R;
(15)          从 R 的寄存器描述符中删除名字 y/z;  }
(16)      break;
(17)    case 形如 x:=op y 的赋值语句:
```

```
(18)     L=getreg(i: x:=op y);
(19)     查看名字 y 的地址描述符,取得 y 值的当前存放位置 y';
(20)     if(y'!=L) outcode('MOV' L,y');
(21)     else 将 L 从 y 的地址描述符中删除;
(22)     outcode(op L);
(23)     更新 x 的地址描述符以记录 x 的值仅在 L 中;
(24)     if (L 是寄存器) 更新 L 的寄存器描述符以记录 L 中只有 x 的值;
(25)     查看 y 的下次引用信息和活跃信息,以及 y 的地址描述符;
(26)     if (y 没有下次引用,在块出口处非活跃,且当前值在寄存器 R 中) {
(27)         从 y 的地址描述符中删除寄存器 R;
(28)         从 R 的寄存器描述符中删除名字 y;   }
(29)     break;
(30)   case 形如 x:=y 的赋值语句:
(31)     查看名字 y 的地址描述符;
(32)     if (y 的值在寄存器 R 中) {
(33)         在 R 的寄存器描述符中增加名字 x;
(34)         更新名字 x 的地址描述符为 R;  }
(35)     else {
(36)         L=getreg(i: x:=y);
(37)         if (L 是寄存器) {
(38)             outcode('MOV' L,y');            // y'为 y 值的当前存放位置
(39)             更新 L 的寄存器描述符为名字 x 和 y;
(40)             更新名字 x 的地址描述符为 L;
(41)             y 的地址描述符中增加寄存器 L;
(42)         }
(43)         else {  // 此时,L 是名字 x 的存储单元地址 Mx
(44)             outcode('MOV' L,y');            // y'为 y 值的当前存放位置
(45)             更新名字 x 的地址描述符为 Mx;
(46)         }
(47)     }  // end of if-else
(48)     break;
(49)   }  // end of switch
(50) }  // end of for,基本块中的所有语句已经处理完毕
(51) for (在出口处活跃的每一个变量 x) {
(52)   查看 x 的地址描述符;
(53)   if (x 值的存放位置只有寄存器 R)
(54)       outcode('MOV'Mx,R);                   // 将 x 的值存入它的内存单元中
(55)}   // end of for
```

说明：

第(4)行：函数调用 $L=getreg(i: x:=y\ op\ z)$ 的返回值 L 是一个用来存放 y op z 的计算结果的位置。L 通常是一个寄存器，也可能是一个存储单元地址。

第(5)行：确定 y 值的当前存放位置 y'，若 y 的值同时存放在存储器和寄存器中，则

选择寄存器作为 y'。

第(6)行：如果 y 的值不在 L 中，则生成将 y 的值赋值到 L 中的指令 MOV L,y'。

第(7)行：如果 y 的值在寄存器 L 中，则更新 y 的地址描述符以记录 y 不在 L 中，这是语句 i 执行后的状态。

第(8)行：z' 是 z 值的当前存放位置。同样，若 z 的值同时存放在存储器和寄存器中，则取寄存器作为 z'。

第(12)～(15)行：如果 y 和/或 z 的当前值没有下次引用，在块的出口又是非活跃的，并且在寄存器中，则更新相应的寄存器描述符及 y 和/或 z 的地址描述符，以表示在执行语句 i 之后，这些寄存器不再包含 y 和/或 z 的值。

第(18)～(28)行：对形如 x:=op y 的三地址语句的处理，处理过程类似于对形如 x:= y op z 的三地址语句的处理。

第(31)～(47)行：对复制语句 x:=y 的处理，这是一个重要的特殊情况。如果 y 的值在某个寄存器中，只需简单地更新该寄存器的描述符以记录该寄存器中还保存有 x 的值，并更新 x 的地址描述符以记录 x 的值仅保存在该寄存器中。进一步，如果 y 没有下次引用，并且在基本块的出口是非活跃的，则该寄存器不再保留 y 的值(通过更新寄存器描述符和 y 的地址描述符实现)。如果 y 的值不在寄存器中，则调用函数 *getreg*(i: x:= y)来获得一个存放 x 值的地址 L，L 或者是一个空闲的寄存器，或者是 x 的存储地址。如果 L 是寄存器 R，则生成指令 MOV R,y，更新寄存器 R 的描述符以记录该寄存器中保存有 x 和 y 的值，同时更新 x 的地址描述符和 y 的地址描述符，否则，生成指令 MOV L, My，更新 x 的地址描述符。

注意，对于复制语句 x:=y，不能简单地在 x 的地址描述符中指出 x 的值在 y 的存储单元中，因为以后若要改变 y 的值，则必须先保存 x 的值，这样会使代码生成算法变得复杂。

第(51)～(55)行：一旦处理完基本块中所有的三地址语句，在基本块的出口，判断是否需要把活跃变量的值写回其存储单元中。通过查看地址描述符可以确定哪些活跃变量的当前值还不在其存储单元里，对于每一个这样的名字，生成一条将其当前值写入它的存储器单元的 MOV 指令。

例 9.5 将赋值语句 x:=a+b*c-d 对应的三地址语句序列翻译成目标代码，假定在基本块的出口 x 是活跃的，并且只有两个寄存器 R_0 和 R_1 可用。

赋值语句 x:=a+b*c-d 对应的三地址语句序列为：

```
t:=b*c
u:=a+t
v:=u-d
x:=v
```

利用算法 9.3 所描述的代码生成算法，依次处理每一条三地址语句。处理过程及结果如表 9-5 所示。

表 9-5 将赋值语句 x:=a+b*c−d 的三地址语句翻译为目标代码的过程

三地址语句	生成的目标代码	寄存器描述符	地址描述符
		R_0：空 R_1：空	a：Ma b：Mb c：Mc d：Md
t:=b*c	MOV R_0,b MUL R_0,c	R_0：t	t：R_0
u:=a+t	MOV R_1,a ADD R_1,R_0	R_1：u	u：R_1
v:=u−d	SUB R_1,d	R_1：v	u：空 v：R_1
x:=v		R_1：v,x	x：R_1
	MOV Mx,R_1		x：R_1,Mx

开始时，名字 a、b、c 和 d 的当前值在各自的存储单元中，寄存器 R_0 和 R_1 均空闲。在表 9-5 后续表项中，只给出有变化的寄存器描述符和地址描述符，如名字 a、b、c 和 d 的当前值的存放位置始终没变化，以后不再重复列出。假定作为临时变量的 t、u 和 v 的值不在存储器中，除非用 MOV 指令显式地将它们的值存放到存储器中。

函数调用 $getreg(t:=b*c)$ 返回 R_0 作为存放 t 值的寄存器（由于名字 b 的当前值不在寄存器中，且有空闲寄存器）。由于 b 不在 R_0 中，故产生指令 MOV R_0,b 和 MUL R_0,c，然后更新寄存器描述符以记录 R_0 包含名字 t 的值。更新名字 t 的地址描述符，以记录 t 的当前值在寄存器 R_0 中。

函数调用 $getreg(u:=a+t)$ 返回 R_1 作为存放 u 的当前值的寄存器（由于名字 a 的当前值不在寄存器中，且有空闲寄存器）。由于 a 不在 R_1 中，故产生指令 MOV R_1,a 和 ADD R_1,R_0，然后更新寄存器描述符以记录 R_1 包含 u 的值。更新名字 u 的地址描述符，以记录 u 的当前值在寄存器 R_1 中。

函数调用 $getreg(v:=u-d)$ 返回 R_1 作为存放 v 的当前值的寄存器（由于名字 u 的当前值在寄存器 R_1 中，且 u 没有下次引用、在出口处非活跃）。由于 u 在 R_1 中，故产生指令 SUB R_1,d，然后更新寄存器描述符以记录 R_1 包含 v 的值。从 u 的地址描述符中删除 R_1，更新名字 v 的地址描述符，以记录 v 的当前值在寄存器 R_1 中。

对于三地址语句 x:=v，由于 v 的当前值在 R_1 中，且 R_1 中只含有 v 的值，故只需在 R_1 的寄存器描述符中增加名字 x 即可，不需要生成目标代码，同时，更新 x 的地址描述符，以记录 x 的当前值在寄存器 R_1 中。进一步考虑，执行 x:=v 之后，v 没有下次引用且不再活跃，因此，可以删除 R_1 的寄存器描述符中的名字 v，同时，从 v 的地址描述符中删除 R_1。

最后，在基本块的出口处生成指令 MOV Mx,R_1，保存活跃变量 x 的值。由于 t 不再活跃，R_0 将为空闲。

9.4.3 其他常用语句的代码生成

9.4.2 小节介绍了简单赋值语句的代码生成算法，这里简单说明三地址语句中涉及变址和指针操作的赋值语句，以及条件转移语句的代码生成。

1. 涉及变址的赋值语句 a:=b[i]和 a[i]:=b

由第八章介绍的翻译方案8.2可知，在为涉及数组元素的赋值语句生成的三地址代码中，涉及数组元素引用的三地址语句有两种形式，即 a:=b[i]和 a[i]:=b。这里 a、b 和 i 或者是变量名，或者是在中间代码生成过程中产生的临时变量，假定数组空间采用静态分配，名字 a 和 b 的存储单元地址分别用 a 和 b 表示。

变量 i 的当前值的存放位置不同，所生成的目标代码序列也不同。i 值的存放位置可概括为三种情况：在寄存器 R_i 中、在存储单元 M_i 中或者在栈单元 d_i[SP]中(其中 SP 是当前活动记录的环境指针寄存器，d_i 是 i 的存储单元相对于 SP 的偏移量)。

假定函数调用 $L:=getreg(a:=b[i])$及 $L:=getreg(a[i]:=b)$返回的是寄存器地址。

变址赋值语句 a:=b[i]的代码生成过程如下。

```
(1)  L:=getreg(a:=b[i]);                    //假定 L是寄存器
(2)  查看名字 i 的地址描述符;
(3)  if (i 的值在寄存器 Ri 中)
(4)      outcode('MOV' L,b[Ri]);
(5)  else if (i 的值在内存单元 Mi 中) {
(6)      outcode('MOV' L,Mi);
(7)      outcode('MOV' L,b[L]);
(8)    }
(9)  else if (i 的值在栈单元 di[SP]中) {
(10)     outcode('MOV' L,di[SP]);
(11)     outcode('MOV' L,b[L]);
(12) }
```

变址赋值语句 a[i]:=b 的代码生成过程如下。

```
(1)  L:=getreg(a[i]:=b);                    //假定 L是寄存器
(2)  查看名字 i 的地址描述符;
(3)  if (i 的值在寄存器 Ri 中)
(4)      outcode('MOV' a[Ri],b);
(5)  else if (i 的值在内存单元 Mi 中) {
(6)      outcode('MOV' L,Mi);
(7)      outcode('MOV' a[L],b);
(8)    }
(9)  else if (i 的值在栈的 di[SP]中) {
(10)     outcode('MOV' L,di[SP]);
(11)     outcode('MOV' a[L],b);
(12) }
```

对赋值语句 a:=b[i]，如果 a 在基本块中有下次引用，且寄存器 L 是可用的，则将把 a 保留在寄存器 L 中。

2. 涉及指针的赋值语句 a:=*p 和 * p:=a

假定 p 为指针变量,p 的存储位置不同,生成的目标代码也不同。p 的当前位置可能有三种情况:p 在寄存器 R_p 中、p 在存储单元 M_p 中,或者 p 在栈单元 d_p[SP]中(其中 SP 是当前活动记录的环境指针寄存器,d_p 是 p 的存储单元相对于 SP 的偏移量)。假定 a 是静态存储分配的,它的存储地址用 a 表示。

假定函数调用 L:=*getreg*(a:=*p)及 L:=*getreg*(* p:=a)返回的是寄存器地址。指针赋值语句 a:=*p 的代码生成过程如下。

```
(1)  L:=getreg(a:= * p);                        //假定 L 是寄存器
(2)  查看名字 p 的地址描述符;
(3)  if (p 的值在寄存器 Rp 中)
(4)      outcode('MOV' L,@Rp);
(5)  else if (p 的值在内存单元 Mp 中) {
(6)      outcode('MOV' L,Mp);
(7)      outcode('MOV' L,@L);
(8)    }
(9)  else if (p 的值在栈单元 dp[SP]中) {
(10)     outcode('MOV' L,dp[SP]);
(11)     outcode('MOV' L,@L);
(12) }
```

变址赋值语句 * p:=a 的代码生成过程如下。

```
(1)  L:=getreg( * p:=a);                        //假定 L 是寄存器
(2)  查看名字 p 的地址描述符;
(3)  if (p 的值在寄存器 Rp 中)
(4)      outcode('MOV' @Rp,a);
(5)  else if (p 的值在内存单元 Mp 中) {
(6)      outcode('MOV' L,Mp);
(7)      outcode('MOV' @L,a);
(8)    }
(9)  else if (p 的值在栈的 dp[SP]中) {
(10)     outcode('MOV' L,dp[SP]);
(11)     outcode('MOV' @L,a);
(12) }
```

3. 转移语句

转移语句分为无条件转移(形如 goto L)和条件转移(形如 if E goto L)两类,语句中的目标地址(如 L)通常是三地址语句的标号或序号,假设 L 所标识的三地址语句的目标代码首地址为 L'。

对于无条件转移语句 goto L,生成的目标代码为 JMP L′。如果在处理该 goto 语句时,地址 L'已经存在,则直接产生完整的目标指令即可,否则,需要先生成没有目标地址的 JMP 指令，待 L' 确定后再回填。

对于条件转移语句 if E goto L，目标代码的生成有以下两种实现方式。

一种是当目标寄存器的值满足以下几个条件之一时产生转移：结果为负、为零、为正、非负、非零或非正。例如，对于条件转移语句 if a<b goto L，实现时可以用 a 减去 b，结果存入寄存器 R，然后根据寄存器 R 的值进行判断。如果结果为负，则转移到 L。

另一种是使用条件码来指示最后计算出来的结果或存入一个寄存器的值是否为负、为零或为正。这种方法适用于大多数机器。一个性能较完善的比较指令(如 CMP)可以设置条件码而不需实际求值。例如，指令 CMP a，b 根据 a 与 b 的比较结果设置条件码，条件转移指令根据指定的条件(如<、=、>、≤、≠、≥)是否满足来决定是否转移。例如指令 CJ<=L 表示“如果条件码为负或为零，则转移到 L”。这样，条件转移语句 if a<b goto L 就可由下面的指令序列实现：

```
CMP a,b
CJ<L
```

对于三地址语句序列：

```
x:=a-b
if x<0 goto L
```

可生成如下的目标代码：

```
MOV R0,a
SUB R0,b
MOV x,R0
CJ<L
```

习题 9

9.1 有如下的三地址代码：

```
     read(n)
     i:=1
     fen:=1
L1:  if i<=n goto L2
     goto L3
L2:  t1:=fen*i
     fen:=t1
     i:=i+1
     goto L1
L3:  write(fen)
```

(1) 将该代码段划分为基本块。

(2) 基于(1)的结果，构造相应的流图。

9.2 假设源程序中有如下赋值语句，假定所有变量的存储单元都是静态分配的，并且有3个寄存器可用。请先根据第8章介绍的翻译方案将各语句翻译为三地址代码，再进一步将各语句的三地址代码转换为目标代码。

```
(1) x:=1
(2) x:=y
(3) x:=x+1
(4) x:=(a-b)+(a-c)+(a-c)
(5) x:=a/(b+c)-d*(e+f)
```

9.3 假定所有变量都分配在栈中，重做习题9.2。

9.4 假设源程序中有如下赋值语句，假定所有变量的存储单元都是静态分配的，并且有3个寄存器可用。请先根据第8章介绍的翻译方案将各语句翻译为三地址代码，再进一步将各语句的三地址代码转换为目标代码。

```
(1) x:=a[i]+1
(2) a[i]:=b[c[i]]
(3) a[i]:=a[i]+b[j]
(4) a[i,j]:=b[i,k]*c[k,j]
```

9.5 将下面的C语言程序翻译为目标代码，假设有3个寄存器可用。

```
main()
{
    int i;
    int a[10];
    i=0;
    while (i<10) {
        a[i]=0;
        i=i+1;
    }
}
```

9.6 假定有3个寄存器可用，利用本章介绍的代码生成算法为例9.1中的三地址代码生成目标代码。

第10章 代码优化

代码优化是指为了生成高质量的目标代码而对程序代码进行的时空效率优化，使最终生成的目标代码的运行时间更短、占用的空间更小。

10.1 代码优化概述

10.1.1 代码优化程序的功能和位置

代码优化是指编译程序为了生成高质量的目标代码而做的各种加工处理，由代码优化程序完成。代码优化程序应具有以下功能：

(1) 对程序进行等价变换，即程序的功能在优化前后应保持不变。

(2) 与优化前的代码相比，优化后的代码的运行速度有明显的提高。

(3) 与优化前的代码相比，优化后的代码在运行时占用的空间有明显的减少。

代码优化工作主要在两个阶段进行，一是在生成目标代码之前，对中间代码进行的优化，这种优化是和目标机器无关的，也是最主要的优化；二是在生成目标代码之后，在目标代码上进行的优化，这种优化是与目标机器有关的优化。

代码优化程序在编译模型中的位置如图 10-1 所示。

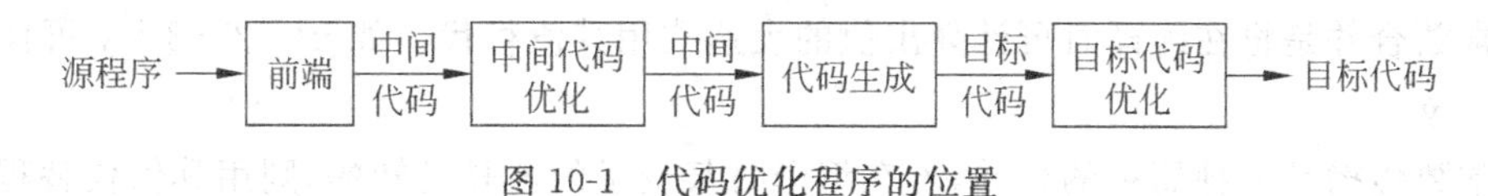

图 10-1 代码优化程序的位置

如此组织代码优化程序具有如下优点：

(1) 可以对高级语言结构所对应的中间代码进行充分的优化，因为实现高级语言结构所需要的操作必然显式地形成中间代码。

(2) 当代码生成程序从一种机器移植到另一种机器时，优化程序不必做过多的修改，因为中间代码是目标机器无关的。

通常，代码优化程序由控制流分析、数据流分析和代码变换 3 部分组成，本章仅讨论以控制流分析为主的基本优化方法。

10.1.2 代码优化的主要种类

首先，代码优化分为中间代码优化和目标代码优化两大类。根据优化所涉及的程序范围不同，中间代码优化又可分为基本块优化、循环优化和全局优化 3 种。根据实现技术，目标代码优化又称为窥孔优化。

基本块优化是指在基本块内进行的优化处理，由于该优化是在顺序执行的线性程序段上进行的，不存在转入、转出、分支汇合等问题，所以处理起来比较简单。常用的优化技术有常数合并与常数传播、删除公共表达式、复制传播、削弱计算强度、改变计算次序等。

循环优化是指在循环语句所生成的中间代码序列上进行的优化处理，通常涉及多个基本块。用于循环优化的技术主要有循环展开、代码外提(也称为频度削弱)、削弱计算强度以及删除归纳变量等。

全局优化是指在非线性程序段(包含多个基本块)上进行的优化，由于程序是非线性的，因此需要分析程序的控制流和数据流，涉及对程序进行全局流程分析，处理起来比较复杂，且目前的编译程序还很少采用，因此本章对全局优化不作介绍。

窥孔优化是在目标代码上进行局部改进的一种简单有效的技术。这种技术依次考察目标代码中很小范围内的指令序列，只要有可能，就代之以较短或较快的等价的指令序列。典型的窥孔优化技术有删除冗余指令、控制流优化、代数化简、以及充分利用机器的特点等。

10.2 基本块优化

常用的基本块优化方法主要有常数合并及常数传播、删除公共表达式、复制传播、削弱计算强度、改变计算次序等，本节对这些方法进行介绍。

10.2.1 常数合并及常数传播

常数合并是将在编译时可计算出值的表达式用其值替代。如 x:=2+3+y 可代之以 x:=5+y。

常数传播是一种简单的合并，若在编译时某变量的值是已知的，则用其值代替程序正文中对这些变量的引用。

例 10.1 如程序段：

```
PI:=3.14;
DtoR:=PI/180.0;
```

经过常数传播处理，代码如下：

```
PI:=3.14;
DtoR:=3.14/180.0;
```

进一步进行常数合并，结果为：

```
PI:=3.14;
DtoR:=0.01744;
```

注意：在所有的后继语句中，PI和DtoR的每一次出现都由它们的值替代，直到该变量被重新赋值为止。

可以看出，常数合并允许程序员给常数声明一个有意义的名字，而不会因此引起低效率。常数合并可在整个程序上进行，且无须在分析阶段进行一次专门的扫描。事实上，这种优化通常能在产生中间代码的过程中完成，即在此过程中检查每一个操作数，以决定它是否是常数或是已定义值的名字，当生成中间代码时，就可很容易地对其进行适当的替代了。

一般来讲，常数合并主要是一种局部优化技术，通常是在目前所分析的基本块内进行常数传播与合并处理，且很容易实现。当程序中的一组相邻基本块引用了同一个变量时，也可以进行合并，但是，由于这种情况的检测难以和划分基本块的过程同时进行，并且仅当进行了全局流程分析之后才可判定当前所分析的基本块中哪个值可以合并，所以，如果不加分析就超越基本块进行传播与合并，则可能会引起错误。考虑下面(a)中的代码段，相邻两个基本块中都引用了名字 i，若将 i 的值跨越基本块传播，则合并后为如下(b)的代码段，则会陷入死循环。因此常数合并技术通常用于基本块优化。

```
    i:=0
10: i:=i+1
    …
    if i<10 goto 10
```

(a) 常数传播前的代码

```
    i:=0
10: i:=1
    …
    if i<10 goto 10
```

(b) 常数传播与合并后的代码

即使在一个基本块内，常数合并技术通常也只用于不带下标的变量，因为编译程序可能无法确定所引用的两个数组元素是否是同一个元素。例如：

```
…
a[m]:=3
…
a[n]:=6
…
b:=4 * a[m]
```

如在编译时，变量 m 的值已知(比如为 1)，但 n 的值未知，则可知 a[1]=3，但编译时不能将 a[m]的值 3 传播给表达式 4 * a[m]，因为 n 的值也可能是 1。

在中间代码生成阶段，可以利用符号表来实现常数合并，只需在符号表中增加两个信息域即可。

(1) 标志域：指示当前该变量的值是否存在。

(2) 常数域：如果变量值存在，则该域存放的即是该变量的当前值。

关于常数合并，需要注意以下 2 点：

(1) 不能将结合律与交换律用于浮点表达式，因为浮点运算的精度有限，这两条定律并非是恒真的。例如，假设某机器只有 2 位十进制数字的精度，则(11+2.8)+0.3=13+0.3=13，而 11+(2.8+0.3)=11+3=14。因此，当合并浮点数时，应用结合律，或同时应用交换律和结合律可能会引入附加的舍入误差。

(2) 常数合并不应将任何附加的错误引入。如合并表达式 3/0 或 sqrt(-3.0)，都将会造成错误，故对这类错误必须在合并过程中检查出来，而不能对这类表达式进行合并运算。

10.2.2 删除公共表达式

一旦表达式的值被计算出来，就可以重复使用，而不必重复计算。这样，可以减少运算次数，提高程序的执行效率。

在一个基本块中，当第一次对表达式 E 求值之后，如果 E 中的运算对象都没有改变，再次对 E 求值，则除 E 的第一次出现之外，其余的都是冗余的公共表达式。可以删除冗余的公共表达式，而用第一次出现时的求值结果代替之。

假设有基本块：

```
(1) a:=b+c
(2) b:=a-d
(3) c:=b+c
(4) d:=a-d
```

在这段代码中，尽管(1)和(3)两个语句右边的表达式字面形式相同，但它们却是不同的表达式，因为语句(2)改变了 b 的值，即(1)和(3)中的 b 是不一样的，故(1)和(3)没有冗余，因此都不能删除。语句(2)和(4)是对相同表达式 $a-d$ 求值，因为从(2)到(4)之间 a 和 d 的值都没有改变，故可以用(2)的计算结果代替(4)中的再次求值，代码段可修改为：

```
(1) a:=b+c
(2) b:=a-d
(3) c:=b+c
(4) d:=b
```

例 10.2 考虑图 9-2 中的基本块 B_4，优化前如图 10-2(a)所示，在 i 没有改变的情况下，语句(6)和(9)重复计算 4＊i，因此，可以删除冗余的公共表达式：t_3:＝4＊i 和 t_6:＝4＊i，而用 t_1 代替(6)和(9)中的 4＊i。同理，删除公共表达式 t_4:＝a－4，用 t_2 代替之，得到块 $B_4{}'$，如图 10-2(b)所示。

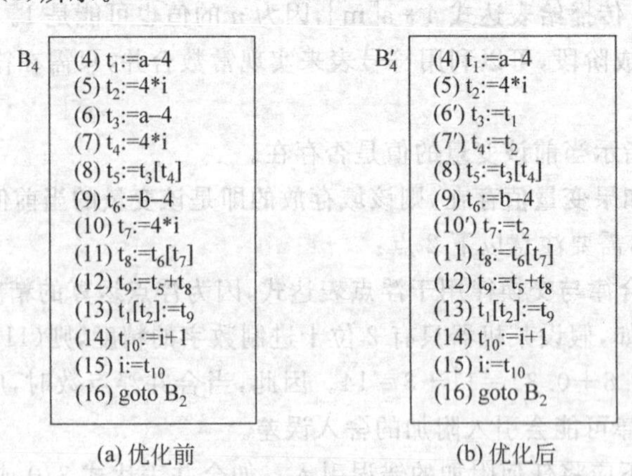

(a) 优化前　　(b) 优化后

图 10-2　删除基本块中冗余的公共表达式

如果同一个表达式出现在不同的基本块中，并且经过控制流和数据流分析之后发现其中引用的变量都没有改变，这样的表达式也是公共表达式，可以删除后面出现的冗余表达式，而用其第一次出现时的结果值代替后面的重复计算。

10.2.3 复制传播

复制传播变换的思想是，在复制语句 f:=g 之后，尽可能用 g 代替 f，这样做的结果是增加了删除 f 的机会。

例如，从图 10-2(b)可以看出，语句(6′)把 t_1 的值复制给 t_3，(7′)把 t_2 的值复制给 t_4，语句(8)引用 t_3 和 t_4 的值，由于(6′)到(8)之间没有改变 t_1、t_3 和 t_4 的值，所以，可以用 t_1 和 t_2 分别代替(8)中的 t_3 和 t_4，即把(8)变换为 $t_5:=t_1[t_2]$，同理，可以将(11)变换为 $t_8:=t_6[t_2]$，保持程序的运行结果不变。这样 t_3、t_4、t_6 将成为无用的，相应地，语句(6′)、(7′)、(10′)也成了死代码。所谓死代码是指，如果对一个变量 x 求值之后却不引用它，则称对 x 求值的代码为死代码。删除死代码不改变基本块的运行结果，所以语句(6′)、(7′)和(10′)可以删除。

同样，可以将语句(15)变换为 i:=i+1，删除语句(14)。这样，就得到优化后的基本块如图 10-3 所示：

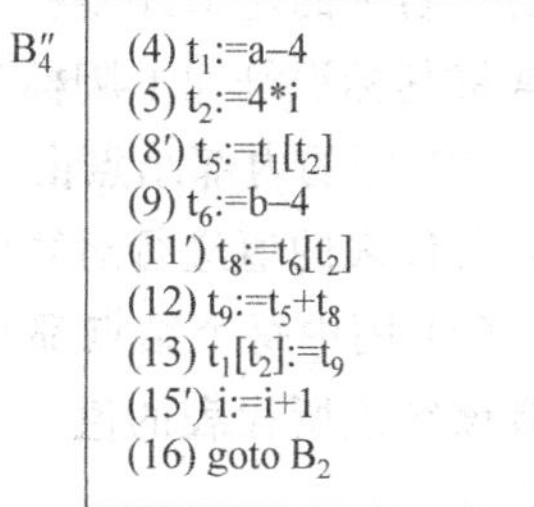

图 10-3 优化后的基本块

与死代码相关的一个概念是死块。死块是指控制无法到达的块。比如，如果一个基本块是在某一条件为真/假时进入执行的，但数据流分析的结果是该条件恒为假/真，则控制无法进入此块，该块就是死块。在确定一个基本块是死块之前，需要进行控制流分析，检查转移到该块的所有转移语句的条件。一个死块的删除可能使其后继块成为无控制转入的块，因而也成为死块，同样应该删除。

10.2.4 削弱计算强度

削弱计算强度是一种代数变换，即对表达式中的求值计算用代数上等价的形式替换，以便使复杂的运算变换成为简单的运算。例如，对于 x:=y** 2，由于乘方运算需要调用一个函数来进行计算，为简化，可以用代数上与之等价的乘法运算式代替之，如 x:=y*y。

特别是语句 x:=x+0 和 x:=x*1 执行的运算没有任何意义，应将它们从基本块中删除。

10.2.5 改变计算次序

如果在一个基本块中有两个相邻的语句：

```
t1:=b+c
t2:=x+y
```

如果它们是互不依赖的,即 x、y 均不为 t_1,b、c 均不为 t_2,则交换这两个语句的位置不影响基本块的执行结果。

另外,对基本块中的临时变量重新命名不会改变基本块的执行结果。假设在一个基本块中有语句 t:=b+c,其中 t 是一个临时变量名,如果 u 是一个新的临时变量名,把该语句改成 u:=b+c,同时把块中出现的所有 t 都改成 u,则不改变基本块的执行结果。

10.3 dag在基本块优化中的应用

dag是实现基本块等价变换的一种有效的数据结构。本节讨论如何利用dag对基本块内的三地址语句序列进行某些等价变换,使得从变换后的语句序列出发,能够生成更高效的目标代码。

一个基本块的dag是一种在其结点上带有下述标记的有向非循环图。

(1) 图的叶结点由变量名或常量标记。根据作用到一个名字上的算符,可以决定需要的是名字的左值还是右值。大多数叶结点代表右值(叶结点代表名字的初始值),因此,通常将其标识符加上脚标0,以区别于指示名字的当前值的标识符。

(2) 图的内部结点由一个运算符号标记,每个内部结点均代表应用其运算符对其子结点所代表的值进行运算的结果。

(3) 图中每个结点都有一个标识符表,其中可有零个或多个标识符。这些标识符都具有该结点所代表的值。

10.3.1 基本块的dag表示

任何基本块都可以用dag表示。例如,图10-4所示是相应于图10-2(a)中基本块 B_4 的dag。图中圆圈表示结点,各结点旁边的数字是dag构造过程中给予结点的编号,编号从1开始,表示结点的建立顺序,各结点圆圈中的符号(如运算符、变量名或常数)是结点的标记,各结点右边是其标识符表,图10-4中叶子结点的标识符表为空,其余结点的标识符表中有一个或多个名字。注意,结点14对应的是转移语句,它的标识符表中是一个语句位置(2),指示转移目标。图中虚线的含义将在10.3.4节介绍。

从图10-4可以看出,dag的每个结点都代表一个由若干个叶结点形成的公式,即在基本块的入口处变量的初值和常数所形成的计算。例如,图10-4中的结点5代表 4*i,名字 t_2、t_4 和 t_7 都具有该结点的计算结果;结点3代表 a−4,其中 a 表示数组 a 的起始地址,a−4 相当于 base−low*w,而 t_1 和 t_3 具有该结点的计算结果;结点6代表 $t_1[t_2]$,即从地址 a−4 偏移 4*i 个字节后所确定的存储单元的值,名字 t_5 具有该值。

图10-5给出的是基本块中常用的三地址语句对应的dag结点形式。除了转移语句对应的结点可以附加一个语句位置以指示转移目标外,其余各类结点只允许附加标识符,标识符表可以为空。

其中,(0) 表示结点 n_1 是叶结点的情况,此时,y 是结点标记,可以是变量名或常数。

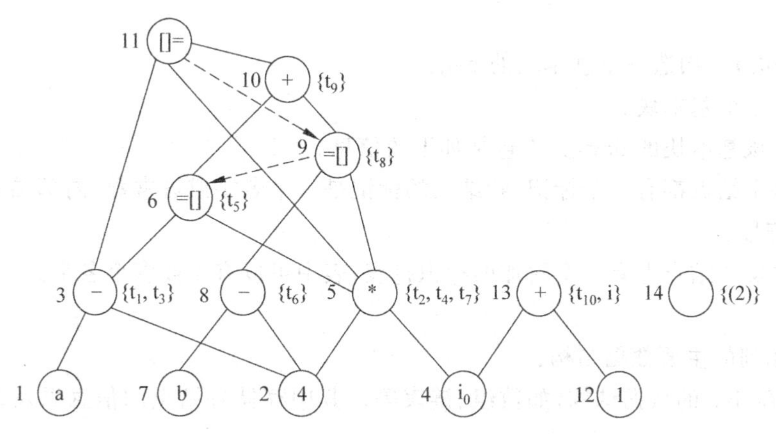

图 10-4　对应图 10-2(a)中基本块 B_4 的 dag

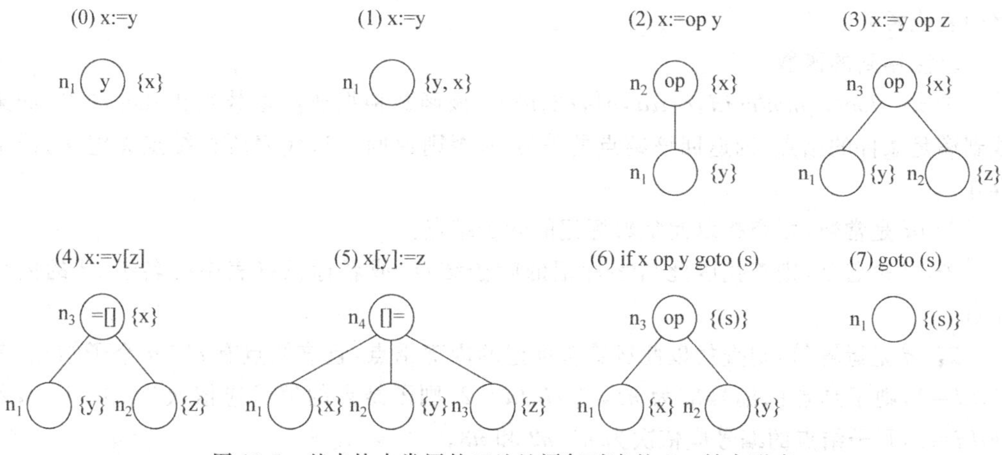

图 10-5　基本块中常用的三地址语句对应的 dag 结点形式

(1)表示结点 n_1 是内部结点的情况，此时 y 是变量名，是结点的附加标识符。其余分图与此类似，y 和 z 或是叶结点的标记，或是内部结点的附加标识符。

10.3.2　基本块的 dag 构造算法

为了构造一个基本块的 dag，需要依次处理块中的每一条三地址语句，如当遇到语句 a:=b*c 时，首先寻找分别代表 b 和 c 当前值的结点，这些结点可能是叶结点，也可能是 dag 的内部结点。然后，构造一个标记为“*”的结点，分别以结点 b 和 c 作为它的左、右子结点，并为该结点附加名字 a。如果已经有一个结点表示同样的值 b*c，则不必增加新的结点，只需对已存在结点的标识符表中增加一个名字 a 即可。

算法 10.1 描述了为一个基本块构造 dag 的方法。需要注意的是：

(1) 如果名字 a(不是 a_0)已经附加在某个其他结点上，由于 a 的当前值是刚刚建立的新结点的值，故需要从先前的那个结点的标识符表中删除名字 a。

(2) 对赋值语句 a:=b 不需要构造新的结点，仅将名字 a 附加到 b 的当前值所在结点上即可。

算法 10.1 构造一个基本块的 dag。

输入：一个基本块。

输出：该基本块的 dag，其中包括如下的信息。

(1) 每个结点都有一个标记，叶结点的标记是一个名字或者常数，内部结点的标记是一个运算符号。

(2) 在每个结点上有一个附加的标识符表，表中可以有零或多个名字。

方法：

算法用到的主要数据结构：

① 保存 dag 的数据结构(如数组、链表等)，其中存储各结点的信息以及结点之间的关系。

② 保存结点附加信息的数据结构，需要记录结点的编号、标记、以及与结点相关的名字列表或常数。

算法用到的函数：

① *n*:=*lookupnode*(*id*,*child*,*n*1,*n*2,*n*3)：该函数根据所给参数查找 dag 结点，如果找到满足条件的结点，则返回该结点的编号 *n*，否则返回 −1，代表所查结点无定义，即不存在。

若 *id* 是常数，则查找以此常数标记的叶子结点。

若 *id* 是名字，则查找以此名字标记的叶子结点，或者标识符表中有名字 *id* 的内部结点。

若 *id* 是运算符，则查找以此运算符标记的内部结点，且该结点有 *child* 个子结点，若 *child*=1，则子结点的编号应为 *n*1，若 *child*=2，则子结点的编号应依次为 *n*1 和 *n*2，若 *child*=3，则子结点的编号应依次为 *n*1、*n*2 和 *n*3。

② *n*:=*makenode*(*id*,*child*,*n*1,*n*2,*n*3)：该函数建立一个标记为 *id* 的结点，初始化其标识符表为空，并返回新建结点编号 *n*。

若 *child*=0，则建立一个标记为 *id* 的叶子结点，此时，*id* 可以是一个名字或者常数。

若 *child*≠0，则建立一个标记为 *id* 的内部结点，此时，*id* 是一个运算符，若 *child*=1，则新建结点以编号为 *n*1 的结点为子结点，若 *child*=2，则新建结点以编号为 *n*1 和 *n*2 的结点为左右子结点，若 *child*=3，则新建结点依次以编号为 *n*1、*n*2 和 *n*3 的结点为左中右子结点。

③ *attachnode*(*n*,*x*)：该函数将名字 *x* 附加到结点 *n* 上，即加入结点 *n* 的标识符表中。

④ *detachnode*(*n*,*x*)：该函数将名字 *x* 从结点 *n* 的标识符表中删除，若结点 *n* 的标识符表中没有名字 *x*，则没有影响。

这里考虑如下 3 种形式的三地址语句：

```
(1) x:=y
(2) x:=op y
```

(3) x:=y op z

假定开始时,dag中没有任何结点。算法从基本块的入口语句开始,依次处理块中的每一条三地址语句。

```
(1)   for (基本块中的每一条三地址语句) {
(2)     switch 当前处理的三地址语句 {
(3)     case 形如 x:=y 的赋值语句:
(4)         n:=lookupnode(y,0,0,0,0);
(5)         if (n==-1)                  // 所查结点不存在
(6)           n:=makenode(y,0,0,0,0);   // 建立一个标记为 y 的叶子结点
(7)         m:=lookupnode(x,0,0,0,0);
(8)         if (m!=-1)                  // 所查结点已经存在
(9)           detachnode(m,x);
(10)        attachnode(n,x);
(11)        break;
(12)    case 形如 x:=op y 的赋值语句:
(13)        if (y是常数) {              // 常数合并
(14)          p:=op y;                  // 计算出 op y 的值 p
(15)          n:=lookupnode(p,0,0,0,0);
(16)          if (n==-1)
(17)            n:=makenode(p,0,0,0,0);
(18)        };
(19)        else {                      // y 不是常数
(20)            k:=lookupnode(y,0,0,0,0);
(21)            if (k==-1){
(22)                k:=makenode(y,0,0,0,0);
(23)                n:=makenode(op,1,k,0,0)
(24)            }
(25)            else {
(26)                n:=lookupnode(op,1,k,0,0);
(27)                if(n==-1)
(28)                    n:=makenode(op,1,k,0,0)
(29)            }       // end of if-else
(30)        }       // end of if-else
(31)        m:=lookupnode(x,0,0,0,0);
(32)        if (m!=-1)                  // 所查结点已经存在
(33)            detachnode(m,x);
(34)        attachnode(n,x);
(35)        break;
(36)    case 形如 x:=y op z 的赋值语句:
(37)        if (y是常数 && z是常数) {   // 常数合并
(38)            p:=y op z;              // 计算出 y op z 的值 p
(39)            n:=lookupnode(p,0,0,0,0);
(40)            if (n==-1)
```

```
(41)              n:=makenode(p,0,0,0,0);
(42)         }
(43)         else {                              // y和z中至少有一个不是常数
(44)            k:=lookupnode(y,0,0,0,0);
(45)            if (k==-1)
(46)               k:=makenode(y,0,0,0,0);
(47)            l:=lookupnode(z,0,0,0,0);
(48)            if (l==-1)
(49)               l:=makenode(z,0,0,0,0);
(50)            n:=lookupnode(op,2,k,l,0);
(51)            if (n==-1)
(52)               n:=makenode(op,2,k,l,0);
(53)         }    // end of if-else
(54)         m:=lookupnode(x,0,0,0,0);
(55)         if (m!=-1)                          // 所查结点已经存在
(56)            detachnode(m,x);
(57)         attachnode(n,x);
(58)         break;
(59)      };    // end switch
(60)   };    // end for
```

算法说明：

第(3)～(10)行是对语句 x:=y 的处理过程。首先查找标记为 y 的结点，若不存在，则创建一个标记为 y 的结点 n；其次，查找标记为 x 的结点 m，若 m 存在，则先从 m 的标识符表中删除名字 x；最后，将名字 x 加入结点 m 的标识符表中。

第(13)～(34)行是对语句 x:=op y 的处理过程。首先检查 y 是否为常数。若 y 是常数，则进行常数合并，计算出 op y 的值 p，查找标记为 p 的结点，若不存在，则建立一个标记为 p 的叶子结点 n。若 y 不是常数，则查找标记为 y 的结点，若不存在，则建立一个标记为 y 的叶子结点 k，再建立一个标记为 op、且以 k 为其子结点的内部结点 n。若 k 存在，进一步查找标记为 op 且以 k 为子结点的内部结点，若不存在，则建立一个标记为 op，且以 k 为其子结点的内部结点 n。查找标记为 x 的结点 m，若 m 存在，则先从 m 的标识符表中删除名字 x；最后，将名字 x 加入结点 m 的标识符表中。

第(37)～(57)行是对语句 x:=y op z 的处理过程。首先，若 y 和 z 是都是常数，则进行常数合并，计算出 y op z 的值 p，查找标记为 p 的结点，若不存在，则建立一个标记为 p 的叶子结点 n。否则，查找标记为 y 的结点，若不存在，则建立一个标记为 y 的叶子结点 k，查找标记为 z 的结点，若不存在，则建立一个标记为 z 的叶子结点 l，查找标记为 op，且以 k 和 l 为左右子结点的内部结点，若不存在，则建立一个标记为 op、且以 k 和 l 为左右子结点的内部结点 n。查找标记为 x 的结点 m，若 m 存在，则先从 m 的标识符表中删除名字 x；最后，将名字 x 加入结点 m 的标识符表中。

算法 10.1 实现了常数合并与传播，并且可以发现并删除冗余的公共子表达式。另外，对含有关系运算符的三地址语句，如，if i<=20 goto (3)可以当作 x:=y op z 型语句

处理，其中 x 无定义。

例 10.3 为下面的基本块 G 构造 dag。

```
(1) T0:=1.5
(2) T1:=2*T0
(3) T2:=a+b
(4) c:=T1*T2
(5) d:=c
(6) T3:=2*T0
(7) T4:=a+b
(8) T5:=T3*T4
(9) T6:=a-b
(10) d:=T5*T6
```

应用算法 10.1，依次处理基本块中的每一个语句。处理完(5)之后的 dag 如图 10-6(a)所示。处理完(9)之后的 dag 如图 10-6(b)所示。整个基本块完整的 dag 如图 10-6(c)所示。

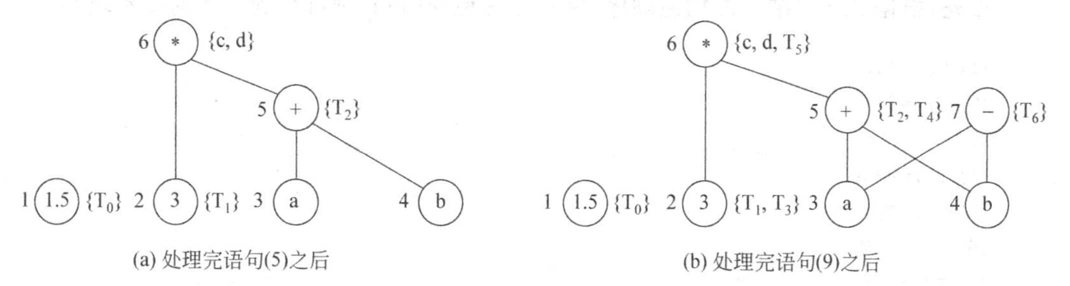

(a) 处理完语句(5)之后　　(b) 处理完语句(9)之后

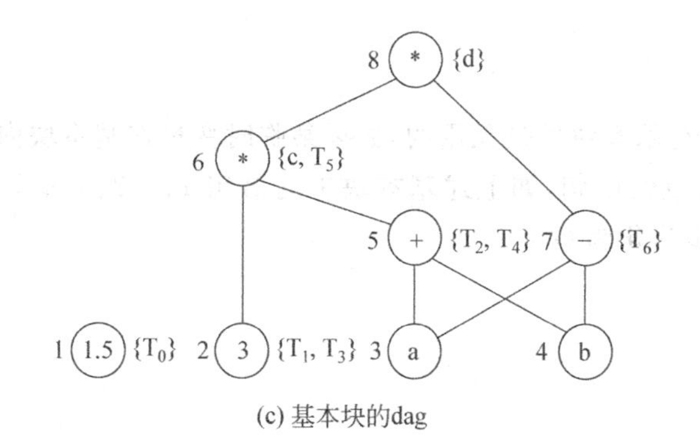

(c) 基本块的dag

图 10-6 为基本块构造 dag 的过程描述

10.3.3 dag 的应用

根据算法 10.1 可知，在构造 dag 的过程中，可以获得一些十分有用的信息。首先，可以检测出公共子表达式；其次，可以确定出哪些名字的值在前驱块中计算而在本块内被引用，这就是 dag 中叶子结点对应的名字；再次，可以确定出哪些名字的值在本块中计算而可以在后继块中被引用，这就是在 dag 构造的结尾仍存在于结点的标识符表中的那些名字。如例10.3中，所有的内部结点的值均可在基本块外被引用。

1. 利用dag简化基本块

dag的一个重要应用是重新生成原来基本块的一个简化的三地址语句序列，它省却了公共子表达式的计算，删除了x:=y这样的复制语句。

通常，内部结点的计算可以按dag的拓扑排序所得的任意次序进行。在拓扑排序中，一个结点只有在它的下一代内部结点计算完以后才能计算。在计算一个结点n时，把它的值赋给标识符表中的一个名字x，此时应优先选择其值在块外仍需要的名字x。如果结点n的标识符表中还有其他的名字$y_1, y_2, \cdots, y_k$，它们的值在块外也使用，则可以用语句$y_1:=x, y_2:=x, \cdots, y_k:=x$对它们赋值。如果某内部结点$n$的标识符表为空，那么建立新的临时变量保存$n$的值。

例10.4 从图10-6(c)出发重新构造基本块。假定任何临时变量t_i在基本块外均是无用的。

首先，根据dag中结点的构造顺序，重新写三地址语句，则可得到如下的基本块G'：

(1) T_0:=1.5
(2) T_1:=3
(3) T_3:=3
(4) T_2:=a+b
(5) T_4:=T_2
(6) c:=3 * T_2
(7) T_5:=c
(8) T_6:=a-b
(9) d:=c * T_6

考虑到临时变量在基本块外是无用的，如果某临时变量在基本块内没有被引用的话，就可以不生成对它赋值的语句，如上述基本块中的语句1、2、3、5和7均不需要生成，这样，基本块可以进一步简化为G''：

(1) T_2:=a+b
(2) c:=3 * T_2
(3) T_6:=a-b
(4) d:=c * T_6

可见，从G到G''完成了常数合并与传播、删除公共子表达式、复制传播，以及删除死代码等变换，实现了对基本块的优化。

2. 利用dag重排基本块的计算顺序

通过构造基本块的dag，可以很容易地了解应如何重新组织最终的计算顺序。

例10.5 考虑如下基本块G。

s:=a+b
t:=c+d

```
u:=e-t
v:=s-u
```

假设重新组织 G 的三地址语句序列，使 s 的求值刚好在 v 的求值之前。得到基本块 G'：

```
t:=c+d
u:=e-t
s:=a+b
v:=s-u
```

假定目标机器仅两个寄存器 R_0 和 R_1 可用，并且仅名字 v 在出口是活跃的。利用 9.4.2 小节介绍的代码生成算法为基本块 G 和 G' 生成的目标代码分别如下面的(a)和(b)所示。

(a) G 的目标代码	(b) G' 的目标代码
(1) MOV R_0,a	(1) MOV R_0,c
(2) ADD R_0,b	(2) ADD R_0,d
(3) MOV R_1,c	(3) MOV R_1,e
(4) ADD R_1,d	(4) SUB R_1,R_0
(5) MOV s,R_0	(5) MOV R_0,a
(6) MOV R_0,e	(6) ADD R_0,b
(7) SUB R_0,R_1	(7) SUB R_0,R_1
(8) MOV R_1,s	(8) MOV v,R_0
(9) SUB R_1,R_0	
(10) MOV v,R_1	

比较这两段代码可以发现，G' 的代码节省了两条指令：MOV s,R_0 和 MOV R_1,s。

上述重排序改进了代码的原因在于对 v 的求值恰好紧跟在其左运算对象 s 的求值之后。显然，为了 v 的有效计算，应使其左运算对象在一个寄存器中，而 s 的求值安排在 v 之前可以满足此要求。

一般情况下，可以按照从左到右或从右到左的顺序对表达式进行计算，从右到左计算可以使每一个被计算的量总是紧跟在其左运算对象之后计算，从而使得生成的目标代码较优。比如，上述的基本块 G 和 G' 分别是对 v:＝a＋b－(e－(c＋d))的从左向右计算和从右向左计算。

下面说明如何利用 dag 为基本块中的三地址语句重新排序，以便生成较优的目标代码。算法 10.2 是一个启发式排序算法，它尽可能地使一个结点的求值紧接在它的最左变元的求值之后。

算法 10.2 启发式排序算法。

输入：基本块的 dag。

输出：结点的计算顺序。

方法：

利用一个栈结构保存各结点，开始时栈为空。

```
(1) 初始化栈顶指针;
(2) while (存在未入栈的内部结点) {
(3)   选取一个未入栈的、但其父结点均已入栈的结点 n;
(4)   将 n 压入栈顶;
(5)   while (n 的最左子结点 m 不是叶结点,并且其所有父结点均已入栈) {
(6)     将 m 入栈;
(7)     n=m;
(8)   }
(9) }
(10) 从栈顶依次弹出结点,则得到 dag 的一个拓扑排序。
```

dag 结点的拓扑排序可能不是唯一的,算法 10.2 输出其中的一个。按照算法 10.2 输出的结点次序,可以把 dag 重新表示为一个等价的三地址语句序列。在选择 dag 中结点的计算顺序时,唯一的约束是必须保证 dag 中边的关系。这些边或者表示运算符-运算对象关系,或者表示由于过程调用、数组赋值或指针赋值而带来的隐含约束。

例 10.6 应用算法 10.2 重排例 10.5 中基本块 G 中各语句。

首先,应用算法 10.1,构造基本块 G 的 dag 如图 10-7 所示。

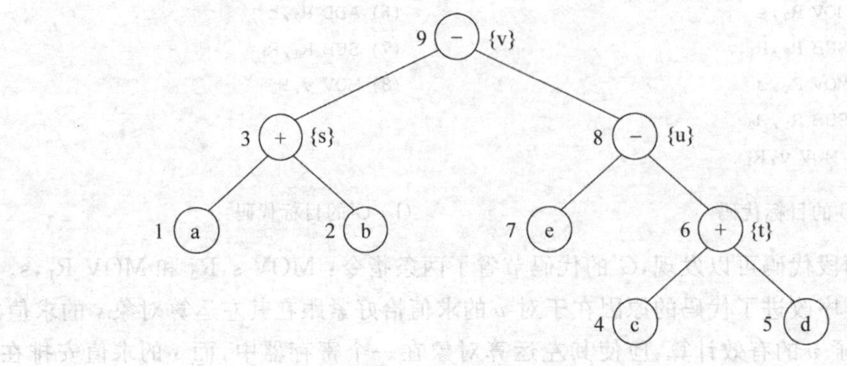

图 10-7 基本块 G 的 dag

应用算法 10.2 处理图 10-7 的 dag,结点入栈的顺序是 9、3、8、6,因此,算法输出的结点排序是 6、8、3、9,按照这个顺序重新组织三地址语句,则得到基本块 G'。例 10.6 已经说明,从 G' 出发,可生成较优的目标代码。

10.3.4 dag 构造算法的进一步讨论

在 10.3.2 小节中介绍的 dag 构造算法中,没有考虑为数组元素赋值、通过指针的间接赋值,以及过程调用语句等情况及它们的影响。在根据 dag 重新组织结点的计算顺序时,如果基本块中有为数组元素赋值的语句(如 a[i]:=x)、有通过指针间接赋值的语句(如 * p:=x)或者有过程调用语句 (如 call p)时,要特别注意。

例 10.7 考虑下面的 Pascal 语言程序片断,假定 x、y、z 以及数组 a 均是 integer 类型:

```
x:=a[i];
```

```
a[j]=y;
z=a[i];
```

与之相应的基本块 G 的三地址代码如下：

```
(1) t1:=a-4
(2) t2:=4*i
(3) x:=t1[t2]
(4) t3:=a-4
(5) t4:=4*j
(6) t3[t4]:=y
(7) t5:=a-4
(8) t6:=4*i
(9) z:=t5[t6]
```

应用算法 10.1,可以为之构造如图 10-8 所示的 dag。

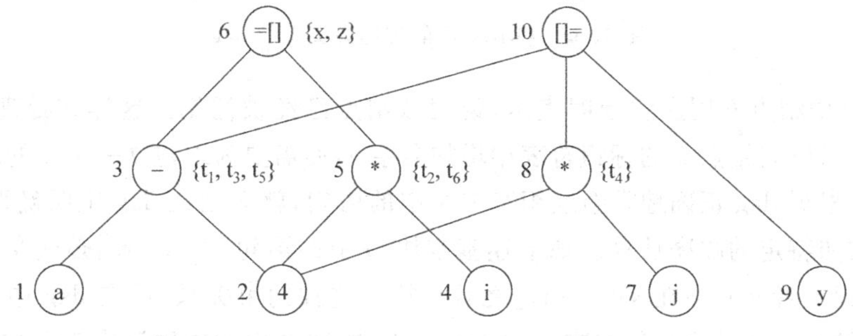

图 10-8 基本块 G 的 dag

在图 10-8 中,a[i]对应的表达式 $t_1[t_2]$和 $t_5[t_6]$将成为公共表达式,根据算法 10.2 可以得到一种结点计算顺序：5、3、6、8、10,这也正是该 dag 中结点的创建顺序。依据此顺序,可以从 dag 写出基本块 G'：

```
(1) t1:=a-4
(2) t2:=4*i
(3) x:=t1[t2]
(4) z:=x
(5) t4:=4*j
(6) t1[t4]:=y
```

但是,基本块 G 和 G' 并不等价。比如,当 i=j 且 y≠a[i]时,G 的计算结果是 z=y,而 G' 的计算结果却是 z=a[i]。出现问题的原因是：当为数组 a 的元素赋值时,尽管 a 和 i 的值都没有改变,但可能改变表达式 a[i]的右值。

为解决此问题,在构造 dag 的过程中,当遇到为数组元素赋值的语句时,需要先把 dag 中标记为"=[]"的结点全部注销。一个结点被注销,意味着在此后的 dag 构造过程中,不可以再选它作为已有结点来代替要构造的新结点,即不可以再向被注销结点的标识符表中增加新的名字,从而取消了它作为公共子表达式的资格。当然,其标识符表中原来的名字仍然存在，仍然取该结点所代表的值作为它们的值，所以，它们仍然可以被引用。

应用这种方法为例10.7中的基本块G构造的dag如图10-9所示。

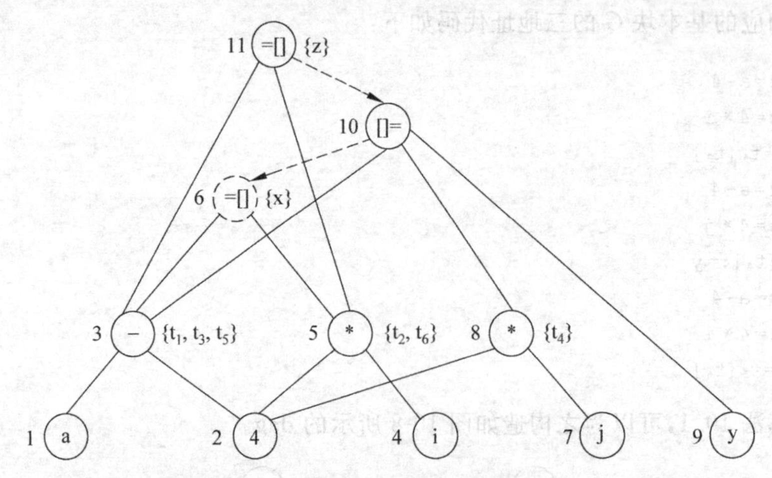

图10-9 基本块G的带约束关系的dag

图10-9中结点6用虚线圆圈表示，说明该结点已经被注销。这样在处理G中语句(9)时，就不可以向结点6的标识符表中增加名字z，而需要为之建立一个新的结点11。

如果想根据dag正确地重新组织基本块中的语句，就必须在dag中明确地指明哪些结点必须按照特定的顺序计算。如上述基本块G中的语句$z:=t_5[t_6]$必须在$t_3[t_4]:=y$之后计算，而后者又必须在$x:=t_1[t_2]$之后计算。这种约束关系，可在dag中用边$n \rightarrow m$表示，说明结点n的计算必须跟在m的后面。如图10-9中的虚线箭头表示的边，限制了必须按照6、10、11的顺序进行计算。

应用算法10.2处理图10-9中的dag，并考虑dag中结点间的约束关系，可以得到结点计算顺序：5、3、6、8、10、11。请读者根据此顺序从图10-9中的dag重写基本块。

对于指针赋值语句$*p:=w$也有同样的问题，因为编译时不知道指针p指向哪里。同样，对于过程调用语句，由于被调用过程可能会对变量进行修改，所以，在不知道被调用过程的情况下，必须假设任何变量都可能被修改。

所以，根据dag重新组织基本块代码时，必须遵守以下的限制：

(1) 基本块中涉及数组元素赋值或引用的语句的相对顺序不能改变。即任何对数组元素的引用或赋值的语句，必须跟在原来位于其前面的向该数组的元素赋值的语句之后（如果存在的话）；任何向数组a的元素赋值的语句必须在原来位于其前面的对数组a的元素进行引用的语句之后。

(2) 所有其他语句相对于过程调用语句或指针赋值语句的顺序不能改变。即对任何名字的任何使用必须跟在原来位于其前面的过程调用语句，或通过指针间接赋值的语句之后；任何过程调用语句或通过指针间接赋值的语句必须跟在原来位于其前面的对任何名字的计算之后。

总之，当根据dag重新组织基本块的代码时，对一个数组a的引用和赋值彼此不能交叉换位，没有任何语句可以穿越过程调用语句或通过指针间接赋值的语句。

遵循这些限制，根据图10-4中的dag重新组织三地址代码时，可得到与图10-3所示代码等价的结果。

10.4 循环优化

循环是中间代码中非常重要的可优化的地方，尤其是要花费较多执行时间的内循环。如果能够减少内循环的指令数，即使增加了外循环的指令数，程序的运行时间也可减少。

通常，为循环语句生成的中间代码包括以下4个部分。

(1) 初始化部分：对循环控制变量及其他变量赋初值。此部分组成的基本块位于循环体语句之前，可以视为构成该循环的第一个基本块。

(2) 测试部分：测试循环控制变量是否满足循环终止条件。这部分的位置依赖于循环语句的性质，若循环语句允许循环体执行0次，则在执行循环体之前进行测试，若循环语句要求循环体至少执行1次，则在执行循环体之后进行测试，如C语言中的while语句、for语句属于前者，而do-while语句则属于后者。

(3) 循环体：由需要重复执行的语句构成的一个或多个基本块组成。

(4) 调节部分：根据步长对循环控制变量进行调节，使其增加或减少一个特定的量。可以把这部分视为构成该循环的最后一个基本块。

以上4部分是根据代码的功能进行的逻辑划分，实际上，初始化部分可以和循环之前的其他语句在一个基本块中，调节部分和测试部分也可以与循环体中的其他语句一起出现在基本块中。

用于循环优化的主要技术有循环展开、代码外提、削弱计算强度以及删除归纳变量。

10.4.1 循环展开

循环展开是一种以空间换时间的优化过程。如果循环次数可以在编译时确定，则可以针对每次循环生成循环体(不包括调节部分和测试部分)的一个副本。循环展开的结果虽然增加了代码的长度，但却节省了因修改循环控制变量和测试循环终止条件所需花费的时间开销。内存资源越廉价，处理机时间越昂贵时，循环展开越有吸引力。

进行循环展开的前提条件是：

(1) 识别出循环结构，并且编译时可以确定循环控制变量的初值、终值以及变化步长。

(2) 用空间换时间的权衡结果是可接受的。

第(1)个条件是必需的。对于第(2)个条件，如果空间和时间的权衡结果不可接受，则将此循环作为一个循环结构继续编译；如果被接受，则重复产生循环体直到所需要的次数，并且，必须确保每次重复产生循环体代码时，都对循环控制变量进行了正确的合并。

例10.8 考虑如下的C语言for语句，假定x为整型数组，且数组空间的基址用x表示。

```
for (i=0;i<10;i++)
    x[i]=0;
```

首先,编译时,可以识别出这是一个循环结构,并且可以知道循环控制变量 i 的初值为0、终值为9、步长为1,共循环10次。

其次,对时间和空间进行权衡。

如果循环展开的话,需要产生循环体的10个副本,由于循环体只有一条赋值语句,则展开的结果是产生10条赋值语句,即:

```
x[0]:=0
x[4]:=0
…
x[36]:=0
```

如果不展开,则可能生成如下的三地址语句序列,假定语句序号从100开始:

```
100:  i:=0
101:  if i<10 goto 103
102:  goto 108
103:  t1:=4*i
104:  x[t1]:=0
105:  t2:=i+1
106:  i:=t2
107:  goto 101
108:  …
```

可以看出,这段中间代码有8条语句,但完成这个循环需要执行63条语句。显然,这种情况下,进行循环展开是明智的选择。

10.4.2 代码外提

代码外提是一种降低计算频度的优化方法。所谓代码外提,是指将循环结构中的循环无关代码提到循环结构的外面(通常提到循环结构的前面),从而减少循环中的代码总数。循环无关代码是指那些包含在循环结构中、但在循环每次重复的过程中其执行结果始终不变的代码。

例如,在图10-3的基本块 B_4'' 中有语句: $t_1:=a-4$ 和 $t_6:=b-4$,这两条语句就是循环无关语句,因为它们的值在循环中不改变,但每循环一次,就需要重新计算一次,就需花费很多不必要的执行时间。代码外提就是要把这种不变运算提到循环的前面,比如放在初始化基本块 B_1 的末尾,使之在进入循环之前完成计算,每次循环中直接引用其计算结果,这样,仅需计算一次即可。

这样,经过删除公共子表达式、复制传播、删除死代码以及代码外提之后,图9-2就逐步变换成图10-10所示的结果。

10.4.3 削弱计算强度

削弱计算强度是一种将当前运算类型代之以需要较少执行时间的运算类型的优化方

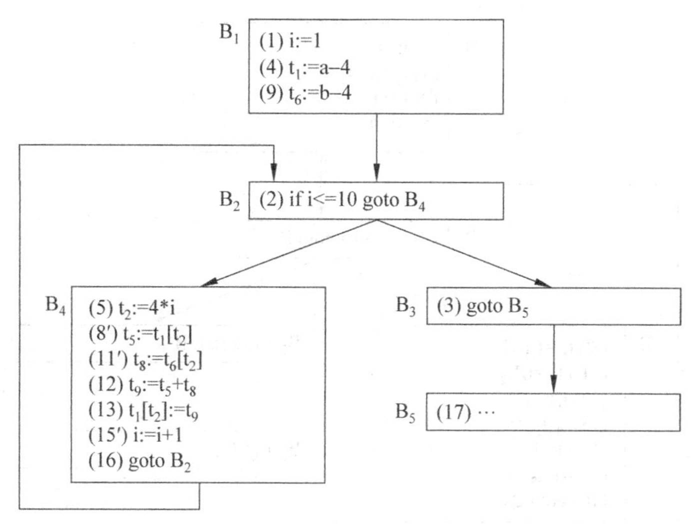

图 10-10　经基本块优化和代码外提后的流图

法。如大多数计算机上乘法运算比加法运算需要更多的执行时间，在小型机、微机上更是如此。如果可用加法运算替代乘法运算，则可节省许多时间，特别是当这种替代发生在循环中时更是如此。

例如，对于图 10-10 中基本块 B_4 中的语句 $t_2:=4*i$，由于 t_2 的值始终与 i 保持着线性关系，所以，每循环一次，i 的值增加 1，t_2 的值增加 4，因此，可以用加法运算替代乘法运算，以削弱计算强度。这就需要把 B_4 中计算 t_2 的语句 $t_2:=4*i$ 替代为语句 $t_2:=t_2+4$。由于之前 t_2 没有初值，为此，需要把为 t_2 赋初值的语句 $t_2:=4*i$ 添加在块 B_1 的末尾。为实现等价变换，语句 $t_2:=t_2+4$ 需要放在语句(15′)对 i 重新定值之后。

再考虑此时的基本块 B_1，由于在语句(1)之后没有对 i 的重新赋值，所以，语句 $t_2:=4*i$ 中引用的 i 的值必为 1，可以进行常数传播与合并，得到 $t_2:=4$。优化后的流图如图 10-11 所示。

10.4.4　删除归纳变量

如果循环中对变量 i 只有唯一的形如 $i:=i+c$ 的赋值，并且 c 为循环不变量，则称 i 为循环中的基本归纳变量。如果 i 是一个基本归纳变量，j 在循环中的定值总可以化归为 i 的同一线性函数，即 $j:=c_1*i+c_2$，这里 c_1 和 c_2 都是循环不变量，则称 j 是归纳变量，并称 j 与 i 同族。

例如，在图 10-10 所示的流图中，基本块 B_2 和 B_4 构成循环，其中变量 i 是基本归纳变量，t_1 和 i 之间具有线性函数关系 $t_1:=4*i$，即 t_1 的值实际上是与 i 的值同步变化的，每次 i 的值加 1 之后，t_1 的值就加 4，所以，i 和 t_1 是同族归纳变量。

通常，一个基本归纳变量除用于其自身的递归定值外，往往只用于计算其他归纳变量的值以及用来控制循环的进行。如图 10-11 中的基本归纳变量 i 除用于其自身的递归定值外，只是唯一地在基本块 B_2 的语句(2)中用来控制循环的进行。

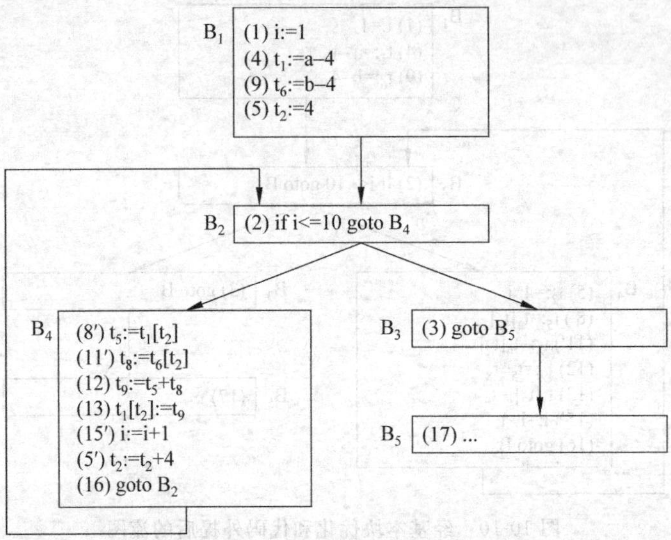

B1
(1) i:=1
(4) t1:=a–4
(9) t6:=b–4
(5) t2:=4
B2
(2) if i<=10 goto B4
B4
(8′) t5:=t1[t2]
(11′) t8:=t6[t2]
(12) t9:=t5+t8
(13) t1[t2]:=t9
(15′) i:=i+1
(5′) t2:=t2+4
(16) goto B2
B3
(3) goto B5
B5
(17) ...

图 10-11 削弱计算强度等优化后的流图

这时,可以考虑用与 i 同族的归纳变量 t_2 来替换循环控制条件中的 i。由于 t_2 和 i 之间具有线性函数关系 $t_2:=4*i$,所以,$i<=10$ 与 $t_2<=40$ 是等价的。因此,语句(2)可变换为:

```
if t₂<=40 goto B₄
```

经过这样的变换以后,语句(15′)对 i 的定值语句将成为死代码,可以删除。这种优化称为删除归纳变量。由于 B_4 中 i 的删除,使得 B_1 中的语句(1)对 i 的定值也成为死代码,因此也被删除。删除归纳变量后,图 10-11 进一步转换为如图 10-12 所示的结果。

B1
(4) t1:=a–4
(9) t6:=b–4
(5) t2:=4
B2
(2) if t2<=40 goto B4
B4
(8′) t5:=t1[t2]
(11′) t8:=t6[t2]
(12) t9:=t5+t8
(13) t1[t2]:=t9
(5′) t2:=t2+4
(16) goto B2
B3
(3) goto B5
B5
(17) …

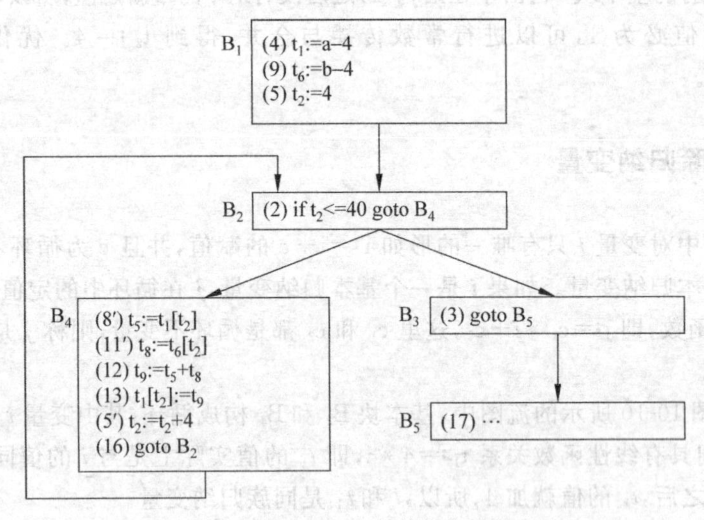

图 10-12 删除归纳变量等优化后的流图

删除归纳变量通常在强度削弱之后进行。

10.5 窥孔优化

利用类似于9.4节介绍的代码生成程序逐条对三地址语句进行翻译，所得到的目标代码常常含有冗余的指令，含有可再优化的结构。通过对目标代码进行优化变换，可以改进代码质量，并且许多简单的变换就可以大大提高目标程序的运行效率。

窥孔优化是一种对目标代码进行局部改进的简单有效的技术。所谓窥孔，是指在目标程序上设置的一个可移动的小窗口，通过它能看到目标代码中有限的若干条指令，窥孔中的代码可能不连续。窥孔优化就是依次考察通过窥孔可以见到的目标代码中很小范围内的指令序列，只要有可能，就代之以较短或较快的等价的指令序列。窥孔优化的特点是每个改进都可能带来新的改进机会，为此，通常需要对目标代码重复扫描。

典型的窥孔优化技术有删除冗余指令、删除死代码、控制流优化、代数化简、以及充分利用机器的特点等。虽然窥孔优化通常作为改进目标代码质量的技术，但也可以用于中间代码的优化。

10.5.1 删除冗余的传送指令

如果窥孔中出现下列指令：

(1) MOV R_0, a
(2) MOV a, R_0

如果这两个语句在同一个基本块中，则可以删除语句(2)，因为语句(1)的执行已经保证 a 的当前值同时存放在其存储单元和寄存器 R_0 中。但如果语句(2)是一个基本块的入口语句，则不能删除它，因为不能保证语句(2)紧跟在语句(1)之后执行。

10.5.2 删除死代码

所谓死代码指的是程序中控制流不可到达的代码。比如，如果无条件转移指令的下一条指令没有标号，即没有控制转移到此语句，则它是死代码，应该删除。删除死代码的操作有时会连续进行，从而删除一串指令。再如，如果条件转移语句中的条件表达式的值是个常量，则生成的目标代码势必有一个分支成为死代码。

例如，为了调试一个较大的C语言程序，通常会在源程序中插入一些用于跟踪调试的语句，假设在源程序中有如下结构的程序段：

```
#define  debug 1
…
if  debug  {
    …                /* 输出调试信息 */
}
```

翻译该if语句结构,得到的中间代码可能是:

```
    if  debug=1  goto  L1
    goto  L2
L1:  …            /*输出调试信息*/
L2:  …
```

当调试完成之后,可能没有删除这些语句,而只是通过将debug的值修改为0使L_1标识的分支代码成为死代码。进行代码优化时,就可以将从if开始到L_2所标识的语句之前的全部语句删除。为此,除了对中间代码进行优化外,还可以对目标代码进行优化,把从if到L_1所标识的全部语句产生的目标代码删除。

10.5.3 控制流优化

根据第8章介绍的中间代码生成算法,常常产生许多连续跳转的goto语句,如:

```
    goto L1
    …
L1:  goto L2
```

利用窥孔优化技术,可以把goto L_1直接改成goto L_2。

类似的还有:

```
    if  a<b  goto  L1
    …
L1:  goto  L2
```

同样,可以把if a<b goto L_1直接改为if a<b goto L_2。

如果控制结构为:

```
    goto  L1
    …
L1:  if a<b  goto  L2
L3:  …
```

则可以把goto L_1直接改为if a<b goto L_2。如果控制流分析的结果表明只有这一条转移到L_1的指令,则上述代码段可改为:

```
    if  a<b  goto  L2
    goto  L3
    …
L3:  …
```

10.5.4 削弱计算强度及代数化简

为削弱计算强度,可用功能等价但执行速度较快的指令代替执行速度慢的指令。特定的目标机器上，某些机器指令比其他一些指令执行要快得多，比如，用 x * x 实现 x^2 比调用指数函数要快得多，用移位操作实现定点数乘以 2 或除以 2 的幂运算比进行乘/除法运算要快，浮点数除以常数用乘以常数近似实现要快些等。

另外，窥孔优化时，有许多代数化简可以尝试，但经常出现的代数恒等式只有少数几个。例如，形如 x:=x+0 或 x:=x*1 这样的语句在简单的中间代码生成算法中经常出现，利用窥孔优化很容易将其删除。

除此之外，在窥孔优化过程中，还要充分考虑并利用目标机器的特点。由于目标机器可能有高效实现某些专门操作的硬指令，找出允许使用这些指令的情况可明显缩短执行时间。如某些机器有加 1 或减 1 的硬件指令，用这些指令实现语句 i:=i+1或者 i:=i−1 可大大改进代码质量。

习题 10

10.1 有如下 C 语言程序：

```
main()
{
    int i,r;
    int a[10],b[10];
    i:=0;
    r:=0;
    while(i<10){
        r:=r+a[i] * b[i];
        i:=i+1;
    }
}
```

(1) 将可执行语句翻译成三地址代码。

(2) 对(1)得出的三地址代码划分基本块，并构造其控制流图。

(3) 对循环体构成的基本块进行优化。

(4) 为循环体构成的基本块构造 dag，利用启发式排序算法，从 dag 重构基本块。

(5) 基于(4)的结果，对循环结构进行优化。

10.2 有如下基本块

S_0:=2

S_1:=3/S_0

S_2:=T-C

S_3:=T+C

R:=S_0/S_3

H:=R

S_4:=3/S_1

S_5:=T+C

S_6:=S_4/S_5

```
H:=S6 * S2
```

(1) 构造该基本块的dag。

(2) 利用dag优化基本块，假定只有R、H在基本块出口处是活跃的。

10.3 有如下三地址代码：

```
   I:=1
   read J,K
L: A:=K*I
   B:=J*I
   C:=A*B
   write C
   I:=I+10
   if I<100 goto L
   halt
```

(1) 画出它的流图。

(2) 对这段代码进行优化。

10.4 有如下程序段：

```
var a,b: array[1..m,1..n] of integer;
    i,j: integer;
for i:=1 to m do
    for j:=1 to n do
        a[i,j]:=b[i,j]
```

(1) 请把该程序段中的可执行语句翻译为三地址代码。

(2) 将(1)的结果划分为基本块，并画出其流图。

(3) 对内循环代码进行所有可能的优化，要求依次写出所采用的优化技术、关键步骤，给出每种优化后的结果。

第 11 章　面向对象的编译方法

前面的章节介绍了结构化程序的编译原理和技术。体现结构化程序设计思想的代表语言是 Pascal 语言和 C 语言，程序设计人员用计算机求解问题的基本方式，对需要求解的问题设计相应的算法，根据算法编写指令序列，它们严格区分数据类型，程序中出现的所有数据都必须进行类型说明，对任何数据操作都需要进行类型检查，强调程序具有清晰的层次结构，利用过程或函数的参数机制规范程序模块间的接口，仅使用顺序、选择和循环 3 种控制结构，使程序的各个局部符合控制的单入口单出口原则，尽可能地使程序运行时的动态结构与程序书写的静态结构保持一致。这种过程型程序设计中的数据是死的、是被动的，程序就是为计算机处理数据安排的动作序列。

由于计算机所要解决的问题越来越重要、越来越复杂，原来的程序设计技术不再能满足要求。面向对象程序设计是过程型程序设计的发展，特别适合大规模网络化软件的开发，目前已成为软件开发的主要形式。面向对象程序设计技术之所以能适应今天软件产业的需要，是因为它抓住了软件开发的本质和规律。通过类和对象，把程序所涉及的数据结构和对它施行的操作有机地组成模块，对于数据和对数据的处理细节进行了最大限度的封装，其密封性、独立性和接口的清晰性都得到了加强，较好地实现了软件模块化、信息隐蔽和抽象，面向对象程序的模块化结构清晰，安全性好，可重用性好。

Smalltalk、C++、Java、C# 等语言都是为支持面向对象程序设计而设计的，由于 C++ 语言功能强大，对已经十分庞大的熟悉 C 语言的群体具有自然的吸引力，由它取代 C 语言成为软件开发领域的主要开发语言之一是顺理成章的事。

本章作为选修或自学内容，以 C++ 语言为例，简单说明面向对象程序设计语言的主要概念和特点，介绍面向对象程序设计语言中方法的翻译和继承的翻译。

11.1　面向对象语言的基本概念

软件工程的一个基本原则是信息隐藏（information hiding），常称为封装（encapsulation）。面向对象程序设计语言是为支持信息隐藏而设计的。它除了具有一般过程式语言众所周知的概念外，还引入了一些新的概念，比如，类和对象、继承等。

11.1.1　类和对象

面向对象程序设计语言中最基本的概念是类（class）和对象（Object），其中类的概念是其核心概念。

类是对现实世界中客观事物的抽象，通常将具有相同属性的事物归纳成为某个类，如动物（类）、汽车（类）等。在面向对象的程序设计中，类的概念抓住了程序的本质，即程序的基本元素是数据，而过程或函数是围绕数据进行的处理和操作，所以，类由两部分组成，一是数据（用于描述事物的相关属性），二是方法（在属性数据上进行处理和操作的过程或函数），也就是说，类以数据为中心，把相关的一批过程或函数组成为一体，实现对具有相同属性和行为的同一类对象的抽象描述。从程序设计的角度，可以认为类是面向对象程序设计语言中引入的新的用户自定义类型，用于说明对象的类型。

对象是类的实例。一个对象由其状态和操作该状态的一组方法组成，对象的状态由一组属性值表示。所以，属性和方法共同反映了对象的特征。

在面向对象的程序设计中，最重要的基本操作是激活对象的方法。假设有对象O和该对象的方法f，通常用O.f表示激活对象O的方法f。一般而言，对象的属性对外是透明的，只有方法是外部可见的，对象的属性只能通过方法的调用来访问。

例11.1 下面的程序是以C++语言描述的，它设计了一个自定义的“栈”类型stack，声明了两个stack类型的对象s1和s2，表示两个具体的栈，通过类成员函数对这两个具体的栈进行不同的操作。

```
#include<iostream.h>
const int maxsize=6;
class stack{                                  //类定义开始
    int data[maxsize];
    int top;
public:
    stack(void);
    ~stack(void);
    bool empty(void);
    void push(int a);
    int pop(void);
};
stack::stack(void){                           //类的构造函数，用于新建对象的初始化
    top=0;
    cout<<"Stack initialized."<<endl;
}
stack::~stack(void){                          //类的析构函数，完成对象撤销前的善后工作
    cout<<"Stack destroyed"<<endl;
}
bool stack::empty(void){                      //方法，测试栈是否为空
    return top==0;
}
void stack::push(inta){                       //方法，将一个数据压入栈顶
    if(top==maxsize){
        cout<<"Stack overflow!"<<endl;
        return;
    }
    data[top]=a;
```

```
        top++;
    }
    int stack::pop(void){                          //方法,弹出栈顶的数据
        if(top==0){
            cout<<"An empty stack!"<<endl;
            return 0;
        }
        top--;
        return data[top];
    }                                              //类 stack 定义结束
    void main() {
        stack S1,S2;                               //声明两个 stack 类对象
        for(int i=1;i<=maxsize;i++)
            S1.push(2*i);                        //调用对象 S1 的方法 push 向栈 S1 中压入数据
        for(i=1;i<=maxsize;i++)
            cout<<S1.pop()<<" ";           //调用对象 S1 的方法 pop 从栈 S1 中弹出数据,并输出
        for(i=1;i<=maxsize;i++)
            S1.push(3*i);                          //向栈 S1 中压入数据
        for(i=1;i<=maxsize;i++)
            S2.push(S1.pop());                     //将从栈 S1 中弹出的数据压入栈 S2 中
        cout<<endl;
        do
            cout<<S2.pop()<<" ";                   //从栈 S2 中弹出数据,并输出
        while(!(S2.empty()));
    }
```

该程序执行后,屏幕显示结果如下:

```
stack initialized.
stack initialized.
12 10 8 6 4 2
3  6  9  12  15  18
stack destroyed.
stack destroyed.
```

11.1.2 继承

面向对象程序设计语言的另一个重要特性是扩展(extension)或继承(inheritance)的概念。

在面向对象的程序设计中,用类定义来表示一组数据及对这些数据的操作,往往在不同的类之间有某种关系,比如,现在要设计某单位的设备管理系统,经过分析,与所有设备有关的数据,如设备编号、设备购置日期、设备单价等及设备处置等若干操作可以构成一个设备类。汽车是设备中的一类,计算机也是设备中的一类,它们除了具有设备的一般属

性之外，还会有一些汽车类或计算机类的特定数据及操作；而小轿车、大客车、货车等又是不同类型的汽车，微机、笔记本、服务器等又是不同类型的计算机，它们也各有自己独特的数据和操作。若把它们各自定义为互不相关的独立的类，显然是不科学的。所以，类的定义应能反映出类之间的相关关系，反映出上述例子中的层次关系。面向对象语言提供的类定义的派生和继承功能，很好地解决了这个问题。

继承性是指，若类 B 继承类 A，则类 B 除了具有类 A 的所有特性和行为外，还可以包括自定义的一些其他特征和行为。通常，如果类 B 继承类 A，则类 A 叫做类 B 的基类，类 B 叫做类 A 的派生类。实际上，继承表示了基本类型和派生类型之间的相似性。一个基本类型具有所有由它派生出来的类型所共有的特性和行为。

例 11.2 下面以 C++ 语言描述的程序是一个学校的人事档案管理程序。假设学校工作人员分为员工、教师、职员、教师干部和机关干部 5 类。其中把员工类 employee 定义为所有类的基类(具有属性：工号、姓名、年龄和工资)，由员工类派生出教师类 teacher(比员工类多 3 个属性：专业、学位、技术职称)和职员类 staff(比员工类多出一个属性：职级)，又由教师类派生出教师干部类 director(比教师类多出一个属性：职务)，由职员类派生出机关干部类 manager(比职员类多出一个属性：职务)。这五个类之间的继承关系如图 11-1 所示。

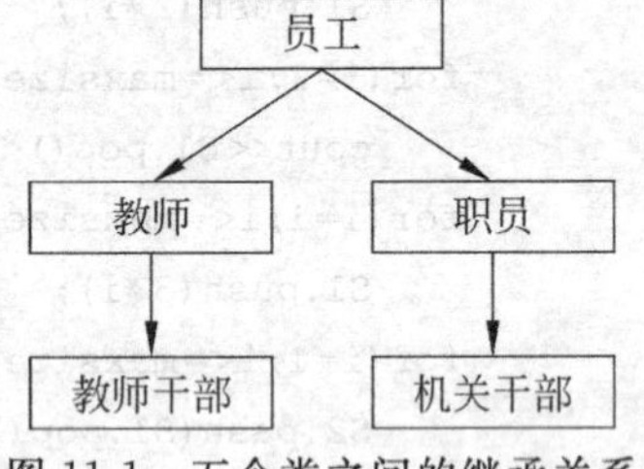

图 11-1 五个类之间的继承关系

```
#include<iostream.h>
#include<string.h>
class employee {        //自定义的员工类 employee,它将作为其他几个类的基类
    int id;
    short age;
    float salary;
protected:
    char * name;
public:
    employee(int num,short ag,float sa,char * na){      //基类构造函数
        id=num;
        age=ag;
        salary=sa;
        name=new char[strlen(na)+1];
        strcpy(name,na);
    }
    void print() const{
        cout<<" "<<id<<":";
        cout<<" "<<name<<":";
        cout<<age<<" :";
        cout<<salary<<endl;
    }
    ~employee(){delete[]name;}
```

```
};
class teacher:public employee {          //派生类 teacher
        char specialty;//专业: 'E'--电子,'M'--机械,'C'--计算机,'A'--自动化专业;
        char adegree;                    //学位: 'D'--博士,'M'--硕士,'B'--学士
        char atitle;                     //职称: 'P'—教授,'A'—副教授,'L'—讲师
    public:
        teacher(int num,short ag,float sa,char * na,char sp,char ad,char pt)
        :employee(num,ag,sa,na) {        //派生类构造函数
        specialty=sp;
        adegree=ad;
        atitle=pt;
    }
        void print() const{
        employee::print();               //调用基类 print
        cout <<" specialty:"<<specialty<<endl;
        cout <<" academic degree:"<<adegree<<endl;
        cout <<" academictitle:"<<atitle<<endl;
    }
};
class staff:public employee {            //派生类 staff
        int level;                       //职级
    public:
        staff(int num,short ag,float sa,char * na,int lev)
            :employee(num,ag,sa,na){     //派生类构造函数
            level=lev;
        }
        void print() const {
            employee::print();       //调用基类的 print 显示"共性"数据,通过类名限定
            cout <<" level:"<<level<<endl;
        }
};
enum ptitle {SC,VSP,SP,VP,P};
class director:public teacher {          //派生类 director
        ptitle post;         //SC—中心主任,VSP—副院长,SP—院长,VP—副校长,P—校长
    public:
        director(int num, short ag, float sa, char * na, char sp, char ad, char pt,
ptitle po)
            :teacher(num,ag,sa,na,sp,ad,pt) {     //派生类构造函数
            post=po;
        }
        void print() const{
            teacher::print();
            cout <<" post:"<<post<<endl;
        }
```

```
};
enum mtitle {SM,VDM,DM,VP,P};
class manager:public staff {               //派生类 manager
    mtitle post;          //SM—科长,VDM—副处长,DM—处长,VP—副校长,P—校长
  public:
    manager(int num,short ag,float sa,char * na,int lev,mtitle po)
        :staff(num,ag,sa,na,lev) {   //派生类构造函数
        post=po;
    }
    void print() const{
        staff::print();
        cout <<" post:"<<post<<endl;
    }
  };

  void main() {                            //主函数,对所定义的类进行使用
    employee ezhang(20108101,23,1567.5,"zhang"),ezhao(20108102,32,2824.75,
    "zhao");
    teacher meng(20108103,26,2420.10,"meng",'C','M','A');
    staff sli(20108104,35,2812.45,"li",8),scui(20108105,34,2420.5,"cui",7);
    director zhoudir(20108001,42,4800.2,"zhou",'E','D','P',VSP);
    manager mwang(20108002,45,5812.5,"wang",4,DM);
    ezhang.print();                        //输出员工 ezhang 的信息
    ezhao.print();                         //输出员工 ezhao 的信息
    meng.print();                          //输出教师 meng 的信息
    scui.print();                          //输出职员 scui 的信息
    zhoudir.print();                       //输出教师干部 zhoudir 的信息
    mwang.print();                         //输出机关干部 mwang 的信息
  }
```

11.1.3 信息封装

多数面向对象的程序设计语言提供了一种信息封装机制,可以用来将类的成员设计为私有的(private)和公共的(public)。私有成员在类外部完全不可见,只能通过本类中的方法或友元访问。语言的语法规则采用不同的上下文区分作用域,如"在本类中"、"在派生类中"、"在友元类中"等,并且可以指明上下文的可见、可读、可写或可调用等特征。

如在 C++ 语言中,类中的成员可以定义为私有的(private)、受保护的(protected)和公共的(public)。类的派生方式也可以根据需要指定为公有派生(public)、保护派生(protected)或私有派生(private)。派生方式决定了从基类继承过来的成员在派生类中的封装属性。派生类可以有 1 个或者多个基类,通过派生方式来指定各基类成员的被继承方式。private 派生方式使基类的公有成员和保护成员在派生类中都变为私有成员,而基类的私有成员不可在派生类中被存取。protected 派生方式使基类的公有成员和保护成

员在派生类中都变为保护成员，而基类的私有成员不可在派生类中被存取。public 派生方式使基类的公有成员和保护成员在派生类中仍然是公有成员和保护成员，而基类的私有成员不可在派生类中被存取。

由编译程序来实现这些作用域规则是简单明显的，因此，虽然信息封装非常重要，但本章将不讨论它的具体实现。

11.1.4 多态性

多态性是面向对象程序设计的重要特征。多态性指的是对于同样的对类的成员函数的调用命令，当不同类型的对象接收时可以导致完全不同的行为。

多态性通常分为两大类。第一类多态性指的是函数重载和运算符重载(overloading)，即使用同样的函数名和同样的运算符来完成不同的数据处理与操作。函数重载是指允许多个不同函数使用同一个函数名，但要求这些同名函数具有不同的参数表(当然，函数体的实现代码通常也不同)。如 C++ 语言中，类定义处允许给出多个同名的构造函数，但要求它们的参数表必须不相同，这也是一种函数重载的概念。另一类多态性指的是函数的超载或过载(overriding)，即允许程序中存在多个函数，它们有完全相同的函数原型，却有相互各异的函数体。这种多态性的实现与类的继承与派生相联系，其中，虚函数(virtual function)的概念是实现的关键。

对于函数重载的问题，静态联编可以解决，即编译程序可以根据函数调用时提供的实参确定需要执行的函数代码。对于函数超载的问题，由于超载函数允许不同的函数具有相同的函数原型，因此，在编译阶段系统无法判断此次调用应该执行哪一段函数代码，因此，必须采用动态联编来处理，即在程序运行时，根据指向基类的指针的"动态"取值来确定调用哪一个类的函数代码。

例 11.3 下面以 C++ 语言描述的程序是一个画图程序，其中定义了 5 个具有相同原型但函数体各异的虚函数 draw，函数 draw 就是一个超载函数。

```
#include<iostream.h>
class pixel {                              //类 pixel,表示屏幕像素点
        int x,y;
    public:
        pixel(){                           //构造函数一,无参
            x=0; y=0;
        }
        pixel(int a,int b){                //构造函数二,参数 a、b 表示点的位置
            x=a; y=b;
        }
        pixel(const pixel& p){             //构造函数三,参数 p 为某个已存在对象
            x=p.x; y=p.y;
        }
        int getx(){return x;}              //获取对象的 x 值
```

```
        int gety(){return y;}              //获取对象的 y 值
    };
    enum colorset{ black,blue,green,red,brown,yellow };    //定义颜色常量(名字)
    class Cgraph{                          //基类 Cgraph(实际为抽象基类)
      protected:
        colorset color;
      public:
        Cgraph(colorset col){
            color=col;
        }
        virtual void draw()=0;             //纯虚函数 draw
    };
    class line:public Cgraph{              //派生类 line
        pixel start,end;                   //成员为 pixel 类对象
      public:
        line(pixel sta,pixel en,colorset col)
            :Cgraph(col),start(sta),end(en)
        { };
        virtual void draw(…);              //虚函数 draw
    };
    void line::draw(…) {                   //类 line 的虚函数 draw 的类体外定义
        …                                  //画线段的代码
    };
    class rectangle:public Cgraph{         //派生类 rectangle
        pixel ulcorner,lrcorner;
      public:
        rectangle(pixel ul,pixel lr,colorset col)
            :Cgraph(col),ulcorner(ul),lrcorner(lr)
        {};
        virtual void draw();               //虚函数 draw
    };
    void rectangle::draw(…) {              //类 rectangle 的虚函数 draw 的类体外定义
        …                                  //画长方形的代码
    };
    class circle:public Cgraph{            //派生类 circle
        pixel center;
        int radius;
      public:
        circle(pixel cen,int rad,colorset col) :Cgraph(col),center(cen){
            radius=rad;
        };
        virtual void draw();               //虚函数 draw
    };
    void circle::draw(…) {                 //类 circle 的虚函数 draw 的类体外定义
```

```
    …                                          //画圆的代码
};
class triangle:public Cgraph{                  //派生类 triangle
        pixel pointa,pointb,pointc;
    public:
        triangle(pixel pa,pixel pb,pixel pc,colorset col)
            :Cgraph(col),pointa(pa),pointb(pb),pointc(pc)
        {};
        virtual void draw();                   //虚函数 draw
};
void triangle::draw(…) {                       //类 triangle 的虚函数 draw 的类体外定义
    …                                          //画三角形的代码
};
class figure{                  //类 figure,通过它的 paint 函数可"画"出组成一个图形的各图元
        Cgraph *pg[4];                         //pg 数组含有 4 个指向基类的指针
    public:
        figure ( Cgraph *pg1=0,Cgraph *pg2=0,Cgraph *pg3=0,Cgraph *pg4=0)
        {
            pg[0]=pg1; pg[1]=pg2;pg[2]=pg3; pg[3]=pg4;
        }
        void paint(){                          //"画"出图形的各图元
            for(int i=0;i<4;i++)
                if(pg[i]!=0)pg[i]->draw();
                                               //运行时,根据实参动态确定需调用的 draw 函数
    };
};
void main(){                         //说明 4 个类对象(图元),它们是构成一个图形的 4 个"部件"
    circle cir(pixel(100,100),50,green);                          //一个圆
    triangle tri(pixel(100,62),pixel(98,97),pixel(102,97),blue);  //一个三角形
    rectangle rec1(pixel(98,54),pixel(102,62),red);               //长方形 1
    rectangle rec2(pixel(50,62),pixel(98,120),red);               //长方形 2
    figure fig(&cir,&tri,&rec1,&rec2);
    fig.paint();                               //调用 paint 函数,"画"出 fig 对象的 4 个图元
}
```

下面,我们对上述概念进行简单总结。

(1) 类和对象的概念在面向对象的程序设计中的作用主要体现在两个方面。

一是从程序组织的角度,通过类定义把数据以及对这些数据进行处理和运算的函数封装为互相关联的程序模块,通过对象(也就是类实例)及相关方法的激活操作使用所定义的类。

二是从数据类型的角度,通过类引入了抽象数据类型的概念,一个由数据成员和函数成员组成的类就是一种新的数据类型。

(2) 通过类和对象实现的面向对象程序设计具有三大特征:封装性、继承性、多

态性。

封装性：通过类(class)定义对所要处理的问题进行抽象描述，将逻辑上相关的数据与函数进行封装。封装所进行的“信息隐藏”为的是减少对象间的联系，提高软件的模块化程度，增强代码的安全性和可重用性。

继承性：通过类的继承，使新生成的派生类可以从其基类获得已有的属性(数据)和行为特征(方法)，简化了人们对事物的认识和描述。通过继承机制很方便地实现了程序代码的重用。

多态性：通过对函数和运算符进行重载以及通过在基类及其派生类间使用虚函数实现多态性。多态性可使程序易于编制、易于阅读理解与维护。

11.2　方法的编译

与过程型语言程序中函数的编译类似，面向对象语言程序中的方法实例被转变成驻留在指令空间中特定地址的机器代码。面向对象语言程序经过编译程序的语义分析和代码生成阶段，每个变量的环境记录中有一个指向其类说明的指针，每个类说明中有一个指向其父类的指针和一张含有一系列方法实例的表，其中对应每个方法实例有一个机器代码标识。

11.2.1　静态方法

某些面向对象语言允许将类中的某些方法声明为静态方法，如C++语言允许使用关键字static将类成员说明为静态成员。类的静态成员(包括静态数据成员和静态函数成员，即静态方法)为其所有对象所共享，不管有多少对象，静态成员只有一份存于公用内存中。通常情况下，类的静态方法无法处理不同调用者对象各自的数据成员值，也就是说，类的静态方法只能处理类的静态数据成员值(它只隶属于类而不属于任何一个特定的对象)。若要访问类中的非静态成员时，必须借助对象名或指向对象的指针那样的函数参数。

例11.4　在下面的C++语言程序中，自定义类CA中含有静态数据成员count和静态方法count_out()。

```
#include<iostream.h>
class CA {
   public:
      double x,y;
      static int count;  //公有的静态数据成员，用于记录通过构造函数生成对象的个数
      CA() {
         x=0; y=0;
         count++;          //每生成一个对象，静态数据成员 count 增加 1
      }
      CA(double x0,double y0) {
```

```
            x=x0; y=y0; count++;
        }
        static void count_out() {           //静态方法,输出静态数据成员 count 的当前值
            cout<<"current_num="<<count<<endl;
        }
};
int CA::count=0;                                    //必须在类外初始化静态数据成员
void main() {
    CA obj(1.2,3.4), *p;
    cout<<"CA::num="<<CA::count<<"\t";       //输出: CA::num=1
    CA::count_out();                           //输出: current_num=1
    cout<<"obj.num="<<obj.count<<"\t";       //输出: obj.num =1
    obj.count_out();                           //输出: current_num=1
    CA A[3];                              //说明具有 3 个对象的数组 A,将三次调用其构造函数
    cout<<"CA::num="<<CA::count<<"\t";       //输出: CA::num=4
    CA::count_out();                           //输出: current_num=4
    p=new CA(5.6,7.8);                         //生成动态对象 *p,又一次调用构造函数
    cout<<"CA::num="<<CA::count<<"\t";       //输出: CA::num=5
    CA::count_out();                           //输出: current_num=5
    cout<<"p->num="<<p->count<<"\t";         //输出: p->num=5
    p->count_out();                            //输出: current_num=5
}
```

对于静态方法,例如上例中,调用 obj. count_out()时,执行的机器代码依赖于变量 obj 的类型(即类 CA),而不是 obj 对象本身。

假设 obj 是类 O 的一个对象实例,f 是类 O 中声明的一个静态方法,为了编译静态方法 obj. f()的调用,编译程序要根据对象 obj 的环境记录,找到类 O 的说明,然后在类 O 的说明中寻找方法 f,如果找到,则根据与方法 f 相应的机器代码标识可以找到要执行的机器代码;如果没有找到,则查找 O 的父类(假设是类 B)的说明中是否有方法 f,如果没有,则进一步查找类 B 的父类,依此类推。假设在类 O 的某个祖先类 A 中找到一个静态方法 f,则编译程序就将这个方法编译成对标识为 A_f 的函数调用。

同样,对于重载方法,即具有相同函数名但参数表不同的函数,编译程序可以根据调用语句所提供的实参表确定应该调用的是哪段机器代码。

11.2.2 动态方法

对于动态方法,上述技术不再适用,因为,动态方法的作用域是声明它的类,动态方法的调用不但依赖于该类,还和具体的对象有关,并且,在该类的某个派生类中还可以对此方法重新定义,这样的话,如果编译程序无法确定发出方法调用 obj. f()的变量 obj 是指向哪个类的对象的话,就无法确定应该执行哪段机器代码。这就需要采用动态联编技术,在程序运行时,根据变量 obj 的当前值,确定与此次调用相对应的方法,然后转去执行相应的机器代码。

例 11.5 下面的 C++ 程序中定义了一个基类 A,和从 A 派生出来的类 B,在这两个类中都声明有共有数据成员 a 和方法 print。在派生类定义范围内以及通过派生类对象访问重名成员时,不加类名限定时默认为是处理派生类成员,而要访问基类重名成员时,则要通过类名加以限定。

```
#include<iostream.h>
class A {
    public:
        int a;
        A(int x){a=x;}
        void print(){cout<<"Class A --a="<<a<<endl;}
};
class B:public A {
    public:
    int a;                          //与基类中的 a 同名
    B(int x,int y):A(x){a=y;}
    void print(){cout<<"Class B --a="<<a<<endl;}     //与基类中的 print 同名
    void print2a() {
        cout<<"a="<<a<<endl;       //访问派生类 B 的数据成员 a
        cout<<"A::a="<<A::a<<endl;  //访问基类 A 的重名成员 a
    }
};
void main() {
    A Aobj(10);
    Aobj.print();                   //调用基类 A 的 print(),输出: Class A --a=10
    B Bobj(20,88);
    Bobj.print();                   //调用派生类 B 的 print(),输出: Class B --a=88
    Bobj.A::print();                //访问基类 A 的 print(),输出: Class A --a=20
    cout<<"Bobj.a="<<Bobj.a<<endl;  //输出: Bobj.a=88
    cout<<"Bobj.A::a="<<Bobj.A::a<<endl;     //输出: Bobj.A::a=20
    Bobj.print2a();                 //调用派生类 B 的 print2a(),输出: a=88,A::a=20
}
```

再如,例 11.3 中的 C++ 程序说明了函数超载的情况,在基类 Cgraph 中声明了动态方法 draw(实际上是一个纯虚函数),而在其派生类 line、rectangle、circle 和 triangle 中又重新声明了各自的函数 draw,若程序通过各派生类的对象激活方法 draw,则编译程序知道应该去执行哪段代码,如果像类 figure 中那样,通过指向基类的指针间接访问不同派生类的对象,则必须采用动态联编技术,在程序执行时,根据赋予指针的当前值(即具体某个派生类对象的地址)才能确定应该执行哪个类中的函数 draw。

为解决此问题,编译程序经过语义分析和代码生成阶段,为每个类产生一个类说明,其中有一个向量表,记录该类所有动态方法名及其相应方法实例的入口。当类 B 继承类 A 时,类 B 的说明中的向量表,前面列出的是类 A 所知道的所有方法名及其相应的方法实例的入口,接下来是类 B 中所声明的新的方法名及其相应的方法实例的入口,如果类 B

重写了类 A 中的某方法,则在类 B 的说明的方法向量表中,其基类中的同名方法被新定义的方法覆盖。

例 11.6 假设有如下的类声明,其中各类的说明中方法向量表如图 11-2 所示。类 B 的说明中方法向量表中前面是基类 A 的方法 A_f,后面是 B 新声明的方法 B_g;类 C 的说明中方法向量表前面是基类 B 可用的方法,但由于类 C 对方法 g 进行了重写,故原来类 B 中的方法 g 被 C 定义的新方法 C_g 覆盖;同样,在类 D 的说明中方法向量表中前面是基类 C 可用的方法列表,由于类 D 对方法 f 进行了重写,所以,原来的方法 A_f 被类 D 中新定义的方法 D_f 覆盖。

```
class A {
    public:
        int x;
        A();
        void f(){…}
};
class B: public A {
    public:
        B();
        void g(){…}
};
class C: public B {
    public:
        C();
        void g(){…}
};
class D: public C {
    public:
        int y;
        D();
        void f(){…}
};
```

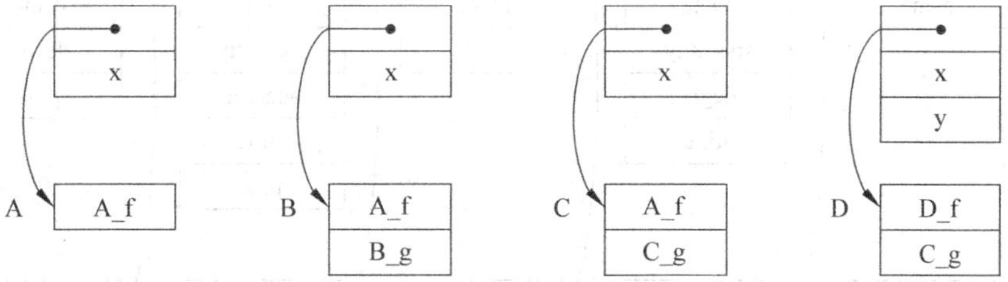

图 11-2 类说明中方法向量表的内容示例

编译程序为动态方法调用 obj.f()生成的代码应完成以下功能:

(1) 从对象实例 obj 的偏移量为 0 的单元获得指向其类说明的指针 d;

(2) 根据 d 找到类说明的方法向量表,从偏移量为 f(常量)的表项中获得相应方法实例的代码入口 p;

(3) 保存返回地址,并将控制转移到 p 处,执行与 obj. f()相应的机器代码。

11.3 继承的编译

继承是面向对象程序设计语言的一个非常重要的概念。通过类定义把一组数据以及对这些数据进行处理的函数封装为互相关联的程序模块,通过类的继承,使新生成的派生类可以从其基类获得已有的属性(数据)和行为特征(方法),很方便地实现了程序代码的重用。本节简单介绍对类的继承进行编译的基本思路。

11.3.1 单一继承的编译

单一继承指的是每个类最多只能直接继承一个父类。对于只有单一继承性的语言来说,类的继承层次结构是树型。再看例 11.2 中的 C++ 程序,它声明了类 employee,通过继承该类派生出两个新类 teacher 和 staff,通过继承类 teacher 派生出一个新类 director,通过继承类 staff 派生出一个新类 manager,类 employee 是所有其他类的祖先类,该程序中类的继承层次结构是一棵树,如图 11-1 所示。

对于这种单一继承的情况,可以采用简单的前缀技术处理。以数据域的单一继承为例,如果类 B 继承类 A,则将类 B 中从类 A 继承的那些域安排在记录 B 的开始处,并保持它们在类 A 记录中出现的顺序,而类 B 中自己扩展定义的(不是从类 A 继承的)域则按顺序安排在后面,并且,在每个对象中,加入了一个指针作为该类的第一个成分,该指针指向其方法表。比如,对于例 11.2 的程序中各类的数据域的安排如图 11-3 所示。

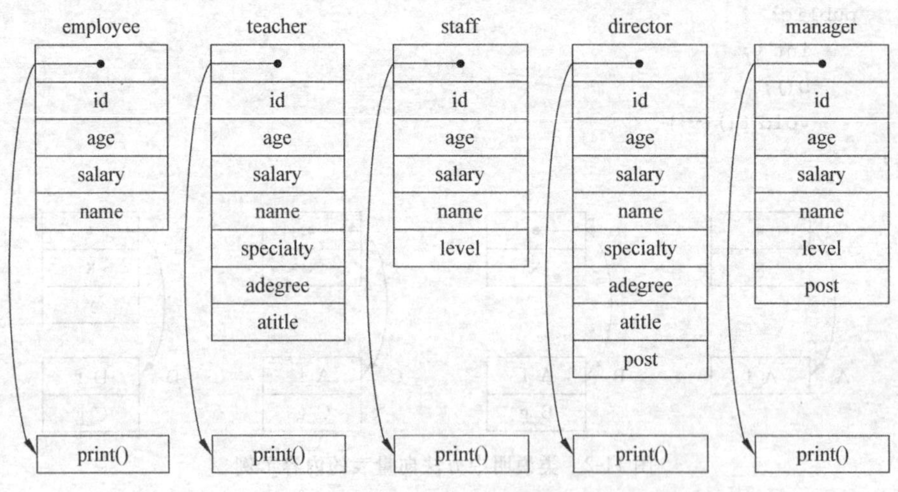

图 11-3 例 11.2 程序中各类的数据域安排示意图

在编译程序的语义分析阶段,每个类的说明中有关于该类的数据域安排的描述表(类的符号子表),其中包括各域的名字、类型、存储位置(偏移量)等。需要注意的是,由于类的静态成员(包括数据成员和方法成员)为基类和其所有派生类的所有对象所共享,即它在内存中有唯一的一个拷贝,所以关于静态成员的描述信息记录在声明它的类说明中,在每个派生类的类说明中有指向其父类说明的指针。

11.3.2 多继承的编译

从上面的介绍可知,单一继承情况的编译比较简单。但是,对于面向对象程序设计语言而言,如 C++,多继承性更具有普遍性和更强的适应性。

多继承性指的是一个类可以有多个父类,即通过直接继承多个父类而派生出一个新的类,对于允许多继承性的语言来说,类的继承关系不再是树型结构,而是有向非循环图。

为简单起见,本小节以双继承为例来说明与多继承有关的问题和可能的解决办法。双继承情况举例:(1)类 A(人员类)、类 B1(助教类)、类 B2(研究生类)、类 C(研究生助教类);(2)类 A(设备类)、类 B1(汽车类)、类 B2(遥控设备类)、类 C(遥控汽车类);(3)类 A(家具类)、类 B1(沙发类)、类 B2(床类)、类 C(沙发床类)。它们都具有如图 11-4 所示的多继承关系。

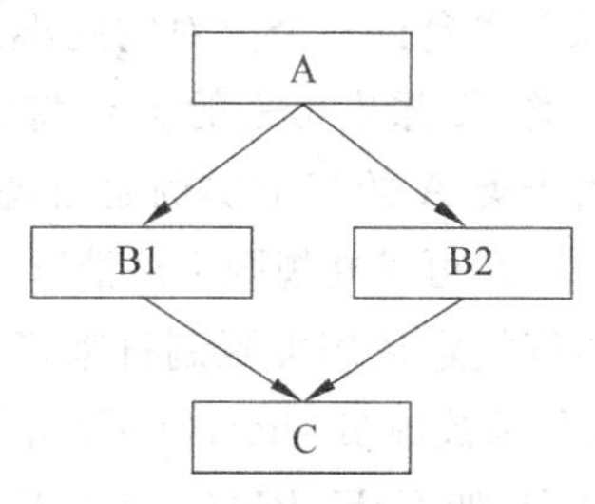

图 11-4 多继承关系示意图

在这种继承关系下,可能会遇到以下 2 个问题:

(1) 类 B1 和 B2 之间的冲突问题。即当类 C 的两个基类 B1 和 B2 中存在同名的数据成员或同名方法时,如何处理?

(2) 重复继承问题。图 11-4 是典型的重复继承的示例,由于类 B1 和 B2 都直接继承类 A,那么类 C 既通过类 B1 继承类 A,又通过类 B2 继承类 A,即类 C 重复继承类 A。针对这种情况如何处理?

问题(1)的处理方法取决于面向对象程序设计语言的定义,比如语言可以做如下规定。

① 由语言提供解决此类冲突的语法结构。比如 C++ 语言规定使用类限定符来解决此类冲突,即对派生类而言(在派生类定义范围内以及通过派生类对象访问重名成员时),不加类名限定时默认为是处理派生类成员,而要访问基类重名成员时,则要通过类名限定。不论是单一继承时基类与派生类的成员重名问题(如例 11.5 中程序所示),还是多继承时二基类间成员重名问题,均按此规定处理。比如,在类 C 的基类 B1 和 B2 中若都声明了名字 a,则 B1::a 和 B2::a 无歧义地指明了应该使用类 B1 还是类 B2 的定义。

② 由语言规定对重名成员的使用优先级。比如,针对单一继承时基类与派生类的成员重名问题,规定派生类成员优先;对多继承时二基类间成员重名问题,规定按照继承的顺序,前者优先。实际上,这种方法是根据类之间的继承关系,按照预先定义的次序进行查找,以最先找到的为准(类似于过程性语言中的静态作用域规则)。比如,对图 11-4 所示的继承关系,按照类 C、类 B1、类 B2 的顺序查找。这种办法可能会影响对程序的阅读和理解。

③ 由语言提供一种机制,允许程序员显式地对被继承特征重新命名,以此来解决可

能存在的冲突。

不论是上述哪种方法,只要语言有规定,编译程序在处理这些问题时只需根据语言的定义设计满足需求的符号表结构、记录足够的信息,设计出完成相应功能的符号表操纵函数即可,在此不再展开讨论。

对问题(2)中提到的重复继承问题,可能会有如下两种不同的情况。

① 被重复继承的类可以有多个实例。

考虑独立的重复继承的情况,即派生类对其多个父类的继承是相互独立的,对于图 11-4 所示的类之间的继承关系,类 C 的对象包含基类 B1 和 B2 的完整副本,这样在类 C 的对象中就有被重复继承的类 A 的两个实例,如图 11-5 所示。在这种情况下,当被重复继承的类 A 的多个实例的特征被访问、调用或覆盖时,或者当类 C 对象的类 A 视图被建立时,就会导致冲突和二义性。

可见性规则的使用在某些情况下可以避免这些问题。例如,C++ 语言提供的私有继承方式允许一个类对它的继承者隐藏它自己的继承性,假定类 B1 以私有方式继承类 A,从类 B1 派生出来的类 C 将无法知道类 B1 与类 A 之间的继承关系,所以,在类 C 中不会由于类 A 的多个实例而出现二义性。

在可见性规则无法消除二义性的地方,需要语言定义消除二义性的方法。比如,C++ 语言规定使用类限制符来指明需要访问的是哪个类实例中的名字,假如类 A 有数据成员 a 和函数成员 show(),Cobj 是类 C 的一个对象实例,通过在名字前面使用类限定符加以区别,如 Cobj. B1∷a 是类 C 通过 B1 从 A 继承过来的成员 a,Cobj. B2∷a 是 C 通过 B2 从 A 继承过来的成员 a。对被重复继承类的多个实例的方法的调用同样可以通过使用类限定符加以区别,如 Cobj. B1∷show()和 Cobj. B2∷show()。

② 被重复继承的类只能有一个实例。

为避免由多重多级继承所造成的二义性问题,可以采用某种方法,限制被重复继承的类只能有一个实例。像 C++ 语言利用虚基类实现的共享继承就属于这种情况。例如:

```
class A{…};
class B1: virtual public A{…};
class B2: virtual public A{…};
class C: public B1,public B2{…};
```

如此,当说明类 C 的对象 Cobj 时,它将只包含类 A 的一个拷贝,前面提到的二义性问题将不存在。虚基类的使用,使各派生类的对象共享其基类的同一个拷贝。采用虚拟继承后,C 类对象的存储结构如图 11-6 所示。

图 11-5 被重复继承类 A 有两个实例　　图 11-6 被重复继承类 A 只有一个实例

实际应用中，有些场合需要被重复继承类的多个实例，有些场合只需要被重复继承类的单个实例，甚至还有些场合需要被重复继承类的某些特征只有单个实例，而另外一些特征则有多个实例。这些功能的实现取决于面向对象程序设计语言的定义和支持。

现在把单一继承的编译方法扩展到独立的双继承场合(以图 11-4 所示的继承关系为例)。在单一继承的情况下，为了有效地实现方法的动态结合，在每个对象中，加入了一个指针作为该类的第一个成分，该指针指向其方法表(如图 11-2 和图 11-3 所示)，下面仍使用这种方式。

对于类 C 的每个基类 B，编译程序必须能够产生类 C 对象的类 B 视图。在独立的重复继承情况下，类 C 对其多个基类 B 的继承是相互独立的，因此，派生类 C 的对象中有其基类 B1 和 B2 的完整视图，并且按照类 C 对基类 B1 和 B2 的继承顺序安排，如图 11-7 所示。

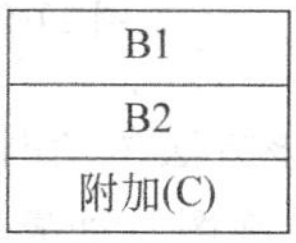

B1
B2
附加(C)

图 11-7 独立重复继承时派生类 C 的对象结构示意图

由于类 B1 子对象在类 C 对象的前部，所以，对类 B1 仍可使用单一继承的处理办法，即将类 B1 视图(包括对象成分和方法表)作为类 C 对象的类 C 视图的开头部分。根据单一继承的处理方法，对于一个对象的类 B2 视图，同样有一个指向其方法表的指针作为它的第一个成分，而方法表的内容是依据类 B2 和类 C 确定的，即由类 B2 方法表的副本经类 C 中重新定义的方法覆盖而产生，跟随该指针的是类 B2 的属性值。由于类 B2 视图在类 C 对象的类 C 视图中安排在类 B1 视图之后，所以，需要一个 B2 引用指针指向 B2 子对象的开始位置。如图 11-8 所示是对图 11-7 所示结构的实现说明。

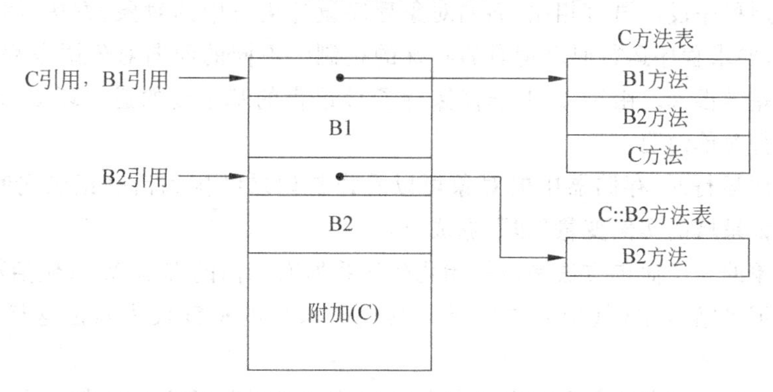

图 11-8 独立重复继承时派生类 C 的对象结构的实现示意 1

从图 11-8 可以看出，在类 C 的两个方法表中都有类 B2 的方法表的副本。这种做法不但浪费空间，也没有必要，因此，可以考虑只使用类 B2 方法表的一个副本，如图 11-9 所示，采用这种方式，类 C 的方法表是由两个或多个方法表组合而成的。

根据各个类的声明，编译程序可以知道类 C 对象中对应各子对象的偏移。对于被重复继承的超类 A 的每个实例，编译程序通过把这个偏移加到类 C 引用就可以得到相应的类 A 引用。

由于类 C 中定义的方法总是期望得到它为之激活的对象的 C 视图。如果这样的方法覆盖超类 A 的一个实例(类 C 对象中可能含有类 A 的多个实例)的方法表中的一个入

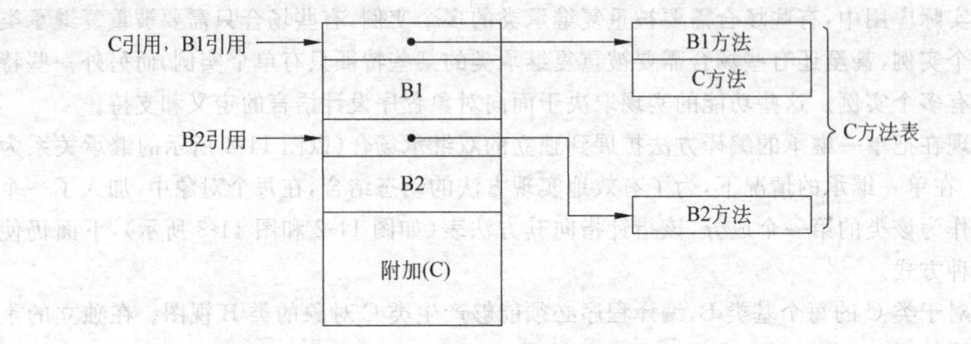

图 11-9 独立重复继承时派生类 C 的对象结构的实现示意 2

口，那么在该方法激活时，只有类 A 的视图是可用的，程序运行时，必须能够从它计算出所需的类 C 视图。如果类 A 和类 C 都是已知的，则视图可由相应的引用表示，并且对于每个类 C 对象，类 A 引用和类 C 引用之间的差 d 是一个常数，即在类 C 对象中类 A 子对象的偏移量，这样，由类 A 引用减去 d 就得到类 C 引用。但如果该方法调用被编译和运行时，类 C 是未知的，则编译程序需要把用于计算所需视图的偏移量 d 存放在方法表中紧邻该方法指针的下面，即在方法表中的每个入口包括方法和偏移量两个成分，这样，方法所期望的视图就可以在程序运行时动态地从方法当前可用视图中生成。

11.4 程序运行环境

与过程型程序设计语言相比，面向对象程序设计语言中的对象、方法、继承以及动态联编等特性，要求程序运行时环境具有特殊的机制。不同的面向对象语言程序对运行时环境的要求差异很大。由于 C++ 语言保持了 C 语言的基于栈的运行环境，这里以 C++ 语言为例进行简单说明。

C++ 程序运行时，存储器中的对象可以看作是记录结构和活动记录之间的交叉，而且带有作为记录域的实例变量(即数据成员)。

实现对象的一个简单方法是由初始化代码将所有当前的继承特征(包括数据和方法)直接复制到记录结构中(其中方法由指向其代码入口的指针代表)，但这样做非常浪费空间。

C++ 所用的方法是在执行时将类结构的一个完整的描述保存在每个点的存储器中，栈中保存的对象除了它的实例变量的域之外，还有一个指向其相应类的虚拟函数表的指针，这个指针的位置是可预测的。程序中定义的每个类都有一张虚拟函数表，其中列出了该类可用虚拟方法的代码入口指针，每个方法的表项在其虚拟函数表中的位置是可预测的。类的虚拟函数表存放在静态存储区中，即编译程序可以确定每个类的虚拟函数表的大小及其在静态数据区中的位置。

注意，对于类中声明的非虚函数，编译时可以确定与这类函数相应的代码，故不需要动态联编，所以也就不出现在虚拟函数表中。

习题 11

11.1 有如下的 C++ 程序片段,假设该程序中没有其他的类声明:

(1) 画图说明这些类之间的继承关系;

(2) 这段程序中有 5 个程序调用点,说明哪些方法调用点调用的是已知的方法实例,并说明调用的是哪个方法的实例。

```
Class A {  public:  A();  void f(){ print("A"); }  }
Class B: public A {  public:  B();  void g(){ f(); print("B"); }  }
Class C: public B {  public:  C();  void f(){ g(); print("C"); }  }
Class D: public C {  public:  D();  void g(){ f(); print("D"); }  }
Class E: public A {  public:  E();  void g(){ f(); print("E"); }  }
Class F: public E {  public:  F();  void g(){ f(); print("F"); }  }
```

11.2 分析例 11.1 中程序的执行过程,并给出屏幕输出结果。

11.3 分析例 11.2 中程序的执行过程,并给出屏幕输出结果。

11.4 分析例 11.3 中程序的执行过程,说明每次方法调用执行的是哪个方法实例,并给出屏幕输出结果。在实际开发环境中完善该程序并运行,验证你的分析结果是否正确。

11.5 在实际开发环境中实现例 11.4 中的程序并运行之,根据程序输出分析静态成员的存储分配以及编译程序对静态方法定义和静态方法激活的处理过程。

第12章 编译程序构造实践

设计并实现一个编译程序,不仅要考虑源语言和目标语言,还要考虑开发环境。源语言的定义决定着编译程序的结构,目标语言和目标机器的性质决定着源语言到目标语言的映射和代码生成策略,而实现语言的性质、程序设计的环境,以及可用的软件工具等影响着编译程序的开发效率和所实现编译程序的执行效率,所以,一般不完全采用低级语言作为实现语言。

12.1 编译程序的表示及实现方法

本节主要介绍在编译程序实现时涉及的问题,及两种常用的实现方法,即自展与移植。

12.1.1 表示方法

对于一个用Z语言实现的从源语言X到目标语言Y的编译程序,通常可用T型图或记号来表示,如图12-1所示是编译程序的表示方法。

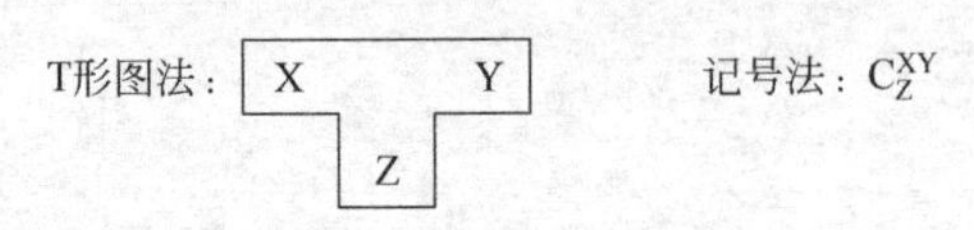

图12-1 编译程序的表示方法

12.1.2 实现语言

早期,人们使用机器语言或汇编语言作为实现语言,通过手工编码来构造编译程序。这种方式的主要缺点是开发效率低,从设计到调试出一个中等复杂程度语言(如FORTRAN等)的编译程序一般需要几个到十几个人年,并且所编程序难以阅读、修改和移植。但用低级语言编制编译程序也有优点,主要是:能够根据目标机器作针对性较强的处理,充分发挥计算机的系统功能,可以满足各种具体要求,所实现编译程序执行效率高,并且一般机器都具有这两种语言。

随着计算机应用的普及和发展,软件的生产率、可靠性、可移植性以及软件的可使用性、可维护性越来越重要,因此,越来越多的人使用高级语言来构造编译程序。用高级语言实现编译程序的优点是:开发效率高(实践表明,与低级语言相比,一般可节省四分之三的时间),所编程序易于阅读和修改,可维护性强,可以用自展的方法(即自编译方式)来构造编译程序，也可以通过移植得到编译程序。这在一定程度上满足了软件工程化方面的要求。到目前为止，已有多种适合用来进行系统程序设计的高级语言，其中较著名的有 Pascal 语言、C 语言以及 Ada 语言等。

如果一种高级语言能够用来书写它自己的编译程序，则称这种语言为自编译语言，像 Pascal 语言、C 语言都是自编译语言。语言的这种性质称为自编译性。用高级语言实现编译程序正是以其自编译性为基础的。一般来讲，自编译语言不但可以书写自己的编译程序，也能够书写其他语言的编译程序，所以，如果某种机器上已经配备了某种自编译语言，那么就可以利用这种语言为本机器配备其他高级语言。

例如，若在 A 机型上已有语言 L 的编译程序，用记号 C_A^{LA} 表示，由于 L 是自编译语言，所以可以用语言 L 来书写语言 P 的编译程序 C_L^{PA}，再用 C_A^{LA} 编译 C_L^{PA}，可以得到能够在 A 机上运行的语言 P 的编译程序 C_A^{PA}。其开发过程可以用图 12-2(a)描述，图 12-2(b)是用 T 型图表示的开发过程。

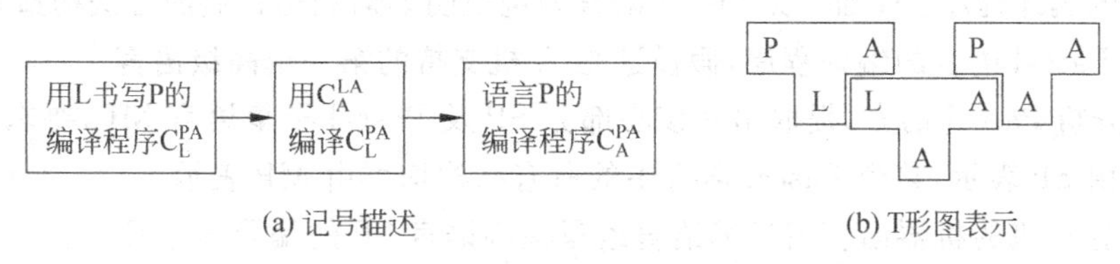

(a) 记号描述　　(b) T形图表示

图 12-2　用高级语言开发编译程序的过程

因此，不但可以利用汇编语言或高级语言来构造编译程序，而且，基于高级语言的自编译性，还可以利用自展或移植的方法来构造编译程序。

12.1.3　自展法

设有自编译语言 L，通过自展的方法构造其在机器 A 上的编译程序 C_A^{LA} 的过程如下。

首先，将语言 L 划分为核心部分 L_0 和扩充部分 $L_1, L_2, \cdots, L_n$，即 $L = L_0 + L_1 + L_2 + \cdots + L_n$。

其次，用 A 机的机器语言或汇编语言编写核心语言 L_0 的编译程序 $C_A^{L_0 A}$，该程序是 A 机上的可执行程序。

再次，用语言 L_0 编写语言$(L_0 + L_1)$的编译程序 $C_{L_0}^{(L_0+L_1)A}$，经过 $C_A^{L_0 A}$ 的编译，得到在 A 机上可以运行的语言$(L_0 + L_1)$的编译程序 $C_A^{(L_0+L_1)A}$。

然后用语言$(L_0 + L_1)$编写语言$(L_0 + L_1 + L_2)$的编译程序 $C_{(L_0+L_1)}^{(L_0+L_1+L_2)A}$，经过 $C_A^{(L_0+L_1)A}$ 的编译，得到在 A 机上可以运行的语言$(L_0 + L_1 + L_2)$的编译程序 $C_L^{(L_0+L_1+L_2)A}$。

然后，再用语言$(L_0 + L_1 + L_2)$编写…

如此重复下去，就像滚雪球一样，最终可得到整个语言 L 的编译程序 C_A^{LA}。这个过程可用图 12-3 描绘。

由于核心语言 L_0 小而简单，可以利用低级语言实现其编译程序，且花费的人力和时

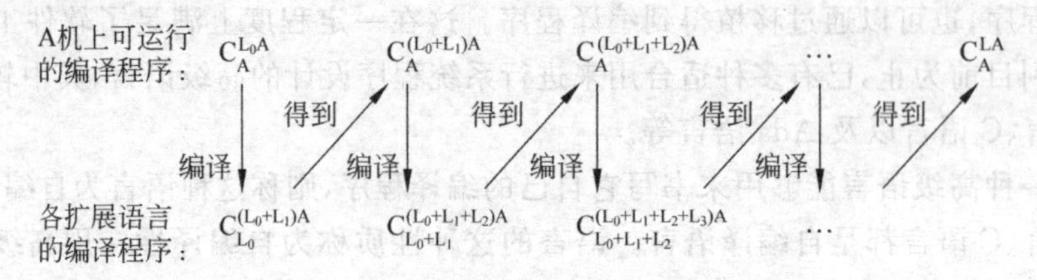

图 12-3 以自展方法构造编译程序的过程示意

间都比较少,而后则用高级语言编写扩充后的各语言的编译程序。由于高级语言程序设计有诸多优点,这样做比用低级语言直接构造一个完整的编译程序要快,并且程序的可靠性和可维护性也能保证。

例 12.1 如何使机器支持用户进行高级语言程序设计?

要想使某机器支持用户在其上进行高级语言程序设计,则必须有可在该机上运行的高级语言的编译程序。下面,以 Pascal 语言为例说明如何利用自展的方法构造可在 A 机上运行的 Pascal 语言的编译程序,假设这是 A 机支持的第一个高级语言。

(1) 分析 Pascal 语言,提取出其核心部分 SP 及 Pascal 子集语言 MP,要求 MP 中的结构均可由 SP 表示,整个 Pascal 语言中的所有结构均可由 MP 表示。

(2) 用 A 机的机器语言或汇编语言编写核心语言 SP 的编译程序 C_A^{SPA}。

(3) 用语言 SP 编写将语言 MP 转换为 A 机语言的编译程序 C_{SP}^{MPA},并在 A 机上用 C_A^{SPA} 进行编译,得到可在 A 机上运行的编译程序 C_A^{MPA}。

(4) 用 MP 编写将 Pascal 语言转换为 A 机语言的编译程序 $C_{MP}^{Pascal\ A}$,再在 A 机上用 C_A^{MPA} 进行编译,得到可在 A 机上运行的 Pascal 语言的编译程序 $C_A^{Pascal\ A}$。

上述过程以 T 型图的方式描述于图 12-4 中,这是一个自展的过程。

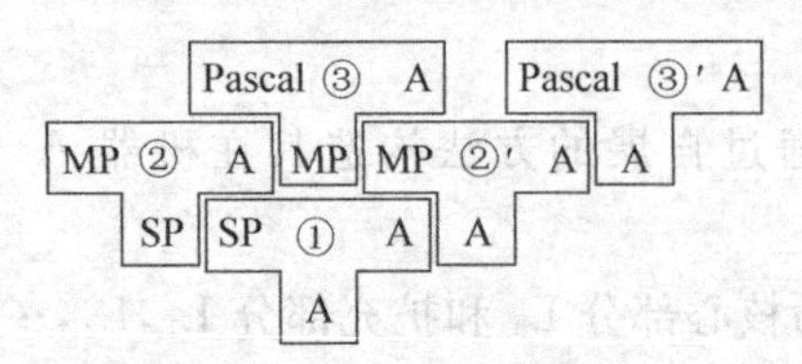

图 12-4 获得 A 机上第一个高级语言编译程序的自展过程

12.1.4 移植法

软件移植是指将某种机器(称为宿主机)上可运行的软件改造为在另一种机器(称为目标机)上可运行的软件。移植软件时,首要考虑被移植软件对宿主机硬件及操作系统的接口,设法用对目标机的接口代换之。

如果编译程序是用具有自编译性的高级语言实现的,那么移植将是很方便的。

例如,若宿主机 A 上有用自编译高级语言 L 书写的语言 L 的编译程序 C_L^{LA},以及可在 A 机上运行的语言 L 的编译程序 C_A^{LA},那么,就可以将语言 L 的编译程序从 A 机移植到 B 机,即得到在 B 机上运行的语言 L 的编译程序 C_B^{LB}。

任何一个编译程序都可以从逻辑上分为前端和后端两部分，前端所做的工作与具体的机器无关，可用 $C_L^{LA \cdot F}$ 表示编译程序的前端；而后端所做的工作则是与机器有关的，对A机器而言，可用 $C_L^{LA \cdot A}$ 表示编译程序的后端，即：$C_L^{LA} = C_L^{LA \cdot F} + C_L^{LA \cdot A}$。

现在要将宿主机A上的语言L的编译程序移植到目标机B上，需要完成以下步骤：

首先，将 $C_L^{LA \cdot A}$ 改写为 $C_L^{LB \cdot B}$，即使之产生目标机B上的目标代码，这样可以得到用A机的语言L书写的将语言L转换为B机的目标语言的编译程序 C_L^{LB}，即：$C_L^{LB} = C_L^{LA \cdot F} + C_L^{LB \cdot B}$。

其次，在A机上用 C_A^{LA} 编译程序 C_L^{LB}，得到目标程序 C_A^{LB}，这是能够在宿主机A上运行的语言L的编译程序，但是生成的目标代码是B机的机器代码。

最后，在A机上再用 C_A^{LB} 编译程序 C_L^{LB}，就可以得到在目标机B上运行的生成B机代码的语言L的编译程序 C_B^{LB}。

这样，就把语言L的编译程序从宿主机A移植到目标机B上了。该移植过程可以用图12-5来描述。

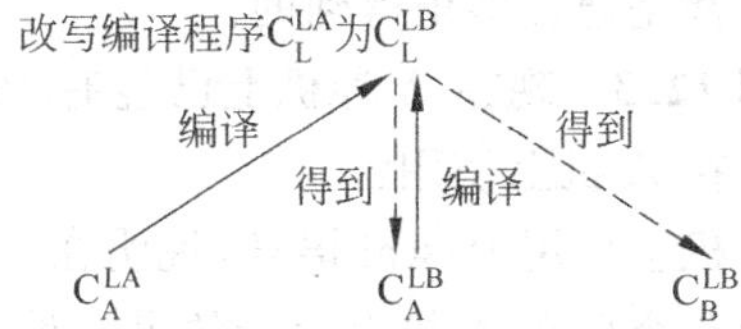

图12-5 以移植方法构造编译程序的过程示意

例12.2 在A种机上可以使用Pascal语言进行程序设计，如何将Pascal语言推广应用到B种机上？

在A种机上可以使用Pascal语言进行程序设计，说明在A种机上已有一个可以运行的Pascal编译程序。为了使得在B种机上也可以使用Pascal语言，只需将A种机上的Pascal编译程序移植到B种机上即可。

通过以下步骤，可使Pascal语言在B机上可用。

(1) 用Pascal语言编写一个将Pascal语言转换为B机语言的编译程序 $C_{Pascal}^{Pascal\ B}$。通过改写A机上Pascal语言编译程序的后端，使代码生成模块输出B机器代码即可。

(2) 在A机上用 $C_A^{Pascal\ A}$ 编译(1)中程序，得到可在A机上运行的、生成B机语言程序的编译程序 $C_A^{Pascal\ B}$。

(3) 在A机上再用 $C_A^{Pascal\ B}$ 编译(1)中的程序，即得到可在B机上运行的、将Pascal语言程序转换为B机语言程序的编译程序 $C_B^{Pascal\ B}$。

上述过程以T型图的方式描述于图12-6中，这是一个移植的过程。

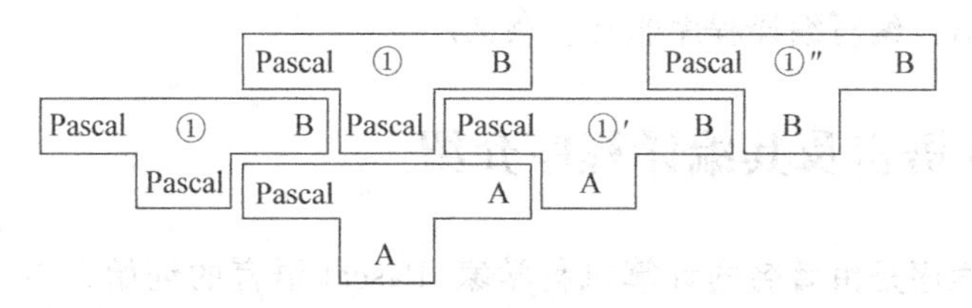

图12-6 将Pascal编译程序移植到B机的过程

通过移植将一种机器上已经成熟的软件移植到另一种机器上，既提高了软件的生产率，又提高了软件的可靠性，因此，移植方法具有较大的实用价值。把编译程序分为前端和后端，先由前端将源程序加工成为某种中间代码形式，再由后端将中间代码转换成目标代码，这样，通过改写编译程序的后端，可以将它移植到一种新的机器上，通过改写其前端，可以在同一种机器上引入新的语言，这就极大地方便了程序设计语言的推广应用。

例如，为了推广 Pascal 语言，U. Ammann 等人于 1973 年用标准 Pascal 语言的子集编写了该子集的一个编译程序 P(Portable 的字头，表示可以移植的意思)。该编译程序所生成的目标程序是一台假想栈式计算机(简称 SC)的汇编语言形式的代码(称为 P-CODE)，它可以在不同的计算机上解释执行。然后，利用 Pascal 语言的自编译功能，以 Pascal 语言的子集编写的 Pascal 的编译程序，通过宿主机上编译程序 P 的编译，也可以转变为 SC 的汇编语言形式。这种形式的 Pascal 编译程序很容易就可以移植到其他目标机上。

实现移植的方法有多种，其中最迅速的方法之一就是在目标机上为 SC 的汇编语言编写一个解释程序，然后用它来解释执行 SC 汇编语言形式的编译程序；另一种方法是在目标机上为 SC 的汇编语言编写一个汇编程序，然后将其转换为目标机上的目标代码形式的编译程序。

上述解释程序或汇编程序可以用目标机的机器语言或汇编语言编写。也可以用 Pascal 语言编写，然后通过自编译和移植的方法得到。目前，许多计算机上的 Pascal 编译程序都是通过移植得到的。

例 12.3 现在 A 种机上已经有 Pascal 语言可用，如何使一种新的语言(如 C 语言)也可以在 A 机上使用？

A 机上可用 Pascal 语言，说明在 A 机上已有可用的 Pascal 编译程序 $C_A^{Pascal\ A}$，如果能够得到一个可在 A 机上运行的另一种新语言(如 C)的编译程序 C_A^{CA} 的话，就可以在 A 机上使用 C 语言了。可以通过以下步骤获得 C 语言在 A 机上的编译程序。

(1) 用 Pascal 语言编写一个将 C 语言转换为 A 机语言的编译程序 C_{Pascal}^{CA}。通过改写 A 机上 Pascal 编译程序的前端，使之完成 C 语言的词法分析、语法分析和语义分析，并生成中间代码即可。

(2) 在 A 机上用 $C_A^{Pascal\ A}$ 编译 C_{Pascal}^{CA}，可得到 A 机上的 C 语言的编译程序 C_A^{CA}。

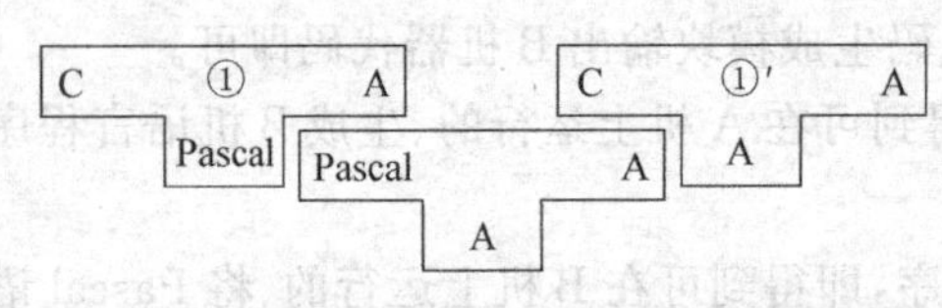

图 12-7 在 A 机上引入另一高级语言的过程

该过程以 T 型图的方式描述于图 12-7 中。用高级语言实现编译程序，生产周期短、可靠性高、易修改、易维护。并且，随着计算机技术的发展，计算机的运行速度越来越快，存储器越来越便宜，软件的正确性、可用性、可维护性、可重用性等变得越来越重要，所以，学习用高级语言编写编译程序非常有意义。

12.2 PL/0 语言及其编译程序介绍

PL/0 编译程序是由著名的计算机科学家、Pascal 语言的创始人 N. Wirth 编写的一个简单的编译程序，虽不实用，但作为一个教学模型，可以充分展示编译高级语言最基本的概念，它所提出的基本方法对处理复杂语言的编译是完全适用的。实际上 Pascal 语言本身的编译程序就成功地采用了这些基本技术。本节将简单介绍 PL/0 语言的文法、编译程序的结构、编译程序各功能模块以及目标代码的解释执行环境计算机的结构等，希望有助于读者掌握编译程序的构造和实现方法。

12.2.1 PL/0 语言

PL/0 是一种十分简单的类 Pascal 语言，可以看作是 Pascal 语言的一个子集。它只有整数一种类型，但却具有相当完全的可嵌套的分程序结构。PL/0 可进行常量定义、变量声明和过程声明，并具有大多数程序设计语言所具有的最基本的语句，如赋值语句、条件语句、循环语句、过程调用语句、简单的输入/输出语句以及复合语句。PL/0 的过程没有参数，但允许嵌套定义，可以递归调用，因此过程所需要的数据只能通过全局变量来传递。

1. 语法图

PL/0 语言的语法可用图 12-8 所示的语法图描述。

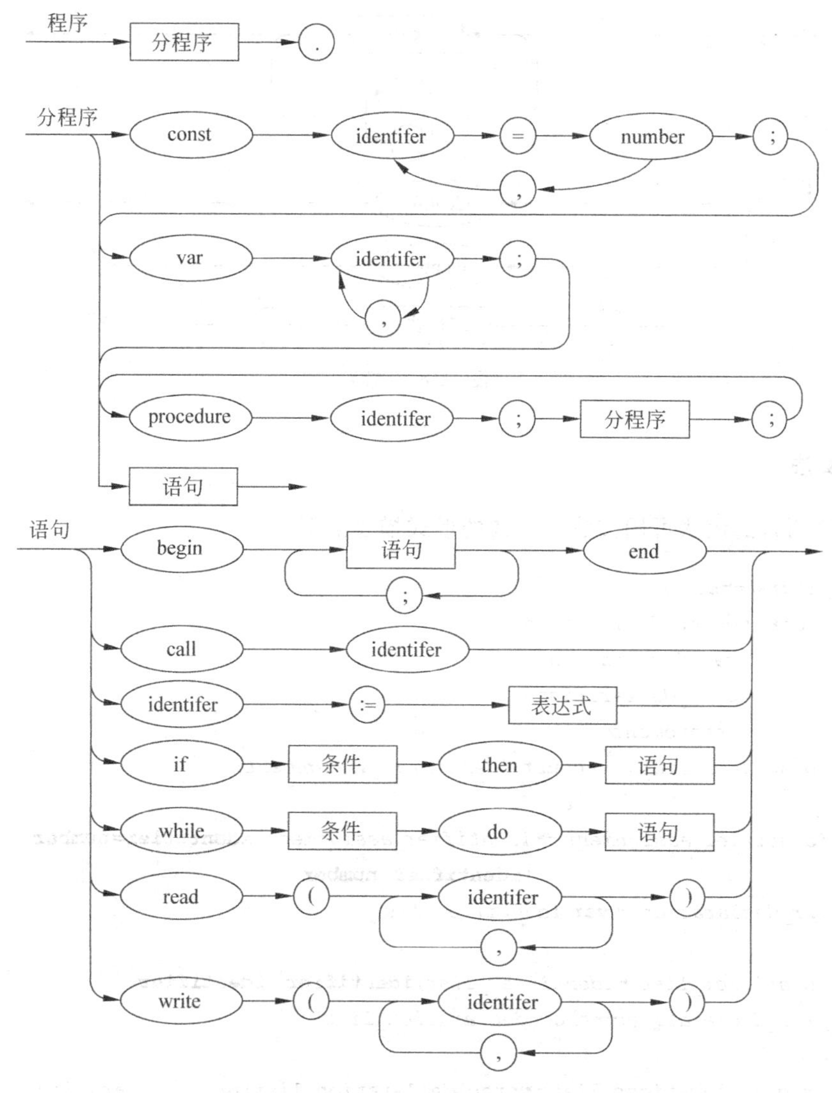

图 12-8　PL/0 的语法图

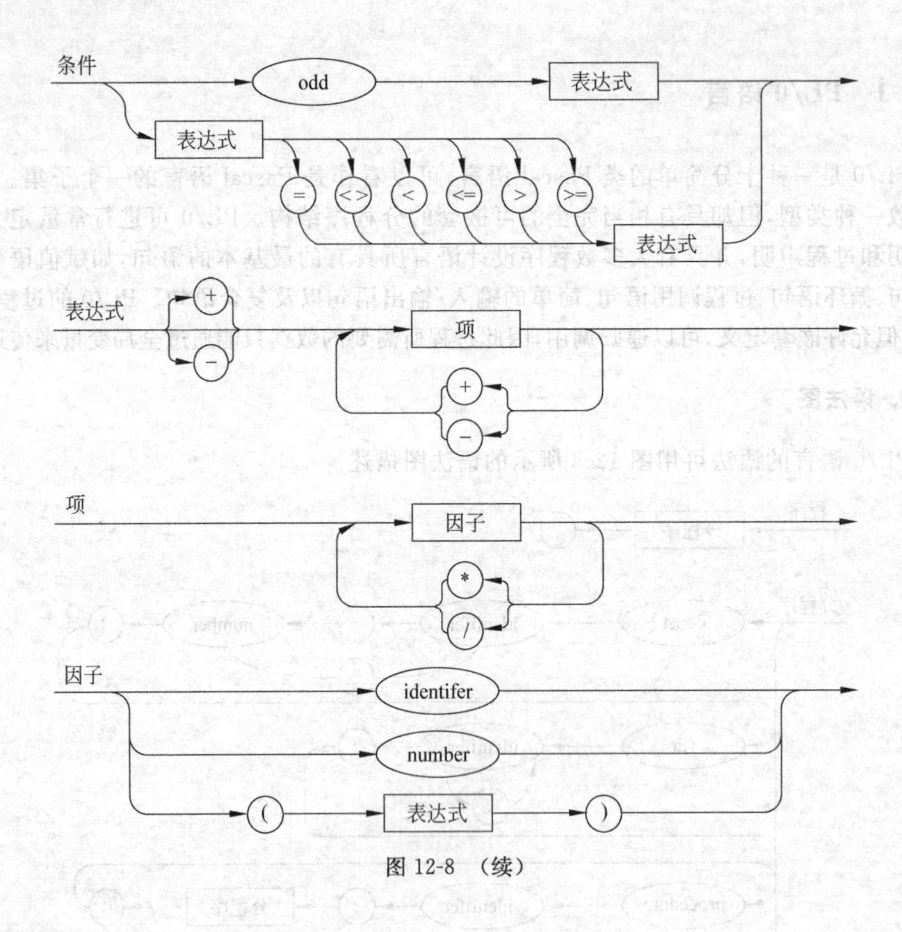

图 12-8 （续）

2. 文法

PL/0 语言的语法可用文法产生式的形式描述如下。

(1) *program*→*block*.

(2) *block*→*const_declaration*
　　var_declaration
　　proc_declarations
　　statement

(3) *const_declaration*→**const** *identifier_assignment*;
　　|ε

(4) *identifier_assignment*→*identifier_assignment*,**identifier=number**
　　|**identifier=number**

(5) *var_declaration*→**var** *identifier_list*;
　　|ε

(6) *identifier_list*→*identifier_list*,**identifier**| **identifier**

(7) *proc_declarations*→*proc_declaration_list*;
　　|ε

(8) *proc_declarations_list*→*proc_declaration_list*;*proc_declaration*
　　|*proc_declaration*

(9) *proc_declaration*→**procedure identifier**; *block*
(10) *statement*→**begin** *statement_list* **end**
|**call identifier**
|**identifier**:=*expression*
|**if** *condition* **then** *statement*
|**while** *condition* **do** *statement*
|**read**(*identifier_list*)
|**write**(*identifier_list*)
(11) *statement_list*→*statement_list*;*statement*
|*statement*
(12) *condition*→**odd** *expression*
|*expression* **relop** *expression*
(13) *expression*→*term*
|**sign** *term*
|*expression* **addop** *term*
(14) *term*→*term* **mulop** *factor*
|*factor*
(15) *factor*→**identifier**
|**number**
|(*expression*)

PL/0 语言的词法可用如下文法产生式描述。

(16) **sign**→ +| -
(17) **relop**→=| <>| >| >=| <| <=
(18) **addop**→ +| -
(19) **mulop**→ * | /
(20) *identifier*→**letter** *rid*
(21) *rid*→**letter** *rid* | **digit** *rid* | ε
(22) *number*→**digit** *number* | **digit**
(23) **letter**→ a|b|c|…|z
(24) **digit**→ 0|1|2|…|9

3. PL/0 程序示例

下面是用 PL/0 语言编写的求两个正整数的最大公约数和最小公倍数的程序。

```
const a=18,b=24;
var x,y,g,m;
procedure swap;
  var temp;
  begin
    temp:=x;
    x:=y;
    y:=temp
  end;
```

```
procedure mod;
  x:=x-x/y*y;
begin
  x:=a;
  y:=b;
  call mod;
  while x<>0 do
    begin
      call swap;
      call mod
    end;
  g:=y;
  m:=a*b/g;
  write(g,m)
end.
```

12.2.2 PL/0编译程序的结构

PL/0编译程序是一个编译-解释执行系统，整个编译过程分为两个阶段，第一个阶段把PL/0源程序编译为假想栈式计算机的汇编语言程序(P-code)，第二个阶段对所生成的目标程序进行解释执行。PL/0编译程序是一遍编译程序，该程序以语法分析为核心，调用词法分析模块扫描源程序并取回单词，在语法分析过程中，同时进行语义分析处理，并生成目标指令。在编译过程中，如果发现错误，则随时调用错误处理程序，打印错误信息。

PL/0编译程序的结构如图12-9所示。

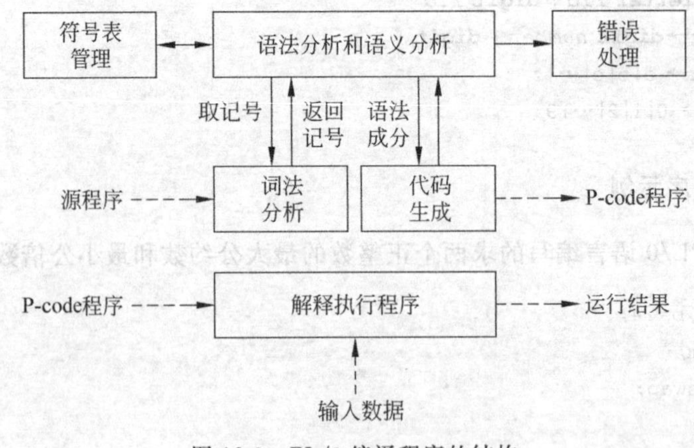

图12-9 PL/0编译程序的结构

PL/0编译程序是用Pascal语言编写的，整个程序包括主程序在内共有19个过程或函数，表12-1列出了它们的名字及功能。

表 12-1 PL/0 编译程序的过程及函数

序 号	过程/函数名称	主要功能描述
1	pl0	主程序
2	error	出错处理,打印出错位置和错误编码
3	getsym	词法分析,取一个单词
4	getch	取字符
5	gen	生成 P-code 指令,送入目标程序区
6	test	测试当前单词符号是否合法
7	block	分程序分析处理
8	enter	写符号表
9	position	查找标识符在符号表中的位置
10	constdeclaration	常量定义处理
11	vardeclaration	变量声明处理
12	listcode	列出 P-code 指令清单
13	statement	语句部分分析处理
14	expression	表达式分析处理
15	term	项分析处理
16	factor	因子分析处理
17	condition	条件分析处理
18	interpret	P-code 解释执行程序
19	base	通过静态链求出数据区的基地址

这些过程和函数之间的嵌套关系如图 12-10 所示。

12.2.3 PL/0 编译程序的词法分析

PL/0 编译程序的词法分析程序 getsym 是一个独立的子程序,由语法分析程序调用。每调用一次,就向语法分析程序返回一个单词。

1. PL/0 语言中的单词类别

PL/0 语言中的单词可以分为 5 大类,分别是:

(1) 关键字:const,var,procedure,call,begin,end,if,then,while,do,read,write

(2) 运算符:+,-,*,/,:=,=,<>,>,>=,<,<=

(3) 标识符:用户定义的名字,由字母打头的字母数字串。

(4) 常数:数字串

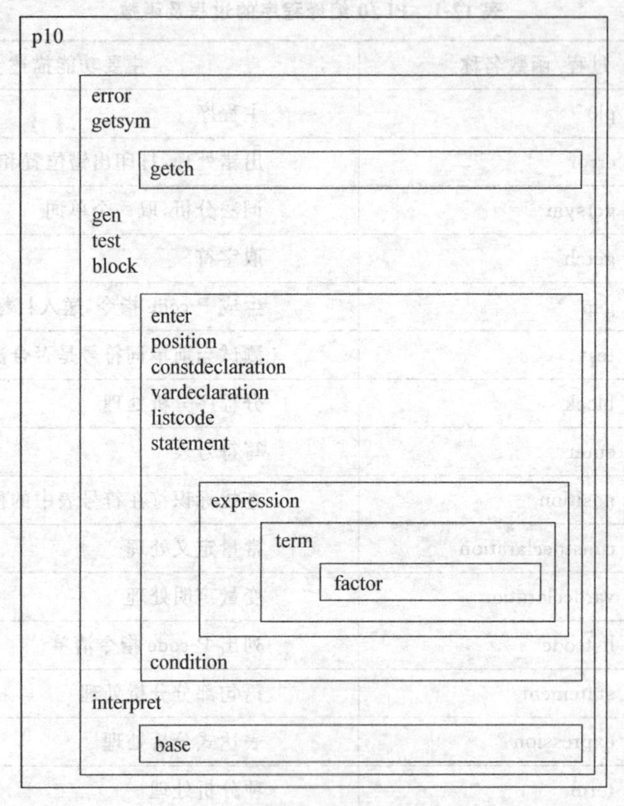

图 12-10 PL/0 编译程序中过程/函数之间的嵌套关系

(5) 分界符:逗号“,”、句点“.”、分号“;”、括号“(”和“)”。

2. 词法分析程序 getsym 用到的主要变量和函数

变量:

sym,存放所识别出来的单词符号的类别编码。

id,存放所识别出来的用户定义的标识符。

num,存放所识别出来的整数。

函数:getch。

getch 所用主要数据结构:

(1) ch,存放当前读取的字符。

(2) line,一维数组,用作输入缓冲区,函数 getch 每次从源程序中读取一行,存入该数组,然后,从该数组中把字符一个一个地依次取出,存入 ch 返回。

(3) LL,记录当前源程序行的长度。

(4) CC,向前扫描指针,即当前所取字符在该行中的位置。

getch 的主要功能:

(1) 读取源程序中的字符。

(2) 识别并跳过行结束标识(回车换行符)。

(3) 把从 input 文件读入的源程序同时输出到 output 文件上，以形成被编译源程序的清单。

(4) 在输出每一行源程序的开始处，打印出编译生成的目标指令相应的行号。

3. PL/0 词法分析程序的主要功能

词法分析程序 getsym 主要具有以下功能：

(1) 跳过源程序中的空格字符。

(2) 从源程序字符串序列中识别出单词符号，并把单词符号的类别编码送入变量 sym 中。

(3) 用变量 id 存放标识符，用二分法查找关键字表，识别出关键字。

(4) 如果取回的单词是无符号整数，则将该整数数字串转换为数值存入变量 num 中。

12.2.4 PL/0 编译程序的语法分析

语法分析的任务是检查单词符号序列是否符合语言的语法规则。PL/0 语言的语法规则已在 12.2.1 小节给出。PL/0 编译程序的语法分析采用自顶向下的递归调用预测分析方法，即为每个语法成分都编写了一个分析子程序，根据当前读取的单词，可以选择调用相应的子程序进行语法分析。递归调用预测分析方法对文法有以下要求：

(1) 文法不能含有左递归；

(2) 对于文法形如 $A \rightarrow \alpha \mid \beta$ 的产生式，必须同时满足以下两个条件：

(a) $FIRST(\alpha) \cap FIRST(\beta) = \varnothing$。

(b) 若 $\varepsilon \in FIRST(\beta)$，则 $FIRST(\alpha) \cap FOLLOW(A) = \varnothing$。

根据 PL/0 语言的语法，可以构造出每个非终结符号的 FIRST 集合和 FOLLOW 集合，如表 12-2 所示。

表 12-2 PL/0 语言中非终结符号的 FIRST 集合和 FOLLOW 集合

非终结符(S)	FIRST(S)	FOLLOW(S)
分程序	const var procedure identifier call if begin while read write	. ;
语句	identifier call begin if while read write	. ; end
条件	odd + − (identifier number	then do
表达式	+ − (identifier number	. ;) R end then do
项	identifier number (	. ;) R + − end then do
因子	identifier number (	. ;) R + − * / end then do

这里 R 代表关系运算符，identifier 代表标识符，number 代表无符号整数。

1. 过程之间的依赖关系

从表 12-2 可以看出，PL/0 语言属于 LL(1)文法。可以用递归调用预测分析方法进行分析。并且从图 12-8 所示的 PL/0 语言的语法图也可以看出，为了对 PL/0 程序进行语法分析，各子程序之间必定存在相互调用的关系，这种调用关系可以用图 12-11 表示，图中清楚地表明了这些子程序需要进行直接递归调用还是间接递归调用。

实际的语法分析工作，在进入分程序(block)以后，可以分成两部分进行，即：首先对说明部分进行分析处理，然后再对语句部分进行分析处理。

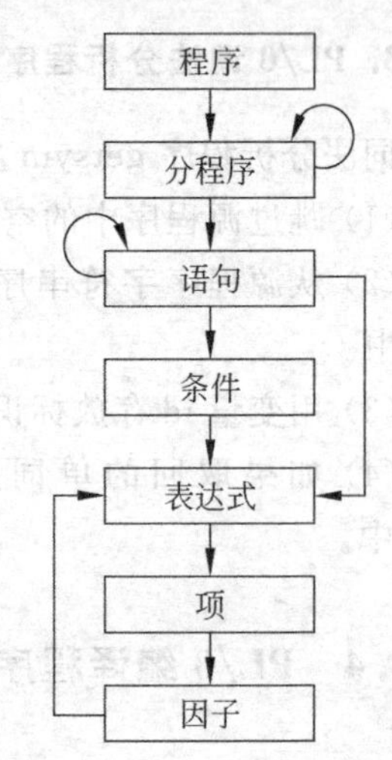

图 12-11　PL/0 编译程序各子程序之间的调用关系

2. 对说明部分的分析处理

主要处理常量定义、变量声明和过程声明。

由于 PL/0 编译程序是一遍编译，故在进行语法分析的同时进行语义分析，所以，在对说明部分进行分析处理时，要收集并存储各个名字的属性信息。对合法的常量名、变量名和过程名，应该把它们的名字及有关属性信息通过调用过程 enter 写到符号表 tab 中。

tab 定义为一个带变体的记录数组，表的每个记录包括：名字域 name、种类域 kind (指明名字是常量、变量还是过程)、值域 val(当 kind 为常量时，保存常数的值)、层次域 level(指明名字的嵌套深度，主程序为第 0 层，PL/0 最多允许 3 层)、地址域 adr(当 kind 为变量或过程时，该域中应填入每层局部变量所分配单元的相对地址，起始地址为 3，由地址分配索引变量 dx 指定；对过程名，则应填入编译时该过程所生成的 P-code 指令序列的入口地址)等。比如，对 12.2.1 节中的示例程序的说明部分进行处理后，符号表中的信息如表 12-3 所示。

表 12-3　符号表中的信息

序号	name	kind	val	level	adr
1	a	constant	18		
2	b	constant	24		
3	x	variable		0	3
4	y	variable		0	4
5	g	variable		0	5
6	m	variable		0	6
7	swap	procedure		0	*
8	temp	variable		1	3
9	mod	procedure		0	*

PL/0规定,所有名字必须先声明后引用,并且遵从静态作用域规则。因此,对于如图12-12所示的嵌套结构的程序,各过程允许调用的其他过程如表12-4所示。

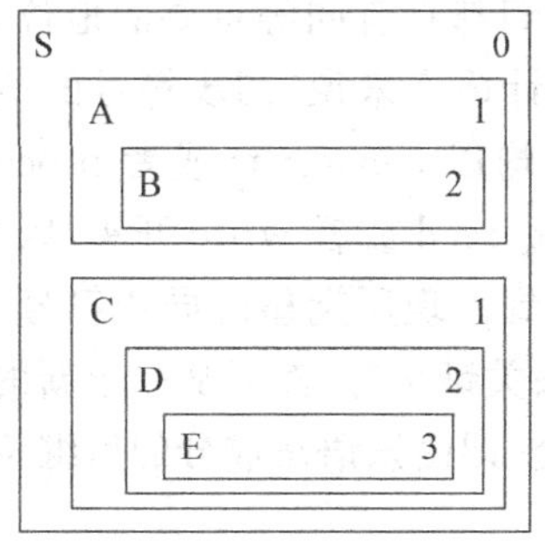

图12-12 嵌套结构示例

表12-4 静态作用域规则示例

调用者	被调用者
S	A,C
A	A,B
B	A,B
C	A,C,D
D	A,C,D,E
E	A,C,D,E

3. 对语句部分的分析处理

进入语句的分析后,只需根据当前读入的单词(应该是标识符或其他关键字),就可以确定当前处理的是哪一类语句,然后调用相应的子程序完成对当前语句的分析处理。语句的分析过程简单明了,不再赘述。

PL/0的编译程序在调用子过程对各种语法成分进行结构分析的同时,完成相应的语义分析,即类型检查。由于PL/0语言只有一种类型,所以它的类型检查工作很简单,主要检查是否存在标识符未声明的情况、是否存在已声明标识符的错误引用,以及是否存在一般标识符的多重声明。

在对各种语句进行分析处理时,凡遇到标识符都要调用函数position去查符号表,查找名字时,从后向前查,这样做可以实现静态作用域。若该名字已经存在,则返回它在符号表中的位置,并可据此获得该名字的有关属性。若符号表中无此名字,则返回0,表示出错。

12.2.5 PL/0编译程序的出错处理

多数情况下,一个编译程序所接受的源程序正文都或多或少地含有错误。当编译程序检测出源程序的错误时,应该给出合适的诊断信息,并且能够进行适当的恢复以便继续编译下去发现更多的错误。一个具有良好查错功能的编译程序一般应做到:任何源程序输入序列都不会导致编译程序的崩溃;尽可能多地发现源程序中出现的语法和语义错误,并尽可能准确地指出错误所在位置和错误性质;尽量遏制冗余的出错信息,即遏制那些由于程序出错而产生的其他虚假错误信息。

1. 错误处理机制

根据这样的要求,PL/0编译程序在错误处理上采取了以下措施。

(1) 同步符号

程序员在写程序时,可能会因为粗心而漏掉语句分隔符“;”或者关键字之类的符号,可能误用像“:=”或“=”之类的符号。当编译程序发现了源程序中的语法错误时,除了需要报告错误信息外,还应该进行适当的恢复。

对于编译程序而言,不论是分界符还是关键字,它们都具有同等重要的地位。因此,可以采用一些标志性符号作为同步符号。对于程序设计语言来说,同步符号的最好选择就是关键字或分界符。PL/0 语言的每一个说明语句均以 const、var 或者 procedure 开头,每一个可执行语句均以 begin、call、变量名、if、while、read 或者 write 开头,因此,每当遇到语法错误时,分析程序就跳过后面的某些部分,直到出现所期望的同步符号为止,可能是语句结束符“;”、复合语句结束符“end”或语句开头关键字等,然后从一个新的结构继续编译。因此,需要构造每个语法成分的同步符号集合,即由该语法成分的后继符号和语句的开头关键字构成的集合。

(2) 错误恢复策略

自顶向下分析的特点在于目标被分解成一些子目标,分析程序调用其他的分析子程序来处理其子目标。错误恢复机制要求,如果一个分析程序发现了错误,在向调用它的程序报告发生的错误之后,不应该消极地停止前进,而应该能够继续向前扫描,直到发现同步符号,使分析工作得以恢复。从程序设计上,这就要求任一分析程序除了正常终止外,没有其他出口。

对于像遗漏了分界符“;”、缺少明显的关键字、误用了“:=”或“=”等确定的语法错误时,除了报告出错信息外,只要简单地添上或改正这些符号,便可使编译继续进行下去。

对于复杂的语法错误,要求在每个语法分析子程序的出口处,检测取来的下一个符号是否为该语法成分的后继符号,若不是,则应报告错误,并跳过一段源程序,直到取来的符号是该语法成分的一个同步符号为止。

2. 测试过程及错误信息

PL/0 编译程序利用过程 test 来实现这种测试和跳读工作。过程 test 有 3 个参数:

(1) S1:合法符号集合。

(2) S2:停止符号集合。有些符号的出现,虽然无疑是错的,但它们通常标识一个新结构的开始,绝对不应被忽略而跳过。

(3) 整数 n:错误编码。

实际调用过程 test 时,与 S1 相应的实参是由各语法分析程序的参数(fsys)给出的,符号集合 fsys 是可以传递的,并且随着调用语法分析程序的逐次深入,符号集合 fsys 将逐步得以补充。实际上,当进入一个语法成分的分析程序时,还可以利用过程来测试当前读取的符号是否属于该语法成分的 FIRST 集合,如果当前符号不在此集合中,则得到一个错误编码。PL/0 编译程序中多处使用了过程 test 来达到测试和跳读的目的。例如,在语句(statement)分析的出口处、在分程序(block)分析的出口处、在因子(factor)分析的入口处和出口处,以及在分析过程说明之后和进入语句分析之前等都进行了这样的测试。

下面是用 Pascal 语言描述的 test 过程:

```
procedure test(s1,s2: symset;  n: integer);
```

```
begin
    if not(sym in s1) then
    begin
        error(n);
        s1:=s1+s2;
        while not (sym in s1) do getsym
    end
end;
```

PL/0编译程序中定义的错误编码及相应的出错信息如表12-5所示。

表12-5 错误编码及出错信息

错误编码	出错信息	错误编码	出错信息
1	应为"="而不是":="	15	不可调用常量或变量
2	"="后应该是数字	16	应为"then"
3	常量标识符后应是"="	17	应为分号";"或"end"
4	const、var、procedure后应是标识符	18	应为"do"
5	缺少逗号","或分号";"	19	语句后的符号不正确
6	过程说明后的符号不正确	20	应为关系运算符
7	应为语句开始符号	21	表达式内不可有过程标识符
8	程序体内语句部分后的符号不正确	22	遗漏右括号")"
9	应为句点"."	23	因子后不可为此符号
10	语句之间遗漏了分号";"	24	表达式不能以此符号开始
11	标识符未声明	30	这个数太大
12	不可向常量或过程赋值	32	嵌套深度太大
13	应为赋值号":="	40	应为左括号"("
14	call后应为标识符		

12.2.6 PL/0编译程序的执行环境及代码生成

PL/0编译程序经过词法分析、语法和语义分析之后，再由代码生成程序将源程序转换为一个由假想栈式计算机(称为PL/0计算机)的汇编语言描述的程序，即P-code指令代码。P-code指令不依赖于任何实际的计算机。

PL/0计算机由两类存储、一个指令寄存器和三个地址寄存器组成。两类存储指的是目标代码存储和数据存储，目标代码存放在一个固定的存储数组code中，而所需数据存放在一个数据栈S中。指令寄存器I中存放当前要执行的P-code指令。程序计数器P中存放下一条要执行的指令地址，当程序顺序执行时，每执行完一条指令后，P的值应加

1。基地址寄存器B用来存放当前运行的分程序的数据区在数据栈S中的起始地址。栈指针寄存器T总是指向数据栈S的栈顶。PL/0计算机没有专门供运算用的寄存器,所有的运算都在栈顶单元进行,运算结果取代原来的运算对象而保留在栈顶。

PL/0计算机是一个解释程序,它顺序解释所生成的P-code代码。

1. P-code指令集

PL/0计算机的指令集是根据PL/0语言的要求设计的,非常简单,指令格式也非常单纯。PL/0指令集中只有8条指令,它们是:LIT、LOD、STO、CAL、INT、JMP、JPC和OPR。

PL/0指令的格式为:OP　L　d。其中,OP为操作码,用枚举值表示;L为引用变量或过程的分程序与说明该变量或过程的分程序之间的层次差;d对于不同的指令有不同的含义,如表12-6所示。

表12-6　PL/0指令及其含义示例

	指　令			指令含义
	OP	L	d	
(1)	LIT	0	d	将常数值d置于栈顶
(2)	LOD	f	d	将变量(相对地址为d,层次差为f)值置于栈顶
(3)	STO	f	d	将栈顶的值赋予某变量(相对地址为d,层次差为f)
(4)	CAL	f	d	调用过程(入口指令地址为d,层次差为f)
(5)	INT	0	d	在栈中分配存储空间(d为所分配栈单元的个数)
(6)	JMP	0	d	无条件转移到地址为d的指令
(7)	JPC	0	d	条件转移,当栈顶的值为非真时,转移到地址为d的指令,否则顺序执行
(8)	OPR	0	d	一组算术或逻辑运算指令,具体操作由d的值决定 d=0,返回调用点,释放被调用过程的栈空间 d=1,栈顶的值取反,结果仍存放在栈顶 d=2～5,将栈顶和次栈顶的内容做算术运算,结果存放在次栈顶 d=6,判断栈顶的值的奇偶性,奇数为真、偶数为假,结果存放在栈顶 d=8～13,将栈顶和次栈顶的内容进行比较,结果存放在次栈顶 d=14,把栈顶的值输出到屏幕 d=15,屏幕输出换行 d=16,从命令行读入一个输入到栈中某变量单元 d=其他值,非法指令

其中,程序地址为目标数组code的下标,数据地址为变量在局部存储中的相对地址。

2. 执行环境

前面已经提到,PL/0计算机有两类存储,即目标代码的存储和数据的存储。目标代码的存储区code是一个一维数组,由编译程序把所生成的P-code指令装入code数组中,并且在执行过程中保持不变，因此可以把它看成是“只读”存储器。数据存储区S被组织成一个栈，由于PL/0的每个过程都可能声明局部变量，并且这些过程可以被递归调用，所以在实际调用前无法为这些局部变量分配存储空间。PL/0采用栈式存储分配策略来分配程序运行时所需要的数据空间。

对于具有嵌套结构的程序而言，在程序运行过程中，需要在栈中为每一个运行过程申请一块连续的存储/数据空间(称为活动记录)来保存相应过程的运行环境信息，其中包括运行过程中声明的局部变量的数据空间和与控制有关的数据空间。当一个过程被激活时，需要在数据栈S中为其创建活动记录，直到该活动运行结束，相应的活动记录才从栈中撤销。栈顶活动记录的起始地址保存在地址寄存器B中。运算操作就在该数据区上面的栈顶单元之间进行，栈顶单元的地址保存在栈顶指针寄存器T中。

活动记录中有3个与控制有关的单元，即访问链单元SL、控制链单元DL和返回地址单元RA。SL中保存其直接外层分程序数据区的基地址，根据各分程序的SL单元，可在栈中形成一条访问链，便于被调用过程运行期间访问非局部名字。DL中保存调用过程的数据区的基地址，当前活动结束后，用其DL的值重新设置基址寄存器B，即可恢复调用过程的运行环境。RA中保存返回地址，当前活动结束后，根据RA的内容使控制返回到调用过程中。

假定有如图12-13所示的程序，主程序中声明了变量x和y，声明了过程B和A；过程B中声明了变量m和n，以及过程C；过程C中声明了变量p、q和r。主程序的层次是0，过程A和B的层次是1，C的层次是2，名字的层次与其声明所在过程的层次一致。主程序调用过程A，过程A调用过程B，过程B调用过程C，而C又调用B。当程序运行过程中第2次进入B执行时，各活动的数据空间在栈S中的分配情况如图12-14所示。

因为实际的存储分配是在程序运行(解释)时动态进行的，所以，编译程序不能生成绝对地址的目标代码，它只能确定各个变量在局部数据区内的位置，即只能生成使用相对地址的目标代码。如在编译时，凡生成涉及存取变量操作的指令(如LOD、STO等)时，其L值为调用过程的层次与被引用变量的层次之差，这样，只要沿着SL链前进L步，就可以找到被引用变量的数据单元所在活动记录的基地址，再加上相对地址值d，就确定了该变量在数据栈中的“绝对”位置。若变量是局部于当前正在解释的过程时，指令中L参数的值为0，则此基地址由寄存器B给出。

3. 代码生成

P-code的生成是非常直观的。PL/0编译程序为PL/0源程序中的每一条可执行语句生成后缀形式的目标代码。用这种代码生成方式很容易实现对表达式、赋值语句、过程调用等结构的翻译。

例如，赋值语句x:=y op z(op为某个运算符)将被翻译成下面的目标代码序列，假设设指令计数从第100开始。

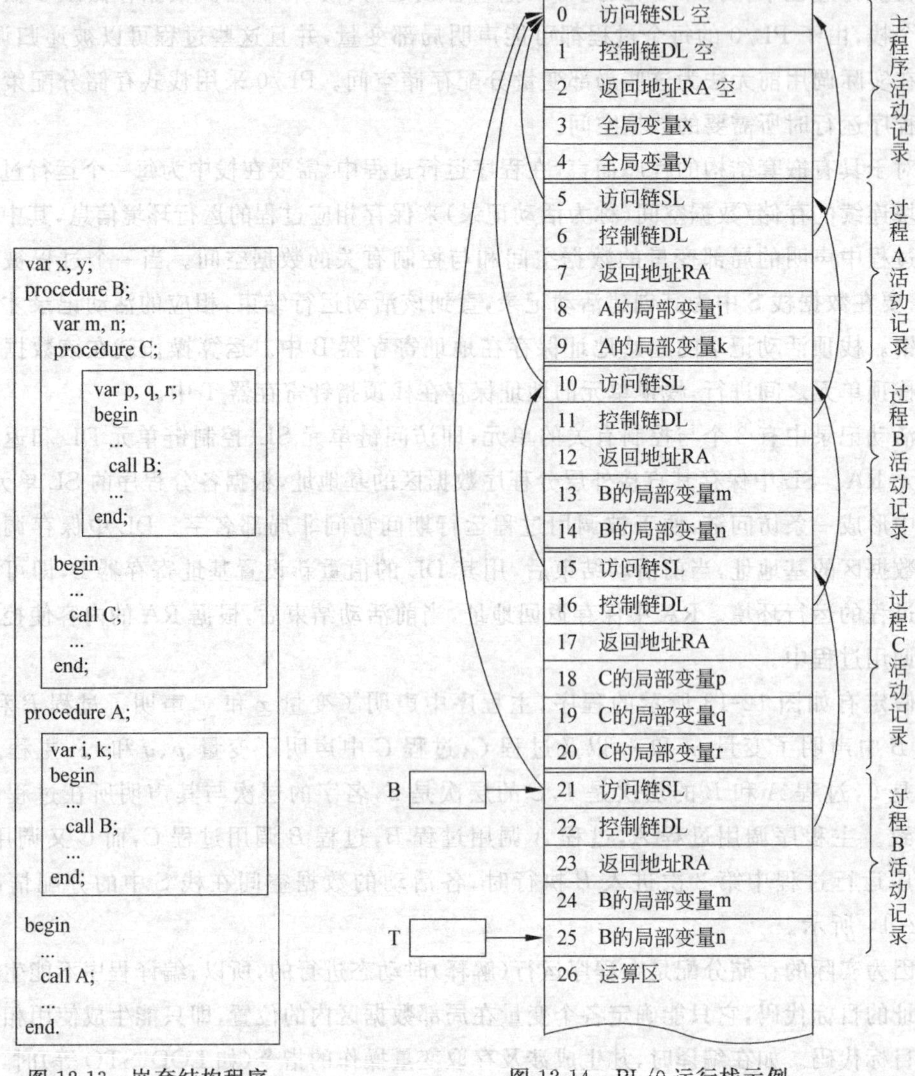

图 12-13 嵌套结构程序　　　　图 12-14 PL/0 运行栈示例

No.	OP	L	d
100	LOD	Level_diff_y	Addr_y
101	LOD	Level_diff_z	Addr_z
102	OPR	0	Op
103	STO	Level_diff_x	Addr_x

if 语句和 while 语句的翻译稍微繁琐一些，因为不但要计算条件的值，还要生成一些跳转指令，而跳转的目标地址多数都是未知的。为解决这一问题，PL/0 编译程序采用了回填技术，即产生跳转目标地址不明确的指令时，先记录这些不完整指令的地址，等到目标地址明确后再将这些跳转指令的目标地址补上，使其成为完整的指令。例如，可为 if 语句、while 语句生成如下形式的目标代码，其中，L_1、L_2 是代码地址。

对于形如 if C then S 的语句：

```
    计算条件 C 的目标代码
    JPC {--L1}
    语句 S 的目标代码
L1: ...
```

对于形如 While C do S 的语句：

```
L1: 计算条件 C 的目标代码
    JPC {--L2}
    语句 S 的目标代码
    JMP  L1
L2: ...
```

在代码生成过程中，先生成没有目标地址的 JPC 指令，并把该指令的地址保存起来，以便回填时使用。

PL/0 编译程序通过过程 gen 把所生成的 P-code 指令送入 code 指令存储区（即 code 数组）。CX 是指令索引指针，用来指示下一条要生成的指令的地址。在生成某些转移指令时，如果不能确定转移地址 d 的值，此时就先把这条指令的地址（即 CX 的当前值）保存起来，以便以后根据保存的 CX 值来找到需要回填的指令。

由于 PL/0 程序具有嵌套的分程序结构，所以编译程序进入分程序后生成的第一条指令为无条件转移指令 JMP，目的是为了跳过它所包含的其他分程序的指令序列，而直接进入自己的分程序语句部分的指令。语句部分生成的指令序列的第一条指令为 INT 0,dx，其作用是实现在数据栈 S 中为本分程序的数据区动态分配存储空间。

12.2.7 PL/0 程序编译和运行示例

PL/0 编译程序把源程序翻译成 P-code 代码之后，就可以在 PL/0 计算机上执行了，这实际上是执行一个解释程序，该解释程序按照顺序处理 P-code 代码中的每一条指令，对指令进行解释执行。

下面以赋值语句 x:=y op z 为例说明 PL/0计算机解释执行指令的步骤。

第 1 步：将变量 y 的值放在栈顶

S[++T]←S[base(level_diff_y) + addr_y];

第 2 步：将变量 z 的值放在栈顶，次栈顶单元为变量 y 的值

S[++T]←S[base(level_diff_z) + addr_z];

第 3 步：栈顶指针指向次栈顶单元，即存放结果的单元

T--;

第 4 步：变量 y 和变量 z 之间进行 op 操作，结果保存在当前栈顶单元

S[T]←S[T] op S[T+1];

第 5 步：将栈顶的值存放到变量 x 的存储单元

S[base(level_diff_x) + addr_x] ←S[T];

第 6 步：栈顶指针减 1

T--;

对 P-code 代码进行解释执行的是过程 interpret()和 base()。interpret()的功能是完成各种指令的执行工作。base()的功能是根据层次差，从当前过程的活动记录出发，沿

着SL链查找,以便获取变量空间所在的活动记录的基地址。

考虑12.2.1小节中的示例程序,即用PL/0语言编写的求两个正整数的最大公约数和最小公倍数的程序,用PL/0编译程序对该程序进行编译、运行,结果如下。

```
const a=18,b=24;
var x,y,g,m;
1   JMP   0  21              /*转去执行主程序的代码*/
procedure swap;
  var temp;
  begin
    temp:=x;
    x:=y;
    y:=temp
  end;
2   INT   0  4               /*为过程swap分配4个栈单元*/
3   LOD   1  3               /*将x的值取到栈顶*/
4   STO   0  3               /*temp:=x*/
5   LOD   1  4               /*将y的值取到栈顶*/
6   STO   1  3               /*x:=y*/
7   LOD   0  3               /*将temp的值取到栈顶*/
8   STO   1  4               /*y:=temp*/
9   OPR   0  0               /*返回调用者*/
procedure mod;
  x:=x-x/y*y;
11  INT   0  3               /*为过程mod分配3个栈单元*/
12  LOD   1  3               /*将x的值取到栈顶*/
13  LOD   1  3               /*将x的值取到栈顶*/
14  LOD   1  4               /*将y的值取到栈顶*/
15  OPR   0  5               /*新栈顶保存计算结果x/y*/
16  LOD   1  4               /*将y的值取到栈顶*/
17  OPR   0  4               /*新栈顶保存计算结果x/y*y*/
18  OPR   0  3               /*新栈顶保存计算结果x-x/y*y */
19  STO   1  3               /*计算结果写回x*/
20  OPR   0  0               /*返回*/
begin
  x:=a;
  y:=b;
  call mod;
  while x<>0 do
    begin
      call swap;
      call mod
    end;
  g:=y;
```

```
  m:=a*b/g;
  write(g,m)
end.
21  INT  0  7          /*为主程序分配 7 个栈单元*/
22  LIT  0  18         /*将常数值 18 置于栈顶*/
23  STO  0  3          /*将栈顶的值存入 x 的单元,即 a:=18*/
24  LIT  0  24         /*将常数值 24 置于栈顶*/
25  STO  0  4          /*将栈顶的值存入 y 的单元,即 b:=24*/
26  CAL  0  11         /*调用过程 mod,其指令从 code[11]开始*/
27  LOD  0  3          /*将 x 的值取到栈顶*/
28  LIT  0  0          /*将常数值 0 置于栈顶*/
29  OPR  0  9          /*比较栈顶和次栈顶的值,x<>0?*/
30  JPC  0  34         /*条件非真时,转移到 code[34],即 x=0 结束 while 循环*/
31  CAL  0  2          /*调用过程 swap,其指令从 code[2]开始*/
32  CAL  0  11         /*调用过程 mod*/
33  JMP  0  27         /*无条件转移到 code[27],即进入下次循环*/
34  LOD  0  4          /*将 y 的值取到栈顶*/
35  STO  0  5          /*将栈顶的值存入 g 的单元,即 g:=y*/
36  LIT  0  18         /*将常数值 18 置于栈顶,即 a*/
37  LIT  0  24         /*将常数值 24 置于栈顶,即 b*/
38  OPR  0  4          /*新栈顶保存计算结果 a*b*/
39  LOD  0  5          /*将 g 的值取到栈顶*/
40  OPR  0  5          /*新栈顶保存计算结果 a*b/g*/
41  STO  0  6          /*将栈顶的值存入 m 的单元,即 m:=a*b/g*/
42  LOD  0  5          /*将 g 的值取到栈顶*/
43  OPR  0  14         /*输出 g*/
44  LOD  0  6          /*将 m 的值取到栈顶*/
45  OPR  0  14         /*输出 m*/
46  OPR  0  0          /*程序结束*/
START PL/0
6
72
END PL/0
```

12.3 GCC 编译程序

GNU 计划是由 Richard Stallman 在 1983 年 9 月 27 日公开发起的,其目标是创建一套完全自由的类似 UNIX 的完整的操作系统,他最早是在 net. unix-wizards 新闻组上公布了该消息,并附带一份《GNU 宣言》。GCC 开发是 GNU 计划的一部分,目的是改进 GNU 系统中所用的编译程序。软件开发工作始于 1984 年 1 月,到 1990 年,GNU 计划已经成功开发出的软件包括一个功能强大的文字编辑器 Emacs 和 C 语言编译程序 GCC,以及大部分 UNIX 系统的程序库和工具。

GCC最初是GNU C Compiler的缩写，随着开发的推进，GCC的功能在不断扩展，目前它不仅支持C语言，还支持C++、面向对象C语言、Java语言、Ada语言、FORTRAN语言等。GCC的含义也发生了变化，代表的是GNU Compiler Collection，即GNU编译程序套装，是一套由GNU开发的编程语言编译程序，是以GPL及LGPL许可证所发行的自由软件，也是GNU计划的关键部分，亦是自由的类UNIX及苹果计算机Mac OS X操作系统的标准编译程序。GCC（特别是其中的C语言编译程序）也常被认为是跨平台编译程序的事实标准。2015年12月，GCC 5.3已经发布。

12.3.1 GCC简介

GCC是一个用C语言实现的可移植的优化编译系统，也是编译程序的快速开发平台，因为它是一个可重定目标的编译程序(retargetable compiler)。GCC不仅包括编译程序的前端构件（如面向ANSI C和其他高级语言的词法、语法和语义分析程序），也包括一些标准的后端构件（如X86、MIPS等常用系统的代码优化程序和代码生成程序），而且还提供了一个配置接口，利用该接口可以定义和描述一种新型体系结构的特定指令系统和硬件资源，并能根据这种描述自动生成面向该机器体系结构的编译程序后端。

GCC的设计思想主要体现在3个方面：目标机器描述与定义机制、RTL中间表示机制，以及由机器描述引导中间代码生成和优化策略。

首先，GCC对每个目标机的指令系统都有一个机器描述文件(machine. md)，以代数式的形式描述每条指令所完成的操作以及各操作数的机器存储模式和数据模式，难以用此方法描述的信息则作为特定的参数定义在目标机宏定义文件(tm. h)中，如机器的字长、寄存器的个数及使用约定、内存编址特性等。在RTL中间代码生成阶段，通常有多种生成策略被用于不同的参数定义组合。通过改写这两个文件，可完成GCC向新的目标机的移植。

其次，采用合适的中间语言是实现编译程序代码优化和可移植的关键。GCC从不同系统结构的机器语言中抽象出共性的操作，形成了一个适合编译分析加工的中间语言，即寄存器传递语言(Register Transfer Language，RTL)，既可以用来描述源语言的各种运算和控制操作，又便于在其上进行深入的优化和汇编代码的生成。

最后，GCC最具特色的设计思想是由目标机的机器描述文件引导中间代码的生成和优化。在传统编译程序中，中间代码的生成和优化无论是程序代码还是数据结构均是与机器无关的，所生成的中间代码不能体现目标机的指令特点和优化信息，这使目标代码的质量受到很大的限制。GCC利用预定义的独立于具体机器的“原子操作”来设置机器描述中的指令条目，在指令描述中含有对应的中间代码的操作与数据模式，使GCC能在机器描述引导下进行中间代码的生成，机器描述处理程序与机器无关，但所生成的中间代码已含有给定目标机器的指令信息，可在其上进行某些与机器相关的指令归并、窥孔优化及指令重排序等优化工作。

GCC清晰的前端语法树结构、高度概括的抽象机中间语言、简洁的机器描述等为快速实现多源语言开发、多平台移植提供了有力的支持。

12.3.2 GCC 编译程序的结构与处理流程

GCC 编译程序主要由语法分析、语义分析、中间代码生成、代码优化与寄存器分配，以及汇编代码生成等部分组成，其系统结构如图 12-15 所示。

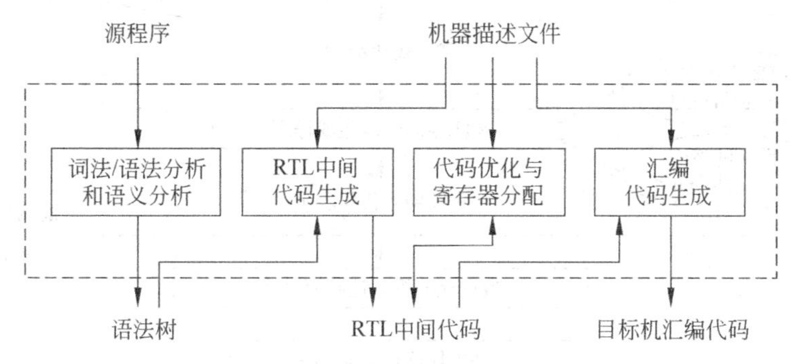

图 12-15 GCC 编译程序的系统结构示意图

GCC 编译程序在一个总控程序的控制下，对源程序进行前端分析和后端处理，最终把源程序转换为目标机汇编代码。

总控程序负责初始化、译码参数、打开/关闭文件，并控制各遍的操作。

前端分析完成词法分析、语法分析、语义分析和中间代码生成工作，它的输入是预处理后的源程序，输出是 RTL 中间代码。其中语法分析是核心，在扫描输入文件的过程中实现各种语义成分的翻译和中间代码的生成。当分析一函数时，函数中的语句将被转换成 RTL 表示，声明和表达式的翻译经由语法树过渡后再转换成中间代码表示。语法分析程序是利用一个类似于 YACC 的自动生成工具 GNU Bison 生成的，该工具接受 LALR(1)文法。

后端处理完成各种代码优化、寄存器分配以及目标机汇编代码的生成。

代码优化包括全部的常规优化，优化相关的代码在 GCC 中占有相当大的分量，而且每种优化都是对 RTL 中间代码的一遍处理。这些优化包括转移优化、指令调度优化和延迟分支优化等。其中，转移优化对程序控制流进行优化，分别在 RTL 中间代码生成、公共子表达式删除和寄存器重载处理之后执行。每次转移优化和循环优化之后进行公共子表达式删除。循环优化除了执行代码外提之外，还可选择性地执行循环展开优化。指令归并优化和重载处理之后进行指令调度优化。指令归并优化、指令调度优化和延迟分支优化均是在目标机器描述的引导下，通过模式匹配算法完成的。

寄存器分配是基于数据流的分析结果进行的，包括局部寄存器分配和全局寄存器分配，前者完成基本块内的寄存器分配优化，后者完成剩余的跨越基本块的寄存器分配优化。

后端的最后一遍处理是汇编代码的生成。经过前面的分析和优化处理后，提交给代码生成模块的 RTL 中间代码已经含有汇编指令的雏形。代码生成的主要工作是在机器描述产生的各种数据结构的引导下进行指令识别和获取汇编指令模板，并据此输出汇编指令代码，最终完成对源程序的翻译。

GCC编译程序的处理流程如图12-16所示。

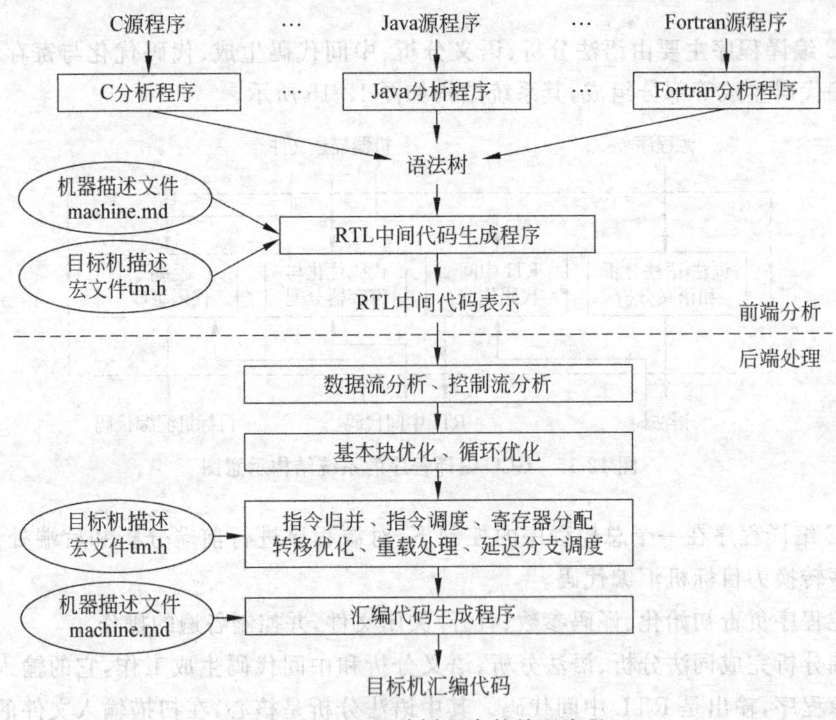

图12-16 GCC编译程序的处理流程

12.3.3 GCC的分析程序

1. 词法分析

在GCC中，词法分析程序作为语法分析程序的子程序，每被调用一次，便读取源程序文件中的字符，并把识别出的一个单词返回给语法分析程序，这里的源程序文件是指经过预处理之后的源程序。

虽然有自动生成工具(如lex)可以使用，但GCC的词法分析程序是手工编写的，具有较好的可读性，主要包含c_lex.c、c_lex.h以及相关的文件，主要功能由函数yylex()实现。它通过调用C的标准库函数getc(finput)逐个读取源程序文件中的字符，并按照最长匹配原则组合单词(token)。通过调用函数ungetc(c,finput)把读进来的不属于该单词的字符退回给输入字符流。对识别出的数字常量、字符常量、标识符等建立结点，并使yylval.ttype指向此结点，返回单词的值(value)。其中单词的属性值通过结构变量yylval.ttype,yylval.code,yylval.itype返回。

2. 语法和语义分析

GCC的语法分析程序是由Bison自动产生的，但其语义动作是手工编写的C语言代码，构成语法分析程序的文件有：c_parse. y、tree. h、tree. def、c_tree. h、tree. c、c_decl. c、c_typeck. c、stmt. c 等。其中 c_parse. y 是 YACC 源程序。相关文件还有 c_lex. h、input. h、c_iterate. c、varasm. c、c_common. c、c_lex. c、machmode. h、machmode. def、obstack. h、real. h、rtl. h 等。

由 Bison 自动生成的语法分析程序是一个 LALR(1)分析程序，包括分析控制程序和状态转换矩阵两部分，状态转换矩阵是由 Bison 根据 YACC 源程序中的规则自动生成的。

12.3.4 GCC 的中间语言及中间代码生成

GCC 采用寄存器传递语言(Register Transfer Language，RTL)作为中间语言，这是一种适用于多种平台的中间语言。编译程序的后端处理，即代码优化和目标代码生成，正是基于 RTL 进行的。下面简要介绍 RTL 中间语言以及 GCC 的中间代码生成。

1. 中间语言 RTL

RTL 的语法结构类似于函数式语言 LISP 的表达式结构，实际上是一种语法树结构。RTL 设计得十分简洁、灵活，它仅有 115 种操作码，其中真正用于编译内部的只有 91 种，另外的 24 种则只出现在机器描述中。

(1) RTL 对象

RTL 使用 5 种对象，即表达式、整数、宽整数、字符串和向量。其中最重要的是表达式。

RTL 表达式(简称为 RTX)是 C 语言中的结构类型，通常用一个指针来引用。

整数就是简单的 int，宽整数是一种类型为 HOST_WIDE_INT 的整数对象，它们都用十进制书写。

字符串，在内部用 C 语言的 char * 方式表示，并且采用 C 的语法形式。不过，在 RTL 中字符串不能为空。在 RTL 代码中，字符串通常出现在 symbol_ref 表达式中，但也在其他 RTL 表达式的上下文中出现，用于构成机器描述。

向量包含多个指向表达式的指针，向量中元素的个数需明确指出。其书写形式为用一对方括号括起来的元素列表，各元素之间用空格分隔。

(2) RTL 语句

RTL 的语句称为 INSN，用来表达一个完整的动作或含义，其操作数可以是空指针(用 nil 表示)，或 RTX。

INSN 分为 insn、jump_insn、call_insn、code_label、barrier 和 note 6 类，在它们的表示中，在操作码之后是 3 个固定的域：insn_id、prev_insn 和 next_insn，分别表示当前语句、前一条语句与后一条语句的编号。通过 prev_insn 和 next_insn 两个域，RTL 代码中的所有语句组织成一个双向链表。

① insn，非转移和非函数调用的一般语句，其结构如下：

```
(insn  insn_id  prev_insn  next_insn  opn1  opn2  opn3  opn4)
```

其中，opn1 是一个表达式，表示该语句执行的动作，其 RTX 代码只能为指令 set、

call、use、clobber、return、parallel、sequence 中的一个;opn2 一般为-1;opn3 给出基本模块中的 insn 之间的关联,无关联时为 nil;opn4 给出此 insn 中寄存器的额外信息。通常使用 expr_list 和 insn_list 表达式给出相关信息。

② jump_insn,转移语句,通常都包含 label_ref 表达式,结构与 insn 类似。

③ call_insn,函数调用语句,包含域 CALL_INSN_FUNCTION_USAGE,结构与 insn 类似。

④ code_label,标注转移语句的目的地,opn1 表示这个标号的值。

⑤ barrier,放在无条件转移和无返回值的函数调用语句之后。

⑥ note,调试和说明信息。它有两个非标准的域,即整数域 NOTE_LINE_NUMBER 和字符串域 NOTE_SOURCE_FILE,当 NOTE_LINE_NUMBER 大于 0 时,表示在某 C 文件中的位置(行号),此时 NOTE_SOURCE_FILE 是源文件名,否则,NOTE_SOURCE_FILE 为 nil,NOTE_LINE_NUMBER 是一些其他的提示信息。

(3) RTX

RTX 是 RTL 中最基本的对象,即表达式,它们具有统一的内部数据结构与外部语法形式。RTX 的书写形式为一对圆括号括起来的表达式的代码、标志和机器模式,然后是表达式的操作数,各成分之间用空格分隔。即:

```
(code  flag  mode  opn1  opn2  ……)
```

其中:**code** 是表达式代码(简称 RTX 代码),RTX 代码及其含义是机器无关的,RTX 代码分为 11 类(见表 12-7 所示)。RTX 代码是在 rtl.def 中定义的名字,使用宏 GET_CODE(x)可获取 RTX 代码,使用宏 PUT_CODE(x,newcode)可修改 RTX 代码,使用宏 GET_RTX_CLASS(*code*)可获得 RTX 代码的类别。RTX 代码决定了表达式包含多少操作数以及操作数是哪种对象。RTX 代码的名字在机器描述文件中用小写表示,在 C 代码中用大写表示。

表 12-7 RTX 代码

类别(代码个数)	RTX 代码格式
常数(9)	(const_int i),(const_double:mode addri0i1 …),(const_fixed:mode addr),(const_vector:mode [x0 x1 …]),(const_string str),(symbol_ref:modeode symbol),(label_ref:mode label),(const:mode exp),(high:mode exp)
寄存器和内存访问(8)	(reg:mode n),(subreg:mode1 reg:mode2 bytenum),(scratch:mode),(cc0),(pc),(mem:mode addr alias),(concat:mode rtx rtx),(concatn:mode [rtx …])
算术运算(43)	(plus:mode x y),(ss_plus:mode x y),(us_plus:mode x y),(lo_sum:mode x y),(minus:mode x y),(ss_minus:mode x y),(us_minus:mode x y),(compare:mode x y),(neg:mode x),(ss_neg:mode x),(us_neg:mode x),(mult:mode x y),(ss_mult:mode x y),(us_mult:mode x y),(div:mode x y),(ss_div:mode x y),(udiv:mode x y),(us_div:mode x y),(mod:mode x y),(umod:mode x y),(smin:mode x y),(smax:mode x y),(umin:mode x y),(umax:mode x y),(not:mode x),(and:mode x y),(ior:mode x y),(xor:mode x y),(ashift:mode x c),(ss_ashift:mode x c),(us_ashift:mode x c),(lshiftrt:mode x c),(ashiftrt:mode x c),(rotate:mode x c),(rotatert:mode x c),(abs:mode x),(sqrt:mode x),(ffs:mode x),(clz:mode x),(ctz:mode x),(popcount:mode x),(parity:mode x),(bswap:mode x)

续表

类别(代码个数)	RTX代码格式
比较运算(12)	(eq:mode x y),(ne:mode x y),(gt:mode x y),(gtu:mode x y),(lt:mode x y),(ltu:mode x y),(ge:mode x y),(geu:mode x y),(le:mode x y),(leu:mode x y),(if_then_else cond then else),(cond [test1 value1 test2 value2 ...] default)
bit 指令(2)	(sign_extract:mode loc size pos),(zero_extract:mode loc size pos)
向量操作(4)	(vec_merge:mode vec1 vec2 items),(vec_select:mode vec1 selection),(vec_concat:mode vec1 vec2),(vec_duplicate:mode vec)
转换(16)	(sign_extend:mode x),(zero_extend:mode x),(float_extend:mode x),(truncate:mode x),(ss_truncate:mode x),(us_truncate:mode x),(float_truncate:mode x),(float:mode x),(unsigned_float:mode x),(fix:mode x),(unsigned_fix:mode x),(fix:mode x),(fract_convert:mode x),(sat_fract:mode x),(unsigned_fract_convert:mode x),(unsigned_sat_fract:mode x)
声明(1)	(strict_low_part (subreg:mode (reg:nr) 0))
产生副作用的(14)	(set lval x),(return),(call function nargs),(clobber x),(use x),(parallel [x0 x1 ...]),(cond_exec [cond expr]),(sequence [insns ...]),(asm_inputs),(unspec [operands ...] index),(unspec_volatile [operands ...] index),(addr_vec:mode [lr0 lr1 ...]),(addr_diff_vec:mode base [lr0 lr1 ...] min max flags),(prefetch:mode addr rw locality)
对地址有影响的代码(6)	(pre_dec:mode x),(pre_inc:mode x),(post_dec:mode x),(post_inc:mode x),(post_modify:mode x y),(pre_modify:mode x expr)
语句 INSN(6)	Insn,jump_insn,call_insn,code_label,barrier,note

flag 标志,由若干个 1-bit 域组成,常用的标志描述有:c(call)、f(frame_related)、s(in_struct)、i(return_val)、j(jump)、u(unchanging)、v(volatil)等,这些 bit 在不同的表达式中具有不同的含义,比如标志位 c=1,在 mem 表达式中意味着内存访问不会引起中断(trap),在 call 表达式中,表示这次函数调用可能会无限循环等。只在部分 RTX 中存在。

mode 为机器模式,表示数据和运算结果的类型,它反映了数据类型与字长两类信息。数据类型分为整型、浮点和复型 3 种,机器字长则分为 8 位、16 位、32 位、64 位、双 64 位等,这两类信息的有条件组合所构成的机器模式反映了机器所能表示的各种数据类型。语法上,mode 在 RTX 代码之后,并用冒号":"隔开,每种 RTX 都有机器模式,如果不写出来的话,就缺省为 void 模式。比如,(reg:SI 38) 表示一个具有机器模式 SI(Single Integer,代表一个 4 字节整数)的 reg 表达式。

opn 是 RTX 中 code 的操作数,根据 RTX 代码的不同,每个 RTL 表达式的操作数个数及其种类也不同。

RTX 的内部结构实际上是树结构,RTX 代码作为父结点,相应表达式中的各域作为它的子结点。

2. GCC 的机器描述

GCC 的机器描述包括两部分,关于目标机指令模式的描述和关于目标机各种参数的描述，前者存放在机器描述文件 machine. md 中，后者存放在宏定义头文件 tm. h 中。

(1) 机器描述文件

在机器描述文件中，以 RTX 的形式对目标机器的特征进行说明，文件中可以有注释，注释以分号";"开头。其中最重要也是最基本的内容是对 RTL 指令模板的定义，在定义指令模板的 RTX 中，最关键的是 define_insn。

一个 define_insn 可以有 4～5 个操作数，其中：

操作数 1 是用字符串表示的指令名，可以是 GCC 的标准指令名，或是用户自定义的名称。也可以为空(此时，该模板将不能用于 RTL 代码的生成)。

操作数 2 是 RTL 模板，这是一个不完整的 RTX 向量，它描述了 RTL 指令体中的各种操作、操作数的位置以及必须满足的条件和限制，但没有指明具体的操作数。如果向量中只有一个元素，则该元素就是指令模板，如果向量中含有多个元素，则满足上述描述要求的 parallel 表达式是模板。

操作数 3 是一个条件，是一个含有 C 表达式的字符串，用于判断一个 insn 体是否匹配模板的最后测试。

操作数 4 是字符串表示的输出模板，描述如何输出与该模板匹配的 RTL 指令的汇编语言代码。

最后一个是可选操作数，以 RTX 向量形式描述的指令属性。

RTL 模板用来定义哪些 insn 匹配指定的模板，以及如何找到它的操作数，对于命名的模板，RTL 模板也说明了如何从给定的操作数来组织 insn 指令。

在机器描述文件中，除了描述目标机所支持的指令外，还定义了每一条指令的一组属性及相应的值集合。机器描述文件既可以用于引导 RTL 代码生成程序把源程序转换成 RTL 代码，也用于指导代码生成程序进一步将 RTL 代码转换为汇编语言代码。

(2) 宏定义头文件

在头文件中，以宏的形式对于那些不适合写入机器描述文件 machine. md 中的信息进行了定义。头文件包括 machine. h、config. h、target. h 等，头文件中定义的信息主要包括：

对语言的描述，如源语言有哪些标准的基本类型、各有什么特征，关于目标机汇编语言的描述，比如，如何用汇编语言写指令。

与目标机有关的信息，如寄存器的种类、个数、名称、使用约定、分配顺序等。目标机存储器的编址单位、寻址方式、字长等信息，以及各种数据对象的存储约定。程序运行时栈的安排和使用约定，函数的入口、出口、调用的约定等。关于条件码状态的描述，如条件码如何计算。定义目标机指令操作的代价、执行速度等。

其他信息的描述，代码优化相关的参数说明，如指令调度顺序、位置无关代码等。调试信息的格式描述以及对 GCC 编译驱动程序的定义，说明编译程序以什么形式的命令行参数运行预处理、编译、汇编、连接等步骤。

3. 中间代码生成

在RTL代码中，程序的复杂控制关系和运算关系均被统一为简单寄存器值的传递关系。其外部正文形式遵从LISP语言语法，嵌套的括号表示内部形式的指针。内部表现形式是一个多层数据结构，其最外层结构是一个双向链表，反映程序的顺序关系，内层结构是树的形式，树中每个结点表示一个操作数。为支持优化处理，中间代码中还含有各种辅助信息，如寄存器的生存期、语句块的开始与结束以及变量属性等。

中间代码的质量直接影响目标代码的质量，因此，中间代码生成在GCC中占有相当重要的地位。GCC的RTL生成程序与目标机器无关，但所生成的中间代码中含有目标机器的特征信息，其中用到一个重要概念，即原子操作，它是从目标机指令中抽象出来的，具有目标机指令的操作和类型属性，但又不依赖于任何特定的目标机器，目标机支持的原子操作在机器描述文件中以RTL模板表示。

为了实现在机器描述文件引导下的代码生成，GCC设计了一套专门的函数和数据结构作为编译程序与机器描述之间的接口，还设计了一套专用于对机器描述文件进行处理的程序，它们把正文形式的机器描述转换为便于接口调用的数据结构和函数。在GCC中有11个独立的C程序用于对机器描述文件进行处理，他们是：genconfig. c、genflags. c、gencodes. c、genattr. c、genemit. c、genrecog. c、genextract. c、genoptinit. c、genoutput. c、genattrtab. c和genpeephole. c。这些函数在处理机器描述文件时，依读入的RTL模板为序顺序处理，如insn_codes. c将为每一条RTL指令模板产生一个固定的编号，在其输出文件insn_codes. h中定义了这些编号的枚举常数名，为其他程序的引用提供了方便，该编号将作为insn_＊文件中相应名字的后缀，成为获取相应指令模板的索引。genrecog. c根据机器描述文件中的指令模板生成相应的RTL匹配函数recog()，用于判断一条给定的RTL指令是否与machine. md文件中的某条指令模板相匹配，若匹配，则返回该模板的编号，否则返回－1。GCC中和RTL代码生成有关的源程序包括：stmt. c、calls. c、expr. c、explow. c、expmed. c、function. c、optabs. c、emit-rtl. c，以及insn-emit. c。其中insn-emit是由程序genemit根据机器描述文件生成的，另外由程序genflags和gencodes根据机器描述文件生成的头文件insn_flags. h和insi_codes. h将指明有哪些标准名字可以使用，并指明与名字相应的RTL模板。

RTL生成程序首先将各种语法成分或带有语义信息的语法树分解为若干原子操作，当为一个原子操作生成RTL时，首先检查机器描述中是否有相应操作的指令模板定义，如果有，则调用相应的RTL模板生成函数直接将其生成相应的RTL代码，如果没有定义，则报告编译失败、尝试生成内部库函数调用或者将控制返回到上一层结构，以尝试另外的分解策略并重复上述过程。

12.3.5 GCC的代码优化

1. 基于RTL的常规优化

GCC在RTL上做了大量的常规优化以及与机器结构有关的优化工作。GCC的优化用到了绝大多数与机器无关的编译优化技术,如常数合并、转移优化、删除公共子表达式、循环优化等,也根据目标机器描述文件进行了一些与机器相关的优化,如指令归并、延迟分支、和指令重排序等,因此 GCC 的中间代码优化已具有针对目标机器特点的优化功能。

转移优化:删除不能到达的死代码和不被使用的标号、删除不必要的转移、删除连续的无条件转移等。由于公共子表达式的删除可能引起代码结构变化,会给转移优化提供新的优化机会,所以,GCC 在删除公共子表达式后将再次执行转移优化。相关文件有 cfgcleanup. c、cfgrtl. c、gcse. c。

删除公共子表达式:cse. c 完成基本块内的公共子表达式的删除,而 gcse. c、lcm. c 用于全局公共子表达式的删除优化工作。

循环优化:程序 cfgloopanal. c 完成循环分析,cfgloopmanip. c 进行循环处理,loop_init. c 处理循环结构中的初始化和终止条件,loop_invariant. c 用于实现循环不变量的代码外提等。

指令归并:指令归并优化试图把具有定值引用关系的 2～3 条指令归并为一条指令。通过数据流分析,每条指令的定值引用链 LOGLINKS 标识了对该指令使用寄存器的最近赋值。指令归并优化试图归并该引用链所联系的每对指令(不跨越基本块),它用前面指令中赋给寄存器的 RTX 替换后面指令对该寄存器的引用。如果归并的结果是一条机器描述中有定义的指令,则表明归并成功,并将删除前面的寄存器定值指令。相关文件是 combine. c。

延迟分支调度:延迟分支调度旨在找出能放到其他指令(常为转移和过程调用指令)延迟槽中的指令。相关文件是 reorg. c。

指令重排序:寻找那种其输出结果不能马上用于后继指令的指令(RISC 机器上的存储器取指令和浮点指令常常有这种情形),通过重新排列基本块中的指令,将有可能导致流水线阻塞的定义和使用指令分开以达到充分利用流水线的目的。在寄存器分配前后都需要进行指令重排序,相关文件有 haifa-sched. c、sched-deps. c、sched-ebb. c、sched-rgn. c 和 sched-vis. c。

2. 寄存器分配

寄存器分配是汇编代码生成前在 RTL 代码上进行的与目标机器有关的一项重要工作。GCC 在目标机器描述宏定义文件中描述了目标机器有哪些物理寄存器以及它们如何使用,一条特定的指令对寄存器的使用有什么要求,如何利用寄存器传递参数和返回值等。

GCC 提供两种寄存器分配策略,即简单寄存器分配和高效寄存器分配。

简单寄存器分配是指仅为声明为 register 类型的用户变量分配寄存器(生存期是它们的作用域),其他用户变量均分配栈地址空间。由编译程序产生的临时变量的生存期是它的第一次出现到它的最后一次出现的期间。在寄存器分配之前,RTL 代码中的寄存器均是以伪寄存器的形式出现,其生存期表示为一对编号(即当前函数内的一对 RTL 指令位置)。简单寄存器分配首先为每个伪寄存器计算这样一对编号,然后根据生存期的长短把伪寄存器排列优先次序，并依次分配物理寄存器。

高效寄存器分配包括局部寄存器分配和全局寄存器分配，而数据流分析是进行高效寄存器分配的基础。它首先划分函数内的基本块，然后进行生存期分析以确定每个寄存器的激活和消亡位置。局部寄存器分配是在一个基本块内进行的。分配方法与简单寄存器分配类似，相关文件是 local_alloc.c。全局寄存器分配为跨越基本块的伪寄存器分配物理寄存器，对局部寄存器中未分配的伪寄存器赋予物理寄存器编号，相关文件是 global.c。

上述两种分配策略所分配的物理寄存器均为跨越过程调用时需要保留和恢复的寄存器。完成这些寄存器的分配后，GCC 将进行重载处理（也称之为临时寄存器分配）。它为需要物理寄存器的指令重载分配物理寄存器。这里的重载是指物理寄存器被一次定值和一次引用后将被立即释放，因此它不能跨越过程调用，但其后的指令能够重用这些寄存器。重载处理的方法是对每条指令检查它的操作数是否都是有效的（需要寄存器的操作数均已得到合适类的物理寄存器），对于指令中的无效操作数，重载处理将产生指令，拷贝它的值到临时物理寄存器。GCC 在目标机器描述宏文件（machine.h）中描述了可用于重载处理的寄存器。当函数内不再调用其他函数时，重载处理前的寄存器分配能够使用空闲的临时寄存器。重载相关的文件有 reload.h、reload.c 和 reload1.c。

12.3.6 GCC 的代码生成

汇编代码生成是指把 RTL 代码转换成目标机上的汇编指令代码，这是 GCC 的最后一个重要环节，相关文件有 final.c，由 genoutput 根据目标机器描述文件自动产生的 insn_output.c，以及用于它们之间通信的头文件 condotion.h。经过前面各个阶段的分析处理，提交给代码生成程序的 RTL 代码已经具有汇编指令的雏形，大部分 RTL 指令已被识别，并在其中已填入了根据机器描述产生的汇编指令代码的编号，并且所有的 RTL 指令已经按逻辑顺序以双向链表形式链接在一起。代码生成程序将沿指令链按顺序处理 RTL 指令，对未识别的 RTL 指令模板进行指令识别，取得指令模板并从 RTL 中提取该指令各操作数的 RTX，最后调用汇编指令输出函数直接输出该指令的汇编代码到输出文件中。

代码生成的总控制程序是 final()，实现函数的汇编代码生成。首先进行各种变量的初始化，然后获取当前函数 RTL 指令链的链头，并依次对链中的 RTL 指令调用函数 final_scan_insn()，为每条 RTL 指令生成汇编代码。

函数 final_scan_insn()针对不同的 RTL 代码进行不同的处理。如对 ASM_INPUT 指令体，直接输出汇编代码；对含有 asm_operand 操作数的指令体，需要先解析出各个操作数及指令模板等。为一条 RTL 指令生成汇编代码，通常需要以下步骤：

(1) 取得 RTL 指令模板。

(2) 如果 RTL 指令未被识别，则调用 recog()取得与之匹配的指令代码编号。

(3) 从 RTL 指令模板中提取各个操作数。

(4) 检查操作数约束。若不满足操作数约束,则报告失败。

(5) 根据指令代码编号,取得汇编指令模板。

(6) 根据汇编指令模板,调用函数 output_asm_insn,输出汇编指令。

由于汇编代码对每个目标机都有不同的具体格式,因此汇编代码生成是一个复杂的过程,仅使用目标机的指令描述是不够的,还需要某些与机器相关的宏定义和辅助子程序的支持。

12.4 编译实践

学习编译原理与技术,除了学好教材各章节介绍的内容之外,还要完成相应的实验,以加深理解,进而掌握编译原理与实现技术。为此,这里提供一个可以分阶段连续进行的实验题目作为课程设计,既可以在较集中的时间内完成,也可以配合各章的教学逐步完成。

12.4.1 Pascal-S 语言说明

这里,以 Pascal-S 作为源语言进行课程设计,Pascal-S 是 Pascal 语言的真子集,它保留了 Pascal 语言的大部分功能,可以满足一般理工科大学低年级学生程序设计课程的需要,并首先在瑞士 ETH 大学得到实际应用。

Pascal-S 语言中有整型、实型、布尔型和字符型 4 种基本数据类型,还有数组和记录两种构造类型,另外,用户还可以定义自己的类型。在程序结构和语句结构上,与 Pascal 语言没有太大区别,只是没有标号说明,当然也就不存在 goto 语句。Pascal-S 允许过程或函数带有参数,并且支持传值调用和引用调用,但不允许过程或函数作为参数传递,也不允许过程或函数作为结果返回。下面给出的是该语言完整的语法图和相应的文法。

1. 语法图

Pascal-S 的完整语法图如图 12-17 所示。

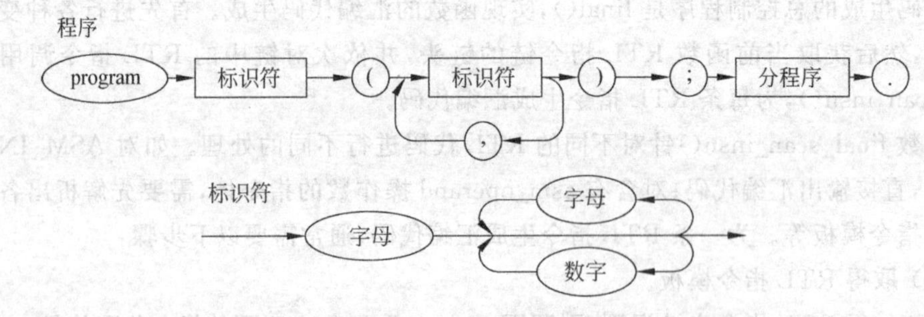

图 12-17 Pascal-S 的语法图

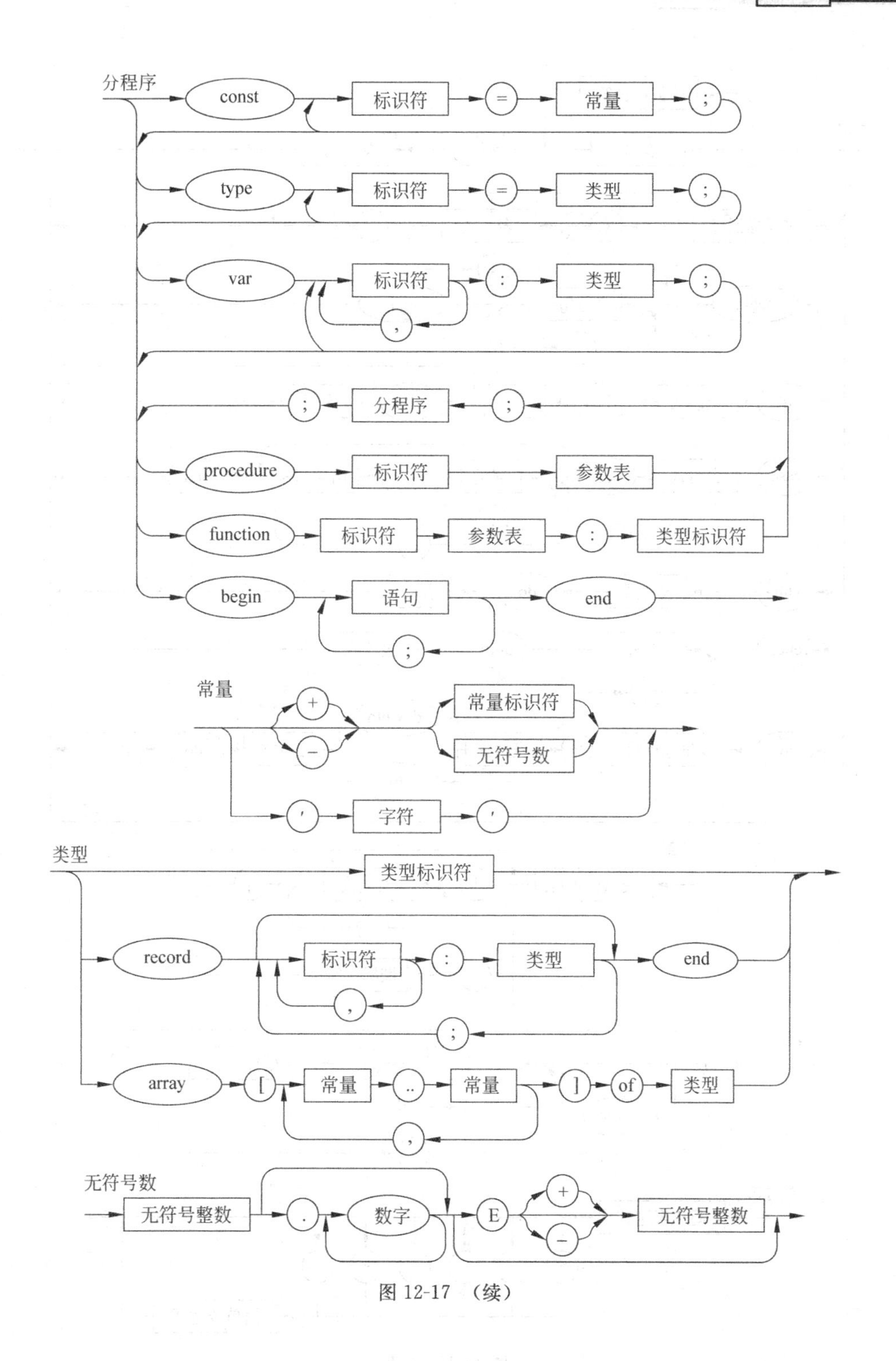
分程序
const
标识符
=
常量
;
type
标识符
=
类型
;
var
标识符
:
类型
;
,
;
分程序
;
procedure
标识符
参数表
function
标识符
参数表
:
类型标识符
begin
语句
end
;
常量
+
−
常量标识符
无符号数
'
字符
'
类型
类型标识符
record
标识符
:
类型
end
,
;
array
[
常量
..
常量
]
of
类型
,
无符号数
无符号整数
.
数字
E
+
−
无符号整数

图 12-17 （续）

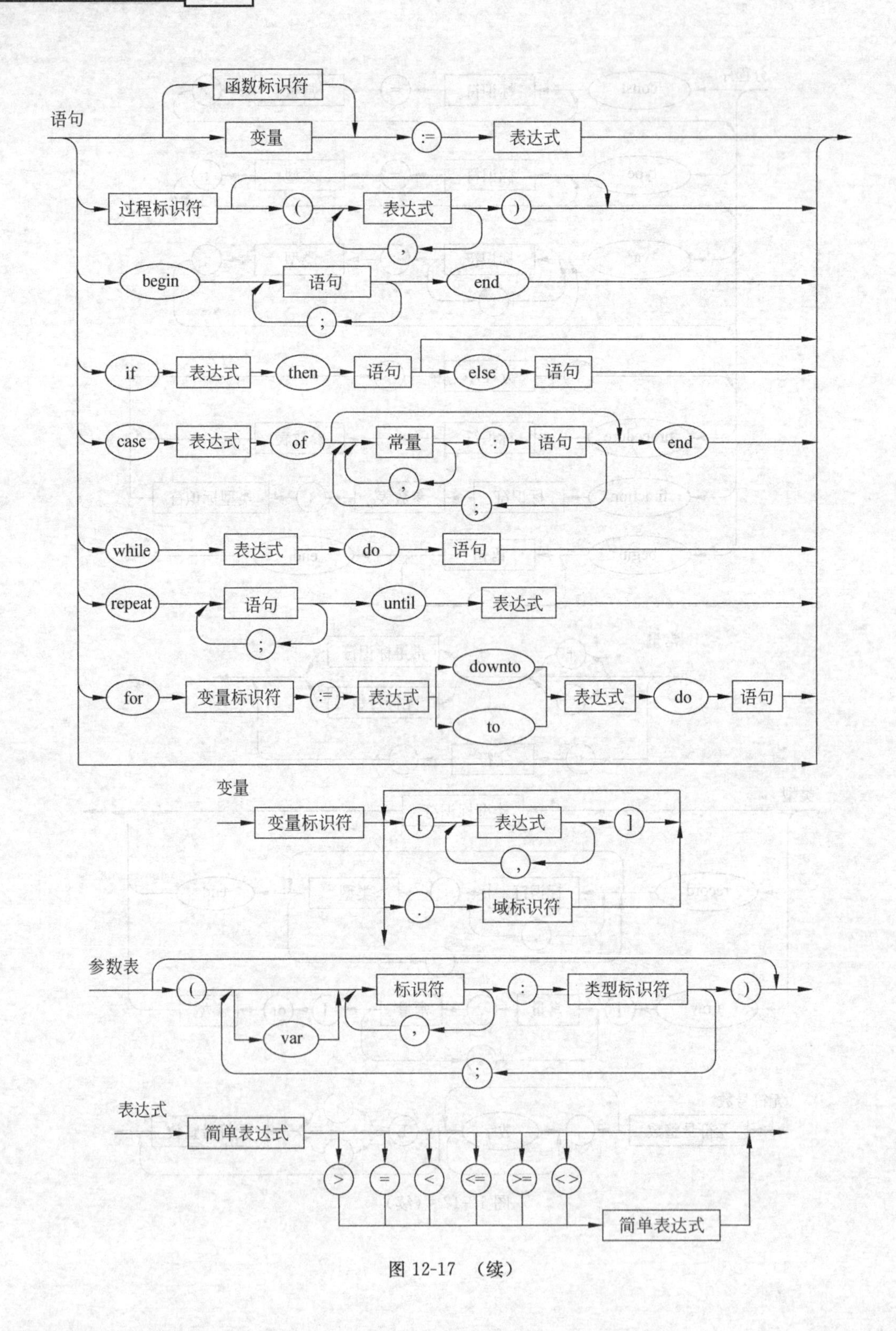
语句
函数标识符
变量
:=
表达式
过程标识符
(
表达式
)
,
begin
语句
end
;
if
表达式
then
语句
else
语句
case
表达式
of
常量
:
语句
end
,
;
while
表达式
do
语句
repeat
语句
until
表达式
;
for
变量标识符
:=
表达式
downto
to
表达式
do
语句
变量
变量标识符
[
表达式
]
,
.
域标识符
参数表
(
var
标识符
,
:
类型标识符
)
;
表达式
简单表达式
>
=
<
<=
>=
< >
简单表达式

图 12-17 （续）

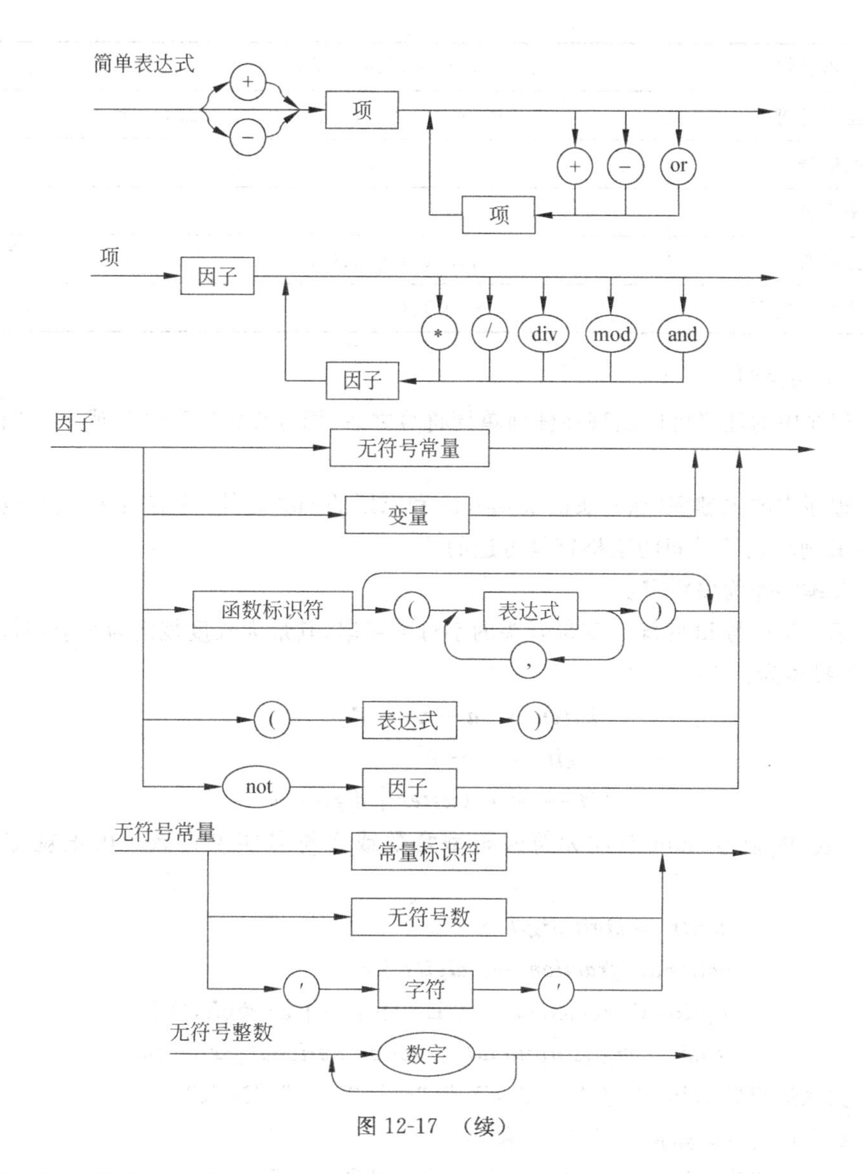

图 12-17 （续）

其中，类型标识符指的是标识基本类型的关键字 integer、real、boolean 和 char。

2. 文法描述

(1) 关键字

Pascal-S 语言中涉及的关键字有 and、array、begin、boolean、case、const、div、do、downto、else、end、for、function、if、integer、mod、not、of、or、procedure、program、real、record、repeat、then、to、type、until、var、while。

(2) 专用符号

Pascal-S 语言中用到的符号有：

算术算符	+、-、*、/、mod、div
逻辑算符	<、<=、>、>=、=、<>、and、or、not
赋值号	:=
子界符	..
分界符	,、;、.、(、)、[、]、{、}
注释起止符	(*、*)、{、}

(3) 词法说明

① 程序中的注释可以出现在任何单词符号之后,用分界符"{"和"}"或"(*"和"*)"括起来。

② 程序中的关键字(除开头的 program 和末尾的 end 之外)的前、后必须有空格符或换行符,其他单词符号间的空格符是可选的。

③ 关键字作为保留字。

④ 标识符记号 id 匹配以字母开头的字母数字串,其最大长度规定为 8 个字符。用正规定义式描述为:

letter → [***a*** − ***zA*** − ***Z***]
digit → [0 − 9]
id → ***letter***(***letter*** | ***digit***) *

⑤"数"的记号 num 匹配无符号整型常数或无符号实型常数。用正规定义式描述为:

digits → ***digit digit*** *
optional_fraction →. ***digits*** | ε
optional_exponent → (**E** (+ | − | ε) ***digits***) | ε
num → ***digits optional_fraction optional_exponent***

⑥ 关系运算符 relop 代表"="、"<>"、"<"、"<="、">"、">="。

⑦ addop 代表运算符"+"、"-"和"or"。

⑧ mulop 代表运算符"*"、"/"、"div"、"mod"和"and"。

⑨ assignop 代表赋值号":="。

(4) 产生式集合

```
program→program_head  program_body.
program_head→program id (identifier_list);
program_body→const_declarations
                   type_declarations
                   var_declarations
                   subprogram_declarations
                   compound_statement
identifier_list→identifier_list,id | id
const_declarations→const const_declaration;
```

```
                  |ε
const_declaration→const_declaration ; id=const_variable
                  |id= const_variable
const_variable →+id|-id|  id
               |+num| -num|num
               |' letter '
type_declarations→type type_declaration;
                  |ε
type_declaration→type_declaration; id=type
                 |id=type
type→ standrad_type
    |record record_body end
    |array [periods] of type
standard_type→integer| real| Boolean |char
record_body→var_declaretion | ε
periods →periods,period
        |period
period→const_variable ..const_variable
var_declarations→var  var_declaration;
                 |ε
var_declaration →var_declaration;identifier_list: type
                |identifier_list: type
subprogram_declarations →subprogram_declarations subprogram_declaration;
                        |ε
subprogram_declaration→subprogram_head program_body
subprogram_head →function id formal_parameter: standard_type;
                 |procedure id formal_parameter;
formal_parameter →( parameter_lists)
                 |ε
parameter_lists →parameter_lists;parameter_list
                |parameter_list
parameter_list→var_parameter |  value_parameter
var_parameter→var value_parameter
value_parameter→identifier_list : standard_type
compound_statement→begin statement_list  end
statement_list →statement_list;  statement
               |statement
statement →variable assignop expression
          |call_procedure_statement
          |compound_statement
          |if expression then statement else_part
          |case expression of case_body end
          |while expression do statement
          |repeat statement_list until expression
```

```
                |for id assignop expression  updown  expression do  statement
                    |ε
variable→id id_varparts
id_varparts→id_varparts  id_varpart
                   |ε
id_varpart→[ expression_list]
                 |. id
else_part→else statement
                   |ε
case_body→branch_list
                |ε
branch_list→branch_list;branch
                   |branch
branch→const_list  :statement
const_list→const_list,const_variable
                 |const_variable
updown→to  |  downto
call_procedure_statement→id
                               |id ( expression_list )
expression_list→expression_list,expression
                      |expression
expression→simple_expression relop simple_expression
                  |simple_expression
simple_expression→term
                         |+term
                         |  -term
                       |simple_expression addop term
term→term mulop factor
          |factor
factor→unsign_constant
          | variable
          | id( expression_list)
          | (expression )
          | not factor
unsign_constant→num
                      |'letter'
```

12.4.2 课程设计要求及说明

1. 课程设计要求

按照Pascal-S语言的语法规则、参考Pascal语言的语义,设计并实现Pascal-S语言的编译程序，按照软件工程的开发模型进行设计与开发，并给出各阶段的设计成果。

在保证语法结构完整性的前提下，可以对文法进行扩展或删减。比如，可以扩展或删减数据类型的种类、可以限制过程或函数的嵌套定义，甚至不允许自定义类型等。

所提交的课程设计报告要求包含如下内容：

(1) 课程设计题目。

(2) 需求分析及总体设计说明。

需求分析应包括：源语言说明，数据流图、功能描述及数据说明等。

总体设计应包括：实现方法说明，软件的整体结构，包括功能模块的划分、模块之间的关系、主要数据结构的设计等。

(3) 各部分的详细设计说明，包括接口描述、功能描述、所用数据结构说明、算法描述等。

(4) 程序清单，注意编程风格，使用有意义的变量名、程序的缩排、程序的内部注释等。

(5) 测试报告，包括测试的功能列表、对每种功能所设计的测试用例及预期的结果、实际测试结果、测试结果分析等。

(6) 课程设计总结，总结课程设计过程中遇到的问题及解决方案、收获和体会、对课程设计的意见和建议等。

2. 课程设计说明

(1) 设计符号表及其管理程序

首先需要设计符号表的结构，允许在编译的各个阶段插入或查找名字的相关信息，并且能够反映出名字声明所在的位置，即作用域信息。由于该语言支持过程或函数的嵌套定义，所以，所设计的符号表结构应该对此提供支持，并且需要设计相应的管理程序来实现对符号表的各种操作。

- 查找操作：按给定的名字查表，若查找成功则返回该行的指针，否则返回空指针。
- 插入操作：按给定的名字查表，若查找失败，则在表中建立新的一行，并返回该行的指针；若查找成功则报错，注意作用域的范围。
- 定位操作：为子过程或函数中声明的局部名字创建符号子表。
- 重定位操作：从符号表中“删除”局部于给定函数或过程的所有名字。

(2) 设计词法分析程序

需要考虑单词符号的种类及其文法描述，设计每类单词符号的内部编码(设计翻译表)、记录单词在源程序中的位置(如行计数)等，设计输入缓冲区以方便对源程序的读入和单词识别处理，词法分析程序输出单词符号的记号(以二元式的形式描述单词的类别编码和属性值)。词法分析程序作为语法分析程序调用的函数。

可以手工编写实现，建议用词法分析程序生成工具 LEX 实现。

(3) 设计语法分析程序

选择适当的分析方法(如预测分析方法或 LR 分析方法)，设计语法分析程序。建议用语法分析程序生成工具 YACC 实现。

如用预测分析方法实现，则首先必须改写文法，使之满足自顶向下分析的要求，如消除文法中存在的左递归、提取左公因子等。

(4) 设计语义动作和翻译程序

按照Pascal语言的语义设计语义动作。为了便于语法制导翻译，需要对给定的文法进行改造，要注意数据类型的相容性，必要时要进行数据类型转换(如inttoreal)。注意：

- 本语言允许过程嵌套定义。
- 收集名字的信息并插入符号表中。
- 需要进行类型检查，类型检查程序要做的处理有：表达式的类型检查、赋值语句的类型检查、数组引用时维数一致性及下标越界检查，函数/过程调用时实参和形参的个数及类型的一致性检查等。
- 若用三地址代码或四元式组作为中间表示，需要先设计中间语言含有的指令的种类，源语言结构到中间语言指令的对应关系。
- 设计语义动作，写出翻译方案，进而构造语义分析及中间代码生成程序。

(5) 目标代码生成程序

以英特尔兼容微机作为目标机器，采用汇编语言作为目标语言，利用第9章介绍的目标代码生成算法设计目标代码生成程序。

(6) 错误处理与恢复

在词法分析、语法分析、语义分析和中间代码生成、以及目标代码生成等各个过程中都要考虑错误的处理与恢复。对于所发现的错误，应提示错误信息(包括错误的行/列位置、错误提示)，如有可能，还应对错误进行适当的恢复，并继续进行编译，以便在每次编译中可以发现多个错误。可以编制一个独立的错误处理程序供其他过程调用，根据参数的值执行相应的程序段，完成错误处理及恢复任务。

12.4.3 编译程序的测试

当产生了可执行的Pascal-S编译程序之后，需要对它进行测试，以验证它是否可以正确地完成预期的翻译任务。如果测试失败，则根据失败的原因进行调试。

首先，设计小的、功能单一的测试用例程序，以验证Pascal-S编译程序各个部分的功能。如可以按照以下步骤逐一进行测试：验证程序的结构框架、常量声明部分、变量声明部分、过程声明部分、函数声明部分、程序体部分。对程序体部分，还可以进一步按照语句种类设计测试用例，逐一测试。

设计的测试用例除了正确的源程序外，还应该有包含各种可能错误的源程序，测试所设计的编译程序是否可发现非法字符，是否可检查出关键字拼写错误、缺少运算对象、缺少运算符号、括号不匹配、缺少分号、缺少end、注释未结束等各类语法错误，是否可以检查出名字未定义而使用的情况、数组是否越界、运算对象的类型是否一致、实参与形参是否匹配等各类语义错误。

然后，用所构造的程序编译下面的测试程序test，检查是否能够生成目标代码，并能正确执行。程序test读入两个整型数，输出它们的最大公约数。

```
program test(input,output);
var x,y:integer;
function gtcomdiv(a,b:integer):integer;
    begin
        if b=0 then gtcomdiv:=a
        else gtcomdiv:=gtcomdiv(b,a mod b)
    end;
begin
    read(x,y);
    write(gtcomdiv(x,y))
end.
```

最后,用 Pascal-S 编写快速排序的程序 sort,并用程序 sort 测试所实现的编译程序。

附录　PL/0 编译程序源程序

```
program pl0(input,output,fin);{ PL/0 compiler with code generation }

const  norw=13;      { No. of reserved words   }
       txmax=100;    { length of identifier table   }
       nmax=14;      { max. no. of digits in numbers }
       al=10;        { length of identifier }
       amax=2047;    { maximum address }
       levmax=3;     { maximum depth of block nesting }
       cxmax=200;    { size of code array }

type symbol=
      (nul, ident, number, plus, minus, times, slash, oddsym, eql, neq, lss, leq, gtr,
       geq, lparen, rparen, comma, semicolon, period, becomes, beginsym, endsym,
       ifsym, thensym, whilesym, dosym, callsym, constsym, varsym, procsym, readsym,
       writesym);
     alfa=packed array[1..al] of char;
     object= (constant,variable,procedure);
     symset=set of symbol;
     fct= (lit,opr,lod,sto,cal,int,jmp,jpc);      { functions }
     instruction=packed record
                   f: fct;                        { function code }
                   l: 0..levmax;                  { level }
                   a: 0..amax;                    { displacement address }
          end;
          {  LIT     0,a: load constant a
             OPR     0,a: execute operation a
             LOD     l,a: load variable l,a
             STO     l,a: store variable l,a
             CAL     l,a: call procedure a at level l
             INT     0,a: increment t-register by a
             JMP     0,a: jump to a
             JPC     0,a: jump conditional to a          }

var  ch: char;             { last character read }
     sym: symbol;{ last symbol read }
     id: alfa;             { last identifier read }
```

```
      num: integer;      { last number read }
      cc: integer;       { character count }
      ll: integer;       { line length }
      kk,err: integer;   { kk: last identifier length   }
      cx: integer        { code allocation index }
      line: array [1..81] of char;
      a: alfa;
      code: array [0..cxmax] of instruction;
      word: array [1..norw] of alfa;
      wsym: array [1..norw] of symbol;
      ssym: array [char] of symbol;
      mnemonic: array [fct] of
                     packed array [1..5] of char;
      declbegsys,statbegsys,facbegsys: symset;
      table: array [0..txmax] of
                     record  name: alfa;
                             case kind: object of
                             constant: (val: integer);
                             variable,prosedure: (level,adr: integer)
                     end;
      fin: text;         { source program file }
      sfile: string;     { source program file name }

procedure error(n: integer);
begin  writeln('****','':cc-1,'^',n:2);    err:=err+1
end;

procedure getsym;
    var i,j,k: integer;
    procedure getch;
    begin
        if cc=ll then  { get character to end of line }
        begin          { read next line }
            if eof(fin) then
                begin
                    writeln('program incomplete');
                    close(fin);
                    exit;
                end;
            ll:=0;    cc:=0;    write(cx:4,' ');    { print code address }
            while not eoln(fin) do
                begin
                    ll:=ll+1;    read(fin,ch);    write(ch);
                    line[ll]:=ch;
```

```
            end;
          writeln;          readln(fin);
          ll:=ll+1;         line[ll]:='' { process end-line }
        end;
        cc:=cc+1;           ch:=line[cc]
      end; { getch }
  begin  { getsym }
      while ch='' do getch;
      if ch in ['a'..'z'] then
      begin           { ******* identifier or reserved word }
        k:=0;
        repeat if k<al then
          begin k:=k+1;a[k]:=ch
          end;
          getch;
        until not (ch in ['a'..'z','0'..'9']);
        if k>=kk then kk:=k
        else repeat a[kk]:='';kk:=kk-1
          until kk=k;
        id:=a;    i:=1;    j:=norw;    { binary search reserved word table }
        repeat k:=(i+j) div 2
          if id<=word[k] then j:=k-1;
          if id>=word[k] then i:=k+1
        until i>j;
        if (i-1)>j then sym:=wsym[k] else sym:=ident
      end else
      if ch in['0'..'9'] then
      begin           {******* number }
        k:=0;         num:=0;sym:=number;
        repeat num:=10*num+(ord(ch)-ord('0'));
          k:=k+1;getch;
        until not (ch in ['0'..'9']);
        if k>nmax then error(30)
      end else
      if ch=':' then
      begin
        getch;
        if ch='=' then
        begin sym:=becomes; getch
        end else sym:=nul
      end else
      if ch='<' then
      begin
        getch;
```

```
            if ch='=' then
            begin sym:=leq; getch
            end else if ch='>' then
                     begin sym:=neq; getch
                     end else sym:=lss
        end else
        if ch='>' then
        begin
            getch;
            if ch='=' then
            begin sym:=geq; getch
            end else sym:=gtr
        end else
        begin sym:=ssym[ch]; getch
        end
end; { getsym }

procedure gen(x: fct; y,z: integer);
begin
    if cx>cxmax then
        begin
            writeln('program is too long');
            close(fin);
            exit
        end;
    with code[cx] do
        begin
            f:=x;    l:=y;    a:=z
        end;
    cx:=cx+1
end; { gen }

procedure test(s1,s2: symset; n: integer);
begin
    if not (sym in s1) then
    begin
        error(n);s1:=s1+s2;
        while not (sym in s1) do getsym
    end
end; { test }

procedure block(lev,tx: integer; fsys: symset);
var dx: integer;{data allocation index }
    tx0: integer;{ initial table index }
```

```
    cx0: integer;{ initial code index }
procedure enter(k: object);     {*** enter object into table }
begin
    tx:=tx+1;
    with table[tx] do
    begin
        name:=id;kind:=k;
        case k of
        constant: begin
                      if num>amax then
                      begin error(30);    num:=0  end;
                      val:=num
                  end;
        variable: begin
                      level:=lev;    adr:=dx;    dx:=dx+1
                  end;
        procedure: level:=lev;
        end
    end
end; { enter }

function position(id: alfa): integer;
var i: integer;
begin
    table[0].name:=id;i:=tx;
    while table[i].name<>id do i:=i-1;
    position:=i
end; { position }

procedure constdeclaration;
begin
    if sym=ident then
    begin
        getsym;
        if sym in [eql,becomes] then
        begin
            if sym=becomes then error(1);
            getsym;
            if sym=number then
            begin enter(constant); getsym
            end else   error(2)
        end else   error(3)
    end else error(4)
end; { constdeclaration }
```

```
procedure vardeclaration;
begin
    if sym=ident then
    begin
        enter(variable); getsym
        end else error(4)
    end; { vardeclaration }

    procedure listcode;
    var i: integer;
    begin
        for i:=cx0 to cx-1 do
            with code[i] do
                writeln(i:4,mnemonic[f]:7,l:3,a:5)
    end; { listcode }

procedure statement(fsys: symset);
var i,cx1,cx2: integer;
    procedure expression(fsys: symset);
    var addop: symbol;
        procedure term(fsys: symset);
        var mulop: symbol;
            procedure factor(fsys: symset);
            var i: integer;
            begin { factor }
                test(facbegsys,fsys,24);
                while sym in facbegsys do
                begin
                    if sym=ident then
                    begin
                        i:=position(id);
                        if i=0 then error(11)
                        else with table[i] do
                            case kind of
                                constant: gen(lit,0,val);
                                variable: gen(lod,lev-level,adr);
                                procedure: error(21)
                            end;
                        getsym;
                    end else
                        if sym=number then
                        begin
                            if num>amax then
                            begin error(30);     num:=0
```

```
                        end;
                        gen(lit,0,num);
                        getsym
                    end else
                        if sym=lparen then
                        begin
                            getsym;
                            expression([rparen]+fsys);
                            if sym=rparen then getsym
                            else error(22)
                        end;
                    test(fsys,[lparen],23)
                end;
            end; { factor }
        begin { term }
            factor(fsys+[times,slash]);
            while sym in [times,slash] do
            begin
                mulop:=sym;getsym;
                factor(fsys+[times,slash]);
                if mulop=times then  gen(opr,0,4)
                else gen(opr,0,5)
            end
        end; { term }
    begin { expression }
        if sym in [plus,minus] then
        begin
            term(fsys+[plus,minus]);
            if addop=minus then gen(opr,0,1)
            end else term(fsys+[plus,minus]);
            while sym in [plus,minus] do
            begin
                addop:=sym;getsym;
                term(fsys+[plus,minus]);
                if addop=plus then gen(opr,0,2)
                else gen(opr,0,3)
            end
        end;{ expression }

procedure condition(fsys: symset);
var relop: symbol;
begin { condition }
    if sym=oddsym then
    begin
```

```
        getsym;expression(fsys);gen(opr,0,6)
    end else
    begin
        expression([eql,neq,lss,gtr,leq,geq]+fsys);
        if not (sym in [eql,neq,lss,gtr,leq,geq]) then error(20)
    else
    begin
        relop:=sym;getsym;expression(fsys);
        case relop of
            eql: gen(opr,0,8);
            neq: gen(opr,0,9);
            lss: gen(opr,0,10);
            geq: gen(opr,0,11);
            gtr: gen(opr,0,12);
            leq: gen(opr,0,13);
        end
    end
end
end; { condition }

begin { statement  }
    if sym=ident then
    begin
        i:=position(id);
        if i=0 then error(11) else
        if table[i].kind<>variable then { giving value to non-variation }
        begin error(12);    i:=0 end;
        getsym;
        if sym=becomes then getsym else error(13);
        expression(fsys);
        if i<>0 then
            with table[i] do gen(sto,lev-level,adr)
    end else
    if sysm=callsym then
    begin
        getsym;
        if sym<>ident then error(14) else
        begin
            i:=position(id);
            if i=0 then error(11) else
                with table[i] do
                    if kind=prosedure then gen(cal,lev-level,adr)
                    else error(15)
                getsym
```

```
        end
    end else
    if sym=ifsym then
    begin
        getsym;
        condition([thensym,dosym]+fsys);
        if sym=thensym then getsym else error(16);
        cx1:=cx;    gen(jpc,0,0);
        statement(fsys);        code[cx1].a:=cx
    end else
    if sym=beginsym then
    begin
        getsym;
        statement([semicolon,endsys]+fsys);
        while sym in ([semicolon]+statbegsys) do
        begin
            if sym=semicolon then getsym else error(10);
            statement([semicolon,endsys]+fsys)
        end;
        if sym=endsym then getsym ekse error(17)
    end else
    if sym=whilesym then
    begin
        cx1:=cx;
        getsym;
        condition([dosym]+fsys);
        cx2:=cx; gen(jpc,0,0);
        if sym=dosym then getsym else error(18);
        statement(fsys);
        gen(jmp,0,cx1);
        code[cx2].a:=cx
    end else
    if sym=readsym then
    begin
        getsym;
        if sym=lparen then
        repeat
            getsym;
            if sym=ident then
            begin
                i:=position(id);
                if i=0 then error(11)
                else if table[i].kind<>variable then
                    begin  error(12);  i:=0  end
```

```
                    else with table[i] do
                        gen(opr,0,16);
                end else error(4);
                getsym;
            until sym<>comma
            else error(40);
            if sym<>rparen then error(22);
            getsym
        end else
        if sym=writesym then
        begin
            getsym;
            if sym=lparen then
            begin
                repeat
                    getsym;
                    expression([lparen,comma]+fsys);
                    gen(opr,0,14);
                until sym<>comma;
                if sym<>rparen then error(22);
                getsym
            end else error(40)
    end;
    test(fsys,  [ ],19)
end; { statement }

begin{ block }
    dx:=3;tx0:=tx;table[tx].adr:=cx;
    gen(jmp,0,0);  { * * * jump from declaration part to statement part }
    if lev>levmax then error(32)
    repeat
        if sym=constsym then
        begin
            getsym;
            repeat
                constdeclaration;
                while sym=comma do
                begin
                    getsym;
                    constdeclaration
                end
                if sym=semicolon then getsym else error(5)
            until sym<>ident
        end;
```

```
        if sym=varsym then
        begin
           repeat
              vardeclaration;
              while sym=comma do
              begin
                 getsym;
                 vardeclaration
              end
              if sym=semicolon then getsym else error(5)
           until sym<>ident;
        end;
        while sym=procsym do
        begin
           getsym;
           if sym=ident then
           begin
              enter(prosedure);
              getsym
           end else error(4);
           if sym=semicolon then getsym else error(5);
           block(lev+1,tx,[semicolon]+fsys);
           if sym=semicolon then
           begin
              getsym;
              test(statbegsys+[ident,procsym],fsys,6)
           end else error(5)
        end;
        test(statbegsys+[ident],declbegsys,7)
     until not (sym in declbegsys);
     code[table[tx0].adr].a:=cx;   (* * * back enter statement code's start adr. )
     with table[tx0] do
     begin
        adr:=cx;{ code's start address }
     end;
     cx0:=cx;
     gen(int,0,dx);{ topstack point to operation area }
     statement([semicolon,endsym]+fsys);
     gen(opr,0,0);    { return  }
     test(fsys,[ ],8);
     listcode;
  end; { block }

  procedure interpret;
```

```
    const stacksize=500;
    var p,b,t: integer;{ program counter,base register,topstack register }
        i: instruction;{ instruction register }
        s: array[1..stacksize] of integer;{ data store }

function base(l: integer): integer;   {* * * find base l levels down }
    var bl: integer;
    begin
        bl:=b;
        while l>0 do
        begin
            bl:=s[bl];l:=l-1
        end;
        base:=bl
    end; { base }
begin { interpret }
    writeln('START  PL/0' );
    t:=0;  b:=1;  p:=0;
    s[1]:=0;  s[2]:=0;  s[3]:=0;
    repeat
        i:=code[p];p:=p+1;
        with i do
        case f of
            lit: begin t:=t+1; s[t]:=a end;
            lod: begin t:=t+1;s[t]:=s[base(l)+a] end;
            sto: begin s[base(l)+a]:=s[t];t:=t-1 end;
            cal: begin {** generate new block mark }
                        s[t+1]:=base(l);s[t+2]:=b;s[t+3]:=p;
                        b:=t+1;p:=a;
                 end;
            int: t:=t+a;
            jmp: p:=a;
            jpc: begin if s[t]=0 then p:=a;
                        t:=t-1
                 end;
            opr: case a of   { operator }
                 0: begin   { return }
                      t:=b-1;p:=s[t+3];b:=s[t+2]
                    end;
                 1: s[t]:=-s[t];
                 2: begin t:=t-1;s[t]:=s[t]+s[t+1] end;
                 3: begin t:=t-1;s[t]:=s[t]-s[t+1] end;
                 4: begin t:=t-1;s[t]:=s[t] * s[t+1] end;
                 5: begin t:=t-1;s[t]:=s[t] div s[t+1] end;
```

```
                    6: s[t]:=ord(odd(s[t]));
                    8: begin t:=t-1;s[t]:=ord(s[t]=s[t+1]) end;
                    9: begin t:=t-1;s[t]:=ord(s[t]<>s[t+1]) end;
                    10: begin t:=t-1;s[t]:=ord(s[t]<s[t+1]) end;
                    11: begin t:=t-1;s[t]:=ord(s[t]>=s[t+1]) end;
                    12: begin t:=t-1;s[t]:=ord(s[t]>s[t+1]) end;
                    13: begin t:=t-1;s[t]:=ord(s[t]<=s[t+1]) end;
                    14: begin write(s[t]);t:=t-1 end;
                    15: writeln;
                    16: begin writeln(' ??    :');readln(s[base(1)+a]) end;
                end; { case }
        until p=0;
        writeln(' END  PL/0')
    end; { interpret }

    begin {main}
        writeln('please input source program file name:');
        readln(sfile);
        assign(fin,sfile);
        reset(fin);
        for ch:='A' to ';' do ssym[ch]:=nul;
        word [1]:='begin     ';
        word [2]:='call      ';
        word [3]:='const     ';
        word [4]:='do        ';
        word [5]:='end       ';
        word [6]:='if        ';
        word [7]:='odd       ';
        word [8]:='procedure ';
        word [9]:='read      ';
        word [10]:='then      ';
        word [11]:='var       ';
        word [12]:='while     ';
        word [13]:='write     ';
        wsym[1]:='beginsym';
        wsym[2]:='callsym';
        wsym[3]:='constsym';
        wsym[4]:='dosym';
        wsym[5]:='endsym';
        wsym[6]:='ifsym';
        wsym[7]:='oddsym';
        wsym[8]:='procsym';
        wsym[9]:='readsym';
        wsym[10]:='thensym';
```

```
    wsym[11]:='varsym';
    wsym[12]:='whilesym';
    wsym[13]:='writesym';
    ssym['+']:=plus;
    ssym['-']:=minus;
    ssym['*']:=times;
    ssym['/']:=slash;
    ssym['(']:=lparen;
    ssym[')']:=rparen;
    ssym['=']:=eql;
    ssym[',']:=comma;
    ssym['.']:=period;
    ssym['<']:=lss;
    ssym['>']:=gtr;
    ssym[';']:=semicolon;
    mnemonic[lit]:='LIT';
    mnemonic[lod]:='LOD';
    mnemonic[cal]:='CAL';
    mnemonic[opr]:='OPR';
    mnemonic[sto]:='STO';
    mnemonic[int]:='INT';
    mnemonic[jmp]:='JMP';
    mnemonic[jpc]:='JPC';
    declbegsys:=[constsym,varsym,procsym];
    statbegsys:=[beginsym,callsym,ifsym,whilesym];
    facbegsys:=[ident,number,lparen];
    err:=0

    cc:=0;cx:=0;ll:=0;ch:=' ';kk:=al;
    getsym;
    block(0,0,[period]+declbegsys+statbegsys);
    if sym<>period then error(9);
    if err=0 then interpret
    else write('There are errors in PL/0 program');
    writeln;
    close(fin)
end.
```

参考文献

1. Alfred V. Aho, Ravi Sethi, Jeffrey D. Ullman. Compilers: principles, Techniques, and Tools. 北京：人民邮电出版社，2002.
2. Peter Linz. An Introduction to Formal Languages and Automata. Third Edition. 北京：机械工业出版社，2004.
3. Andrew W. Appel. Modern Compiler Implementation in C. 北京：人民邮电出版社，2005.
4. Andrew W. Appel. 现代编译原理 C 语言描述. 赵克佳，黄春，沈志宇译. 北京：人民邮电出版社，2006.
5. Kenneth C. Louden. 程序设计语言原理与实践. 2 版. 黄林鹏，毛宏燕等译. 北京：电子工业出版社，2004.
6. 苏运霖. 编译原理. 北京：机械工业出版社，2008.
7. 龚沛曾，杨志强. C/C++ 程序设计教程. 北京：高等教育出版社，2004.
8. Levine J. R. etc. Lex 与 Yacc. 2 版. 杨作梅，张旭东等译. 北京：机械工程出版社，2003.
9. 张素琴，吕映芝等. 编译原理. 2 版. 北京：清华大学出版社，2005.
10. 蒋宗礼、姜守旭. 编译原理. 北京：高等教育出版社，2010.
11. 陈意云，张昱. 编译原理. 2 版. 北京：高等教育出版社，2008.
12. 李文生. 编译程序设计原理与技术. 北京：北京邮电大学出版社，2002.
13. 李文生. 编译原理与技术. 北京：清华大学出版社，2009.
14. http://gcc.gnu.org/